复合材料宏细观统一本构模型及多尺度分析

宋迎东　孙志刚　高希光　著

科学出版社

北京

内 容 简 介

本书以作者团队在复合材料力学建模领域多年的研究成果为依托，系统性地论述了复合材料宏细观统一本构模型以及多尺度的分析方法。发展了改进算法的二维、三维高精度通用单胞模型，提出了高精度四边形和节点插值子胞模型，建立了新的宏细观统一本构模型理论框架，实现了细观周期结构的多尺度分析，并以复合材料叶环结构为例进行了多尺度有限元分析。

本书适合从事复合材料力学行为分析的学者、工程技术人员阅读参考，亦可作为相关领域研究生的参考用书。

图书在版编目(CIP)数据

复合材料宏细观统一本构模型及多尺度分析 / 宋迎东, 孙志刚, 高希光著. —— 北京：科学出版社, 2025.4. —— ISBN 978-7-03-080772-4

I. V25

中国国家版本馆 CIP 数据核字第 20249WD327 号

责任编辑：李涪汁　曾佳佳 / 责任校对：郝璐璐
责任印制：张 伟 / 封面设计：许 瑞

科学出版社 出版
北京东黄城根北街 16 号
邮政编码：100717
http://www.sciencep.com
北京厚诚则铭印刷科技有限公司印刷
科学出版社发行　各地新华书店经销
*
2025 年 4 月第 一 版　开本：720×1000　1/16
2025 年 4 月第一次印刷　印张：15 1/2
字数：309 000
定价：139.00 元
(如有印装质量问题，我社负责调换)

前　言

在工程结构上应用复合材料，必须建立科学、合理的力学模型，为材料设计、结构设计、构件强度与寿命分析提供基础和依据。作为多相材料，复合材料的宏观力学性能与失效机制、组分性能、分布及界面特性紧密相关。对于复合材料结构，其宏观变形受细观结构影响，宏观破坏由材料细观失效发展所至。为对结构强度和寿命进行评价，必须掌握宏观尺度和细观尺度上的应力、应变分布关系。

常规的复合材料力学研究方法，不论是宏观力学方法还是细观力学方法，都难以满足复合材料工程应用的需求。宏观方法视复合材料为均质体，忽略细观结构，无法获得细观尺度上的应力、应变场，难以定量损伤。细观方法虽能分析细观结构对宏观性能的影响，但难以实现结构件的分析。因此，建立复合材料宏细观统一的分析模型是解决上述问题的关键。

本书即是基于上述现状出发，提出复合材料的宏细观统一本构建模方法和结构件的多尺度分析方法，为复合材料的工程应用提供支撑。本书共分7章。第1章综述了复合材料宏细观本构模型的意义、理论发展历程与应用现状。第2章和第3章着重论述了通用单胞模型的算法改进以及提升精度的方法。第4章和第5章重点阐述了高精度四边形子胞模型与节点插值子胞模型的理论框架及构建方法，并对其计算精度和效率进行了讨论。第6章阐述了宏细观统一本构模型的构建方法，并展示了基于宏细观统一本构模型的复合材料细观损伤和宏观弹塑性性能的预测算例。第7章阐述了细观周期复合材料结构的多尺度有限元分析思路，并以复合材料叶环作为计算案例对分析思路进行了详细阐述。

在本书的撰写过程中，得到了雷友峰研究员的帮助与指导。感谢于国强副研究员以及高琦、郑沛阳、韩思远、伍永杰、陈润颉等在本书图文处理和资料整理过程中付出的辛勤劳动。感谢973计划、总装预研、空装预研等项目的资助。

复合材料力学行为的研究正处于蓬勃发展之中，本书所涵盖的内容仅触及了部分方法及成果，且相关实例验证尚不够全面深入。作者衷心期望本书能作为一座桥梁，促进学术交流并激发更多深入研究的火花。鉴于作者的时间精力及知识水平所限，书中难免存在不足之处，恳请广大读者及同行专家不吝赐教，提出宝贵意见。

作　者

2025年1月

目　　录

第 1 章 绪　　论

本章介绍复合材料宏细观本构模型及其多尺度分析方法的意义、理论发展历程和应用现状，使读者对复合材料宏细观本构模型及多尺度分析方法的发展历程和现状有总体的了解。

1.1 复合材料力学的研究方法

众所周知，复合材料同时具有宏观特征和细观特征，因此复合材料力学是横跨宏观和细观两个层次的力学理论[1]。常规的复合材料力学研究方法有三种，分别是宏观力学方法、细观力学方法和宏细观多尺度力学方法。

宏观力学方法从唯象观点出发，将复合材料等效为宏观均匀介质，仅考虑复合材料的平均力学性能，不考虑增强相和基体及二者之间的相互作用，进而将复合材料等效为均匀的各向异性材料。图 1.1 所示就是将正交铺设的复合材料层合梁等效为两层均匀的各向异性梁。从上述论述中容易看出，宏观力学方法对复合材料结构作了较大的简化，结构上的应力、应变等力学参量均是在宏观尺度上的某种平均值，并不是基体和增强相的真实值。因此，宏观力学方法无法考虑复合材料的细观破坏形态，难以反映深层次的物理机制，难以对复合材料结构进行深入的损伤与破坏分析。然而，宏观力学方法也有实现难度较低、计算时间短的优

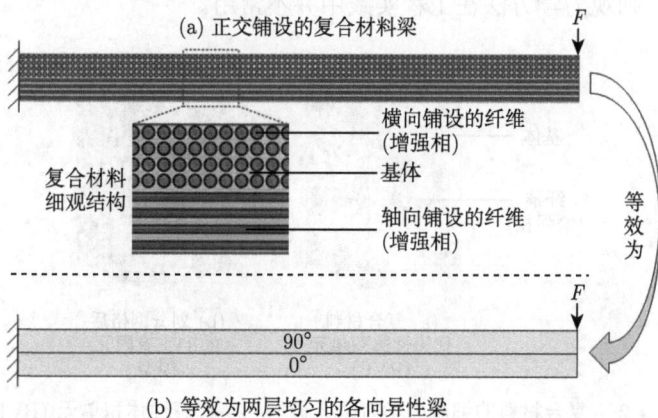

图 1.1　复合材料宏观力学方法的示意图 ((a) 中的复合材料梁来源于文献 [2])

势，仍广泛应用于工程实践中。

与宏观力学方法相对，细观力学方法直接在力学模型中体现了复合材料的增强相和基体，包含增强相材料和基体材料的本构关系、增强相的形状、增强相与基体之间的连接属性[3]。进而，细观力学方法可以获得复合材料增强相和基体的真实应力与应变[4]，较宏观力学方法更加细致和准确。细观力学方法一般分为两类：分析法和细观力学有限元法。其中，分析法基于复合材料细观结构中应力、应变场的经验假设考虑纤维和基体之间的相互作用，并结合纤维和基体各自的本构关系导出描述复合材料总体响应的本构关系，进而进行复合材料的结构分析和损伤破坏研究。分析法能够给出细观量 (细观应力/应变/材料属性) 和宏观量 (宏观应力/应变/等效材料属性) 之间的解析表达式，便于理论分析和讨论，但是该方法仅适用于增强相为某些特殊几何形状和空间分布的情况，对于具有复杂几何形状和空间分布增强相的复合材料则无法给出解析解。细观力学有限元法则是建立了考虑复合材料细观结构 (含增强相、基体和界面) 的代表性体积单元 (representative volume element, RVE) 有限元模型 (如图 1.2 所示)，通过有限元法求出增强相、基体和界面的应力–应变分布，并通过对 RVE 内的应力–应变取空间平均获得复合材料宏观的应力–应变响应 (称为"均匀化"，homogenization)。该方法虽然不能给出细观量和宏观量的显式表达式，但对细观结构复杂的复合材料适应性强。不过，细观力学有限元法也有显著的缺点——如果对复合材料宏观构件直接用细观力学有限元法进行数值模拟 (direct numerical simulation, DNS)，例如对图 1.1(a) 所示的构件进行应力分析，将要划分数量巨大的网格，且计算时间将大幅增加。这是因为宏观结构尺寸和复合材料细观尺度 (如增强相的尺寸、增强相之间的距离等) 数量级相差较大，例如图 1.1(a) 中梁的跨度为 10mm，而其内部纤维的直径约为 100μm，是梁的跨度的 1%，需要非常细小的网格才能保证细观结构的准确刻画。因此，细观力学方法在工程实践中并不常用。

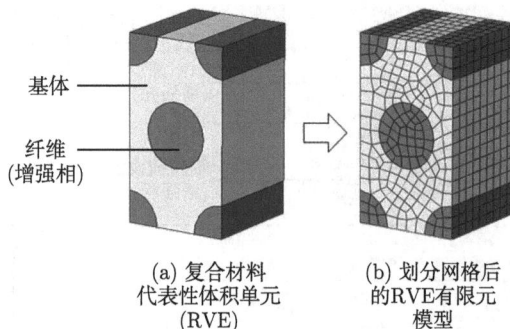

基体

纤维
(增强相)

(a) 复合材料
代表性体积单元
(RVE)

(b) 划分网格后
的RVE有限元
模型

图 1.2 复合材料的细观力学有限元模型——代表性体积单元 (RVE)

上述宏观力学方法和细观力学方法形成了一对矛盾：宏观力学方法计算时间短，但没有考虑复合材料的细观结构，不够准确；而细观力学方法考虑了复合材料的细观结构，较为准确，但对复合材料宏观构件的计算时间过长。为了平衡计算时间和准确性的矛盾，研究人员提出了宏细观多尺度力学方法。该方法在分析复合材料宏观构件时等效为宏观均匀介质，其材料参数从复合材料的 RVE 进行均匀化后获得，并输入宏观构件中，获得宏观构件的应力和应变。反过来，将宏观构件上某一点的应力或应变，作为外载荷施加到 RVE 中，获得该点的基体和增强相的真实应力和应变的细节，并称这样的过程为"局部化"(localization)。图 1.3 就展示了复合材料宏细观多尺度方法的执行过程。该方法既可以在计算复合材料宏观构件时减少计算时间，又可以考虑复合材料宏观构件上一点对应的基体和增强相的真实应力和应变，进而调和了计算时间和结果准确性的矛盾，是近年来复合材料结构强度分析方法中较为前沿的方法，也是本书的主题之一。

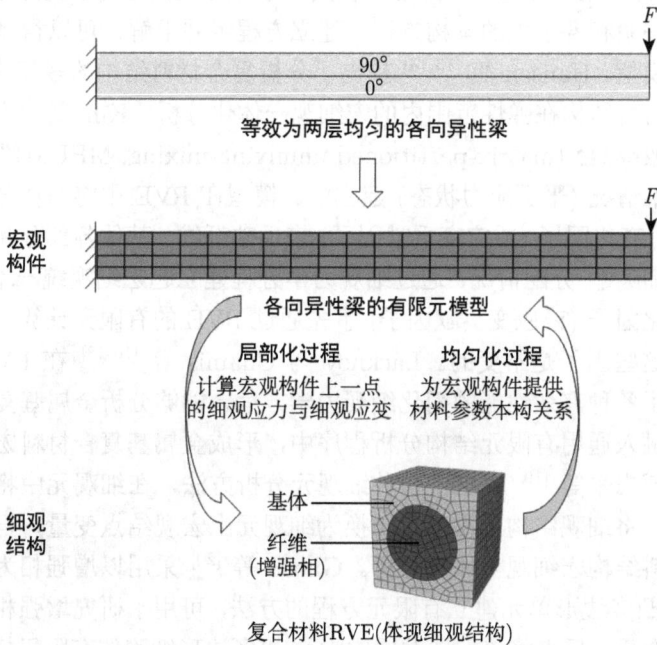

图 1.3 复合材料的宏细观多尺度力学方法

1.2 宏细观统一本构模型及多尺度分析方法

复合材料宏细观统一本构模型及一体化分析方法是一种较新的思路和方法，目前仍处于不断发展和完善之中。国内外不少学者已经开展了相关研究工作。

Dvorak 与 Bahei-El-Din[5] 提出了 "纤维直径近似于零 (vanishingly small diameter, VSD)" 模型。模型假设每一根纤维直径非常小，近似于零，而整个多根纤维占有一定的体积比率，保留了细观特征参数 V_f (增强相含量体积比率) 以及必要的轴向约束，并且认为横向平面内各相的局部应力、应变是均匀的。通过细观应力平衡关系、体积混合关系、变形协调关系以及各相的本构关系，可以建立宏细观统一本构模型。Dvorak 与 Teply[6,7] 提出了 "周期性六角形分布 (periodic hexagonal array, PHA)" 模型。该模型假设纤维在基体中呈六角形周期性排列，在横截面中选取三角形 RVE，在 RVE 内划分网格并建立类似有限元法的方程组，通过对方程组的求解，可以建立数值型宏细观统一本构模型。Wu 等 [8] 将 PHA 模型融入大型通用有限元程序 ABAQUS 中实现了宏细观一体化分析。Aboudi[9,10] 提出了 "单胞模型 (unit cell model)"。模型将单胞划分为若干个子胞，利用弱化了的边界条件，建立起宏细观统一本构模型。Kwon 等 [11,12] 提出了另一种 "单胞模型"。该模型将单胞划分为 4 个子胞，利用各子胞之间的应力、变形连续条件，结合体积混合关系和各子胞的本构方程，建立方程组并求解，可以得到数值型宏细观统一本构模型。Hansen 等 [13,14] 提出了分析复合材料结构的多相连续理论，能够实现复合材料结构在弹性范围内的宏细观一体化分析。Kim 等 [15] 提出了 "分割基体的离散–混合 (matrix-partitioned unmixing-mixing, MPUM)" 模型。该模型是针对二维情况 (平面应力状态) 建立的。模型在 RVE 中将基体分割成多个部分，引入应力变化因子 (或应变贡献因子) 来反映纤维、基体各部分和复合材料之间的应力 (或应变) 分配情况，通过细观力学方程建立起宏细观统一本构模型。模型中应力变化因子 (或应变贡献因子) 事先通过 RVE 的有限元计算得到，在结构分析中假设这些因子是不变的。Lackney 与 Chamis 等 [16-18] 在 RVE 中通过力学分析建立了各种有效性能的简化细观力学方程，能够分析金属基复合材料非线性行为，并融入通用有限元结构分析程序中，形成金属基复合材料宏细观一体化分析程序。傅志平等 [19] 提出了一种细观元分析方法，在细观元中将纤维当作一维杆元处理，将细观结构上物理量转换为细观元上宏观结点变量，再用有限元法进行复合材料结构宏细观一体化分析。Ghosh 等 [20] 采用以增强相为中心把基体划分为 n 边凸多边形单元建立有限元方程的方法，可用于研究增强相任意分布的两相非均匀介质，后来将该方法发展成为 n 边多边形细胞体有限元模型 (voronoi cell finite element model, VCFEM)[21]。Lee 等 [22] 又将 VCFEM 与有限元法的单元自适应更新技术或多尺度分析技术 [23] 相结合，建立了复合材料多尺度有限元分析方法。该方法对研究增强相任意分布的复合材料十分有效，求解效率较高。

上述复合材料宏细观统一本构模型，在一定程度上推动了复合材料力学性能的研究及结构分析技术的发展。但上述模型大多基于某些特定的假设，因此都有其特定的适用范围，且有待于进一步完善。有的模型计算结果有一定偏差，例如，

VSD 模型 [24] 由于忽略了横向平面内纤维与基体的相互作用而影响了复合材料横向平面的总体性能预测, 计算结果表明, 其低估了弹性模量, 而高估了塑性变形; 对于 PHA 模型, Levy 等 [25] 指出并证实, 它所采用的刚性位移约束条件将使计算的复合材料有效性能值明显高于试验值。有的模型仅适用于弹性范围的分析, 例如 Hansen 等 [13,14] 的多相连续理论及傅志平等 [19] 的细观元方法; MPUM 模型 [15] 由于假设应力变化因子 (或应变贡献因子) 在结构分析中不变而难以适用于塑性问题, 因为构件进入塑性变形后这些因子将随着载荷历程而发生一定的变化。有的模型目前仅能用于二维分析, 例如 PHA 模型 [6-8]、VCFEM 模型 [21] 等。有的模型过于简化, 难以全面考虑细观特征 (如纤维形状、排列方式、界面特性等) 对宏观性能的影响, 如 "单胞模型" [10,11]、Chamis 等 [16-18] 的简化细观力学方程以及傅志平 [19] 的细观元方法。有的模型在融入结构分析程序时会遇到求解效率很低的困难, 例如 Kwon 等 [11,12] 基于 "单胞模型" 的数值型本构模型以及 Dvorak 等 [6-8] 基于 PHA 模型的数值型本构模型, 由于在复合材料结构非线性有限元求解的每一个时间步上及每一次平衡迭代中, 对每一个单元的每一积分点, 都包含一个建立本构模型的全过程, 使得结构分析花费大量的、难以容忍的计算时间。

1.3 通用单胞模型的发展历程

通用单胞模型 (generalized method of cells, GMC) 作为复合材料宏细观统一本构模型之一, 其控制方程作为连接宏观尺度和细观尺度的中介, 既能给出封闭形式的本构方程, 又能从宏观构件上一点提取出细观应力–应变场, 且推导过程基于弹塑性力学的平衡方程、几何方程和本构方程, 易于理解, 编程实现难度较小, 具有一定发展潜力。自从通用单胞模型的前身——单胞模型 (method of cells, MOC) 于 1982 年提出以来 [26], 从 GMC 模型到 HFGMC 模型 (高精度通用单胞模型, high fidelity generalized method of cells), 再到如今的 FVDAM 模型 (有限体积直接平均细观力学, finite volume directly averaging micromechanics), 计算精度不断提升, 且对复合材料复杂结构的适应性越来越好, 如图 1.4 所示。在模型发展的过程中, 几乎每年都有数篇基于上述模型的理论研究和应用研究论文发表。因此, 本节将介绍通用单胞模型的理论发展历程和应用现状。

1.3.1 通用单胞模型的理论发展

通用单胞模型 (GMC) 的基本思想在 1982 年 Aboudi 提出的单胞模型 (MOC) 就开始显现 [27]。MOC 模型从周期性复合材料中取出代表性体积单元, 并将其分为四个方形子胞 (subcell), 其中一个子胞表示纤维并假设为方形截面, 余下三个子胞表示基体, 如图 1.5 所示。同时, 假设子胞内任一点的位移为子胞中心位移

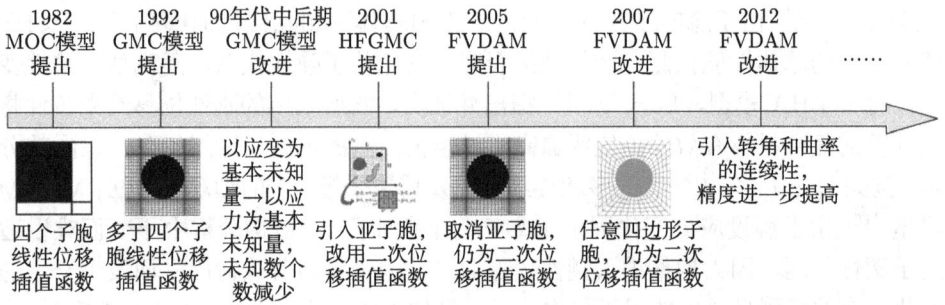

图 1.4 通用单胞模型的发展历程

的插值函数 (在 MOC 内为线性函数)，并利用弱化了的边界条件，即边界面上平均意义的位移连续条件和应力连续条件，求解弹塑性力学的基本方程，从而获得 RVE 的应力–应变场，再利用均匀化理论获得复合材料的宏观应力–应变关系。

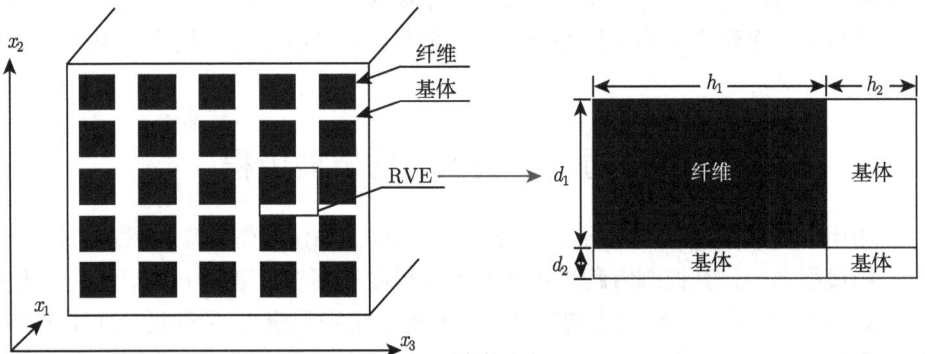

图 1.5 MOC 模型的子胞划分方式

此后，Aboudi 于 1991 年将 MOC 模型进行改进得到 GMC 模型 [9,28]，使得复合材料的代表性体积单元可以沿横竖方向划分成多于 4 个子胞，如图 1.6 所示，进而对具有复杂细观结构的复合材料展现出更好的适应性，理论上可预测任何复杂形状增强相的复合材料等效力学性能。这两种模型与 1.2 节的其他本构模型相比，其优点是：①给出了纤维增强复合材料弹性常数和热膨胀系数的解析表达式。表达式中包括了复合材料的材料微结构参数以及组分物理和力学性能的影响，从而可以真实地反映复合材料的宏观力学性能。②可以根据宏观应力场显式表达式计算出复合材料细观应力与变形场。因此，该模型可以直接耦合到常规有限元应力分析中，在计算复合材料构件宏观应力场的同时，获得细观应力场。该模型在发展初期就引起了美国 NASA 的高度重视，投入了大量的人力、财力进行了深入研究，发展成为 NASA 进行先进复合材料结构应力分析的主要方法。

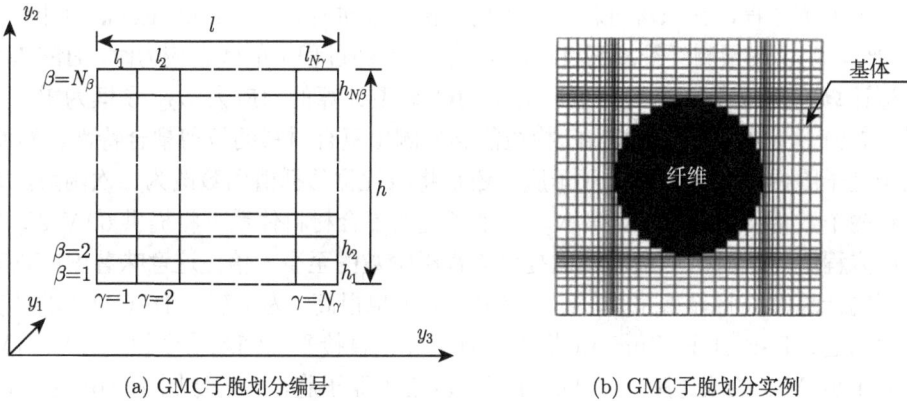

(a) GMC子胞划分编号　　　　　(b) GMC子胞划分实例

图 1.6　GMC 的子胞划分方式

　　然而, 当时提出的 GMC 模型仍存在两点不足: ①原始 GMC 模型在求解弹性力学基本方程时以应变为基本未知量。若有 $N_\beta N_\gamma$ 个子胞, 模型将提供 $6N_\beta N_\gamma$ 阶线性方程组, 导致在子胞数量较多时计算时间显著变长, 存储空间显著增加。②原始 GMC 模型因为假定位移插值函数为线性函数, 进而应力为常数, 自动满足平衡方程, 无法考虑复合材料的拉剪耦合效应, 即复合材料代表性体积单元受到拉/压应力作用时不发生纤维和基体间的剪切变形。为解决第一个问题, Pindera 等根据应力连续条件提出了以应力为未知量的改进算法 [29,30]。改进算法的 GMC 模型以应力为基本未知量, 在 $N_\beta N_\gamma$ 个子胞的复合材料体系下将提供 $N_\beta + N_\gamma$ 阶线性方程组, 较原始模型可大幅减少计算时间并减少存储开销。例如, Pindera 采用原始 GMC 模型计算 300×300 个子胞的复合材料代表性体积单元消耗时间为 55556s, 而改进算法的 GMC 模型的计算时间为 22229s, 减少了约一半 [29]。而解决第二个问题的方法有两种途径, 其中一种途径是添加应变相容条件, 发展相容胞元模型 (the strain-compatible method of cells, SCMC), 即在原始 GMC 模型满足位移、应力连续条件和周期性边界条件的基础上, 添加了应变相容方程。另一种途径是增加位移插值函数的次数以提高模型的精度, 进而在 21 世纪初发展出高精度通用单胞模型 (HFGMC[31]) 及其改进模型——有限体积直接平均细观力学 (FVDAM[32]), 这些模型假定的位移插值函数并不能自动满足平衡方程, 需要在公式推导过程中使用平衡方程进行消元, 进而实现更准确的应力场。由于目前文献多采用 HFGMC 和 FVDAM 模型及其改进模型解决拉剪耦合问题, 下面仅介绍这两种模型的理论发展历程。

　　HFGMC 模型较 GMC 模型而言, 有两点改变: 首先, 在对代表性体积单元划分子胞后, 又对每个子胞再划分成四个亚子胞, 如图 1.7(a) 所示; 其次, 将 GMC 中假定的线性位移插值函数改为二次函数, 进而应变和应力为一次函数, 不能自动满足平衡方程，在求解过程中要利用平衡方程进行消元。Bednarcyk 的计算结果 [33] 表明，在预测纤维增强 Ti 基复合材料冷却过程中的残余应力时，HFGMC 模型计算的剪应力 σ_{23} 场非零，而 GMC 模型计算的剪应力 σ_{23} 场恒为零，如图 1.7(b) 所示，因此 HFGMC 模型能够预测出复合材料的拉剪耦合特性。然而，无论是子胞内再划分成四个亚子胞，还是将线性位移插值函数改为二次函数，未知数的个数都将显著增加，在 $N_\beta N_\gamma$ 个子胞的复合材料体系下将提供 $60 N_\beta N_\gamma$ 阶线性方程组，是原始 GMC 模型提供方程组阶数的至少十倍，这意味着 HFGMC 模型的计算时间将显著拉长，且存储空间需求也很高。为了解决 HFGMC 的计算效率问题，Bansal 和 Pindera 提出了有限体积直接平均细观力学模型 FVDAM，作为 HFGMC 的改进版。FVDAM 模型取消了亚子胞，只需像图 1.6(b) 对 RVE 划分子胞，而每个子胞的位移插值函数仍为二次函数。同时，FVDAM 模型引入了子胞在边界面上的位移平均值作为基本未知量，较 HFGMC 减少了方程组的未知量个数。改进后，FVDAM 模型在 $N_\beta N_\gamma$ 个子胞的复合材料体系下将提供 $6 N_\beta N_\gamma$ 阶线性方程组，是 HFGMC 模型的十分之一，相当于原始 GMC 的方程阶数，但精度较 GMC 却有所提高。

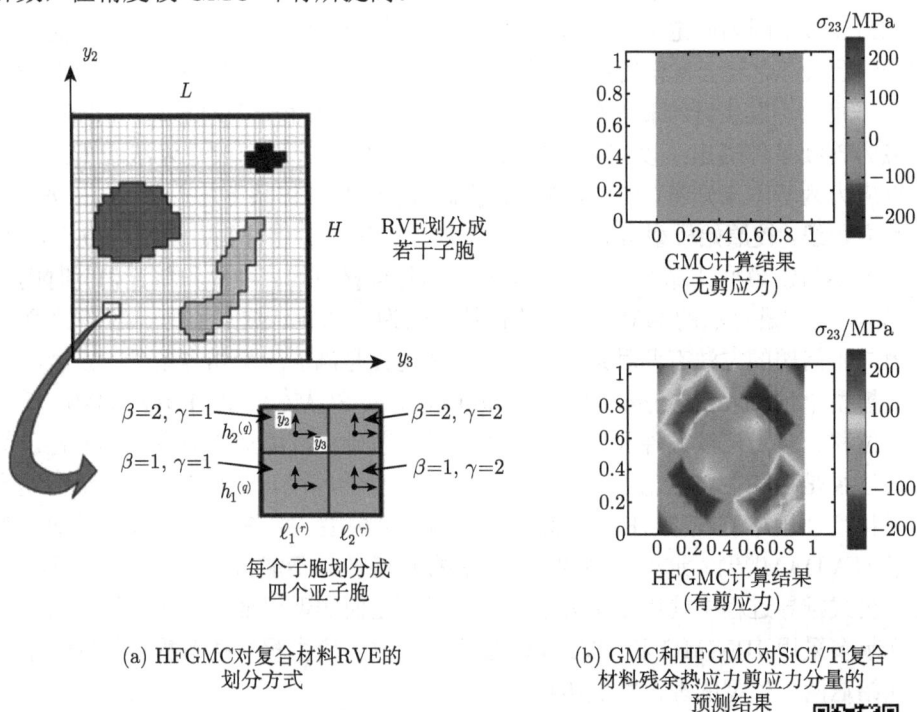

(a) HFGMC对复合材料RVE的划分方式

(b) GMC和HFGMC对SiCf/Ti复合材料残余热应力剪应力分量的预测结果

图 1.7　HFGMC 的子胞划分方式 [31] 及 HFGMC 与 GMC 的预测结果比较 [33]

（扫码获取彩图）

此后，研究人员对 FVDAM 模型进行了进一步完善，以提高模型的复合材料宏细观多尺度力学分析的能力，相关研究工作可归纳为以下两个方面：

(1) 子胞划分方式的改进。前面所述模型在复合材料单胞的子胞划分方式上均为矩形划分，意味着复合材料纤维和基体之间的曲边界面用锯齿形代替，需要将复合材料单胞划分为很多子胞，才能较好地实现曲边界面的近似，否则会在界面附近发生应力集中[34]，导致收敛性问题。Cavalcante 和 Chen 等借鉴了有限元理论中的"等参单元"，将复合材料单胞的子胞划分方式变为任意四边形 (二维情形[35]) 或任意六面体 (三维情形[36])，并建立任意四边形与标准正方形 (或任意六面体与标准立方体) 之间的坐标映射关系，在标准正方形 (立方体) 子胞及其坐标系下建立 FVDAM 方程，如图 1.8(a) 所示。这样改进的 FVDAM 模型称为参数化 FVDAM 模型 (parametric FVDAM, PFVDAM)，该模型能在复合材料单胞划分子胞个数较少的情况下实现较好的曲边界面近似。高希光对二维 FVDAM

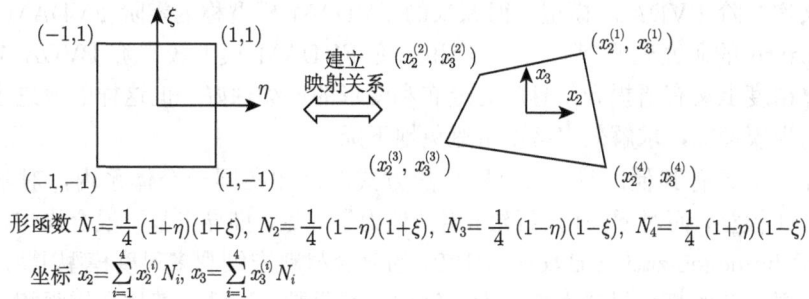

形函数 $N_1 = \frac{1}{4}(1+\eta)(1+\xi)$, $N_2 = \frac{1}{4}(1-\eta)(1+\xi)$, $N_3 = \frac{1}{4}(1-\eta)(1-\xi)$, $N_4 = \frac{1}{4}(1+\eta)(1-\xi)$

坐标 $x_2 = \sum_{i=1}^{4} x_2^{(i)} N_i$, $x_3 = \sum_{i=1}^{4} x_3^{(i)} N_i$

(a) Cavalcante的等参单元法

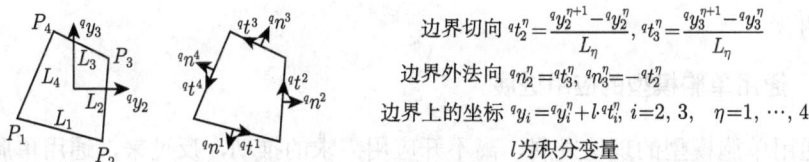

边界切向 $\,^q t_2^\eta = \frac{\,^q y_2^{\eta+1} - \,^q y_2^\eta}{L_\eta}$, $\,^q t_3^\eta = \frac{\,^q y_3^{\eta+1} - \,^q y_3^\eta}{L_\eta}$

边界外法向 $\,^q n_2^\eta = \,^q t_3^\eta$, $\,^q n_3^\eta = -\,^q t_2^\eta$

边界上的坐标 $\,^q y_i = \,^q y_i^\eta + l \cdot \,^q t_i^\eta$, $i = 2, 3$, $\eta = 1, \cdots, 4$

l 为积分变量

(b) 高希光的直接积分法

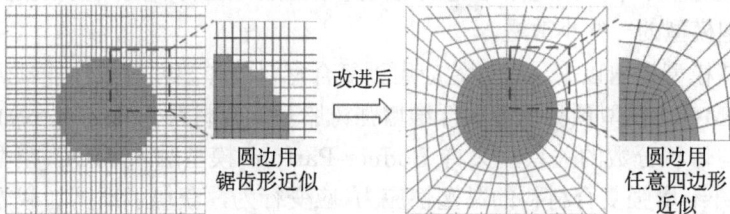

(c) 改进前后复合材料纤维圆边近似效果比较

图 1.8　FVDAM 的子胞划分方式改进方法与效果

模型作了类似的改进 [34]，但和 Cavalcante 的不同，高希光没有建立任意四边形子胞和标准正方形子胞之间的映射关系，所有子胞边界面上的平均位移和平均面力都沿斜线边界直接积分得出，并将这样改进的 FVDAM 模型称为任意四边形 FVDAM 模型 (quadrilateral FVDAM, QFVDAM)，如图 1.8(b) 所示。但无论是何种方法改进子胞划分方式，改进后复合材料纤维的圆边近似效果都有显著的提高，如图 1.8(c) 所示。

(2) 连续性条件的改进。原始 FVDAM 模型只考虑了复合材料单胞的子胞边界面在位移和面力上的平均意义连续性，并非严格连续，必然存在一定的精度损失。Cavalcante 基于 FVDAM 将子胞位移表达式设为高次多项式 [37]，同时新引入了子胞在边界面上的平均转角、平均曲率和面力的一、二阶导数平均值，以及这些新物理量的连续性条件，获得了推广的 FVDAM 模型 (generalized FVDAM, GFVDAM)，其中仅考虑转角和面力一阶导数连续性的 GFVDAM 模型又称一阶 FVDAM 模型，同时考虑转角、曲率和面力的一、二阶导数连续性的 GFVDAM 模型又称二阶 FVDAM 模型，而原来的 FVDAM 模型称为零阶 FVDAM 模型。Cavalcante 的研究表明 [38,39]，一阶和二阶 FVDAM 模型较零阶 FVDAM 模型在计算精度上又有所提升，且应力分布和变形的连续性好，但这样的改进也使方程组的规模增加，求解效率将不可避免地下降。

此外，还有其他改进 FVDAM 的方式，例如在同一个体系内，对基体用 FVDAM 模型，而对增强相 (纤维) 用其他力学理论，推导出基于混合均匀化理论 (hybrid homogenization theory, HHT) 的复合材料宏细观多尺度模型 [40]，又如考虑了更复杂的复合材料本构行为，例如界面脱黏，取消了基体和增强相的位移连续性等。前者我们不作介绍，而后者将在下一节通用单胞模型的应用进展中进行介绍。

1.3.2 通用单胞模型的应用进展

通用单胞模型的理论发展，离不开应用需求的推动，反过来，通用单胞模型也需要通过在复合材料结构细观和宏细观多尺度分析中的大量应用，来展现该模型的价值。因此，本节介绍通用单胞模型的应用进展，包含研究人员根据应用需求对通用单胞模型的一些小改进。

自 MOC 模型提出以来，就开始应用到复合材料的弹塑性等效性能预测。文献 [27] 基于 MOC 模型预测了玻璃纤维增强树脂基复合材料 (glass/epoxy) 的等效弹性模量与体积分数的关系，又将 Bodner-Partom 模型融入 MOC 模型，预测了 Ti/Al 纤维增强复合材料的黏塑性应力–应变行为，获得了不同加载方向和不同应变速率下 Ti/Al 纤维增强复合材料、Ti 纤维与 Al 基体的应力–应变行为。Aboudi 在文献 [41] 中，基于 MOC 模型导出了金属基复合材料的均匀化本构方程，并考虑了纤维增强复合材料中纤维和基体之间界面脱黏[42]，还研究了 B/Al 纤维增强复合材料的屈服行为，获得了不同的双轴应力状态下的复合材料屈服面[43]。然而，MOC 模型只能将复合材料 RVE 划分成四个子胞，对复合材料增强相形状适应性差，因此还不具备宏细观多尺度的复合材料结构强度分析能力。

由于 GMC 模型对复合材料增强相形状的适应性较 MOC 模型好，研究人员不仅基于 GMC 模型实现了较 MOC 模型更准确的复合材料力学性能预测，还将 GMC 模型应用到复合材料结构强度的宏细观多尺度分析中。在复合材料力学性能预测方面，预测了 B/Al、SiC/Ti 等金属基复合材料的轴向、横向和偏轴应力–应变响应，在模型中不仅考虑了弹塑性变形，还包含了金属在高温环境下的黏塑性，以及金属基复合材料纤维和界面之间的弱黏结效应[44-46]。而在复合材料构件宏细观多尺度强度计算方面，包含航空发动机压气机整体叶环芯部的宏细观多尺度应力计算、层合板的强度预测、结构疲劳预测。值得一提的是，北京航空航天大学将 GMC 模型与疲劳损伤累积模型结合，实现了二维编织陶瓷基复合材料制成的悬臂梁结构[47]和涡轮导叶结构[48]的宏细观多尺度高周疲劳预测。在预测过程中，细观力学部分采用 GMC 求解编织材料的代表性体积单元并用于刚度退化，在宏观力学部分求解悬臂梁或涡轮导叶有限元模型，且宏细观尺度互相传递信息，如图 1.9(a) 所示。为了提高疲劳寿命预测的效率，采用循环跳跃技术 (cycle jump technique) 加速疲劳寿命预测：在正常计算过程中，GMC 模型将同时提供等效应力–应变响应和编织材料的细观应力场与损伤变量场，在循环跳跃计算过程中，GMC 模型只提供等效应力–应变响应，如图 1.9(b) 所示。图 1.9(c)~(e) 分别为涡轮导叶根部应力、根部的危险点 $P2$ 的细观应力与损伤演化和涡轮导叶损伤演化。由此可见，GMC 模型已经实现了复合材料构件宏细观多尺度强度计算，并初步形成了体系。

随着更高精度的 HFGMC 模型及其改进模型 FVDAM 的提出，通用单胞模型开始应用于具有复杂细观结构和本构行为的复合材料宏细观多尺度分析。例如，对于某些复合材料 (如 SiC_f/Ti 复合材料)，纤维和基体之间的界面黏结程度较弱，因此研究人员将界面脱黏引入 HFGMC 和 FVDAM 模型中。界面脱黏引入模型的方法有两种：第一种方法为取消位移连续条件。例如 Tu 将内聚力模型植入 FVDAM 模型中，在纤维和基体之间插入相对位移，而相对位移由内聚力模型获得，如图 1.10(a) 所示[49]。第二种方法为在基体和纤维之间插入实体单元，将界面作为复合材料的第三组分，无需取消位移连续条件。例如 Yang 将界面以实体单元表征 (如图 1.10(b) 所示)，并用损伤变量表征界面脱黏程度，建立了复合材料界面的应力–应变关系并引入 FVDAM，然后通过分子动力学方法标定了开始发生界面脱黏和界面完全脱黏时的界面应变[50]。对第一种方法，因为一般论文中复合材料的界面脱黏参数主要由界面张开位移表示，所以方法的可用范围较广，

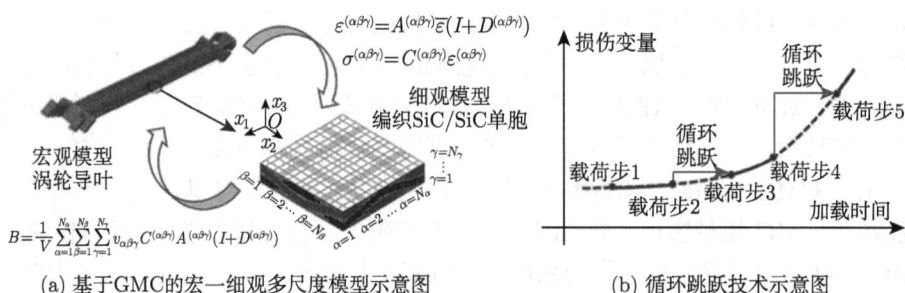

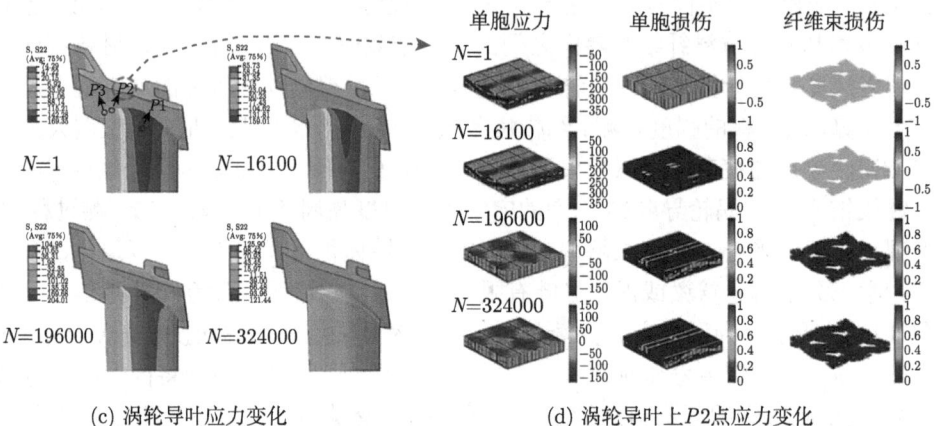

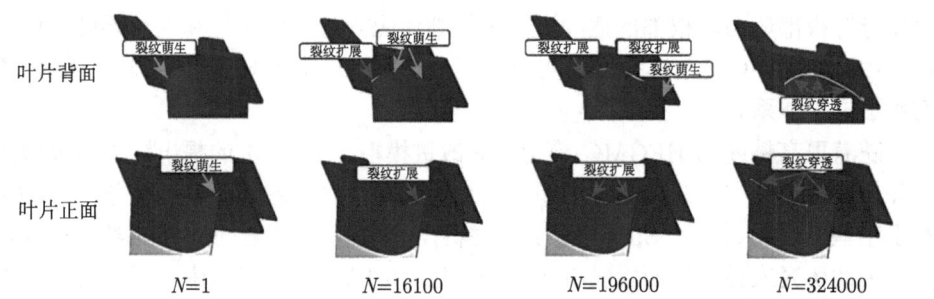

$$\varepsilon^{(\alpha\beta\gamma)}=A^{(\alpha\beta\gamma)}\overline{\varepsilon}(I+D^{(\alpha\beta\gamma)})$$
$$\sigma^{(\alpha\beta\gamma)}=C^{(\alpha\beta\gamma)}\varepsilon^{(\alpha\beta\gamma)}$$

$$B=\frac{1}{V}\sum_{\alpha=1}^{N_\alpha}\sum_{\beta=1}^{N_\beta}\sum_{\gamma=1}^{N_\gamma}v_{\alpha\beta\gamma}C^{(\alpha\beta\gamma)}A^{(\alpha\beta\gamma)}(I+D^{(\alpha\beta\gamma)})$$

(a) 基于GMC的宏—细观多尺度模型示意图

(b) 循环跳跃技术示意图

(c) 涡轮导叶应力变化

(d) 涡轮导叶上$P2$点应力变化

(e) 涡轮导叶正背面叶根处疲劳裂纹扩展行为

图 1.9　基于 GMC 的二维编织陶瓷基涡轮导叶疲劳寿命预测 [48]

（扫码获取彩图）

但因为取消了位移连续条件，控制方程中多了附加项，进而公式推导和编程实现难度较大。对第二种方法，因为无需取消位移连续条件，公式推导和编程实现难度较小，但是界面脱黏参数需要用应变表示，而界面的厚度随着实际材料的不同而不同，难以从界面张开位移转换为应变。

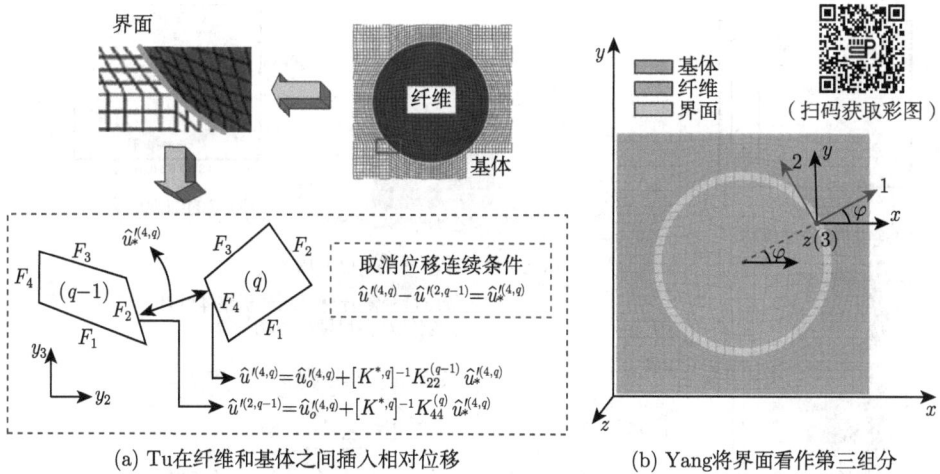

(a) Tu 在纤维和基体之间插入相对位移　　　　(b) Yang 将界面看作第三组分

图 1.10　在 FVDAM 模型内考虑复合材料界面脱黏 [49,50]

又如，研究人员基于 FVDAM 对复合材料进行多物理场耦合分析：孙志刚等对压电复合材料建立了力–电磁耦合的 FVDAM 模型，同时预测了 $BaTiO_3$ 纤维增强 $CoFe_2O_4$ 基复合材料的弹性常数、压电常数和压磁常数 [51]；Li 等基于力–电耦合的 FVDAM 模型研究了压电复合材料纤维和基体分别存在初始缺陷对复合材料细观应力分布和电场分布的影响 [52]。

在 HFGMC 和 FVDAM 模型发展的过程中，涌现出许多基于这两种模型的复合材料宏观构件多尺度分析的研究工作。例如 Massarwa 等将 HFGMC 模型与有限元法结合，实现了纤维增强复合材料层合板的宏细观多尺度渐进失效分析，如图 1.11(a) 所示 [53]。孙志刚基于 GMC 模型为航空发动机构件有限元分析提供本构方程，然后基于 FVDAM 模型计算构件上危险点的细观应力场，如图 1.11(b) 所示 [54]。Ye 等将 PFVDAM 与 Tsai-Hill 失效准则结合，实现了细观尺度—层合板尺度—宏观尺度的三层多尺度模拟，获得了复合材料风机叶片在加载过程中的损伤演化规律，如图 1.11(c) 所示 [55]。Yang 等将统一流形逼近与投影理论 (uniform manifold approximation and projection, UMAP) 和 FVDAM 结合，将代表性体积单元分为若干区域，只储存区域的细观损伤信息 [56]，如图 1.11(d) 所示，进而加速了 FVDAM 对复合材料层合板多尺度裂纹扩展的预测，并减少了数据储存开销。

从上述的分析可以看出，通用单胞模型经过数十年的发展，已经基本建立了理论框架，并应用到各种复合材料的分析中。

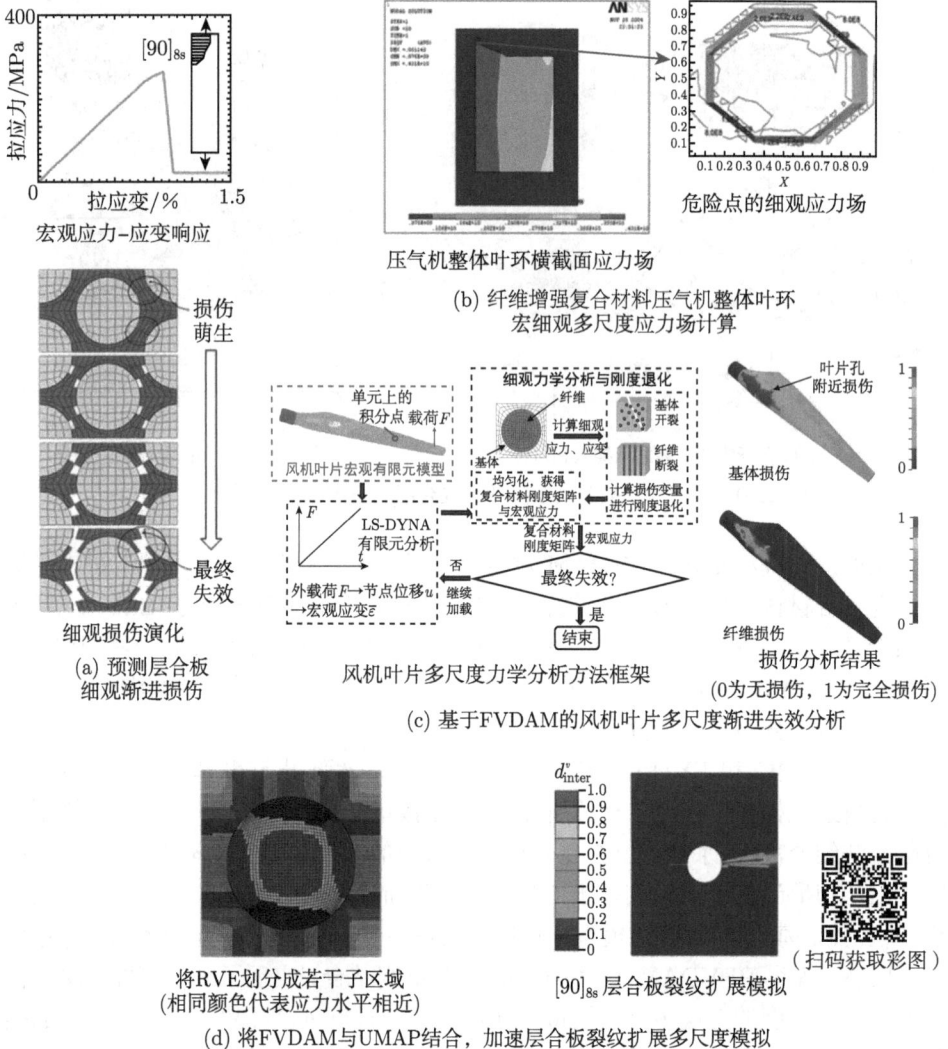

400
[90]$_{8s}$
拉应力/MPa
0   拉应变/%   1.5
宏观应力−应变响应

损伤
萌生

最终
失效

细观损伤演化

(a) 预测层合板
细观渐进损伤

压气机整体叶环横截面应力场

危险点的细观应力场

(b) 纤维增强复合材料压气机整体叶环
宏细观多尺度应力场计算

单元上的
积分点 载荷 F

细观力学分析与刚度退化

纤维

纤维
开裂

基体
开裂

纤维
断裂

计算细观
应力、应变

风机叶片宏观有限元模型

均匀化, 获得
复合材料刚度矩阵
与宏观应力

计算损伤变量
进行刚度退化

F

LS-DYNA
有限元分析

复合材料
刚度矩阵

复合材料
宏观应力

外载荷 F→节点位移 u
→宏观应变 ε

否
继续
加载

最终失效?

是

结束

风机叶片多尺度力学分析方法框架

叶片孔
附近损伤

基体损伤

纤维损伤

损伤分析结果
(0为无损伤, 1为完全损伤)

(c) 基于FVDAM的风机叶片多尺度渐进失效分析

将RVE划分成若干子区域
(相同颜色代表应力水平相近)

d_{inter}^v

[90]$_{8s}$ 层合板裂纹扩展模拟

(扫码获取彩图)

(d) 将FVDAM与UMAP结合, 加速层合板裂纹扩展多尺度模拟

图 1.11   基于 HFGMC 和 FVDAM 的复合材料宏细观多尺度分析 [53-56]

1.4 基于通用单胞模型的复合材料结构多尺度分析软件

要进一步推广通用单胞模型的实际应用, 不仅需要对该模型本身进行完善, 还需要研发能够自动化建模且易于操作的软件包或软件模块。

1994 年, 在 NASA 的资助下, Akron 大学开发了 GMC 本构模型的计算软件 MAC(micromechanics analysis code)。它可以用来分析 8 种不同的纤维排列模式和纤维形状的复合材料本构关系。1996 年, MAC 软件升级到第 2 版, 增加

了纤维形状的模拟功能和多种组分材料的本构模型。1999 年，MAC 软件升级到
第 3 版，把改进算法的 GMC 模型引入到软件中，并增加了软件前后处理的功能
以及热载荷的历程变化等。2002 年，MAC 软件升级到第 4 版，将电磁场耦合模
型以及 HFGMC 模型增加到软件中，能较准确地预测复合材料的性能，并能较好
地计算树脂基以及水泥基复合材料的力学性能 [57-63]。

　　1995 年，美国 NASA 的 Lewis 研究中心通过将"广义细胞模型"融入 MARC
等大型通用有限元程序，开发了多种复合材料结构分析程序 [64]。上述的软件已经
成为 NASA 分析和设计先进材料结构的主要工具，并应用到了先进发动机结构的
设计中。

　　2010 年，美国 NASA 的 Glenn 研究中心与达索公司合作，在著名有限元分
析软件 ABAQUS 上开发了基于通用单胞模型的复合材料结构宏细观多尺度分析
软件平台 FEAMAC[65]，将通用单胞模型的参数设置、求解和后处理深入融合到
ABAQUS 界面中，可以同时显示复合材料宏观结构及其上一点细观结构的应力
和应变场，无需单独编写程序，进而大幅降低了操作难度。图 1.12 所示为一纤维
增强复合材料层合板在 FEAMAC 中的多尺度分析。南京航空航天大学的石建也
开发了类似软件 [66]。

图 1.12　纤维增强复合材料层合板在 FEAMAC 中的多尺度分析

（扫码获取彩图）

第 2 章   通用单胞模型及其改进算法

2.1   通用单胞模型的基本理论

由于复合材料是由多相材料组成的，复合材料的细观结构以及每一相材料的性能确定后，复合材料的本构关系即可获得。

假设多相复合材料在 x_2-x_3 方向是周期排列的，其中代表性体积单元 (REV) 用方框表示，如图 1.2 所示。在均匀化理论中，位移可以近似地展开成下列形式：

$$u_i(x, y) = u_{0i}(x, y) + \delta u_{1i}(x, y) + \delta^2 u_{2i}(x, y) + \cdots \tag{2.1}$$

其中，$x = (x_1, x_2, x_3)$ 是宏观坐标；$y = (y_1, y_2, y_3)$ 是与周期代表性体积单元有关的细观坐标。

方程 (2.1) 中不同阶项 $u_{ai}(a = 1, 2, \cdots)$ 隐含了材料的周期性，即满足下列约束条件：

$$u_{ai}(x, y) = u_{ai}(x, y + d) \tag{2.2}$$

其中，d 表示材料细观尺度的特征长度。方程 (2.1) 中的 u_{0i} 是位移 u_i 的平均值，因此，它不是细观尺度 y 的函数，只是宏观坐标 x 的函数，可以通过胡克定律和平衡方程求出，即

$$u_{0i} = u_{0i}(x) = \overline{u} \tag{2.3}$$

$$u_{1i} = u_i(x, y)u_{ai}(x, y) = u_{ai}(x, y + d) \tag{2.4}$$

其中，一阶位移 u_{1i} 是可变位移，由不同介质之间 (例如纤维和基体之间) 的相互作用而产生，为宏观坐标 x 和细观坐标 y 的函数。

在方程 (2.1) 位移扩展方程的条件下，应变分量可以写成下列形式：

$$\varepsilon_{ij} = \overline{\varepsilon}_{ij}(x) + \widetilde{\varepsilon}_{ij}(x, y) + O(\delta) \tag{2.5}$$

其中，

$$\overline{\varepsilon}_{ij}(x) = \frac{1}{2} \left(\frac{\partial \overline{u}_i}{\partial x_j} + \frac{\partial \overline{u}_j}{\partial x_i} \right) \tag{2.6}$$

$$\widetilde{\varepsilon}_{ij}(x) = \frac{1}{2} \left(\frac{\partial \widetilde{u}_i}{\partial y_j} + \frac{\partial \widetilde{u}_j}{\partial y_i} \right) \tag{2.7}$$

这表明应变分量 ε 能够表示成复合材料平均应变 $\bar{\varepsilon}$ 以及可变应变 $\tilde{\varepsilon}$ 的和。在代表性体积单元内，平均的可变应变为 0。对均匀材料而言，可变应变及位移均不存在。可得

$$\frac{1}{V_y}\int \varepsilon_{ij}\mathrm{d}V_y = \frac{1}{V_y}\int (\bar{\varepsilon}_{ij}+\tilde{\varepsilon}_{ij})\,\mathrm{d}V_y = \bar{\varepsilon}_{ij}$$

其中，V_y 表示代表性体积单元的体积。位移可写成下列形式：

$$u_i(x,y) = \bar{\varepsilon}_{ij}x_j + \tilde{u}_i + O(\delta^2) \tag{2.8}$$

上述位移场可以采用子胞求解技术求近似解。

对于弹性材料，胡克定律表示如下：

$$\sigma_{ij} = C_{ijkl}\varepsilon_{kl} \tag{2.9}$$

其中，C_{ijkl} 是复合材料各相的刚度分量。对于采用局部坐标系 y 定义的代表性体积单元，刚度函数是周期的，即

$$C_{ijkl}(x) = C_{ijkl}(y) \tag{2.10}$$

把方程 (2.5) 代入式 (2.9) 并对微观变量 y_i 微分，得

$$\frac{\partial}{\partial y_j}C_{ijkl}(y)[\bar{\varepsilon}_{kl}(x)+\tilde{\varepsilon}_{kl}(x,y)] = 0 \tag{2.11}$$

定义下列应力向量：

$$\sigma_{ij}^0 = C_{ijkl}(y)\bar{\varepsilon}_{kl}(x) \tag{2.12}$$

$$\sigma_{ij}^1 = C_{ijkl}(y)\tilde{\varepsilon}_{kl}(x,y) \tag{2.13}$$

其中，σ_{ij}^1 为可变应力，则式 (2.11) 可写成下列形式：

$$\frac{\partial \sigma_{ij}^1}{\partial y_j} + \frac{\partial \sigma_{ij}^0}{\partial y_j} = 0 \tag{2.14}$$

方程 (2.14) 为广义平衡方程，式中第一项包含未知的周期可变位移函数 u_i，第二项只包括虚拟的体积力，除了每相间的界面外，其余地方均为 0。

对于给定的平均应变 $\bar{\varepsilon}_{kl}$ 和给定代表性体积单元边界的周期性边界条件，利用式 (2.14)，可以求解得到未知的可变应力场。除了边界条件外，在代表性体积单元的子胞间还需要应力和位移连续条件。

假设代表性体积单元定义在 y_2-y_3 方向的矩形区域 $(0 \leqslant y_2 \leqslant H, 0 \leqslant y_3 \leqslant L)$，见图 1.6，其中 y_1 方向为纤维方向，其周期性边界条件为

$$
\begin{aligned}
u_i(y_2 = 0) = u_i(y_2 = H), \quad \sigma_{2i}(y_2 = 0) = \sigma_{2i}(y_2 = H) \\
u_i(y_3 = 0) = u_i(y_3 = L), \quad \sigma_{3i}(y_3 = 0) = \sigma_{3i}(y_3 = L)
\end{aligned}
\tag{2.15}
$$

其中，总应力 σ_{ij} 可以表达为

$$
\sigma_{ij} = \sigma_{ij}^0 + \sigma_{ij}^1 \tag{2.16}
$$

同时把代表性体积单元的任一点位移固定。

考虑内部界面的连续条件以及周期性边界条件，求解方程 (2.14)，就可建立代表性体积单元的应变场。为此，先定义反映可变应变与平均应变间关系的四阶张量 $\widetilde{A}$：

$$
\widetilde{\varepsilon} = \widetilde{A}(y)\overline{\varepsilon} \tag{2.17}
$$

代入到方程 (2.5)，可得到所需要的应变集中向量 $A(y)$：

$$
\varepsilon = \overline{\varepsilon} + \widetilde{A}(y)\overline{\varepsilon} = [I_4 + \widetilde{A}(y)]\overline{\varepsilon} = A(y)\overline{\varepsilon} \tag{2.18}
$$

其中，I_4 是特定的四阶张量。

$$
(I_4)_{ijkl} = \frac{1}{2}(\delta_{ik}\delta_{jl} + \delta_{il}\delta_{jk}) \tag{2.19}
$$

其中，δ_{ik}、δ_{jl}、δ_{il} 和 δ_{jk} 是 Kronecker 函数。

按下述方法，可获得应变集中向量 A。在求解式 (2.14) 时，必须设内部界面以及周期边界条件的 $\overline{\varepsilon}_{11} = 1$，而其他分量设置为 0，求解出 $A_{ij11}(i,j=1,2,3)$；再设置 $\overline{\varepsilon}_{22} = 1$，其他分量为 0，求得 $A_{ij22}(i,j=1,2,3)$，如此重复下去。

获得了应变集中向量 $A(y)$ 后，可按下述步骤获得复合材料的刚度 $C(y)$。把方程 (2.18) 代入式 (2.9) 得到：

$$
\sigma = C(y)A(y)\overline{\varepsilon} \tag{2.20}
$$

通过式 (2.20)，得到应力 σ，在整个代表性体积单元上取平均值，得到复合材料的平均应力。得到复合材料的有效刚度系数 $C^* = \frac{1}{V_y}\int C(y)A(y)\mathrm{d}V_y$，则

$$
\overline{\sigma} = C^*\overline{\varepsilon} \tag{2.21}
$$

2.2 改进算法的二维通用单胞模型

二维通用单胞模型在求解细观应力–应变场时是以子胞应变作为基本的未知量。求解时，未知量的个数有 $6N_\beta N_\gamma$ 个。随着子胞数目的增加，未知量的数目以几何级数增长。例如 100×100 子胞时，其未知量的数目达到 60000 个之多。对于这样规模的方程组的求解，计算效率低，时间长。从通用单胞模型的子胞应力边界条件可以知道，某一列 (行) 子胞在其中一个方向上的应力是相等的。如果以子胞应力为基本的细观未知量进行计算，则细观未知量的数目可大大减少。因此，可以子胞应力作为基本的未知量来改进通用单胞法的求解算法。

子胞应变–应力的关系方程：

$$\bar{\varepsilon}^{(\beta\gamma)} = S^{(\beta\gamma)}\bar{\sigma}^{(\beta\gamma)} + \bar{\varepsilon}^{p(\beta\gamma)} + \alpha^{(\beta\gamma)}\Delta T \tag{2.22}$$

其中，$S^{(\beta\gamma)} = [C^{(\beta\gamma)}]^{-1}$ 为子胞的柔度矩阵；$\alpha^{(\beta\gamma)}$ 为子胞材料的热膨胀系数；ΔT 为温差；$\bar{\varepsilon}^{p(\beta\gamma)}$ 为子胞的非弹性应变。把式 (2.22) 和应力连续条件直接代入到位移连续条件式 (2.23)，可得到改进的子胞间的位移连续方程。在通用单胞模型中，位移连续条件的表达式为 [67]

$$\bar{\varepsilon}_{11}^{(\beta\gamma)} = \bar{\varepsilon}_{11}, \quad \beta = 1,\cdots,N_\beta; \gamma = 1,\cdots,N_\gamma \tag{2.23}$$

$$\sum_{\beta=1}^{N_\beta} h_\beta \bar{\varepsilon}_{22}^{(\beta\gamma)} = h\bar{\varepsilon}_{22}, \quad \gamma = 1,\cdots,N_\gamma \tag{2.24}$$

$$\sum_{\gamma=1}^{N_\gamma} l_\gamma \bar{\varepsilon}_{33}^{(\beta\gamma)} = l\bar{\varepsilon}_{33}, \quad \beta = 1,\cdots,N_\beta \tag{2.25}$$

$$\sum_{\beta=1}^{N_\beta} h_\beta \bar{\varepsilon}_{12}^{(\beta\gamma)} = h\bar{\varepsilon}_{12}, \quad \gamma = 1,\cdots,N_\gamma \tag{2.26}$$

$$\sum_{\gamma=1}^{N_\gamma} l_\gamma \bar{\varepsilon}_{13}^{(\beta\gamma)} = l\bar{\varepsilon}_{13}, \quad \beta = 1,\cdots,N_\beta \tag{2.27}$$

$$\sum_{\gamma=1}^{N_\gamma}\sum_{\gamma=1}^{N_\gamma} h_\beta l_\gamma \bar{\varepsilon}_{23}^{(\beta\gamma)} = hl\bar{\varepsilon}_{23} \tag{2.28}$$

其中，h_β、l_γ 为子胞 (β,γ) 的尺寸；h、l 为代表性体积元的尺寸。

2.2.1　子胞正应力与宏观应变间的关系

当子胞的材料为正交各向异性材料时，方程 (2.23) 中用子胞的正应力、非弹性应变和热应变表达子胞正应变，公式如下：

$$\bar\varepsilon_{11}^{(\beta\gamma)} = S_{11}^{(\beta\gamma)}\bar\sigma_{11}^{(\beta\gamma)} + S_{12}^{(\beta\gamma)}\bar\sigma_{22}^{(\beta\gamma)} + S_{13}^{(\beta\gamma)}\bar\sigma_{33}^{(\beta\gamma)} + \alpha_{11}^{(\beta\gamma)}\Delta T + \bar\varepsilon_{11}^{p(\beta\gamma)} \tag{2.29}$$

$$\bar\varepsilon_{22}^{(\beta\gamma)} = S_{12}^{(\beta\gamma)}\bar\sigma_{11}^{(\beta\gamma)} + S_{22}^{(\beta\gamma)}\bar\sigma_{22}^{(\beta\gamma)} + S_{23}^{(\beta\gamma)}\bar\sigma_{33}^{(\beta\gamma)} + \alpha_{22}^{(\beta\gamma)}\Delta T + \bar\varepsilon_{22}^{p(\beta\gamma)} \tag{2.30}$$

$$\bar\varepsilon_{33}^{(\beta\gamma)} = S_{13}^{(\beta\gamma)}\bar\sigma_{11}^{(\beta\gamma)} + S_{23}^{(\beta\gamma)}\bar\sigma_{22}^{(\beta\gamma)} + S_{33}^{(\beta\gamma)}\bar\sigma_{33}^{(\beta\gamma)} + \alpha_{33}^{(\beta\gamma)}\Delta T + \bar\varepsilon_{33}^{p(\beta\gamma)} \tag{2.31}$$

用各子胞轴向变形相等的边界条件，即式 (2.23) 代入式 (2.29)，子胞轴向应力 $\bar\sigma_{11}^{(\beta\gamma)}$ 可用下式表达：

$$\bar\sigma_{11}^{(\beta\gamma)} = \frac{1}{S_{11}^{(\beta\gamma)}}[\bar\varepsilon_{11} - S_{12}^{(\beta\gamma)}\bar\sigma_{22}^{(\beta\gamma)} - S_{13}^{(\beta\gamma)}\bar\sigma_{33}^{(\beta\gamma)} - \alpha_{11}^{(\beta\gamma)}\Delta T - \bar\varepsilon_{11}^{p(\beta\gamma)}] \tag{2.32}$$

把式 (2.32) 代入式 (2.30)、式 (2.31)，以消除表达式中子胞轴向正应力 $\bar\sigma_{11}^{(\beta\gamma)}$，可得到子胞正应变 $\bar\varepsilon_{22}^{(\beta\gamma)}$、$\bar\varepsilon_{33}^{(\beta\gamma)}$：

$$\begin{aligned}\bar\varepsilon_{22}^{(\beta\gamma)} = &\frac{S_{12}^{(\beta\gamma)}}{S_{11}^{(\beta\gamma)}}\bar\varepsilon_{11} + \left(S_{22}^{(\beta\gamma)} - \frac{S_{12}^{(\beta\gamma)2}}{S_{11}^{(\beta\gamma)}}\right)\bar\sigma_{22}^{(\beta\gamma)} + \left(S_{23}^{(\beta\gamma)} - \frac{S_{12}^{(\beta\gamma)}S_{13}^{(\beta\gamma)}}{S_{11}^{(\beta\gamma)}}\right)\bar\sigma_{33}^{(\beta\gamma)}\\ &+ \left(\alpha_{22}^{(\beta\gamma)} - \frac{S_{12}^{(\beta\gamma)}}{S_{11}^{(\beta\gamma)}}\alpha_{11}^{(\beta\gamma)}\right)\Delta T + \bar\varepsilon_{22}^{p(\beta\gamma)} - \frac{S_{12}^{(\beta\gamma)}}{S_{11}^{(\beta\gamma)}}\bar\varepsilon_{11}^{p(\beta\gamma)}\end{aligned} \tag{2.33}$$

$$\begin{aligned}\bar\varepsilon_{33}^{(\beta\gamma)} = &\frac{S_{13}^{(\beta\gamma)}}{S_{11}^{(\beta\gamma)}}\bar\varepsilon_{11} + \left(S_{23}^{(\beta\gamma)} - \frac{S_{12}^{(\beta\gamma)}S_{13}^{(\beta\gamma)}}{S_{11}^{(\beta\gamma)}}\right)\bar\sigma_{22}^{(\beta\gamma)} + \left(S_{33}^{(\beta\gamma)} - \frac{S_{13}^{(\beta\gamma)2}}{S_{11}^{(\beta\gamma)}}\right)\bar\sigma_{33}^{(\beta\gamma)}\\ &+ \left(\alpha_{33}^{(\beta\gamma)} - \frac{S_{13}^{(\beta\gamma)}}{S_{11}^{(\beta\gamma)}}\alpha_{11}^{(\beta\gamma)}\right)\Delta T + \bar\varepsilon_{33}^{p(\beta\gamma)} - \frac{S_{13}^{(\beta\gamma)}}{S_{11}^{(\beta\gamma)}}\bar\varepsilon_{11}^{p(\beta\gamma)}\end{aligned} \tag{2.34}$$

对于某一固定列子胞 $(1\gamma),\cdots,(N_\beta\gamma)$ 的界面正应力 $T_{22}^{(\gamma)}$ 和某一固定行子胞 $(\beta1),\cdots,(\beta N_\gamma)$ 的界面正应力 $T_{33}^{(\beta)}$，子胞界面应力连续条件为

$$\bar\sigma_{22}^{(1\gamma)} = \bar\sigma_{22}^{(2\gamma)} = \cdots = \bar\sigma_{22}^{(N_\beta\gamma)} = T_{22}^{(\gamma)}, \quad \gamma = 1,\cdots,N_\gamma \tag{2.35}$$

$$\bar\sigma_{33}^{(\beta1)} = \bar\sigma_{33}^{(\beta2)} = \cdots = \bar\sigma_{33}^{(\beta N_\gamma)} = T_{33}^{(\beta)}, \quad \beta = 1,\cdots,N_\beta \tag{2.36}$$

把式 (2.35)、式 (2.36)、式 (2.33)、式 (2.34) 代入式 (2.30)、式 (2.31)，得到改进的界面连续条件为

$$A_\gamma T_{22}^{(\gamma)} + \sum_{\beta=1}^{N_\beta} h_\beta B_{\beta\gamma} T_{33}^{(\beta)} = h\bar\varepsilon_{22} - c_\gamma\bar\varepsilon_{11} + d_\gamma\Delta T + p_1^{(\gamma)}, \quad \gamma = 1,\cdots,N_\gamma \tag{2.37}$$

$$\sum_{\gamma=1}^{N_\gamma} l_\gamma B_{\beta\gamma} T_{22}^{(\gamma)} + D_\beta T_{33}^{(\beta)} = l\bar{\varepsilon}_{33} - e_\beta \bar{\varepsilon}_{11} + f_\beta \Delta T + p_2^{(\beta)}, \beta = 1, \cdots, N_\beta \quad (2.38)$$

式 (2.37)、式 (2.38) 可写成下列矩阵形式:

$$\begin{bmatrix} A & B \\ B' & D \end{bmatrix} \begin{bmatrix} T_2 \\ T_3 \end{bmatrix} = \left\{ \begin{array}{c} H \\ 0 \end{array} \right\} \bar{\varepsilon}_{22} + \left\{ \begin{array}{c} 0 \\ L \end{array} \right\} \bar{\varepsilon}_{33} - \left\{ \begin{array}{c} c \\ e \end{array} \right\} \bar{\varepsilon}_{11} + \left\{ \begin{array}{c} d \\ f \end{array} \right\} \Delta T + \left\{ \begin{array}{c} P_1 \\ P_2 \end{array} \right\}$$

$$(2.39)$$

其中, A, B, B', D 分别为 $N_\gamma \times N_\gamma, N_\gamma \times N_\beta, N_\beta \times N_\gamma$ 和 $N_\beta \times N_\beta$ 阶矩阵, 这些矩阵的结构和元素在下面给出。对于给定单胞模型的行和列, $T_2 = \left[T_{22}^{(1)}, \cdots, T_{22}^{(N_\gamma)} \right]$ 和 $T_3 = \left[T_{33}^{(1)}, \cdots, T_{33}^{(N_\beta)} \right]$ 分别包含 N_γ 和 N_β 个正应力分量。H 和 L 的元素分别为 h 和 l 的 $N_\gamma \times 1$ 与 $N_\beta \times 1$ 阶向量, 向量 $c = [c_1, \cdots, c_{N_\gamma}], d = [d_1, \cdots, d_{N_\gamma}], e = [e_1, \cdots, e_{N_\beta}], f = [f_1, \cdots, f_{N_\beta}], P_1 = \left[p_1^{(1)}, \cdots, p_1^{(N_\gamma)} \right], P_2 = \left[p_2^{(1)}, \cdots, p_2^{(N_\beta)} \right]$ 的元素也在下面给出。

$$A = \begin{bmatrix} A_1 & 0 & \cdots & 0 \\ 0 & A_2 & \cdots & 0 \\ \vdots & \vdots & & \vdots \\ 0 & 0 & \cdots & A_{N_\gamma} \end{bmatrix} \quad B = \begin{bmatrix} h_1 B_{11} & h_2 B_{21} & \cdots & h_{N_\beta} B_{N_\beta 1} \\ h_1 B_{12} & h_2 B_{22} & \cdots & h_{N_\beta} B_{N_\beta 2} \\ \vdots & \vdots & & \vdots \\ h_1 B_{1N_\gamma} & h_2 B_{2N_\gamma} & \cdots & h_{N_\beta} B_{N_\beta N_\gamma} \end{bmatrix}$$

$$B' = \begin{bmatrix} l_1 B_{11} & l_2 B_{12} & \cdots & l_{N_\gamma} B_{1N_\gamma} \\ l_1 B_{21} & l_2 B_{22} & \cdots & l_{N_\gamma} B_{2N_\gamma} \\ \vdots & \vdots & & \vdots \\ l_1 B_{N_\beta 1} & l_2 B_{N_\beta 2} & \cdots & l_{N_\gamma} B_{N_\beta N_\gamma} \end{bmatrix} \quad D = \begin{bmatrix} D_1 & 0 & \cdots & 0 \\ 0 & D_2 & \cdots & 0 \\ \vdots & \vdots & & \vdots \\ 0 & 0 & \cdots & D_{N_\beta} \end{bmatrix}$$

$$A_\gamma = \sum_{\beta=1}^{N_\beta} h_\beta \left(S_{22}^{(\beta\gamma)} - \frac{S_{12}^{(\beta\gamma)2}}{S_{11}^{(\beta\gamma)}} \right), B_{\beta\gamma} = S_{23}^{(\beta\gamma)} - \frac{S_{12}^{(\beta\gamma)} S_{13}^{(\beta\gamma)}}{S_{11}^{(\beta\gamma)}},$$

$$D_\beta = \sum_{\gamma=1}^{N_\gamma} l_\gamma \left(S_{33}^{(\beta\gamma)} - \frac{S_{13}^{(\beta\gamma)2}}{S_{11}^{(\beta\gamma)}} \right) \quad (2.40)$$

$$c_\gamma = \sum_{\beta=1}^{N_\beta} h_\beta \frac{S_{12}^{(\beta\gamma)}}{S_{11}^{(\beta\gamma)}}, \quad d_\gamma = \sum_{\beta=1}^{N_\beta} h_\beta \left(\frac{S_{12}^{(\beta\gamma)}}{S_{11}^{(\beta\gamma)}} \alpha_{11}^{(\beta\gamma)} - \alpha_{22}^{(\beta\gamma)} \right),$$

$$p_1^{(\gamma)} = \sum_{\beta=1}^{N_\beta} h_\beta \left(\frac{S_{12}^{(\beta\gamma)}}{S_{11}^{(\beta\gamma)}} \bar\varepsilon_{11}^{p(\beta\gamma)} - \bar\varepsilon_{22}^{p(\beta\gamma)} \right) \tag{2.41}$$

$$e_\beta = \sum_{\gamma=1}^{N_\gamma} l_\gamma \frac{S_{13}^{(\beta\gamma)}}{S_{11}^{(\beta\gamma)}}, \quad f_\beta = \sum_{\gamma=1}^{N_\gamma} l_\gamma \left(\frac{S_{13}^{(\beta\gamma)}}{S_{11}^{(\beta\gamma)}} \alpha_{11}^{(\beta\gamma)} - \alpha_{33}^{(\beta\gamma)} \right),$$

$$p_2^{(\beta)} = \sum_{\gamma=1}^{N_\gamma} l_\gamma \left(\frac{S_{13}^{(\beta\gamma)}}{S_{11}^{(\beta\gamma)}} \bar\varepsilon_{11}^{p(\beta\gamma)} - \bar\varepsilon_{33}^{p(\beta\gamma)} \right) \tag{2.42}$$

由 (2.41) 式, 可求解子胞在 $\bar{x}_2$ 和 $\bar{x}_3$ 方向上的正应力 $\bar\sigma_{22}$、$\bar\sigma_{33}$, 结合式 (2.32) 便可以得出 $\bar{x}_1$ 方向的正应力 $\bar\sigma_{11}$。

2.2.2 子胞剪应力与宏观剪应变间的关系

方程 (2.22) 中, 用子胞的剪应力、非弹性应变和热应变来表达子胞剪应变, 公式如下:

$$\bar\varepsilon_{12}^{(\beta\gamma)} = \frac{1}{2} S_{66}^{(\beta\gamma)} \bar\sigma_{12}^{(\beta\gamma)} + \bar\varepsilon_{12}^{p(\beta\gamma)} \tag{2.43}$$

$$\bar\varepsilon_{13}^{(\beta\gamma)} = \frac{1}{2} S_{55}^{(\beta\gamma)} \bar\sigma_{13}^{(\beta\gamma)} + \bar\varepsilon_{13}^{p(\beta\gamma)} \tag{2.44}$$

$$\bar\varepsilon_{23}^{(\beta\gamma)} = \frac{1}{2} S_{44}^{(\beta\gamma)} \bar\sigma_{23}^{(\beta\gamma)} + \bar\varepsilon_{23}^{p(\beta\gamma)} \tag{2.45}$$

把式 (2.43)~式 (2.45) 代入式 (2.26)~式 (2.28), 得到:

$$\frac{1}{2} \sum_{\beta=1}^{N_\beta} h_\beta S_{66}^{(\beta\gamma)} \bar\sigma_{12}^{(\beta\gamma)} = h\bar\varepsilon_{12} - \sum_{\beta=1}^{N_\beta} h_\beta \bar\varepsilon_{12}^{p(\beta\gamma)}, \quad \gamma=1,\cdots,N_\gamma \tag{2.46}$$

$$\frac{1}{2} \sum_{\gamma=1}^{N_\gamma} l_\gamma S_{55}^{(\beta\gamma)} \bar\sigma_{13}^{(\beta\gamma)} = l\bar\varepsilon_{13} - \sum_{\gamma=1}^{N_\gamma} l_\gamma \bar\varepsilon_{13}^{p(\beta\gamma)}, \quad \beta=1,\cdots,N_\beta \tag{2.47}$$

$$\frac{1}{2} \sum_{\beta=1}^{N_\beta} \sum_{\gamma=1}^{N_\gamma} h_\beta l_\gamma S_{44}^{(\beta\gamma)} \bar\sigma_{23}^{(\beta\gamma)} = hl\bar\varepsilon_{23} - \sum_{\beta=1}^{N_\beta} \sum_{\gamma=1}^{N_\gamma} h_\beta l_\gamma \bar\varepsilon_{23}^{p(\beta\gamma)} \tag{2.48}$$

对于某一固定列子胞 $(1\gamma),\cdots,(N_\beta\gamma)$ 的界面剪应力 $T_{21}^{(\gamma)}$ 和某一固定行子胞 $(\beta 1),\cdots,(\beta N_\gamma)$ 的界面剪应力 $T_{31}^{(\beta)}$, 利用应力张量的对称性, 可得到子胞界面应

力连续条件为

$$\overline{\sigma}_{21}^{(1\gamma)} = \overline{\sigma}_{21}^{(2\gamma)} = \cdots = \overline{\sigma}_{21}^{(N_\beta \gamma)} = T_{21}^{(\gamma)} = T_{12}^{(\gamma)}, \quad \gamma = 1, \cdots, N_\gamma \tag{2.49}$$

$$\overline{\sigma}_{31}^{(\beta 1)} = \overline{\sigma}_{31}^{(\beta 2)} = \cdots = \overline{\sigma}_{31}^{(\beta N_\gamma)} = T_{31}^{(\beta)} = T_{13}^{(\beta)}, \quad \beta = 1, \cdots, N_\beta \tag{2.50}$$

对于某一固定列子胞 $(1\gamma), \cdots, (N_\beta \gamma)$ 的界面剪应力 $T_{23}^{(\gamma)}$ 和某一固定行子胞 $(\beta 1), \cdots, (\beta N_\gamma)$ 的界面剪应力 $T_{32}^{(\beta)}$，并根据应力张量的对称值，可得到子胞界面应力连续条件为

$$\overline{\sigma}_{23}^{(1\gamma)} = \overline{\sigma}_{23}^{(2\gamma)} = \cdots = \overline{\sigma}_{23}^{(N_\beta \gamma)} = T_{23}^{(\gamma)}, \quad \gamma = 1, \cdots, N_\gamma \tag{2.51a}$$

$$\overline{\sigma}_{32}^{(\beta 1)} = \overline{\sigma}_{32}^{(\beta 2)} = \cdots = \overline{\sigma}_{32}^{(\beta N_\gamma)} = T_{32}^{(\beta)}, \quad \beta = 1, \cdots, N_\beta \tag{2.51b}$$

把式 (2.46) ～ 式 (2.48) 代入式 (2.49) ～ 式 (2.51)，得到改进的界面位移连续条件为

$$\frac{1}{2} \left(\sum_{\beta=1}^{N_\beta} h_\beta S_{66}^{(\beta\gamma)} \right) T_{12}^{(\gamma)} = h\overline{\varepsilon}_{12}, \quad \gamma = 1, \cdots, N_\gamma \tag{2.52}$$

$$\frac{1}{2} \left(\sum_{\gamma=1}^{N_\gamma} l_\gamma S_{55}^{(\beta\gamma)} \right) T_{13}^{(\beta)} = l\overline{\varepsilon}_{13}, \quad \beta = 1, \cdots, N_\beta \tag{2.53}$$

$$\frac{1}{2} \left(\sum_{\beta=1}^{N_\beta} \sum_{\gamma=1}^{N_\gamma} h_\beta l_\gamma S_{44}^{(\beta\gamma)} \right) T_{23} = hl\overline{\varepsilon}_{23} \tag{2.54}$$

根据式 (2.49) ～ 式 (2.54)，可由宏观剪应变求得子胞平均剪切应力值。

2.2.3 由细观力学方程推导宏观本构方程

在二维情况下，平均化理论可写成下列形式：

$$\overline{\sigma} = \frac{1}{hl} \sum_{\beta=1}^{N_\beta} \sum_{\gamma=1}^{N_\gamma} h_\beta l_\gamma \overline{\sigma}^{(\beta\gamma)} \tag{2.55}$$

利用方程 (2.39) 和式 (2.49)、式 (2.50)、式 (2.51) 求出未知的子胞界面应力，再把这些未知量代入式 (2.52) 中，将所得方程写成 $\overline{\sigma} = C^* (\overline{\varepsilon} - \overline{\varepsilon}^p - \alpha^* \Delta T)$ 形式，就可以得到复合材料的本构关系 C^*。对矩阵 $\begin{bmatrix} A & B \\ B' & D \end{bmatrix}$ 求逆，把逆矩阵乘

方程 (2.39) 的两边，可求出方程未知量 $T_{22}^{(\gamma)}$ 和 $T_{33}^{(\beta)}$，进而得到每个子胞的 $\overline{\sigma}_{22}^{(\beta\gamma)}$ 和 $\overline{\sigma}_{33}^{(\beta\gamma)}$，再由方程 (2.32) 求得 $\overline{\sigma}_{11}^{(\beta\gamma)}$。具体表达式如下：

$$\overline{\sigma}_{11}^{(\beta\gamma)} = a_1^{(\beta\gamma)}\overline{\varepsilon}_{11} + b_1^{(\beta\gamma)}\overline{\varepsilon}_{22} + c_1^{(\beta\gamma)}\overline{\varepsilon}_{33} + \Gamma_1^{(\beta\gamma)}\Delta T + \Phi_1^{(\beta\gamma)} \tag{2.56}$$

$$\overline{\sigma}_{22}^{(\beta\gamma)} = a_2^{(\gamma)}\overline{\varepsilon}_{11} + b_2^{(\gamma)}\overline{\varepsilon}_{22} + c_2^{(\gamma)}\overline{\varepsilon}_{33} + \Gamma_2^{(\gamma)}\Delta T + \Phi_2^{(\gamma)} \tag{2.57}$$

$$\overline{\sigma}_{33}^{(\beta\gamma)} = a_3^{(\beta)}\overline{\varepsilon}_{11} + b_3^{(\beta)}\overline{\varepsilon}_{22} + c_3^{(\beta)}\overline{\varepsilon}_{33} + \Gamma_3^{(\beta)}\Delta T + \Phi_3^{(\beta)} \tag{2.58}$$

其中，$a_1^{(\beta\gamma)} = \dfrac{1}{S_{11}^{(\beta\gamma)}}[1 - S_{12}^{(\beta\gamma)}a_2^{(\gamma)} - S_{13}^{(\beta\gamma)}a_3^{(\beta)}]$；$b_1^{(\beta\gamma)} = -\dfrac{1}{S_{11}^{(\beta\gamma)}}[S_{12}^{(\beta\gamma)}b_2^{(\gamma)} + S_{13}^{(\beta\gamma)}b_3^{(\beta)}]$；$a_2^{(\gamma)} = -\sum\limits_{\alpha=1}^{N_\gamma}m_{(\gamma,\alpha)}c_\alpha - \sum\limits_{\alpha=1}^{N_\beta}m_{(\gamma,N_\gamma+\alpha)}e_\alpha$；$b_2^{(\gamma)} = h\sum\limits_{\alpha=1}^{N_\gamma}m_{(\gamma,\alpha)}$；$a_3^{(\beta)} = -\sum\limits_{\alpha=1}^{N_\gamma}m_{(N_\gamma+\beta,\alpha)}c_\alpha - \sum\limits_{\alpha=1}^{N_\beta}m_{(N_\gamma+\beta,N_\gamma+\alpha)}e_\alpha$；$b_3^{(\beta)} = h\sum\limits_{\alpha=1}^{N_\gamma}m_{(N_\gamma+\beta,\alpha)}$；$c_1^{(\beta\gamma)} = -\dfrac{1}{S_{11}^{(\beta\gamma)}}[S_{12}^{(\beta\gamma)}c_2^{(\gamma)} + S_{13}^{(\beta\gamma)}c_3^{(\beta)}]$；$\Gamma_1^{(\beta\gamma)} = -\dfrac{1}{S_{11}^{(\beta\gamma)}}[\alpha_{11}^{(\beta\gamma)} + S_{12}^{(\beta\gamma)}\Gamma_2^{(\gamma)} + S_{13}^{(\beta\gamma)}\Gamma_3^{(\beta)}]$；$c_2^{(\gamma)} = l\sum\limits_{\alpha=1}^{N_\beta}m_{(\gamma,N_\gamma+\alpha)}$；$\Gamma_2^{(\gamma)} = \sum\limits_{\alpha=1}^{N_\gamma}m_{(\gamma,\alpha)}d_\alpha + \sum\limits_{\alpha=1}^{N_\beta}m_{(\gamma,N_\gamma+\alpha)}f_\alpha$；$c_3^{(\beta)} = l\sum\limits_{\alpha=1}^{N_\beta}m_{(N_\gamma+\beta,N_\gamma+\alpha)}$；$\Gamma_3^{(\beta)} = \sum\limits_{\alpha=1}^{N_\gamma}m_{(N_\gamma+\beta,\alpha)}d_\alpha + \sum\limits_{\alpha=1}^{N_\beta}m_{(N_\gamma+\beta,N_\gamma+\alpha)}f_\alpha$；$\Phi_1^{(\beta\gamma)} = -\dfrac{1}{S_{11}^{(\beta\gamma)}}[\overline{\varepsilon}_{11}^{p(\beta\gamma)} + S_{12}^{(\beta\gamma)}\Phi_2^{(\gamma)} + S_{13}^{(\beta\gamma)}\Phi_3^{(\beta)}]$；$\Phi_2^{(\gamma)} = \sum\limits_{\alpha=1}^{N_\gamma}m_{(\gamma,\alpha)}p_1^{(\alpha)} + \sum\limits_{\alpha=1}^{N_\beta}m_{(\gamma,N_\gamma+\alpha)}p_2^{(\alpha)}$；$\Phi_3^{(\beta)} = \sum\limits_{\alpha=1}^{N_\gamma}m_{(N_\gamma+\beta,\alpha)}p_1^\alpha + \sum\limits_{\alpha=1}^{N_\beta}m_{(N_\gamma+\beta,N_\gamma+\alpha)}p_2^\alpha$；$m_{ij}$ 为 $\begin{bmatrix} A & B \\ B' & D \end{bmatrix}^{-1}$ 中的元素，$i,j = 1,2,\cdots,N_\beta + N_\gamma$。

用式 (2.56)、式 (2.57)、式 (2.58) 给出的平均子胞正应力代入式 (2.55)，可以得到宏观刚度矩阵的左上角部分 (宏观刚度矩阵可分块 $C^* = \begin{bmatrix} C_1^* & 0 \\ 0 & C_2^* \end{bmatrix}$)，具体的表达式如下：

$$\begin{bmatrix} C_{11}^* & C_{12}^* & C_{13}^* \\ C_{21}^* & C_{22}^* & C_{23}^* \\ C_{31}^* & C_{32}^* & C_{33}^* \end{bmatrix}$$

$$
= \left[
\begin{array}{ccc}
\dfrac{1}{hl}\displaystyle\sum_{\gamma=1}^{N_\gamma}\sum_{\beta=1}^{N_\beta} h_\beta l_\gamma a_1^{(\beta\gamma)} & \dfrac{1}{hl}\displaystyle\sum_{\gamma=1}^{N_\gamma}\sum_{\beta=1}^{N_\beta} h_\beta l_\gamma b_1^{(\beta\gamma)} & \dfrac{1}{hl}\displaystyle\sum_{\gamma=1}^{N_\gamma}\sum_{\beta=1}^{N_\beta} h_\beta l_\gamma c_1^{(\beta\gamma)} \\[4mm]
\dfrac{1}{l}\displaystyle\sum_{\gamma=1}^{N_\gamma} l_\gamma a_2^{(\gamma)} & \dfrac{1}{l}\displaystyle\sum_{\gamma=1}^{N_\gamma} l_\gamma b_2^{(\gamma)} & \dfrac{1}{l}\displaystyle\sum_{\gamma=1}^{N_\gamma} l_\gamma c_2^{(\gamma)} \\[4mm]
\dfrac{1}{h}\displaystyle\sum_{\beta=1}^{N_\beta} h_\beta a_3^{(\beta)} & \dfrac{1}{h}\displaystyle\sum_{\beta=1}^{N_\beta} h_\beta b_3^{(\beta)} & \dfrac{1}{h}\displaystyle\sum_{\beta=1}^{N_\beta} h_\beta c_3^{(\beta)}
\end{array}
\right] \tag{2.59}
$$

尽管式 (2.59) 弹性刚度矩阵 C^* 在形式上是不对称的,但具体数值计算结果表明其仍然是对称的。

宏观热膨胀系数及塑性应变为

$$
\left\{
\begin{array}{c}
\alpha_{11}^* \\
\alpha_{22}^* \\
\alpha_{33}^*
\end{array}
\right\} = -
\left[
\begin{array}{ccc}
C_{11}^* & C_{12}^* & C_{13}^* \\
C_{21}^* & C_{22}^* & C_{23}^* \\
C_{31}^* & C_{32}^* & C_{33}^*
\end{array}
\right]
\left\{
\begin{array}{c}
\dfrac{1}{hl}\displaystyle\sum_{\gamma=1}^{N_\gamma}\sum_{\beta=1}^{N_\beta} h_\beta l_\gamma \varGamma_1^{(\beta\gamma)} \\[4mm]
\dfrac{1}{l}\displaystyle\sum_{\gamma=1}^{N_\gamma} l_\gamma \varGamma_2^{(\gamma)} \\[4mm]
\dfrac{1}{h}\displaystyle\sum_{\beta=1}^{N_\beta} h_\beta \varGamma_3^{(\beta)}
\end{array}
\right\} \tag{2.60}
$$

$$
\left\{
\begin{array}{c}
\bar{\varepsilon}_{11}^p \\
\bar{\varepsilon}_{22}^p \\
\bar{\varepsilon}_{33}^p
\end{array}
\right\} = -
\left[
\begin{array}{ccc}
C_{11}^* & C_{12}^* & C_{13}^* \\
C_{21}^* & C_{22}^* & C_{23}^* \\
C_{31}^* & C_{32}^* & C_{33}^*
\end{array}
\right]^{-1}
\left\{
\begin{array}{c}
\dfrac{1}{hl}\displaystyle\sum_{\gamma=1}^{N_\gamma}\sum_{\beta=1}^{N_\beta} h_\beta l_\gamma \varPhi_1^{(\beta\gamma)} \\[4mm]
\dfrac{1}{l}\displaystyle\sum_{\gamma=1}^{N_\gamma} l_\gamma \varPhi_2^{(\gamma)} \\[4mm]
\dfrac{1}{h}\displaystyle\sum_{\beta=1}^{N_\beta} h_\beta \varPhi_3^{(\beta)}
\end{array}
\right\} \tag{2.61}
$$

同理,子胞平均剪应力、塑性应变与宏观应变之间的关系可通过求解式 (2.49)、式 (2.50)、式 (2.51) 得到 (考虑了界面应力连续条件):

$$
\bar{\sigma}_{12}^{(\beta\gamma)} = \frac{1}{E_\gamma}\left[h\bar{\varepsilon}_{12} - p_{12}^{(\gamma)} \right], \ \bar{\sigma}_{13}^{(\beta\gamma)} = \frac{1}{F_\beta}\left[l\bar{\varepsilon}_{13} - p_{13}^{(\beta)} \right], \ \bar{\sigma}_{23}^{(\beta\gamma)} = \frac{1}{G}\left[hl\bar{\varepsilon}_{23} - p_{23} \right] \tag{2.62}
$$

其中,$E_\gamma = \dfrac{1}{2}\displaystyle\sum_{\beta=1}^{N_\beta} h_\beta S_{66}^{(\beta\gamma)}$;$F_\beta = \dfrac{1}{2}\displaystyle\sum_{\gamma=1}^{N_\gamma} l_\gamma S_{55}^{(\beta\gamma)}$;$G = \dfrac{1}{2}\displaystyle\sum_{\gamma=1}^{N_\gamma}\sum_{\beta=1}^{N_\beta} h_\beta l_\gamma S_{44}^{(\beta\gamma)}$;$p_{12}^{(\gamma)} = \displaystyle\sum_{\beta=1}^{N_\beta} h_\beta \bar{\varepsilon}_{12}^{p(\beta\gamma)}$;$p_{13}^{(\beta)} = \displaystyle\sum_{\gamma=1}^{N_\gamma} l_\gamma \bar{\varepsilon}_{13}^{p(\beta\gamma)}$;$p_{23} = \displaystyle\sum_{\gamma=1}^{N_\gamma}\sum_{\beta=1}^{N_\beta} h_\beta l_\gamma \bar{\varepsilon}_{23}^{p(\beta\gamma)}$。

将方程 (2.62) 给出的子胞平均剪应力代入式 (2.55) 的后三个方程，可以得到宏观剪应力方向的本构关系。具体表达式如下：

$$
\begin{bmatrix} C_{44}^* & 0 & 0 \\ 0 & C_{55}^* & 0 \\ 0 & 0 & C_{66}^* \end{bmatrix} = \begin{bmatrix} \dfrac{1}{2}\dfrac{hl}{G} & 0 & 0 \\ 0 & \dfrac{1}{2}\dfrac{l}{h}\sum_{\beta=1}^{N_\beta}\dfrac{h_\beta}{F_\beta} & 0 \\ 0 & 0 & \dfrac{1}{2}\dfrac{h}{l}\sum_{\gamma=1}^{N_\gamma}\dfrac{l_\gamma}{E_\gamma} \end{bmatrix} \tag{2.63}
$$

$$
\left\{ \begin{array}{c} \bar{\varepsilon}_{23}^p \\ \bar{\varepsilon}_{13}^p \\ \bar{\varepsilon}_{12}^p \end{array} \right\} = \left\{ \begin{array}{c} \dfrac{1}{2C_{44}^*}\dfrac{p_{23}}{G} \\ \dfrac{1}{2C_{55}^*h}\sum_{\beta=1}^{N_\beta}\dfrac{h_\beta}{F_\beta}p_{13}^{(\beta)} \\ \dfrac{1}{2C_{66}^*l}\sum_{\gamma=1}^{N_\gamma}\dfrac{l_\gamma}{E_\gamma}p_{12}^{(\gamma)} \end{array} \right\} \tag{2.64}
$$

由式 (2.56)、式 (2.57)、式 (2.58) 和式 (2.61) 可知，复合材料的宏观弹性刚度矩阵 C^*、热膨胀系数 α^* 与子胞的材料、几何参数有关，而塑性应变 $\bar{\varepsilon}^p$ 除了与上述因素有关外，还与相应子胞的材料模式相关。

2.2.4　算例与结果分析

1. 改进前后的通用单胞模型比较

改进算法是采用以子胞的应力为未知量，而原始公式是以子胞的应变为未知量的，所以，在求解方程 (2.39) 时，改进算法的未知量为 $2(N_\beta + N_\gamma) + 1$ 个，而原始算法的未知量为 $6N_\beta N_\gamma$ 个。若以 $N_\beta = N_\gamma = n$ 为例，分别计算其未知量，如表 2.1 所示，可以说明改进算法大大提高了计算效率。图 2.1 表示了未知量数目随子胞数量 n 变化的关系图。

表 2.1　两种算法的未知量数目对比

n	2	3	4	5	6	7	8	9	10
改进前	24	54	96	150	216	294	384	486	600
改进后	9	13	17	21	25	29	33	37	41

由于两种方法的基本原理是相同的，因此，改进前后得到的应力-应变曲线是相同的，图 2.2 是采用 7×7 和 14×14 的通用单胞模型计算的应力-应变曲线，表 2.2 为两种算法在同一计算机上的运算时间。

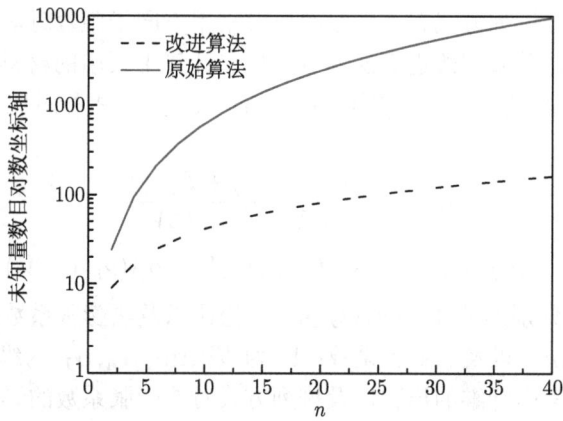

图 2.1 两种算法的未知量数目对比图

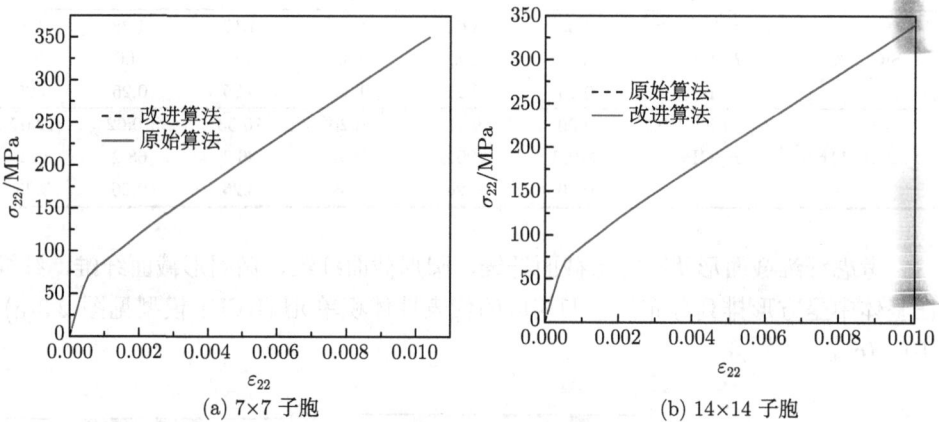

(a) 7×7 子胞

(b) 14×14 子胞

图 2.2 复合材料应力-应变曲线图

表 2.2 两种算法的运行时间比较表 (单位: s)

	7×7	14×14
原始算法	75	13450
改进算法	<1	<1

2. 细观结构特性对宏观热膨胀系数的影响

纤维的形状、排列方式不同,其宏观性能也不相同。原始算法的通用单胞模型计算效率很低,无法用大量的子胞来精确的模拟复杂纤维形状和排列方式。而改进算法具有很高的计算效率,可以分析复杂纤维形状和排列方式的复合材料。下面以单向 SiC 纤维/钛基复合材料为例,采用改进算法的通用单胞模型来研究不同纤维截面形状、排列方式、不同温度以及采用不同子胞数时对复合材料宏观热膨胀系数的影响，并验证改进算法的有效性。计算中采用的材料常数如表 2.3 所示 [30]。为验证本书的方法，采用了 Schapery 公式 [68] 进行对比。Schapery 公式如下：

$$\alpha_A = \frac{E_1\alpha_1(1-V) + E_2\alpha_2 V}{E_1(1-V) + E_2 V}$$

$$\alpha_T = (1+\nu_1)\alpha_1(1-V) + (1+\nu_2)\alpha_2 V - \alpha_A(\nu_1(1-V) + \nu_2 V)$$

其中，E_1, ν_1, α_1 分别为基体的弹性模量、泊松比以及热膨胀系数；E_2, ν_2, α_2 纤维的弹性模量、泊松比以及热膨胀系数；V 为体积比；α_A, α_T 为纵向、横向热膨胀系数。该公式未考虑纤维的形状以及排列方式对热膨胀系数的影响。

表 2.3　SiC 纤维/钛基复合材料常数表 [30]

材料	常数	24℃	200℃	425℃	600℃	650℃	815℃
SiC 纤维	$\alpha(\times 10^{-6})$/℃	3.53	3.62	3.81	4.19	4.28	4.5
	E/GPa	400	400	400	400	400	400
	μ	0.25	0.25	0.25	0.25	0.25	0.25
Ti-24Al-11Nb	$\alpha(\times 10^{-6})$/℃	9.00	9.36	10.26	10.53	10.62	12.07
	E/GPa	110.3	100.0	71.8	86.2	68.2	11.2
	μ	0.26	0.26	0.26	0.26	0.26	0.26

考虑纤维截面形状有方形截面纤维、圆形截面纤维、椭圆形截面纤维，纤维在基体中呈方形排列分布，它们相应的代表性体积单元 (RVE) 模型见图 2.3(a)、(b)、(c)。

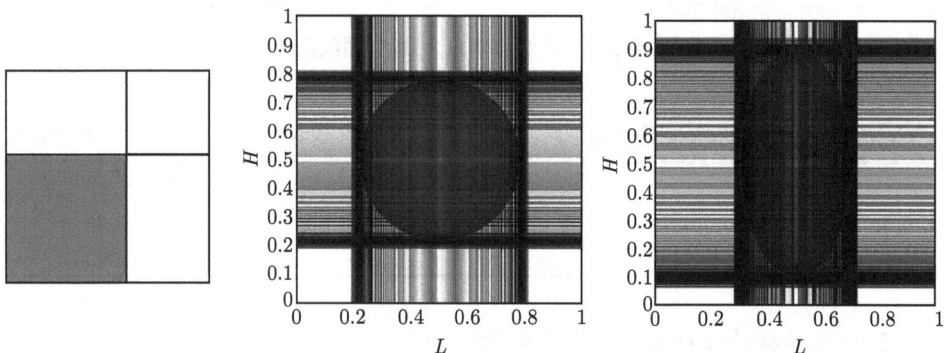

(a) 方形截面纤维RVE　　(b) 293×293 子胞圆截面纤维RVE　　(c) 293×293 子胞椭圆截面纤维RVE

图 2.3　不同纤维截面形状的细观结构代表性体积单元

宏观热膨胀系数随纤维体积含量变化的计算结果见图 2.4。可以看出，三种截面形状下计算得到的纵向热膨胀系数 α_1' 几乎没有差别，而对于横向热膨胀系

数 α_2', 计算结果有一定的差别, 方形截面纤维复合材料与圆形截面纤维相差较小, 椭圆截面纤维短轴方向的横向热膨胀系数 α_2' 最低。椭圆截面纤维长轴方向的横向热膨胀系数 α_3' 最高, 方形截面纤维复合材料与圆形截面纤维相差较小。另外, 不同截面形状纤维带来的热膨胀系数的差异, 随着纤维体积含量的增加而减小。

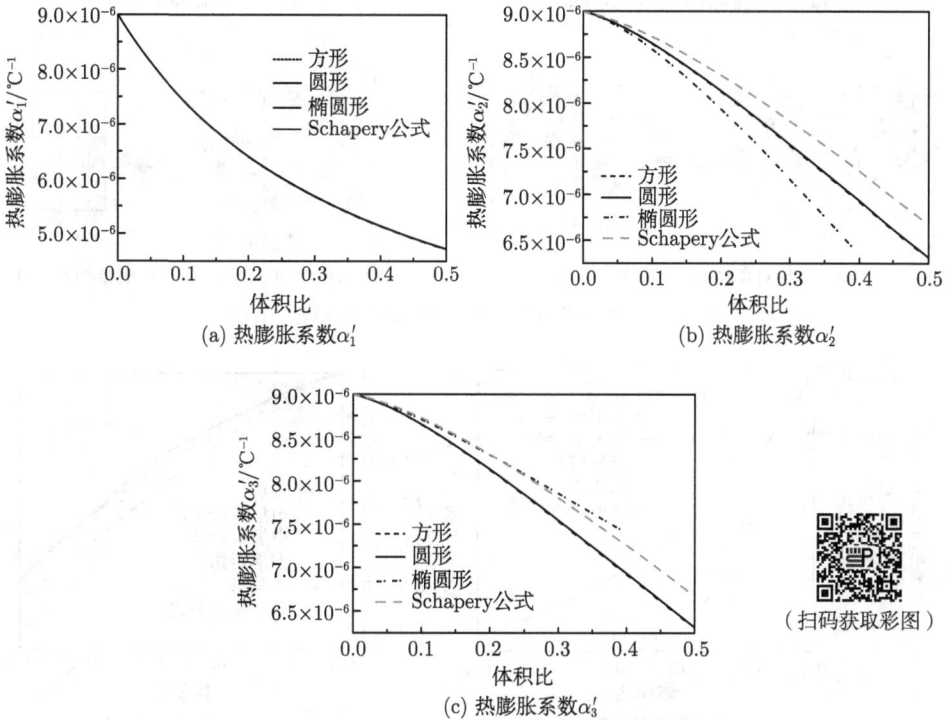

(a) 热膨胀系数 α_1'

(b) 热膨胀系数 α_2'

(c) 热膨胀系数 α_3'

（扫码获取彩图）

图 2.4 纤维截面形状对复合材料的宏观热膨胀系数的影响

考虑纤维的排列方式有方形排列、矩形排列、方形对角 (方形转动 45°) 排列以及六角形排列 (或称正三角形排列), 纤维截面都取为方形截面。它们相应的 RVE 模型见图 2.5(a)~(d)。

计算结果见图 2.6。从图中可以看出, 方形排列、矩形排列、方形对角排列以及六角形排列几种情况, 计算得到的纵向热膨胀系数 α_1' 几乎没有差别。而对于横向热膨胀系数 α_2', 纤维六角形排列在体积比较小时比方形对角排列要高, 在体积比较大时, 比方形对角排列小。以上两种排列方式都比方形排列方式要高。而矩形排列方式的横向热膨胀系数最低, 而且随着 a/b 的增加, 横向热膨胀系数逐渐降低 (本书考虑的情况为 $a/b > 1$ 的情况)。对横向热膨胀系数 α_3', 六角形排列最低, 然后是方形、矩形 ($a/b = 1.5$)、方形对角, 最大为矩形 ($a/b = 2$)。

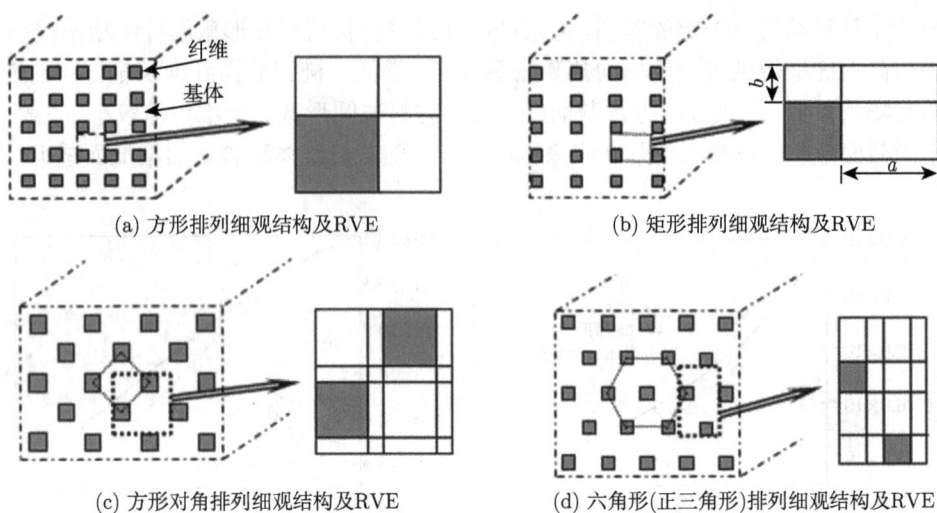

(a) 方形排列细观结构及RVE

(b) 矩形排列细观结构及RVE

(c) 方形对角排列细观结构及RVE

(d) 六角形(正三角形)排列细观结构及RVE

图 2.5　不同的纤维排列方式的细观结构及 RVE

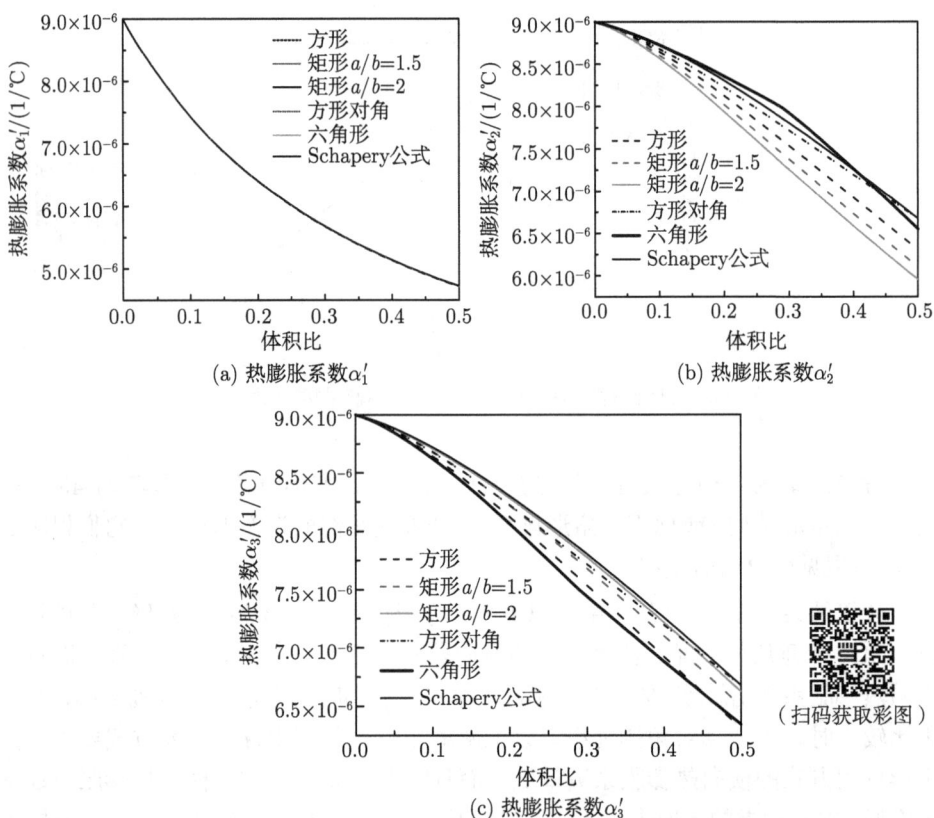

(a) 热膨胀系数α_1'

(b) 热膨胀系数α_2'

(c) 热膨胀系数α_3'

图 2.6　纤维排列方式对复合材料的宏观热膨胀系数的影响

（扫码获取彩图）

由于复合材料基体和纤维的材料常数都是随温度变化的，因此，复合材料的热膨胀系数也是随温度变化的。对上述给定的材料常数进行计算，得到复合材料的热膨胀系数随温度的变化关系如图 2.7 所示。从图 2.7 中可以看出，复合材料的纵向热膨胀系数 α_1' 的变化范围为 $(4.904\sim6.318)\times10^{-6}\,^\circ\mathrm{C}^{-1}$，与纤维的热膨胀系数接近，受纤维的影响较大；而横向热膨胀系数 α_2' 的变化范围为 $(7.547\sim9.735)\times10^{-6}\,^\circ\mathrm{C}^{-1}$，与基体的热膨胀系数较为接近，即受基体的影响较为明显。此外，纵向热膨胀系数 α_1' 的变化并不随着温度的变化而变化，从式 (2.36) 和 Schapery 公式可以看出，由于基体的弹性模量在高温时急剧下降，而复合材料的热膨胀系数不仅和各组分的热膨胀系数有关，还和各组分的弹性模量有关。

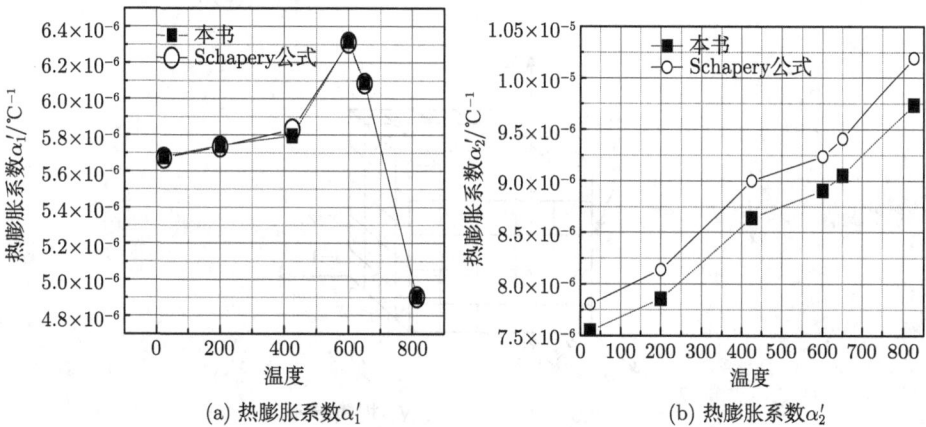

(a) 热膨胀系数 α_1' (b) 热膨胀系数 α_2'

图 2.7 不同温度下圆形纤维的热膨胀系数的影响

采用不同子胞数模拟对圆形纤维复合材料热膨胀系数的影响见图 2.8。由图

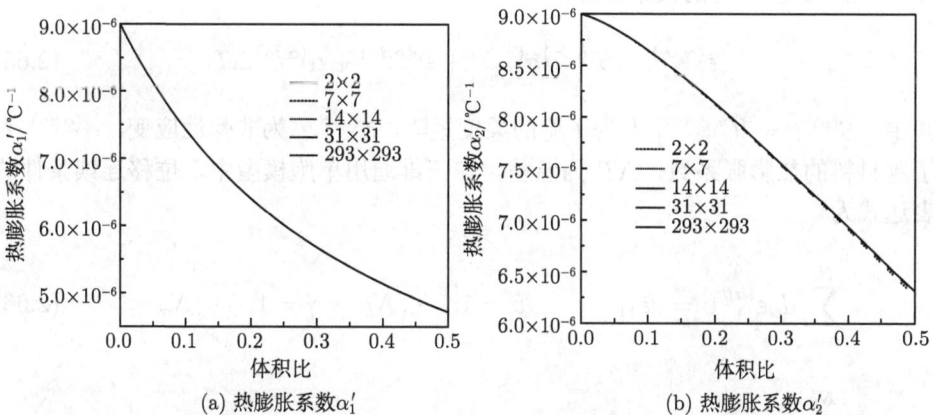

(a) 热膨胀系数 α_1' (b) 热膨胀系数 α_2'

图 2.8 采用不同子胞数模拟对圆形纤维复合材料热膨胀系数的影响

可知，采用不同子胞数目，对复合材料的热膨胀系数影响较小，这主要是因为本书采用了宏观平均化方法，子胞数目对宏观性能的影响较小，但对细观性能的影响较大。本书的第 3 章将对此问题进行详细分析。

　　算例表明：改进算法的通用单胞模型能有效地模拟复杂截面形状纤维和复杂排列的复合材料的宏观刚度，且具有较高的计算效率。

2.3　改进算法的三维通用单胞模型

　　复合材料三维的代表性体元离散模型如图 2.9 所示。在三个方向上划分的子胞数分别为 N_α、N_β、N_γ。

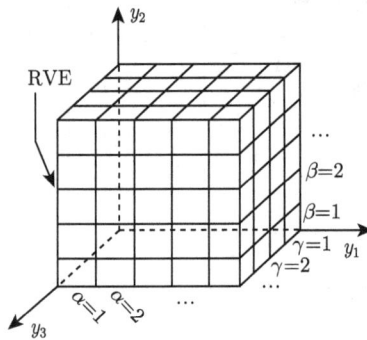

图 2.9　$N_\alpha \times N_\beta \times N_\gamma$ 规模单元

2.3.1　模型表达式的推导

　　子胞应变–应力的关系方程：

$$\bar{\varepsilon}^{(\alpha\beta\gamma)} = S^{(\alpha\beta\gamma)}\bar{\sigma}^{(\alpha\beta\gamma)} + \bar{\varepsilon}^{p(\alpha\beta\gamma)} + \alpha^{(\alpha\beta\gamma)}\Delta T \tag{2.65}$$

其中，$S^{(\alpha\beta\gamma)} = [C^{(\alpha\beta\gamma)}]^{-1}$ 为子胞的柔度矩阵，$\bar{\varepsilon}^{p(\alpha\beta\gamma)}$ 为非弹性应变，$\alpha^{(\alpha\beta\gamma)}$ 为子胞材料的热膨胀系数，ΔT 为温差。在三维通用单胞模型中，位移连续条件的表达式为

$$\sum_{\alpha=1}^{N_\alpha} d_\alpha \varepsilon_{11}^{(\alpha\beta\gamma)} = d\bar{\varepsilon}_{11}, \qquad \beta = 1, \cdots, N_\beta, \quad \gamma = 1, \cdots, N_\gamma \tag{2.66}$$

$$\sum_{\beta=1}^{N_\beta} h_\beta \varepsilon_{22}^{(\alpha\beta\gamma)} = h\bar{\varepsilon}_{22}, \qquad \alpha = 1, \cdots, N_\alpha, \quad \gamma = 1, \cdots, N_\gamma \tag{2.67}$$

$$\sum_{\gamma=1}^{N_\gamma} l_\gamma \varepsilon_{33}^{(\alpha\beta\gamma)} = l\bar{\varepsilon}_{33}, \qquad \alpha = 1, \cdots, N_\alpha, \quad \beta = 1, \cdots, N_\beta \qquad (2.68)$$

$$\sum_{\beta=1}^{N_\beta}\sum_{\gamma=1}^{N_\gamma} h_\beta l_\gamma \varepsilon_{23}^{(\alpha\beta\gamma)} = hl\bar{\varepsilon}_{23}, \qquad \alpha = 1, \cdots, N_\alpha \qquad (2.69)$$

$$\sum_{\alpha=1}^{N_\alpha}\sum_{\gamma=1}^{N_\gamma} d_\alpha l_\gamma \varepsilon_{13}^{(\alpha\beta\gamma)} = dl\bar{\varepsilon}_{13}, \qquad \beta = 1, \cdots, N_\beta \qquad (2.70)$$

$$\sum_{\alpha=1}^{N_\alpha}\sum_{\beta=1}^{N_\beta} d_\alpha h_\beta \varepsilon_{12}^{(\alpha\beta\gamma)} = dh\bar{\varepsilon}_{12}, \qquad \gamma = 1, \cdots, N_\gamma \qquad (2.71)$$

假设子胞之间的力是连续的。由于子胞表面是垂直于某个坐标轴的，因此表面的力分量是与坐标轴平行的，其应力分量与单位面积的力分量 $t_i^{(n)}$ 是相等的。即

$$t_i^{(n)} = \sigma_{ij} n_j = \begin{cases} \sigma_{ij}, & n_j = 1 \\ 0, & n_j = 0 \end{cases} \qquad (2.72)$$

通过式 (2.72)，力连续条件即可转化成应力的表达式。沿着某坐标轴方向，该方向的正应力分量是一个常数。以 $\sigma_{11}^{(\alpha\beta\gamma)}$ 为例，在图 2.9 所示的 y_1 方向该应力是常量，即

$$\sigma_{11}^{(1\beta\gamma)} = \sigma_{11}^{(2\beta\gamma)} = \cdots = \sigma_{11}^{(N_\alpha\beta\gamma)} = T_{11}^{(\beta\gamma)}, \beta = 1, \cdots, N_\beta, \quad \gamma = 1, \cdots, N_\gamma \quad (2.73)$$

其中，$T_{11}^{(\beta\gamma)}$ 表示沿着 x_1 方向的正应力。类似有

$$\sigma_{22}^{(\alpha 1\gamma)} = \sigma_{22}^{(\alpha 2\gamma)} = \cdots = \sigma_{22}^{(\alpha N_\beta\gamma)} = T_{22}^{(\alpha\gamma)}, \alpha = 1, \cdots, N_\alpha, \quad \gamma = 1, \cdots, N_\gamma \quad (2.74)$$

$$\sigma_{33}^{(\alpha\beta 1)} = \sigma_{33}^{(\alpha\beta 2)} = \cdots = \sigma_{33}^{(\alpha\beta N_\gamma)} = T_{33}^{(\alpha\beta)}, \alpha = 1, \cdots, N_\alpha, \quad \beta = 1, \cdots, N_\beta \quad (2.75)$$

与剪应力相关的应力连续条件与上述的相似，不同之处在于剪应力分量具有对称性，即 $\sigma_{ij} = \sigma_{ji}$，与该剪应力相关的两个力连续条件具有相同的关系。例如，在平行于 x_2 方向 $\sigma_{23}^{(\alpha\beta\gamma)}$ 为常量，在平行于 x_3 方向 $\sigma_{32}^{(\alpha\beta\gamma)}$ 为常量，由于 $\sigma_{23}^{(\alpha\beta\gamma)} = \sigma_{32}^{(\alpha\beta\gamma)}$。因此在第 α 层内，剪应力 $\sigma_{23}^{(\alpha\beta\gamma)}$ 为一常数，即

$$\left.\begin{array}{l} \sigma_{23}^{(\alpha 1\gamma)} = \sigma_{23}^{(\alpha 2\gamma)} = \cdots = \sigma_{23}^{(\alpha N_\beta\gamma)} \\ \sigma_{32}^{(\alpha\beta 1)} = \sigma_{32}^{(\alpha\beta 2)} = \cdots = \sigma_{32}^{(\alpha\beta N_\gamma)} \end{array}\right\} \Rightarrow \sigma_{23}^{(\alpha\beta\gamma)} = \sigma_{32}^{(\alpha\beta\gamma)} = T_{23}^{(\alpha)}, \quad \alpha = 1, \cdots, N_\alpha$$

$$(2.76)$$

其中，$T_{23}^{(\alpha)}$ 表示为第 α 层内的剪应力 $\sigma_{23}^{(\alpha\beta\gamma)}$。同理

$$
\left.
\begin{array}{l}
\sigma_{13}^{(1\beta\gamma)} = \sigma_{13}^{(2\beta\gamma)} = \cdots = \sigma_{13}^{(N_\alpha\beta\gamma)} \\[2mm]
\sigma_{31}^{(\alpha\beta1)} = \sigma_{31}^{(\alpha\beta2)} = \cdots = \sigma_{31}^{(\alpha\beta N_\gamma)}
\end{array}
\right\} \Rightarrow \sigma_{13}^{(\alpha\beta\gamma)} = \sigma_{31}^{(\alpha\beta\gamma)} = T_{13}^{(\beta)}, \quad \beta = 1, \cdots, N_\beta
$$

$$(2.77)$$

$$
\left.
\begin{array}{l}
\sigma_{12}^{(1\beta\gamma)} = \sigma_{12}^{(2\beta\gamma)} = \cdots = \sigma_{12}^{(N_\alpha\beta\gamma)} \\[2mm]
\sigma_{21}^{(\alpha1\gamma)} = \sigma_{21}^{(\alpha2\gamma)} = \cdots = \sigma_{21}^{(\alpha N_\beta\gamma)}
\end{array}
\right\} \Rightarrow \sigma_{12}^{(\alpha\beta\gamma)} = \sigma_{21}^{(\alpha\beta\gamma)} = T_{12}^{(\gamma)}, \quad \gamma = 1, \cdots, N_\gamma
$$

$$(2.78)$$

由上述分析可以看出，力连续条件仅有 $N_\beta N_\gamma + N_\alpha N_\gamma + N_\alpha N_\beta + N_\alpha + N_\beta + N_\gamma$ 个独立的应力分量，而应变分量有 $6N_\alpha N_\beta N_\gamma$ 个，因此以子胞应力为基本的未知量，求解方程的数目将少很多，其计算效率将提高很多。

把方程 (2.76) 代入本构方程 (2.77)，表达子胞的应变，再代入弱化位移连续条件，即表达式 (2.78)，可得下列的方程：

$$
\sum_{\alpha=1}^{N_\alpha} d_\alpha S_{11}^{(\alpha\beta\gamma)} T_{11}^{(\beta\gamma)} + \sum_{\alpha=1}^{N_\alpha} d_\alpha S_{12}^{(\alpha\beta\gamma)} T_{22}^{(\alpha\gamma)} + \sum_{\alpha=1}^{N_\alpha} d_\alpha S_{13}^{(\alpha\beta\gamma)} T_{33}^{(\alpha\beta)}
$$
$$
+ \sum_{\alpha=1}^{N_\alpha} d_\alpha S_{14}^{(\alpha\beta\gamma)} T_{23}^{(\alpha)} + \sum_{\alpha=1}^{N_\alpha} d_\alpha S_{15}^{(\alpha\beta\gamma)} T_{13}^{(\beta)} + \sum_{\alpha=1}^{N_\alpha} d_\alpha S_{16}^{(\alpha\beta\gamma)} T_{12}^{(\gamma)}
$$
$$
= d\bar{\varepsilon}_{11} - \sum_{\alpha=1}^{N_\alpha} d_\alpha \alpha_{11}^{(\alpha\beta\gamma)} \Delta T - \sum_{\alpha=1}^{N_\alpha} d_\alpha \varepsilon_{11}^{P(\alpha\beta\gamma)}, \qquad \beta = 1, \cdots, N_\beta, \quad \gamma = 1, \cdots, N_\gamma
$$

$$(2.79)$$

$$
\sum_{\beta=1}^{N_\beta} h_\beta S_{21}^{(\alpha\beta\gamma)} T_{11}^{(\beta\gamma)} + \sum_{\beta=1}^{N_\beta} h_\beta S_{22}^{(\alpha\beta\gamma)} T_{22}^{(\alpha\gamma)} + \sum_{\beta=1}^{N_\beta} h_\beta S_{23}^{(\alpha\beta\gamma)} T_{33}^{(\alpha\beta)}
$$
$$
+ \sum_{\beta=1}^{N_\beta} h_\beta S_{24}^{(\alpha\beta\gamma)} T_{23}^{(\alpha)} + \sum_{\beta=1}^{N_\beta} h_\beta S_{25}^{(\alpha\beta\gamma)} T_{13}^{(\beta)} + \sum_{\beta=1}^{N_\beta} h_\beta S_{26}^{(\alpha\beta\gamma)} T_{12}^{(\gamma)}
$$
$$
= h\bar{\varepsilon}_{22} - \sum_{\beta=1}^{N_\beta} h_\beta \alpha_{22}^{(\alpha\beta\gamma)} \Delta T - \sum_{\beta=1}^{N_\beta} h_\beta \varepsilon_{22}^{P(\alpha\beta\gamma)}, \qquad \alpha = 1, \cdots, N_\alpha, \quad \gamma = 1, \cdots, N_\gamma
$$

$$(2.80)$$

$$
\sum_{\gamma=1}^{N_\gamma} l_\gamma S_{31}^{(\alpha\beta\gamma)} T_{11}^{(\beta\gamma)} + \sum_{\gamma=1}^{N_\gamma} l_\gamma S_{32}^{(\alpha\beta\gamma)} T_{22}^{(\alpha\gamma)} + \sum_{\gamma=1}^{N_\gamma} l_\gamma S_{33}^{(\alpha\beta\gamma)} T_{33}^{(\alpha\beta)}
$$
$$
+ \sum_{\gamma=1}^{N_\gamma} l_\gamma S_{34}^{(\alpha\beta\gamma)} T_{23}^{(\alpha)} + \sum_{\gamma=1}^{N_\gamma} l_\gamma S_{35}^{(\alpha\beta\gamma)} T_{13}^{(\beta)} + \sum_{\gamma=1}^{N_\gamma} l_\gamma S_{36}^{(\alpha\beta\gamma)} T_{12}^{(\gamma)}
$$

$$= l\bar{\varepsilon}_{33} - \sum_{\gamma=1}^{N_\gamma} l_\gamma \alpha_{33}^{(\alpha\beta\gamma)} \Delta T - \sum_{\gamma=1}^{N_\gamma} l_\gamma \varepsilon_{33}^{P(\alpha\beta\gamma)}, \qquad \alpha = 1, \cdots, N_\alpha, \quad \beta = 1, \cdots, N_\beta$$

$$(2.81)$$

$$\sum_{\beta=1}^{N_\beta} \sum_{\gamma=1}^{N_\gamma} h_\beta l_\gamma S_{41}^{(\alpha\beta\gamma)} T_{11}^{(\beta\gamma)} + \sum_{\beta=1}^{N_\beta} \sum_{\gamma=1}^{N_\gamma} h_\beta l_\gamma S_{42}^{(\alpha\beta\gamma)} T_{22}^{(\alpha\gamma)} + \sum_{\beta=1}^{N_\beta} \sum_{\gamma=1}^{N_\gamma} h_\beta l_\gamma S_{43}^{(\alpha\beta\gamma)} T_{33}^{(\alpha\beta)}$$

$$+ \sum_{\beta=1}^{N_\beta} \sum_{\gamma=1}^{N_\gamma} h_\beta l_\gamma S_{44}^{(\alpha\beta\gamma)} T_{23}^{(\alpha)} + \sum_{\beta=1}^{N_\beta} \sum_{\gamma=1}^{N_\gamma} h_\beta l_\gamma S_{45}^{(\alpha\beta\gamma)} T_{13}^{(\beta)} + \sum_{\beta=1}^{N_\beta} \sum_{\gamma=1}^{N_\gamma} h_\beta l_\gamma S_{46}^{(\alpha\beta\gamma)} T_{12}^{(\gamma)}$$

$$= 2hl\bar{\varepsilon}_{23} - 2\sum_{\beta=1}^{N_\beta} \sum_{\gamma=1}^{N_\gamma} h_\beta l_\gamma \alpha_{23}^{(\alpha\beta\gamma)} \Delta T - 2\sum_{\beta=1}^{N_\beta} \sum_{\gamma=1}^{N_\gamma} h_\beta l_\gamma \varepsilon_{23}^{P(\alpha\beta\gamma)}, \qquad \alpha = 1, \cdots, N_\alpha$$

$$(2.82)$$

$$\sum_{\alpha=1}^{N_\alpha} \sum_{\gamma=1}^{N_\gamma} d_\alpha l_\gamma S_{51}^{(\alpha\beta\gamma)} T_{11}^{(\beta\gamma)} + \sum_{\alpha=1}^{N_\alpha} \sum_{\gamma=1}^{N_\gamma} d_\alpha l_\gamma S_{52}^{(\alpha\beta\gamma)} T_{22}^{(\alpha\gamma)} + \sum_{\alpha=1}^{N_\alpha} \sum_{\gamma=1}^{N_\gamma} d_\alpha l_\gamma S_{53}^{(\alpha\beta\gamma)} T_{33}^{(\alpha\beta)}$$

$$+ \sum_{\alpha=1}^{N_\alpha} \sum_{\gamma=1}^{N_\gamma} d_\alpha l_\gamma S_{54}^{(\alpha\beta\gamma)} T_{23}^{(\alpha)} + \sum_{\alpha=1}^{N_\alpha} \sum_{\gamma=1}^{N_\gamma} d_\alpha l_\gamma S_{55}^{(\alpha\beta\gamma)} T_{13}^{(\beta)} + \sum_{\alpha=1}^{N_\alpha} \sum_{\gamma=1}^{N_\gamma} d_\alpha l_\gamma S_{56}^{(\alpha\beta\gamma)} T_{12}^{(\gamma)}$$

$$= 2dl\bar{\varepsilon}_{13} - 2\sum_{\alpha=1}^{N_\alpha} \sum_{\gamma=1}^{N_\gamma} d_\alpha l_\gamma \alpha_{13}^{(\alpha\beta\gamma)} \Delta T - 2\sum_{\alpha=1}^{N_\alpha} \sum_{\gamma=1}^{N_\gamma} d_\alpha l_\gamma \varepsilon_{13}^{P(\alpha\beta\gamma)}, \qquad \beta = 1, \cdots, N_\beta$$

$$(2.83)$$

$$\sum_{\alpha=1}^{N_\alpha} \sum_{\beta=1}^{N_\beta} d_\alpha h_\beta S_{61}^{(\alpha\beta\gamma)} T_{11}^{(\beta\gamma)} + \sum_{\alpha=1}^{N_\alpha} \sum_{\beta=1}^{N_\beta} d_\alpha h_\beta S_{62}^{(\alpha\beta\gamma)} T_{22}^{(\alpha\gamma)} + \sum_{\alpha=1}^{N_\alpha} \sum_{\beta=1}^{N_\beta} d_\alpha h_\beta S_{63}^{(\alpha\beta\gamma)} T_{33}^{(\alpha\beta)}$$

$$+ \sum_{\alpha=1}^{N_\alpha} \sum_{\beta=1}^{N_\beta} d_\alpha h_\beta S_{64}^{(\alpha\beta\gamma)} T_{23}^{(\alpha)} + \sum_{\alpha=1}^{N_\alpha} \sum_{\beta=1}^{N_\beta} d_\alpha h_\beta S_{65}^{(\alpha\beta\gamma)} T_{13}^{(\beta)} + \sum_{\alpha=1}^{N_\alpha} \sum_{\beta=1}^{N_\beta} d_\alpha h_\beta S_{66}^{(\alpha\beta\gamma)} T_{12}^{(\gamma)}$$

$$= 2dh\bar{\varepsilon}_{12} - 2\sum_{\alpha=1}^{N_\alpha} \sum_{\beta=1}^{N_\beta} d_\alpha h_\beta \alpha_{12}^{(\alpha\beta\gamma)} \Delta T - 2\sum_{\alpha=1}^{N_\alpha} \sum_{\beta=1}^{N_\beta} d_\alpha h_\beta \varepsilon_{12}^{P(\alpha\beta\gamma)}, \qquad \gamma = 1, \cdots, N_\gamma$$

$$(2.84)$$

把上述弱化位移条件表达式写成矩阵形式:

$$GT = f^m - f^t \Delta T \tag{2.85}$$

其中, G 是 $N_\beta N_\gamma + N_\alpha N_\gamma + N_\alpha N_\beta + N_\alpha + N_\beta + N_\gamma$ 阶方阵,它是包含了子胞几何尺寸及子胞柔度信息的矩阵; T、f^m、f^t 均为 $N_\beta N_\gamma + N_\alpha N_\gamma + N_\alpha N_\beta + N_\alpha + N_\beta + N_\gamma$ 阶列向量,分别包含了未知的子胞应力、子胞尺寸、宏观应变与子胞热膨胀系数

等信息；G 是由 36 个子矩阵组成的，只要确定其中 12 个，即可用这 12 个子矩阵来表达其他的子矩阵。

对方程 (2.85) 求逆，可得到未知的子胞应力。子胞应力由宏观应变表示，即

$$
\begin{bmatrix}
T_{11}^{(\beta\gamma)} \\
T_{22}^{(\alpha\gamma)} \\
T_{33}^{(\alpha\beta)} \\
T_{23}^{(\alpha)} \\
T_{13}^{(\beta)} \\
T_{12}^{(\gamma)}
\end{bmatrix}
=
\begin{bmatrix}
A_{11}^{(\beta\gamma)} & B_{11}^{(\beta\gamma)} & X_{11}^{(\beta\gamma)} & \Lambda_{11}^{(\beta\gamma)} & \Omega_{11}^{(\beta\gamma)} & \Psi_{11}^{(\beta\gamma)} \\
A_{22}^{(\alpha\gamma)} & B_{22}^{(\alpha\gamma)} & X_{22}^{(\alpha\gamma)} & \Lambda_{22}^{(\alpha\gamma)} & \Omega_{22}^{(\alpha\gamma)} & \Psi_{22}^{(\alpha\gamma)} \\
A_{33}^{(\alpha\beta)} & B_{33}^{(\alpha\beta)} & X_{33}^{(\alpha\beta)} & \Lambda_{33}^{(\alpha\beta)} & \Omega_{33}^{(\alpha\beta)} & \Psi_{33}^{(\alpha\beta)} \\
A_{23}^{(\alpha)} & B_{23}^{(\alpha)} & X_{23}^{(\alpha)} & \Lambda_{23}^{(\alpha)} & \Omega_{23}^{(\alpha)} & \Psi_{23}^{(\alpha)} \\
A_{13}^{(\beta)} & B_{13}^{(\beta)} & X_{13}^{(\beta)} & \Lambda_{13}^{(\beta)} & \Omega_{13}^{(\beta)} & \Psi_{13}^{(\beta)} \\
A_{12}^{(\gamma)} & B_{12}^{(\gamma)} & X_{12}^{(\gamma)} & \Lambda_{12}^{(\gamma)} & \Omega_{12}^{(\gamma)} & \Psi_{12}^{(\gamma)}
\end{bmatrix}
$$

$$
\times
\begin{bmatrix}
\bar{\varepsilon}_{11} \\
\bar{\varepsilon}_{22} \\
\bar{\varepsilon}_{33} \\
\bar{\varepsilon}_{23} \\
\bar{\varepsilon}_{13} \\
\bar{\varepsilon}_{12}
\end{bmatrix}
+
\begin{bmatrix}
\Gamma_{11}^{(\beta\gamma)} \\
\Gamma_{22}^{(\alpha\gamma)} \\
\Gamma_{33}^{(\alpha\beta)} \\
\Gamma_{23}^{(\alpha)} \\
\Gamma_{13}^{(\beta)} \\
\Gamma_{12}^{(\gamma)}
\end{bmatrix}
\Delta T
+
\begin{bmatrix}
\Phi_{11}^{(\beta\gamma)} \\
\Phi_{22}^{(\alpha\gamma)} \\
\Phi_{33}^{(\alpha\beta)} \\
\Phi_{23}^{(\alpha)} \\
\Phi_{13}^{(\beta)} \\
\Phi_{12}^{(\gamma)}
\end{bmatrix}
\tag{2.86}
$$

上述表达式中的符号可以用 G，T，f^m，f^t 来表示。

在三维情况下，平均化理论可写成下列形式：

$$
\sigma = \frac{1}{dhl} \sum_{\alpha=1}^{N_\alpha} \sum_{\beta=1}^{N_\beta} \sum_{\gamma=1}^{N_\gamma} d_\alpha h_\beta l_\gamma \sigma^{(\alpha\beta\gamma)}
\tag{2.87}
$$

对于改进的三维通用单胞模型，有

$$
\bar{\sigma}_{11} = \frac{1}{hl} \sum_{\beta=1}^{N_\beta} \sum_{\gamma=1}^{N_\gamma} h_\beta l_\gamma T_{11}^{(\beta\gamma)} \quad \bar{\sigma}_{22} = \frac{1}{dl} \sum_{\alpha=1}^{N_\alpha} \sum_{\gamma=1}^{N_\gamma} d_\alpha l_\gamma T_{22}^{(\alpha\gamma)}
$$

$$
\bar{\sigma}_{33} = \frac{1}{dh} \sum_{\alpha=1}^{N_\alpha} \sum_{\beta=1}^{N_\beta} d_\alpha h_\beta T_{33}^{(\alpha\beta)}
$$

$$
\bar{\sigma}_{23} = \frac{1}{d} \sum_{\alpha=1}^{N_\alpha} d_\alpha T_{23}^{(\alpha)} \quad \bar{\sigma}_{13} = \frac{1}{h} \sum_{\beta=1}^{N_\beta} h_\beta T_{13}^{(\beta)} \quad \bar{\sigma}_{12} = \frac{1}{l} \sum_{\gamma=1}^{N_\gamma} l_\gamma T_{12}^{(\gamma)}
\tag{2.88}
$$

将式 (2.87) 计算的宏观应变值代入式 (2.88)，即可得到复合材料的弹性矩阵和热膨胀系数矩阵。其具体的表达式如下：

$$
\bar{\sigma} = C^* (\bar{\varepsilon} - \bar{\varepsilon}^p - \alpha^* \Delta T)
\tag{2.89}
$$

其中，

$$
\begin{bmatrix} \alpha_{11}^* \\ \alpha_{22}^* \\ \alpha_{33}^* \\ 2\alpha_{23}^* \\ 2\alpha_{13}^* \\ 2\alpha_{12}^* \end{bmatrix} = -\,C^{*-1} \begin{bmatrix} \dfrac{1}{hl}\displaystyle\sum_{\beta=1}^{N_\beta}\sum_{\gamma=1}^{N_\gamma} h_\beta l_\gamma \varGamma_{11}^{(\beta\gamma)} \\ \dfrac{1}{dl}\displaystyle\sum_{\alpha=1}^{N_\alpha}\sum_{\gamma=1}^{N_\gamma} d_\alpha l_\gamma \varGamma_{22}^{(\alpha\gamma)} \\ \dfrac{1}{dh}\displaystyle\sum_{\alpha=1}^{N_\alpha}\sum_{\beta=1}^{N_\beta} d_\alpha h_\beta \varGamma_{33}^{(\alpha\beta)} \\ \dfrac{1}{d}\displaystyle\sum_{\alpha=1}^{N_\alpha} d_\alpha \varGamma_{23}^{(\alpha)} \\ \dfrac{1}{h}\displaystyle\sum_{\beta=1}^{N_\beta} h_\beta \varGamma_{13}^{(\beta)} \\ \dfrac{1}{l}\displaystyle\sum_{\gamma=1}^{N_\gamma} l_\gamma \varGamma_{12}^{(\gamma)} \end{bmatrix}
$$

$$
\begin{bmatrix} \bar{\varepsilon}_{11}^p \\ \bar{\varepsilon}_{22}^p \\ \bar{\varepsilon}_{33}^p \\ 2\bar{\varepsilon}_{23}^p \\ 2\bar{\varepsilon}_{13}^p \\ 2\bar{\varepsilon}_{12}^p \end{bmatrix} = -\,C^{*-1} \begin{bmatrix} \dfrac{1}{hl}\displaystyle\sum_{\beta=1}^{N_\beta}\sum_{\gamma=1}^{N_\gamma} h_\beta l_\gamma \varPhi_{11}^{(\beta\gamma)} \\ \dfrac{1}{dl}\displaystyle\sum_{\alpha=1}^{N_\alpha}\sum_{\gamma=1}^{N_\gamma} d_\alpha l_\gamma \varPhi_{22}^{(\alpha\gamma)} \\ \dfrac{1}{dh}\displaystyle\sum_{\alpha=1}^{N_\alpha}\sum_{\beta=1}^{N_\beta} d_\alpha h_\beta \varPhi_{33}^{(\alpha\beta)} \\ \dfrac{1}{d}\displaystyle\sum_{\alpha=1}^{N_\alpha} d_\alpha \varPhi_{23}^{(\alpha)} \\ \dfrac{1}{h}\displaystyle\sum_{\beta=1}^{N_\beta} h_\beta \varPhi_{13}^{(\beta)} \\ \dfrac{1}{l}\displaystyle\sum_{\gamma=1}^{N_\gamma} l_\gamma \varPhi_{12}^{(\gamma)} \end{bmatrix}
$$

由方程 (2.85) 可以看出，由于通用单胞模型中假设了应力连续条件，因此采用以应力为未知量的改进三维通用单胞模型实际只包含 $N_\beta N_\gamma + N_\alpha N_\gamma + N_\alpha N_\beta + N_\alpha + N_\beta + N_\gamma$ 个未知量，而以应变为未知量的原始三维通用单胞模型的未知量个数为 $6N_\alpha N_\beta N_\gamma$。以取 $N_\alpha = N_\beta = N_\gamma = n$ 为例，图 2.10 和表 2.4 表示了改进前后未知量数目的对比。由于两种算法采用的位移、应力的边界条件相同，同时都利用了平衡方程，因此，改进算法的计算精度不会降低。

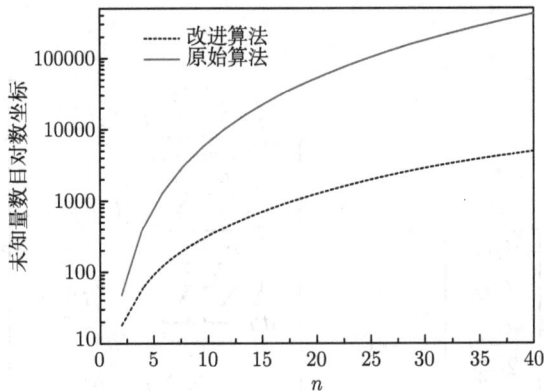

图 2.10   三维通用单胞模型改进前后未知量数目对比

表 2.4   三维通用单胞模型改进前后未知量数目对比

n	2	3	4	5	6	7	8	9	10
改进前	48	162	384	750	1296	2058	3072	4374	6000
改进后	18	36	60	90	126	168	216	270	330

2.3.2   算例与结果分析

为了验证改进算法的三维通用单胞模型的有效性,以颗粒增强复合材料为例,计算其弹性性能。颗粒增强复合材料增强相的位置分布是随机的,因此颗粒增强复合材料的力学性能表现为各向同性。其材料常数有以下关系:

$$E_{11} = E_{22} = E_{33} = E$$

$$\mu_{12} = \mu_{21} = \mu_{13} = \mu_{31} = \mu_{23} = \mu_{32} = \mu$$

$$G_{23} = G_{31} = G_{12} = G = \frac{E}{2(1+\mu)}$$

$$\alpha_{11} = \alpha_{22} = \alpha_{33} = \alpha$$

采用通用单胞模型分析其力学特性时,把代表性体元划分成 $n \times n \times n$ 个子胞,且各个子胞的尺寸相同。本文计算了 25%、50% 和 60% 三种不同体积含量的颗粒增强复合材料的弹性性能。增强相的弹性材料常数[24,30]分别为:弹性模量 E_f=410GPa,ν_f=0.2,α_f=9.0×10^{-6}/℃,基体的弹性模量 E_m=69GPa,ν_m=0.33,α_m=3.53×10^{-6}/℃,对于每一种体积含量分析了 15 种不同的子胞划分方式。图 2.11 为不同子胞数模拟的颗粒增强复合材料。

计算了该材料有关的弹性模量、泊松比、热膨胀系数比值及其随子胞数量的变化关系,其结果如图 2.12～图 2.16 所示。可以看出:弹性模量、泊松比及热膨胀系数的比值都随着子胞数目的增加而逐渐趋近于 1,说明了本文的模型能够有效模拟颗粒增强复合材料的力学性能。其中 $E_{22}/2(1+\mu_{12})$ 与 G_{12} 的比值相对其他相关系数的比值接近于 1 的程度要差些，且随着体积比的增加，相对误差趋大，这主要是该单胞模型中未考虑正应力与剪应力之间的耦合，导致剪切模量 G 的预测值偏低。且随着体积比的增加，正应力与剪应力的耦合越趋明显，导致误差增大。

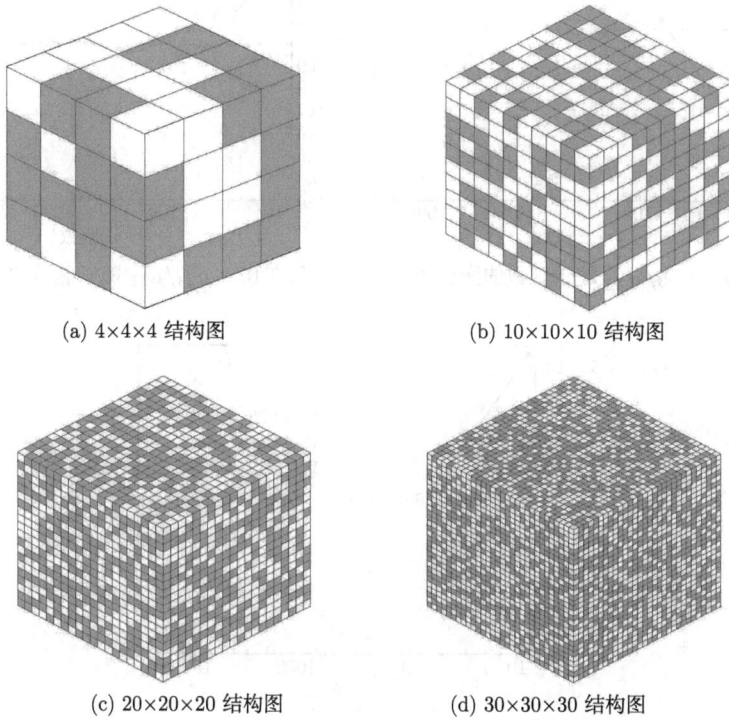

(a) 4×4×4 结构图

(b) 10×10×10 结构图

(c) 20×20×20 结构图

(d) 30×30×30 结构图

图 2.11 颗粒增强复合材料结构图

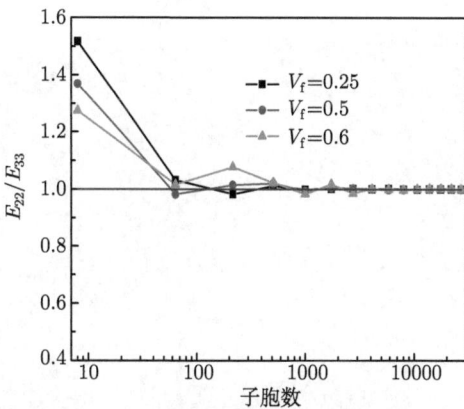

图 2.12 E_{22}/E_{33} 随子胞数的变化图

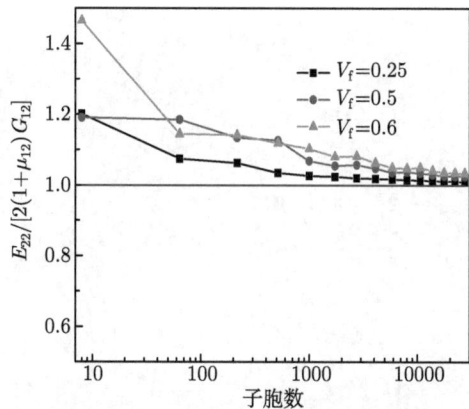

图 2.13 $E_{22}/[2(1+\mu_{12})G_{12}]$ 随子胞数的变化图

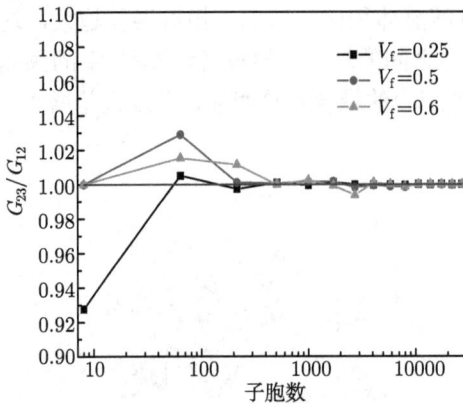

图 2.14　G_{23}/G_{12} 随子胞数的变化图

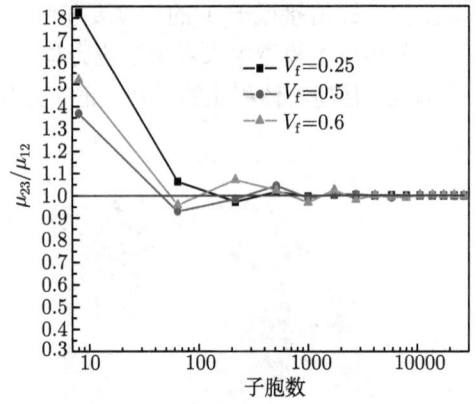

图 2.15　μ_{23}/μ_{12} 随子胞数的变化图

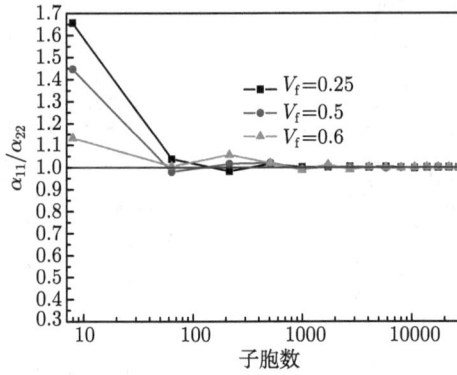

图 2.16　α_{11}/α_{22} 随子胞数的变化图

第 3 章 高精度通用单胞模型

3.1 二维高精度通用单胞模型

3.1.1 二维子胞的定义

复合材料细观结构如图 3.1 所示。图 3.2(a) 为一代表性体积单元 (体元)，其所占的区域为：$0 \leqslant y_2 \leqslant H, 0 \leqslant y_3 \leqslant L$。其中局部坐标系为 (y_2, y_3)，在 y_2-y_3 平面内，代表性体积单元被离散成 $N_q \times N_r$ 个普通子胞。每个普通子胞由四个亚子胞组成。在 y_2-y_3 方向上，亚子胞的相对位置由坐标对 (β, γ) 表示，其值为 1 或 2，如图 3.2(b) 所示。q，r 代表普通子胞在 y_2-y_3 平面内的相对位置，范围为 $q = 1, 2, \cdots, N_q$ 和 $r = 1, 2, \cdots, N_r$。在 y_2 和 y_3 轴方向上普通子胞的尺寸为 h_1^q, h_2^q 和 l_1^r, l_2^r，因此，$H = \sum_{q=1}^{N_q} (h_1^q + h_2^q)$，$L = \sum_{r=1}^{N_r} (l_1^r + l_2^r)$。

在施加宏观平均应变载荷 $\bar{\varepsilon}_{ij}$ 时，对所有 $N_q \times N_r$ 个子胞中任一个亚子胞 (β, γ) 的位移场可通过弱化的平衡方程、周期性边界条件以及位移、力连续条件来进行求解。亚子胞 (β, γ) 位移必须满足平衡方程，即

$$\partial_2 \sigma_{2j}^{(\beta\gamma)} + \partial_3 \sigma_{3j}^{(\beta\gamma)} = 0, \quad j = 1, 2, 3 \tag{3.1}$$

其中，$\partial_2 = \partial/\partial \overline{y}_2^{(\beta)}$ 和 $\partial_3 = \partial/\partial \overline{y}_3^{(\gamma)}$。亚子胞材料应力与应变间关系是通过广义胡克定律来表示的，即

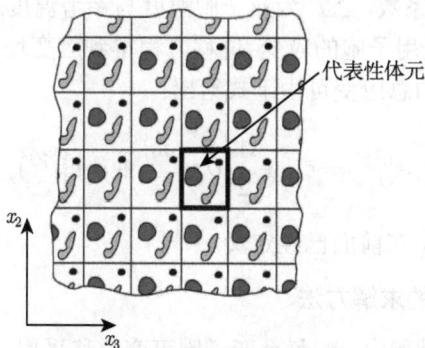

图 3.1 复合材料的细观结构

(a) 代表性体积单元离散化

(b) 子胞细分为亚子胞示意图

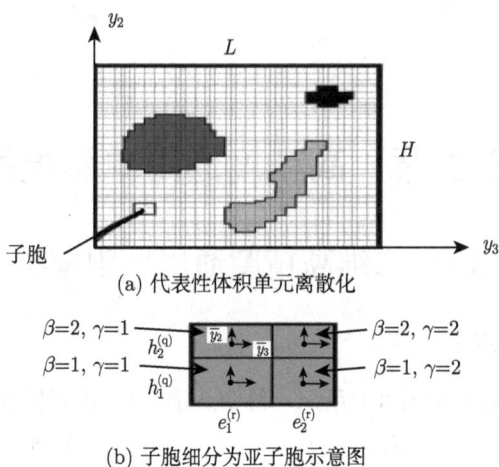

图 3.2 代表性体元

$$\sigma_{ij}^{(\beta\gamma)} = C_{ijkl}^{(\beta\gamma)}(\varepsilon_{kl}^{(\beta\gamma)} - \varepsilon_{kl}^{I(\beta\gamma)} - \varepsilon_{kl}^{T(\beta\gamma)}) \tag{3.2}$$

其中，$C_{ijkl}^{(\beta\gamma)}$ 是亚子胞 (β,γ) 的刚度矢量，$\varepsilon_{kl}^{(\beta\gamma)}$ 是总应变，$\varepsilon_{kl}^{I(\beta\gamma)}$,$\varepsilon_{kl}^{T(\beta\gamma)}$ 分别为非弹性应变和热应变。当材料为正交各向异性弹性材料 ($C_{ijkl}^{(\beta\gamma)}$ 中有 9 个独立的分量) 或各向同性材料时，本构关系为如下表达式

$$\sigma_{ij}^{(\beta\gamma)} = C_{ijkl}^{(\beta\gamma)}\varepsilon_{kl}^{(\beta\gamma)} - 2G^{(\beta\gamma)}\varepsilon_{ij}^{I(\beta\gamma)} - \sigma_{ij}^{T(\beta\gamma)} \tag{3.3}$$

其中，$G^{(\beta\gamma)}$ 为亚子胞 (β,γ) 的材料弹性剪切模量，热应力 $\sigma_{ij}^{T(\beta\gamma)}$ 由下式给出：

$$\sigma_{ij}^{T(\beta\gamma)} = \Gamma_{ij}^{(\beta\gamma)}\Delta T \tag{3.4}$$

其中，$\Gamma_{ij}^{(\beta\gamma)}$ 为热应力系数，ΔT 为亚子胞温度与参考温度之间的温差。求解满足平衡方程的位移场，采用子胞的应变–位移方程得到应变场，再由胡克定律得到应力场。亚子胞 (β,γ) 的总应变可由下式给出：

$$\varepsilon_{ij}^{(\beta\gamma)} = \overline{\varepsilon}_{ij} + \frac{1}{2}(\partial_i u_j^{(\beta\gamma)} + \partial_j u_i^{(\beta\gamma)}) \tag{3.5}$$

其中，$\partial_1 = 0$ 且 ∂_2, ∂_3 在前面已经定义。

3.1.2 二维子胞问题的求解方法

在求解平衡方程过程中，对每个亚子胞可变位移采用二次多项式展开的模式，即相对于亚子胞中心位移，引入了关于局部坐标系 $(\overline{y}_2^\beta, \overline{y}_3^\gamma)$ 的二次函数。这与原始的通用单胞模型有较大的不同。原始模型中，仅采用了位移的线性项，因此消除了局部正应力与剪应力之间的耦合。高阶可变位移模式能够较准确地模拟复合材料细观量之间的相互作用。

假设高精度通用单胞模型的位移为下列形式：

$$
\begin{aligned}
u_1^{(\beta\gamma)} =& \bar{\varepsilon}_{1j}x_j + W_{1(00)}^{(\beta\gamma)} + \bar{y}_2^{(\beta)}W_{1(10)}^{(\beta\gamma)} + \bar{y}_3^{(\gamma)}W_{1(01)}^{(\beta\gamma)} \\
& + \frac{1}{2}\left(3\bar{y}_2^{(\beta)2} - \frac{h_\beta^{(q)2}}{4}\right)W_{1(20)}^{(\beta\gamma)} + \frac{1}{2}\left(3\bar{y}_3^{(\gamma)2} - \frac{l_\gamma^{(r)2}}{4}\right)W_{1(02)}^{(\beta\gamma)}
\end{aligned}
\tag{3.6a}
$$

$$
\begin{aligned}
u_2^{(\beta\gamma)} =& \bar{\varepsilon}_{2j}x_j + W_{2(00)}^{(\beta\gamma)} + \bar{y}_2^{(\beta)}W_{2(10)}^{(\beta\gamma)} + \bar{y}_3^{(\gamma)}W_{2(01)}^{(\beta\gamma)} \\
& + \frac{1}{2}\left(3\bar{y}_2^{(\beta)2} - \frac{h_\beta^{(q)2}}{4}\right)W_{2(20)}^{(\beta\gamma)} + \frac{1}{2}\left(3\bar{y}_3^{(\gamma)2} - \frac{l_\gamma^{(r)2}}{4}\right)W_{2(02)}^{(\beta\gamma)}
\end{aligned}
\tag{3.6b}
$$

$$
\begin{aligned}
u_3^{(\beta\gamma)} =& \bar{\varepsilon}_{3j}x_j + W_{3(00)}^{(\beta\gamma)} + \bar{y}_2^{(\beta)}W_{3(10)}^{(\beta\gamma)} + \bar{y}_3^{(\gamma)}W_{3(01)}^{(\beta\gamma)} \\
& + \frac{1}{2}\left(3\bar{y}_2^{(\beta)2} - \frac{h_\beta^{(q)2}}{4}\right)W_{3(20)}^{(\beta\gamma)} + \frac{1}{2}\left(3\bar{y}_3^{(\gamma)2} - \frac{l_\gamma^{(r)2}}{4}\right)W_{3(02)}^{(\beta\gamma)}
\end{aligned}
\tag{3.6c}
$$

其中，$W_{i(00)}^{(\beta\gamma)}$ 是可变的体积平均位移；$W_{i(mn)}^{(\beta\gamma)}(i=1,2,3;\ m,n=0,1,2)$ 为高阶项。在普通子胞 (q,r) 中描述浮动位移的未知细观量数量为 60 个。它们在体积平均意义上满足平衡方程。在积分意义下子胞与亚子胞之间满足界面连续条件 (包括位移和力)：

$$
\int_{-l_\gamma/2}^{l_\gamma/2} \sigma_{2j}^{(1\gamma)}\big|_{\bar{y}_2^{(1)}=h_1/2}^{(q,r)}\,\mathrm{d}\bar{y}_3^{(\gamma)} = \int_{-l_\gamma/2}^{l_\gamma/2} \sigma_{2j}^{(2\gamma)}\big|_{\bar{y}_2^{(2)}=-h_2/2}^{(q,r)}\,\mathrm{d}\bar{y}_3^{(\gamma)}
\tag{3.7a}
$$

$$
\int_{-h_\beta/2}^{h_\beta/2} \sigma_{3j}^{(\beta1)}\big|_{\bar{y}_3^{(1)}=l_1/2}^{(q,r)}\,\mathrm{d}\bar{y}_2^{(\beta)} = \int_{-h_\beta/2}^{h_\beta/2} \sigma_{3j}^{(\beta2)}\big|_{\bar{y}_3^{(2)}=-l_2/2}^{(q,r)}\,\mathrm{d}\bar{y}_2^{(\beta)}
\tag{3.7b}
$$

$$
\int_{-l_\gamma/2}^{l_\gamma/2} \sigma_{2j}^{(1\gamma)}\big|_{\bar{y}_2^{(1)}=-h_1/2}^{(q+1,r)}\,\mathrm{d}\bar{y}_3^{(\gamma)} = \int_{-l_\gamma/2}^{l_\gamma/2} \sigma_{2j}^{(2\gamma)}\big|_{\bar{y}_2^{(2)}=h_2/2}^{(q,r)}\,\mathrm{d}\bar{y}_3^{(\gamma)}
\tag{3.7c}
$$

$$
\int_{-h_\beta/2}^{h_\beta/2} \sigma_{3j}^{(\beta1)}\big|_{\bar{y}_3^{(1)}=-l_1/2}^{(q,r+1)}\,\mathrm{d}\bar{y}_2^{(\beta)} = \int_{-h_\beta/2}^{h_\beta/2} \sigma_{3j}^{(\beta2)}\big|_{\bar{y}_3^{(2)}=l_2/2}^{(q,r)}\,\mathrm{d}\bar{y}_2^{(\beta)}
\tag{3.7d}
$$

$$
\int_{-l_\gamma/2}^{l_\gamma/2} u_i^{(1\gamma)}\big|_{\bar{y}_2^{(1)}=h_1/2}^{(q,r)}\,\mathrm{d}\bar{y}_3^{(\gamma)} = \int_{-l_\gamma/2}^{l_\gamma/2} u_i^{(2\gamma)}\big|_{\bar{y}_2^{(2)}=-h_2/2}^{(q,r)}\,\mathrm{d}\bar{y}_3^{(\gamma)}
\tag{3.7e}
$$

$$\int_{-h_\beta/2}^{h_\beta/2} u_i^{(\beta1)}\big|_{\overline{y}_3^{(1)}=l_1/2}^{(q,r)} \mathrm{d}\overline{y}_2^{(\beta)} = \int_{-h_\beta/2}^{h_\beta/2} u_i^{(\beta2)}\big|_{\overline{y}_3^{(2)}=-l_2/2}^{(q,r)} \mathrm{d}\overline{y}_2^{(\beta)} \tag{3.7f}$$

$$\int_{-l_\gamma/2}^{l_\gamma/2} u_i^{(1\gamma)}\big|_{\overline{y}_2^{(1)}=-h_1/2}^{(q+1,r)} \mathrm{d}\overline{y}_3^{(\gamma)} = \int_{-l_\gamma/2}^{l_\gamma/2} u_i^{(2\gamma)}\big|_{\overline{y}_2^{(2)}=h_2/2}^{(q,r)} \mathrm{d}\overline{y}_3^{(\gamma)} \tag{3.7g}$$

$$\int_{-h_\beta/2}^{h_\beta/2} u_i^{(\beta1)}\big|_{\overline{y}_3^{(1)}=-l_1/2}^{(q,r+1)} \mathrm{d}\overline{y}_2^{(\beta)} = \int_{-h_\beta/2}^{h_\beta/2} u_i^{(\beta2)}\big|_{\overline{y}_3^{(2)}=l_2/2}^{(q,r)} \mathrm{d}\overline{y}_2^{(\beta)} \tag{3.7h}$$

在 $y_2 = 0, H$ 和 $y_3 = 0, L$ 面上亚子胞周期边界条件可以表达为

$$\int_{-l_\gamma/2}^{l_\gamma/2} \sigma_{2j}^{(1\gamma)}\big|_{\overline{y}_2^{(1)}=-h_1/2}^{(1,r)} \mathrm{d}\overline{y}_3^{(\gamma)} = \int_{-l_\gamma/2}^{l_\gamma/2} \sigma_{2j}^{(2\gamma)}\big|_{\overline{y}_2^{(2)}=h_2/2}^{(N_q,r)} \mathrm{d}\overline{y}_3^{(\gamma)} \tag{3.8a}$$

$$\int_{-h_\beta/2}^{h_\beta/2} \sigma_{3j}^{(\beta1)}\big|_{\overline{y}_3^{(1)}=-l_1/2}^{(q,1)} \mathrm{d}\overline{y}_2^{(\beta)} = \int_{-h_\beta/2}^{h_\beta/2} \sigma_{3j}^{(\beta2)}\big|_{\overline{y}_3^{(2)}=l_2/2}^{(q,N_r)} \mathrm{d}\overline{y}_2^{(\beta)} \tag{3.8b}$$

$$\int_{-l_\gamma/2}^{l_\gamma/2} u_i^{(1\gamma)}\big|_{\overline{y}_2^{(1)}=-h_1/2}^{(1,r)} \mathrm{d}\overline{y}_3^{(\gamma)} = \int_{-l_\gamma/2}^{l_\gamma/2} u_i^{(2\gamma)}\big|_{\overline{y}_2^{(2)}=h_2/2}^{(N_q,r)} \mathrm{d}\overline{y}_3^{(\gamma)} \tag{3.8c}$$

$$\int_{-h_\beta/2}^{h_\beta/2} u_i^{(\beta1)}\big|_{\overline{y}_3^{(1)}=-l_1/2}^{(q,1)} \mathrm{d}\overline{y}_2^{(\beta)} = \int_{-h_\beta/2}^{h_\beta/2} u_i^{(\beta2)}\big|_{\overline{y}_3^{(2)}=l_2/2}^{(q,N_\gamma)} \mathrm{d}\overline{y}_2^{(\beta)} \tag{3.8d}$$

其中，$i,j = 1,2,3$。周期性边界条件能够考虑邻近子胞间的相互影响。应用上述边界条件也能满足求解未知细观量的方程数量。

在弹性阶段，亚子胞应力和应变场为线性的。在非弹性阶段，应力场与加载路径有关，位移场依赖于非弹性应变场的分布，并产生高阶应力场分布。在非弹性阶段，高阶应力场采用局部坐标下的勒让德多项式扩展来描述，即在假设的位移下产生的应变场和应力场都可以用勒让德多项式来表达：

$$\varepsilon_{ij}^{(\beta\gamma)} = \sum_{m=0}^{\infty}\sum_{n=0}^{\infty} \sqrt{(1+2m)(1+2n)}e_{ij(m,n)}^{(\beta\gamma)} P_m(\zeta_2^{(\beta)})P_n(\zeta_3^{(\gamma)}) \tag{3.9a}$$

$$\sigma_{ij}^{(\beta\gamma)} = \sum_{m=0}^{\infty}\sum_{n=0}^{\infty} \sqrt{(1+2m)(1+2n)}\tau_{ij(m,n)}^{(\beta\gamma)} P_m(\zeta_2^{(\beta)})P_n(\zeta_3^{(\gamma)}) \tag{3.9b}$$

其中，非尺寸变量 $\zeta_i^{(\cdot)}$ 的范围为 $-1 \leqslant \zeta_i^{(\cdot)} \leqslant 1$，并为与子胞坐标相关的变量，即 $\zeta_2^{(\beta)} = \overline{y}_2^{(\beta)}/(h_\beta^{(q)}/2)$，$\zeta_3^{(\gamma)} = \overline{y}_3^{(\gamma)}/(l_\gamma^{(r)}/2)$。对于给定的位移场模式，式 (3.9a) 的上限为 1，式 (3.9b) 的上限应该选择适当的值，以便准确获得每一个亚子胞的应力场。上述表达式中的系数 $e_{ij(m,n)}^{(\beta\gamma)}, \tau_{ij(m,n)}^{(\beta\gamma)}$ 由如下的方法决定。

利用勒让德多项式的正交化特性，子胞 (q,r) 中亚子胞 (β,γ) 的应变系数 $e_{ij(m,n)}^{(\beta\gamma)}$ 可由假设的位移场来决定。其中，非零向量表达如下 (省略了 (q,r))：

$$e_{11(0,0)}^{(\beta\gamma)} = \bar{\varepsilon}_{11} \quad e_{22(0,0)}^{(\beta\gamma)} = \bar{\varepsilon}_{22} + W_{2(10)}^{(\beta\gamma)} \quad e_{22(1,0)}^{(\beta\gamma)} = \frac{\sqrt{3}}{2}h_{\beta}^{(q)}W_{2(20)}^{(\beta\gamma)}$$

$$e_{33(0,0)}^{(\beta\gamma)} = \bar{\varepsilon}_{33} + W_{3(01)}^{(\beta\gamma)} \quad e_{33(0,1)}^{(\beta\gamma)} = \frac{\sqrt{3}}{2}l_{\gamma}^{(r)}W_{3(02)}^{(\beta\gamma)} \quad e_{23(0,0)}^{(\beta\gamma)} = \bar{\varepsilon}_{23} + \frac{1}{2}(W_{2(01)}^{(\beta\gamma)} + W_{3(10)}^{(\beta\gamma)})$$

$$e_{23(1,0)}^{(\beta\gamma)} = \frac{\sqrt{3}}{4}h_{\beta}^{(q)}W_{3(20)}^{(\beta\gamma)} \quad e_{23(0,1)}^{(\beta\gamma)} = \frac{\sqrt{3}}{4}l_{\gamma}^{(r)}W_{2(02)}^{(\beta\gamma)} \quad e_{13(0,0)}^{(\beta\gamma)} = \bar{\varepsilon}_{13} + \frac{1}{2}W_{1(01)}^{(\beta\gamma)}$$

$$e_{13(0,1)}^{(\beta\gamma)} = \frac{\sqrt{3}}{4}l_{\gamma}^{(r)}W_{1(02)}^{(\beta\gamma)} \quad e_{12(0,0)}^{(\beta\gamma)} = \bar{\varepsilon}_{12} + \frac{1}{2}W_{1(10)}^{(\beta\gamma)} \quad e_{12(1,0)}^{(\beta\gamma)} = \frac{\sqrt{3}}{4}h_{\beta}^{(q)}W_{1(20)}^{(\beta\gamma)} \quad (3.10)$$

其中，$e_{ij(0,0)}^{(\beta\gamma)}$ 为子胞 (q,r) 中亚子胞 (β,γ) 的平均应变。即

$$\varepsilon_{11}^{(\beta\gamma)} = \bar{\varepsilon}_{11} \quad \varepsilon_{22}^{(\beta\gamma)} = \bar{\varepsilon}_{22} + W_{2(10)}^{(\beta\gamma)} + 3\bar{y}_2^{(\beta)}W_{2(20)}^{(\beta\gamma)}$$

$$\varepsilon_{33}^{(\beta\gamma)} = \bar{\varepsilon}_{33} + W_{3(01)}^{(\beta\gamma)} + 3\bar{y}_3^{(\gamma)}W_{3(02)}^{(\beta\gamma)}$$

$$\varepsilon_{23}^{(\beta\gamma)} = \bar{\varepsilon}_{23} + \frac{1}{2}(W_{2(01)}^{(\beta\gamma)} + W_{3(10)}^{(\beta\gamma)}) + \frac{3}{2}(\bar{y}_2^{(\beta)}W_{3(20)}^{(\beta\gamma)} + \bar{y}_3^{(\gamma)}W_{2(02)}^{(\beta\gamma)})$$

$$\varepsilon_{13}^{(\beta\gamma)} = \bar{\varepsilon}_{13} + \frac{1}{2}(W_{1(01)}^{(\beta\gamma)} + 3\bar{y}_3^{(\gamma)}W_{1(02)}^{(\beta\gamma)}) \quad \varepsilon_{12}^{(\beta\gamma)} = \bar{\varepsilon}_{12} + \frac{1}{2}(W_{1(10)}^{(\beta\gamma)} + 3\bar{y}_2^{(\beta)}W_{1(20)}^{(\beta\gamma)}) \quad (3.11)$$

由于子胞 (q,r) 中亚子胞 (β,γ) 的应变系数 $\tau_{ij(m,n)}^{(\beta\gamma)}$ 与子胞的应变系数、热应力以及未知的非弹性应变场相关，把采用勒让德多项式表示的应变和应力代入本构方程，利用勒让德多项式的正交性，可得

$$\tau_{ij(m,n)}^{(\beta\gamma)} = C_{ijkl}^{(\beta\gamma)}e_{kl(m,n)}^{(\beta\gamma)} - R_{ij(m,n)}^{(\beta\gamma)} - \sigma_{ij}^{T(\beta\gamma)}\delta_{m0}\delta_{0n} \quad (3.12)$$

其中，$R_{ij(m,n)}^{(\beta\gamma)}$ 为非弹性应力分布项，可采用下列方程式计算：

$$R_{ij(m,n)}^{(\beta\gamma)} = \frac{1}{2}\mu^{(\beta\gamma)}\sqrt{(1+2m)(1+2n)}\int_{-1}^{1}\varepsilon_{ij}^{I(\beta\gamma)}P_m(\zeta_2^{(\beta)})P_n(\zeta_3^{(\gamma)})\mathrm{d}\zeta_2^{(\beta)}\mathrm{d}\zeta_3^{(\gamma)} \quad (3.13)$$

在上述两式中同样省略了 (q,r)。

在体积平均意义下，考虑满足平衡方程条件，可得到下列应力项：

$$[S_{ij(m,n)}^{(\beta\gamma)}]^{(q,r)} = \frac{1}{h_{\beta}^{(q)}l_{\gamma}^{(r)}}\int_{-h_{\beta}^{(q)}/2}^{h_{\beta}^{(q)}/2}\int_{-l_{\gamma}^{(r)}/2}^{l_{\gamma}^{(r)}/2}\sigma_{ij}^{(\beta\gamma)}(\bar{y}_2^{(\beta)})^m(\bar{y}_3^{(\gamma)})^n\mathrm{d}\bar{y}_2^{(\beta)}\mathrm{d}\bar{y}_3^{(\gamma)} \quad (3.14)$$

其中，当 $m = n = 0$ 时，$S_{ij(m,2)}^{(\beta\gamma)}$ 即为亚子胞的平均应力。当 (m,n) 为其他值时，即为亚子胞的高阶应力项。把亚子胞本构方程、应变位移关系以及位移场代入式 (3.14)，即可由未知系数 $W_{i(mn)}^{(\beta\gamma)}$ 表示应力项。在给定的位移场条件下，非 0 的零阶及一阶应力项表达如下：

$$S_{11(0,0)}^{(\beta\gamma)} = C_{11}^{(\beta\gamma)}\overline{\varepsilon}_{11} + C_{12}^{(\beta\gamma)}\left(\overline{\varepsilon}_{22} + W_{2(10)}^{(\beta\gamma)}\right) + C_{13}^{(\beta\gamma)}\left(\overline{\varepsilon}_{33} + W_{3(01)}^{(\beta\gamma)}\right) - \Gamma_1^{(\beta\gamma)}\Delta T - R_{11(0,0)}^{(\beta\gamma)}$$

$$S_{11(1,0)}^{(\beta\gamma)} = \frac{1}{4}h_\beta^{(q)2}C_{12}^{(\beta\gamma)}W_{2(20)}^{(\beta\gamma)} - \frac{1}{2\sqrt{3}}h_\beta^{(q)}R_{11(1,0)}^{(\beta\gamma)}$$

$$S_{11(0,1)}^{(\beta\gamma)} = \frac{1}{4}l_\gamma^{(r)2}C_{13}^{(\beta\gamma)}W_{3(02)}^{(\beta\gamma)} - \frac{1}{2\sqrt{3}}l_\gamma^{(r)}R_{11(0,1)}^{(\beta\gamma)}$$

$$S_{22(0,0)}^{(\beta\gamma)} = C_{21}^{(\beta\gamma)}\overline{\varepsilon}_{11} + C_{22}^{(\beta\gamma)}\left(\overline{\varepsilon}_{22} + W_{2(10)}^{(\beta\gamma)}\right) + C_{23}^{(\beta\gamma)}\left(\overline{\varepsilon}_{33} + W_{3(01)}^{(\beta\gamma)}\right) - \Gamma_2^{(\beta\gamma)}\Delta T - R_{22(0,0)}^{(\beta\gamma)}$$

$$S_{22(1,0)}^{(\beta\gamma)} = \frac{1}{4}h_\beta^{(q)2}C_{22}^{(\beta\gamma)}W_{2(20)}^{(\beta\gamma)} - \frac{1}{2\sqrt{3}}h_\beta^{(q)}R_{22(1,0)}^{(\beta\gamma)}$$

$$S_{22(0,1)}^{(\beta\gamma)} = \frac{1}{4}l_\gamma^{(r)2}C_{23}^{(\beta\gamma)}W_{3(02)}^{(\beta\gamma)} - \frac{1}{2\sqrt{3}}l_\gamma^{(r)}R_{22(0,1)}^{(\beta\gamma)}$$

$$S_{33(0,0)}^{(\beta\gamma)} = C_{31}^{(\beta\gamma)}\overline{\varepsilon}_{11} + C_{32}^{(\beta\gamma)}\left(\overline{\varepsilon}_{22} + W_{2(10)}^{(\beta\gamma)}\right) + C_{33}^{(\beta\gamma)}\left(\overline{\varepsilon}_{33} + W_{3(01)}^{(\beta\gamma)}\right) - \Gamma_3^{(\beta\gamma)}\Delta T - R_{33(0,0)}^{(\beta\gamma)}$$

$$S_{33(1,0)}^{(\beta\gamma)} = \frac{1}{4}h_\beta^{(q)2}C_{32}^{(\beta\gamma)}W_{2(20)}^{(\beta\gamma)} - \frac{1}{2\sqrt{3}}h_\beta^{(q)}R_{33(1,0)}^{(\beta\gamma)}$$

$$S_{33(0,1)}^{(\beta\gamma)} = \frac{1}{4}l_\gamma^{(r)2}C_{33}^{(\beta\gamma)}W_{3(02)}^{(\beta\gamma)} - \frac{1}{2\sqrt{3}}l_\gamma^{(r)}R_{33(0,1)}^{(\beta\gamma)}$$

$$S_{23(0,0)}^{(\beta\gamma)} = C_{44}^{(\beta\gamma)}\left(2\overline{\varepsilon}_{23} + W_{2(01)}^{(\beta\gamma)} + W_{3(10)}^{(\beta\gamma)}\right) - R_{23(0,0)}^{(\beta\gamma)}$$

$$S_{23(1,0)}^{(\beta\gamma)} = \frac{1}{4}h_\beta^{(q)2}C_{44}^{(\beta\gamma)}W_{3(20)}^{(\beta\gamma)} - \frac{1}{2\sqrt{3}}h_\beta^{(q)}R_{23(1,0)}^{(\beta\gamma)}$$

$$S_{23(0,1)}^{(\beta\gamma)} = \frac{1}{4}l_\gamma^{(r)2}C_{44}^{(\beta\gamma)}W_{2(02)}^{(\beta\gamma)} - \frac{1}{2\sqrt{3}}l_\gamma^{(r)}R_{23(0,1)}^{(\beta\gamma)}$$

$$S_{13(0,0)}^{(\beta\gamma)} = C_{55}^{(\beta\gamma)}\left(2\overline{\varepsilon}_{13} + W_{1(01)}^{(\beta\gamma)}\right) - R_{13(0,0)}^{(\beta\gamma)}$$

$$S_{13(0,1)}^{(\beta\gamma)} = \frac{1}{4}l_\gamma^{(r)2}C_{55}^{(\beta\gamma)}W_{1(02)}^{(\beta\gamma)} - \frac{1}{2\sqrt{3}}l_\gamma^{(r)}R_{13(0,1)}^{(\beta\gamma)}$$

$$S_{12(0,0)}^{(\beta\gamma)} = C_{66}^{(\beta\gamma)}\left(2\overline{\varepsilon}_{12} + W_{1(10)}^{(\beta\gamma)}\right) - R_{12(0,0)}^{(\beta\gamma)}$$

$$S_{12(1,0)}^{(\beta\gamma)} = \frac{1}{4}h_\beta^{(q)2}C_{66}^{(\beta\gamma)}W_{1(20)}^{(\beta\gamma)} - \frac{1}{2\sqrt{3}}h_\beta^{(q)}R_{12(1,0)}^{(\beta\gamma)} \tag{3.15}$$

对子胞 (q,r) 中亚子胞 (β,γ) 而言，经过一系列的代数运算，其零阶、一阶、二阶应力项都需满足平衡方程，在体积平均的意义下对于一阶应力项可产生 12 个关系式：

$$\left[S_{2j(1,0)}^{(\beta\gamma)}/h_\beta^2 + S_{3j(1,0)}^{(\beta\gamma)}/l_\gamma^2 \right]^{(q,r)} = 0, \quad j = 1,2,3 \tag{3.16}$$

子胞内部亚子胞面之间的应力连续条件以及相邻子胞间的应力连续条件表达式经过代数运算后，可以得到下列关系式：

$$\left[-12S_{2j(1,0)}^{(1\gamma)}/h_1 + S_{2j(0,0)}^{(2\gamma)} - 6S_{2j(1,0)}^{(2\gamma)}/h_2 \right]^{(q,r)} - \left[S_{2j(0,0)}^{(2\gamma)} + 6S_{2j(1,0)}^{(2\gamma)}/h_2 \right]^{(q-1,r)} = 0 \tag{3.17a}$$

$$\left[-S_{2j(0,0)}^{(1\gamma)} + \frac{1}{2}S_{2j(0,0)}^{(2\gamma)} - 3S_{2j(1,0)}^{(2\gamma)}/h_2 \right]^{(q,r)} + \frac{1}{2}\left[S_{2j(0,0)}^{(2\gamma)} + 6S_{2j(1,0)}^{(2\gamma)}/h_2 \right]^{(q-1,r)} = 0 \tag{3.17b}$$

$$\left[-12S_{3j(0,1)}^{(\beta1)}/l_1 + S_{3j(0,0)}^{(\beta2)} - 6S_{3j(0,1)}^{(\beta2)}/l_2 \right]^{(q,r)} - \left[S_{3j(0,0)}^{(\beta2)} + 6S_{3j(0,1)}^{(\beta2)}/l_2 \right]^{(q,r-1)} = 0 \tag{3.17c}$$

$$\left[-S_{3j(0,0)}^{(\beta1)} + \frac{1}{2}S_{3j(0,0)}^{(\beta2)} - 3S_{3j(0,1)}^{(\beta2)}/l_2 \right]^{(q,r)} + \frac{1}{2}\left[S_{3j(0,0)}^{(\beta2)} + 6S_{3j(0,1)}^{(\beta2)}/l_2 \right]^{(q,r-1)} = 0 \tag{3.17d}$$

其中，$j = 1,2,3; \beta, \gamma = 1,2$。

由方程 (3.17) 提供了 24 个表达式，连同式 (3.16) 的 12 个表达式，总共有 36 个表达式，再由子胞内部与子胞间位移连续条件，可确定 60 个未知的系数 $W_{i(mn)}^{(\beta\gamma)}$。子胞内部与子胞间位移连续条件为

$$\left[W_{i(00)}^{(1\gamma)} + \frac{1}{2}h_1 W_{i(10)}^{(1\gamma)} + \frac{1}{4}h_1^2 W_{i(20)}^{(1\gamma)} \right]^{(q,r)} = \left[W_{i(00)}^{(2\gamma)} - \frac{1}{2}h_2 W_{i(10)}^{(2\gamma)} + \frac{1}{4}h_2^2 W_{i(20)}^{(2\gamma)} \right]^{(q,r)} \tag{3.18a}$$

$$\left[W_{i(00)}^{(2\gamma)} + \frac{1}{2}h_2 W_{i(10)}^{(2\gamma)} + \frac{1}{4}h_2^2 W_{i(20)}^{(2\gamma)} \right]^{(q,r)} = \left[W_{i(00)}^{(1\gamma)} - \frac{1}{2}h_1 W_{i(10)}^{(1\gamma)} + \frac{1}{4}h_1^2 W_{i(20)}^{(1\gamma)} \right]^{(q+1,r)} \tag{3.18b}$$

$$\left[W_{i(00)}^{(\beta1)} + \frac{1}{2}l_1 W_{i(01)}^{(\beta1)} + \frac{1}{4}l_1^2 W_{i(02)}^{(\beta1)} \right]^{(q,r)} = \left[W_{i(00)}^{(\beta2)} - \frac{1}{2}l_2 W_{i(01)}^{(\beta2)} + \frac{1}{4}l_2^2 W_{i(02)}^{(\beta2)} \right]^{(q,r)} \tag{3.18c}$$

$$\left[W_{i(00)}^{(\beta2)} + \frac{1}{2}l_2 W_{i(01)}^{(\beta2)} + \frac{1}{4}l_2^2 W_{i(02)}^{(\beta2)} \right]^{(q,r)} = \left[W_{i(00)}^{(\beta1)} - \frac{1}{2}l_1 W_{i(01)}^{(\beta1)} + \frac{1}{4}l_1^2 W_{i(02)}^{(\beta1)} \right]^{(q,r+1)} \tag{3.18d}$$

其中，$i=1,2,3$。

对于内部子胞 $q = 2,\cdots,N_q-1$ 和 $r = 2,\cdots,N_r-1$ 来说，子胞 (q,r) 位移场的 60 个未知系数由平衡方程、应力及位移连续条件提供的 60 个方程来求解。对于边界子胞 $q = 1,N_q$ 和 $r = 1,N_r$ 来说，需要不同的求解方程。

对于边界子胞 $(1,r)$，只需修改式 (3.17a) 和式 (3.17b)。由于代表性体积单元的位移边界条件具有周期性，因此 12 个应力连续条件方程可由下列表达式取代：

$$\left[W_{i(00)}^{(1\gamma)} - \frac{1}{2}h_1 W_{i(10)}^{(1\gamma)} + \frac{1}{4}h_1^2 W_{i(20)}^{(1\gamma)}\right]^{(1,r)} = \left[W_{i(00)}^{(2\gamma)} + \frac{1}{2}h_2 W_{i(10)}^{(2\gamma)} + \frac{1}{4}h_2^2 W_{i(20)}^{(2\gamma)}\right]^{(N_q,r)}$$

(3.19)

其中，$i=1,2,3$。即为边界子胞 $(1,r)$ 的求解方程。

对于边界子胞 (N_q,r)，只需修改式 (3.18b)。同时，根据应力连续条件的周期性，式 (3.8a) 也能提供 6 个方程。

对于边界子胞 $(q,1)$ 和 (q,N_r) 的求解与上述方法类似。对于边界子胞 $(q,1)$，式 (3.17c) 和 (3.17d) 用位移周期性边界条件式 (3.8d) 所取代，即

$$\left[W_{i(00)}^{(\beta1)} - \frac{1}{2}l_1 W_{i(01)}^{(\beta1)} + \frac{1}{4}l_1^2 W_{i(02)}^{(\beta1)}\right]^{(q,1)} = \left[W_{i(00)}^{(\beta2)} + \frac{1}{2}l_2 W_{i(01)}^{(\beta2)} + \frac{1}{4}l_2^2 W_{i(02)}^{(\beta2)}\right]^{(q,N_r)}$$

(3.20)

对于边界子胞 (q,N_r)，式 (3.18d) 的 6 个方程不再成立，可用应力连续条件式 (3.8b) 所取代。

综合内部和边界子胞所有的方程，可以得到求解 $W_{i(mn)}^{(\beta\gamma)}$ 的 $60N_qN_r$ 个方程，矩阵形式如下

$$KU = f + g$$

(3.21)

其中，结构刚度矩阵 K 包含了几何信息以及多相周期复合材料每个亚子胞材料的热力学属性。位移矢量 U 包含了每个亚子胞的未知位移量，即

$$U = [U_{11}^{(11)},\cdots,U_{N_qN_r}^{(22)}]$$

子胞 (q,r) 中亚子胞 (β,γ) 的未知位移系数为

$$U_{qr}^{(\beta\gamma)} = [W_{i(00)}, W_{i(10)}, W_{i(01)}, W_{i(20)}, W_{i(02)}]_{qr}^{(\beta\gamma)}, \quad i = 1,2,3$$

外载荷矢量 f 包含了平均应变 $\bar\varepsilon_{ij}$ 和温差 ΔT 等，矢量 g 则贡献了材料非弹性变形，包含了非弹性应力场的积分。由于积分中包含了未知的位移系数矩阵 U，因此对加载路径中的每一点都要进行增量求解。

考虑上述方程可以发现，在 y_2-y_3 平面的剪应力和正应力之间是耦合的，因此方程考虑了剪应力耦合的影响。但是该方法没有考虑 y_1-y_3 和 y_1-y_2 方向剪应

力的影响。因此在实际求解中，可以使正应力、横向剪应力 $(40N_qN_r)$ 与轴向剪应力 $(20N_qN_r)$ 解耦。

3.1.3 二维本构关系表达式

在给定平均应变 $\bar{\varepsilon}_{ij}$ 的前提下，求解 U，进而可以得到子胞 (q,r) 中亚子胞 (β,γ) 的平均应变 $[e_{(0,0)}^{(\beta\gamma)}]^{(q,r)}$ 和平均应力 $[S_{ij(0,0)}^{(\beta\gamma)}]^{(q,r)}$，即可以用下列公式表达：

$$[S_{(0,0)}^{(\beta\gamma)}]^{(q,r)} = [C^{(\beta\gamma)}e_{(0,0)}^{(\beta\gamma)} - R_{(0,0)}^{(\beta\gamma)} - \Gamma^{(\beta\gamma)}\Delta T]^{(q,r)} \tag{3.22}$$

对于弹性材料而言，亚子胞的平均总应变、塑性应变以及热应变与宏观应变间的关系可由下式表示：

$$[e_{(0,0)}^{(\beta\gamma)}]^{(q,r)} = [A^{(\beta\gamma)}\bar{\varepsilon} + D^{(\beta\gamma)}]^{(q,r)} \tag{3.23}$$

其中，$[A^{(\beta\gamma)}]^{(q,r)}$ 为亚子胞 (β,γ) 的应变矩阵，$[D^{(\beta\gamma)}]^{(q,r)}$ 向量包含了亚子胞热力属性和非弹性属性的影响。当不考虑温度和非弹性影响时，由方程 (3.23) 可求得应变矩阵 $[A^{(\beta\gamma)}]^{(q,r)}$。

在均匀温度场条件下，热–非弹性分析采用增量求解方法，宏观应变在求解过程中是逐级增加的。对于一个给定的热机械载荷，亚子胞平均应变 $[e_{(0,0)}^{(\beta\gamma)}]^{(q,r)}$ 以及矩阵 $[D^{(\beta\gamma)}]^{(q,r)}$ 可以在当前载荷步下由方程 (3.23) 求得。

综合式 (3.22)、式 (3.23) 可得

$$[S_{(0,0)}^{(\beta\gamma)}]^{(q,r)} = [C^{(\beta\gamma)}(A^{(\beta\gamma)}\bar{\varepsilon} + D^{(\beta\gamma)}) - R_{(0,0)}^{(\beta\gamma)} - \Gamma^{(\beta\gamma)}\Delta T]^{(q,r)} \tag{3.24}$$

多相复合材料的平均应力由下述表达式给出：

$$\bar{\sigma} = \frac{1}{HL}\sum_{q=1}^{N_q}\sum_{r=1}^{N_r}\sum_{\beta,\gamma=1}^{2} h_\beta^{(q)}l_\gamma^{(r)}[S_{(0,0)}^{(\beta\gamma)}]^{(q,r)} \tag{3.25}$$

综合式 (3.24)、式 (3.25) 可得多相热弹性复合材料本构方程如下：

$$\bar{\sigma} = C^*\bar{\varepsilon} - (\bar{\sigma}^I + \bar{\sigma}^T) \tag{3.26}$$

其中，C^* 为复合材料刚度矩阵，具体形式如下：

$$C^* = \frac{1}{HL}\sum_{q=1}^{N_q}\sum_{r=1}^{N_r}\sum_{\beta,\gamma=1}^{2} h_\beta^{(q)}l_\gamma^{(r)}[C^{(\beta\gamma)}A^{(\beta\gamma)}]^{(q,r)} \tag{3.27}$$

$\bar{\sigma}^I$ 与 $\bar{\sigma}^T$ 为复合材料的宏观非弹性应力以及热应力，其和为

$$\bar{\sigma}^I + \bar{\sigma}^T = \frac{-1}{HL} \sum_{q=1}^{N_q} \sum_{r=1}^{N_r} \sum_{\beta,\gamma=1}^{2} h_\beta^{(q)} l_\gamma^{(r)} [C^{(\beta\gamma)} D^{(\beta\gamma)} - R_{(0,0)}^{(\beta\gamma)} - \Gamma^{(\beta\gamma)} \Delta T]^{(q,r)} \quad (3.28)$$

由于热应力以及非弹性应力均依赖于矩阵 $D^{(\beta\gamma)}$，其包括了非弹性与热应力的耦合。复合材料的热应力 $\bar{\sigma}^T = \Gamma^* \Delta T$($\Gamma^*$ 为与复合材料热膨胀系数有关的系数，$\Gamma^* = C^* \alpha^*$) 与亚子胞材料的应变矩阵 $A^{(\beta\gamma)}$ 和热应力向量 Γ 有关，即

$$\bar{\sigma}^T = \frac{1}{HL} \sum_{q=1}^{N_q} \sum_{r=1}^{N_r} \sum_{\beta,\gamma=1}^{2} h_\beta^{(q)} l_\gamma^{(r)} [A^{T(\beta\gamma)} \Gamma^{(\beta\gamma)} \Delta T]^{(q,r)} \quad (3.29)$$

其中，$[A^{T(\beta\gamma)}]^{(q,r)}$ 是子胞 (q,r)、亚子胞 (β,γ) 的应变矩阵 $[A^{(\beta\gamma)}]^{(q,r)}$ 的转置矩阵。利用上述两式可以得到复合材料宏观非弹性应力，即

$$\bar{\sigma}^I = \frac{-1}{HL} \sum_{q=1}^{N_q} \sum_{r=1}^{N_r} \sum_{\beta,\gamma=1}^{2} h_\beta^{(q)} l_\gamma^{(r)} [C^{(\beta\gamma)} D^{(\beta\gamma)} - R_{(0,0)}^{(\beta\gamma)} + (A^{T(\beta\gamma)} - I) \Gamma^{(\beta\gamma)} \Delta T]^{(q,r)}$$

$$(3.30)$$

3.2 改进的二维高精度通用单胞模型

由于上节的二维高精度通用单胞模型计算效率低，本节利用界面平均量作为未知量，对方程进行求解，改进了二维高精度通用单胞模型，提高了计算效率。把图 3.1 所示的代表性体积单元划分为 $N_\beta \times N_\gamma$ 个子胞 (如图 1.6(b) 所示)，分析每个子胞的应力–应变，就可得到宏观应力–应变场。

假设高精度通用单胞模型的位移为下列形式：

$$u_i^{(\beta\gamma)} = \bar{\varepsilon}_{ij} x_j + W_{i(00)}^{(\beta\gamma)} + \bar{y}_2^{(\beta)} W_{i(10)}^{(\beta\gamma)} + \bar{y}_3^{(\gamma)} W_{i(01)}^{(\beta\gamma)}$$
$$+ \frac{1}{2} \left(3\bar{y}_2^{(\beta)2} - \frac{h_\beta^2}{4} \right) W_{i(20)}^{(\beta\gamma)} + \frac{1}{2} \left(3\bar{y}_3^{(\gamma)2} - \frac{l_\gamma^2}{4} \right) W_{i(02)}^{(\beta\gamma)} \quad (3.31)$$

其中，$i=1,2,3$；$W_{i(mn)}^{(\beta\gamma)}$ 为与子胞尺寸和材料相关的未知量。把上式代入几何方程 (3.5) 中，可得每个子胞的应变分量如下：

$$\varepsilon_{11}^{(\beta\gamma)} = \bar{\varepsilon}_{11}, \quad \varepsilon_{22}^{(\beta\gamma)} = \bar{\varepsilon}_{22} + W_{2(10)}^{(\beta\gamma)} + 3\bar{y}_2^{(\beta)} W_{2(20)}^{(\beta\gamma)}$$

$$\varepsilon_{33}^{(\beta\gamma)} = \bar{\varepsilon}_{33} + W_{3(01)}^{(\beta\gamma)} + 3\bar{y}_3^{(\gamma)} W_{3(02)}^{(\beta\gamma)}$$

$$\varepsilon_{23}^{(\beta\gamma)} = \bar{\varepsilon}_{23} + \frac{1}{2}\left(W_{2(01)}^{(\beta\gamma)} + W_{3(10)}^{(\beta\gamma)}\right) + \frac{3}{2}\left(\bar{y}_2^{(\beta)} W_{3(20)}^{(\beta\gamma)} + \bar{y}_3^{(\gamma)} W_{2(02)}^{(\beta\gamma)}\right)$$

$$\varepsilon_{13}^{(\beta\gamma)} = \bar{\varepsilon}_{13} + \frac{1}{2}\left(W_{1(01)}^{(\beta\gamma)} + 3\bar{y}_3^{(\gamma)} W_{1(02)}^{(\beta\gamma)}\right)$$

$$\varepsilon_{12}^{(\beta\gamma)} = \bar{\varepsilon}_{12} + \frac{1}{2}\left(W_{1(10)}^{(\beta\gamma)} + 3\bar{y}_2^{(\beta)} W_{1(20)}^{(\beta\gamma)}\right) \tag{3.32}$$

根据式 (2.72)，界面的平均应力分量能用单位面积的力分量来表达。各界面平均量见图 3.3 所示。在左表面，平均应力 $\bar{t}_{1L}^{(\beta,\gamma)}$、$\bar{t}_{2L}^{(\beta,\gamma)}$、$\bar{t}_{3L}^{(\beta,\gamma)}$ 定义成下列形式：

$$\bar{t}_{1L}^{(\beta,\gamma)} = \frac{1}{l_\gamma} \int_{-l_\gamma/2}^{l_\gamma/2} t_1^{n(\beta,\gamma)}\left(-\frac{h_\beta}{2}, \bar{y}_3^{(\gamma)}\right) d\bar{y}_3^{(\gamma)}$$

$$\bar{t}_{2L}^{(\beta,\gamma)} = \frac{1}{l_\gamma} \int_{-l_\gamma/2}^{l_\gamma/2} t_2^{n(\beta,\gamma)}\left(-\frac{h_\beta}{2}, \bar{y}_3^{(\gamma)}\right) d\bar{y}_3^{(\gamma)}$$

$$\bar{t}_{3L}^{(\beta,\gamma)} = \frac{1}{l_\gamma} \int_{-l_\gamma/2}^{l_\gamma/2} t_3^{n(\beta,\gamma)}\left(-\frac{h_\beta}{2}, \bar{y}_3^{(\gamma)}\right) d\bar{y}_3^{(\gamma)} \tag{3.33}$$

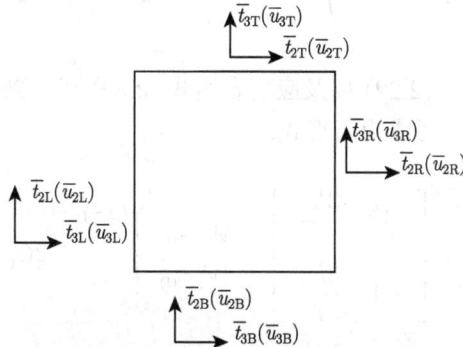

图 3.3 二维表面平均量定义的示意图

同理，右表面平均应力定义为下列形式：

$$\bar{t}_{1R}^{(\beta,\gamma)} = \frac{1}{l_\gamma} \int_{-l_\gamma/2}^{l_\gamma/2} t_1^{n(\beta,\gamma)}\left(\frac{h_\beta}{2}, \bar{y}_3^{(\gamma)}\right) d\bar{y}_3^{(\gamma)}$$

$$\bar{t}_{2R}^{(\beta,\gamma)} = \frac{1}{l_\gamma} \int_{-l_\gamma/2}^{l_\gamma/2} t_2^{n(\beta,\gamma)}\left(\frac{h_\beta}{2}, \bar{y}_3^{(\gamma)}\right) d\bar{y}_3^{(\gamma)}$$

$$\bar{t}_{3R}^{(\beta,\gamma)} = \frac{1}{l_\gamma} \int_{-l_\gamma/2}^{l_\gamma/2} t_3^{n(\beta,\gamma)}\left(\frac{h_\beta}{2}, \bar{y}_3^{(\gamma)}\right) d\bar{y}_3^{(\gamma)} \tag{3.34}$$

下表面平均应力定义为下列形式:

$$\bar{t}_{1B}^{(\beta,\gamma)} = \frac{1}{h_\beta} \int_{-h_\beta/2}^{h_\beta/2} t_1^{n(\beta,\gamma)} \left(\bar{y}_2^{(\beta)}, -\frac{l_\gamma}{2} \right) \mathrm{d}\bar{y}_2^{(\beta)}$$

$$\bar{t}_{2B}^{(\beta,\gamma)} = \frac{1}{h_\beta} \int_{-h_\beta/2}^{h_\beta/2} t_2^{n(\beta,\gamma)} \left(\bar{y}_2^{(\beta)}, -\frac{l_\gamma}{2} \right) \mathrm{d}\bar{y}_2^{(\beta)}$$

$$\bar{t}_{3B}^{(\beta,\gamma)} = \frac{1}{h_\beta} \int_{-h_\beta/2}^{h_\beta/2} t_3^{n(\beta,\gamma)} \left(\bar{y}_2^{(\beta)}, -\frac{l_\gamma}{2} \right) \mathrm{d}\bar{y}_2^{(\beta)} \tag{3.35}$$

上表面平均应力定义为下列形式:

$$\bar{t}_{1T}^{(\beta,\gamma)} = \frac{1}{h_\beta} \int_{-h_\beta/2}^{h_\beta/2} t_1^{n(\beta,\gamma)} \left(\bar{y}_2^{(\beta)}, \frac{l_\gamma}{2} \right) \mathrm{d}\bar{y}_2^{(\beta)}$$

$$\bar{t}_{2T}^{(\beta,\gamma)} = \frac{1}{h_\beta} \int_{-h_\beta/2}^{h_\beta/2} t_2^{n(\beta,\gamma)} \left(\bar{y}_2^{(\beta)}, \frac{l_\gamma}{2} \right) \mathrm{d}\bar{y}_2^{(\beta)}$$

$$\bar{t}_{3T}^{(\beta,\gamma)} = \frac{1}{h_\beta} \int_{-h_\beta/2}^{h_\beta/2} t_3^{n(\beta,\gamma)} \left(\bar{y}_2^{(\beta)}, \frac{l_\gamma}{2} \right) \mathrm{d}\bar{y}_2^{(\beta)} \tag{3.36}$$

把子胞的本构方程 (2.22) 以及应变表达式 (3.32) 代入到式 (3.33)～式 (3.36) 中，并把表面平均应力写成矩阵形式:

$$\begin{bmatrix} \bar{t}_{1R} \\ \bar{t}_{1L} \end{bmatrix}^{(\beta,\gamma)} = C_{66}^{(\beta,\gamma)} \begin{bmatrix} 1 & \dfrac{3h_\beta}{2} \\ -1 & \dfrac{3h_\beta}{2} \end{bmatrix} \begin{bmatrix} W_{1(10)} \\ W_{1(20)} \end{bmatrix}^{(\beta,\gamma)} + 2C_{66}^{(\beta,\gamma)} \bar{\varepsilon}_{12} \begin{bmatrix} 1 \\ -1 \end{bmatrix}^{(\beta,\gamma)} \tag{3.37a}$$

$$\begin{bmatrix} \bar{t}_{2R} \\ \bar{t}_{2L} \end{bmatrix}^{(\beta,\gamma)} = C_{22}^{(\beta,\gamma)} \begin{bmatrix} 1 & \dfrac{3h_\beta}{2} \\ -1 & \dfrac{3h_\beta}{2} \end{bmatrix} \begin{bmatrix} W_{2(10)} \\ W_{2(20)} \end{bmatrix}^{(\beta,\gamma)} + C_{23}^{(\beta,\gamma)} \begin{bmatrix} W_{3(01)} \\ -W_{3(01)} \end{bmatrix}^{(\beta,\gamma)}$$

$$+ C_{21}^{(\beta,\gamma)} \bar{\varepsilon}_{11} \begin{bmatrix} 1 \\ -1 \end{bmatrix} + C_{22}^{(\beta,\gamma)} \bar{\varepsilon}_{22} \begin{bmatrix} 1 \\ -1 \end{bmatrix}$$

$$+ C_{23}^{(\beta,\gamma)} \bar{\varepsilon}_{33} \begin{bmatrix} 1 \\ -1 \end{bmatrix} - \Gamma_2^{(\beta,\gamma)} \begin{bmatrix} 1 \\ -1 \end{bmatrix} \Delta T \tag{3.37b}$$

$$
\begin{bmatrix} \bar{t}_{3\mathrm{R}} \\ \bar{t}_{3\mathrm{L}} \end{bmatrix}^{(\beta,\gamma)} = C_{44}^{(\beta,\gamma)} \begin{bmatrix} 1 & \dfrac{3h_\beta}{2} \\ -1 & \dfrac{3h_\beta}{2} \end{bmatrix} \begin{bmatrix} W_{3(10)} \\ W_{3(20)} \end{bmatrix}^{(\beta,\gamma)} + C_{44}^{(\beta,\gamma)} \begin{bmatrix} W_{2(01)} \\ -W_{2(01)} \end{bmatrix}^{(\beta,\gamma)}
$$

$$
+ 2C_{44}^{(\beta,\gamma)} \bar{\varepsilon}_{23} \begin{bmatrix} 1 \\ -1 \end{bmatrix} \tag{3.37c}
$$

$$
\begin{bmatrix} \bar{t}_{1\mathrm{T}} \\ \bar{t}_{1\mathrm{B}} \end{bmatrix}^{(\beta,\gamma)} = C_{55}^{(\beta,\gamma)} \begin{bmatrix} 1 & \dfrac{3l_\gamma}{2} \\ -1 & \dfrac{3l_\gamma}{2} \end{bmatrix} \begin{bmatrix} W_{1(01)} \\ W_{1(02)} \end{bmatrix}^{(\beta,\gamma)} + 2C_{55}^{(\beta,\gamma)} \bar{\varepsilon}_{13} \begin{bmatrix} 1 \\ -1 \end{bmatrix}^{(\beta,\gamma)}
$$

$$
\tag{3.37d}
$$

$$
\begin{bmatrix} \bar{t}_{2\mathrm{T}} \\ \bar{t}_{2\mathrm{B}} \end{bmatrix}^{(\beta,\gamma)} = C_{44}^{(\beta,\gamma)} \begin{bmatrix} 1 & \dfrac{3l_\gamma}{2} \\ -1 & \dfrac{3l_\gamma}{2} \end{bmatrix} \begin{bmatrix} W_{2(01)} \\ W_{2(02)} \end{bmatrix}^{(\beta,\gamma)} + C_{44}^{(\beta,\gamma)} \begin{bmatrix} W_{3(10)} \\ -W_{3(10)} \end{bmatrix}^{(\beta,\gamma)}
$$

$$
+ 2C_{44}^{(\beta,\gamma)} \bar{\varepsilon}_{23} \begin{bmatrix} 1 \\ -1 \end{bmatrix} \tag{3.37e}
$$

$$
\begin{bmatrix} \bar{t}_{3\mathrm{T}} \\ \bar{t}_{3\mathrm{B}} \end{bmatrix}^{(\beta,\gamma)} = C_{33}^{(\beta,\gamma)} \begin{bmatrix} 1 & \dfrac{3l_\gamma}{2} \\ -1 & \dfrac{3l_\gamma}{2} \end{bmatrix} \begin{bmatrix} W_{3(01)} \\ W_{3(02)} \end{bmatrix}^{(\beta,\gamma)} + C_{23}^{(\beta,\gamma)} \begin{bmatrix} W_{2(10)} \\ -W_{2(10)} \end{bmatrix}^{(\beta,\gamma)}
$$

$$
+ C_{31}^{(\beta,\gamma)} \bar{\varepsilon}_{11} \begin{bmatrix} 1 \\ -1 \end{bmatrix} + C_{32}^{(\beta,\gamma)} \bar{\varepsilon}_{22} \begin{bmatrix} 1 \\ -1 \end{bmatrix}
$$

$$
+ C_{33}^{(\beta,\gamma)} \bar{\varepsilon}_{33} \begin{bmatrix} 1 \\ -1 \end{bmatrix} - \Gamma_3^{(\beta,\gamma)} \begin{bmatrix} 1 \\ -1 \end{bmatrix} \Delta T \tag{3.37f}
$$

左表面的平均位移 $\bar{u}_{1\mathrm{L}}^{(\beta,\gamma)}$、$\bar{u}_{2\mathrm{L}}^{(\beta,\gamma)}$、$\bar{u}_{3\mathrm{L}}^{(\beta,\gamma)}$ 定义为下列形式:

$$
\bar{u}_{1\mathrm{L}}^{(\beta,\gamma)} = \frac{1}{l_\gamma} \int_{-l_\gamma/2}^{l_\gamma/2} u_1^{(\beta,\gamma)} \left(-\frac{h_\beta}{2}, \bar{y}_3^{(\gamma)} \right) \mathrm{d}\bar{y}_3^{(\gamma)}
$$

$$
\bar{u}_{2\mathrm{L}}^{(\beta,\gamma)} = \frac{1}{l_\gamma} \int_{-l_\gamma/2}^{l_\gamma/2} u_2^{(\beta,\gamma)} \left(-\frac{h_\beta}{2}, \bar{y}_3^{(\gamma)} \right) \mathrm{d}\bar{y}_3^{(\gamma)}
$$

$$
\bar{u}_{3\mathrm{L}}^{(\beta,\gamma)} = \frac{1}{l_\gamma} \int_{-l_\gamma/2}^{l_\gamma/2} u_3^{(\beta,\gamma)} \left(-\frac{h_\beta}{2}, \bar{y}_3^{(\gamma)} \right) \mathrm{d}\bar{y}_3^{(\gamma)} \tag{3.38}
$$

右表面的平均位移定义为下列形式：

$$\overline{u}_{1R}^{(\beta,\gamma)} = \frac{1}{l_\gamma} \int_{-l_\gamma/2}^{l_\gamma/2} u_1^{(\beta,\gamma)} \left(\frac{h_\beta}{2}, \overline{y}_3^{(\gamma)} \right) d\overline{y}_3^{(\gamma)}$$

$$\overline{u}_{2R}^{(\beta,\gamma)} = \frac{1}{l_\gamma} \int_{-l_\gamma/2}^{l_\gamma/2} u_2^{(\beta,\gamma)} \left(\frac{h_\beta}{2}, \overline{y}_3^{(\gamma)} \right) d\overline{y}_3^{(\gamma)}$$

$$\overline{u}_{3R}^{(\beta,\gamma)} = \frac{1}{l_\gamma} \int_{-l_\gamma/2}^{l_\gamma/2} u_3^{(\beta,\gamma)} \left(\frac{h_\beta}{2}, \overline{y}_3^{(\gamma)} \right) d\overline{y}_3^{(\gamma)} \tag{3.39}$$

下表面的平均位移定义为下列形式：

$$\overline{u}_{1B}^{(\beta,\gamma)} = \frac{1}{h_\beta} \int_{-h_\beta/2}^{h_\beta/2} u_1^{(\beta,\gamma)} \left(\overline{y}_2^{(\beta)}, -\frac{l_\gamma}{2} \right) d\overline{y}_2^{(\beta)}$$

$$\overline{u}_{2B}^{(\beta,\gamma)} = \frac{1}{h_\beta} \int_{-h_\beta/2}^{h_\beta/2} u_2^{(\beta,\gamma)} \left(\overline{y}_2^{(\beta)}, -\frac{l_\gamma}{2} \right) d\overline{y}_2^{(\beta)}$$

$$\overline{u}_{3B}^{(\beta,\gamma)} = \frac{1}{h_\beta} \int_{-h_\beta/2}^{h_\beta/2} u_3^{(\beta,\gamma)} \left(\overline{y}_2^{(\beta)}, -\frac{l_\gamma}{2} \right) d\overline{y}_2^{(\beta)} \tag{3.40}$$

上表面的平均位移定义为下列形式：

$$\overline{u}_{1T}^{(\beta,\gamma)} = \frac{1}{h_\beta} \int_{-h_\beta/2}^{h_\beta/2} u_1^{(\beta,\gamma)} \left(\overline{y}_2^{(\beta)}, \frac{l_\gamma}{2} \right) d\overline{y}_2^{(\beta)}$$

$$\overline{u}_{2T}^{(\beta,\gamma)} = \frac{1}{h_\beta} \int_{-h_\beta/2}^{h_\beta/2} u_2^{(\beta,\gamma)} \left(\overline{y}_2^{(\beta)}, \frac{l_\gamma}{2} \right) d\overline{y}_2^{(\beta)}$$

$$\overline{u}_{3T}^{(\beta,\gamma)} = \frac{1}{h_\beta} \int_{-h_\beta/2}^{h_\beta/2} u_3^{(\beta,\gamma)} \left(\overline{y}_2^{(\beta)}, \frac{l_\gamma}{2} \right) d\overline{y}_2^{(\beta)} \tag{3.41}$$

把位移表达式 (3.31) 代入式 (3.38)～式 (3.41) 并简化得

$$\overline{u}_{1L}^{(\beta,\gamma)} = W_{1(00)}^{(\beta,\gamma)} - \frac{h_\beta}{2} W_{1(10)}^{(\beta,\gamma)} + \frac{h_\beta^2}{4} W_{1(20)}^{(\beta,\gamma)}, \quad \overline{u}_{2L}^{(\beta,\gamma)} = W_{2(00)}^{(\beta,\gamma)} - \frac{h_\beta}{2} W_{2(10)}^{(\beta,\gamma)} + \frac{h_\beta^2}{4} W_{2(20)}^{(\beta,\gamma)}$$

$$\overline{u}_{3L}^{(\beta,\gamma)} = W_{3(00)}^{(\beta,\gamma)} - \frac{h_\beta}{2} W_{3(10)}^{(\beta,\gamma)} + \frac{h_\beta^2}{4} W_{3(20)}^{(\beta,\gamma)}, \quad \overline{u}_{1R}^{(\beta,\gamma)} = W_{1(00)}^{(\beta,\gamma)} + \frac{h_\beta}{2} W_{1(10)}^{(\beta,\gamma)} + \frac{h_\beta^2}{4} W_{1(20)}^{(\beta,\gamma)}$$

$$\overline{u}_{2R}^{(\beta,\gamma)} = W_{2(00)}^{(\beta,\gamma)} + \frac{h_\beta}{2} W_{2(10)}^{(\beta,\gamma)} + \frac{h_\beta^2}{4} W_{2(20)}^{(\beta,\gamma)}, \quad \overline{u}_{3R}^{(\beta,\gamma)} = W_{3(00)}^{(\beta,\gamma)} + \frac{h_\beta}{2} W_{3(10)}^{(\beta,\gamma)} + \frac{h_\beta^2}{4} W_{3(20)}^{(\beta,\gamma)}$$

$$\overline{u}_{1B}^{(\beta,\gamma)} = W_{1(00)}^{(\beta,\gamma)} - \frac{l_\gamma}{2} W_{1(01)}^{(\beta,\gamma)} + \frac{l_\gamma^2}{4} W_{1(02)}^{(\beta,\gamma)}, \quad \overline{u}_{2B}^{(\beta,\gamma)} = W_{2(00)}^{(\beta,\gamma)} - \frac{l_\gamma}{2} W_{2(01)}^{(\beta,\gamma)} + \frac{l_\gamma^2}{4} W_{2(02)}^{(\beta,\gamma)}$$

$$\overline{u}_{3B}^{(\beta,\gamma)} = W_{3(00)}^{(\beta,\gamma)} - \frac{l_\gamma}{2} W_{3(01)}^{(\beta,\gamma)} + \frac{l_\gamma^2}{4} W_{3(02)}^{(\beta,\gamma)}, \quad \overline{u}_{1T}^{(\beta,\gamma)} = W_{1(00)}^{(\beta,\gamma)} + \frac{l_\gamma}{2} W_{1(01)}^{(\beta,\gamma)} + \frac{l_\gamma^2}{4} W_{1(02)}^{(\beta,\gamma)}$$

$$\overline{u}_{2T}^{(\beta,\gamma)} = W_{2(00)}^{(\beta,\gamma)} + \frac{l_\gamma}{2} W_{2(01)}^{(\beta,\gamma)} + \frac{l_\gamma^2}{4} W_{2(02)}^{(\beta,\gamma)}, \quad \overline{u}_{3T}^{(\beta,\gamma)} = W_{3(00)}^{(\beta,\gamma)} + \frac{l_\gamma}{2} W_{3(01)}^{(\beta,\gamma)} + \frac{l_\gamma^2}{4} W_{3(02)}^{(\beta,\gamma)}$$

写成矩阵表达式如下:

$$\begin{bmatrix} \overline{u}_{1R} \\ \overline{u}_{1L} \end{bmatrix}^{(\beta,\gamma)} = \begin{bmatrix} \dfrac{h_\beta}{2} & \dfrac{h_\beta^2}{4} \\[2mm] -\dfrac{h_\beta}{2} & \dfrac{h_\beta^2}{4} \end{bmatrix} \begin{bmatrix} W_{1(10)} \\ W_{1(20)} \end{bmatrix}^{(\beta,\gamma)} + \begin{bmatrix} W_{1(00)} \\ W_{1(00)} \end{bmatrix}^{(\beta,\gamma)} \tag{3.42a}$$

$$\begin{bmatrix} \overline{u}_{2R} \\ \overline{u}_{2L} \end{bmatrix}^{(\beta,\gamma)} = \begin{bmatrix} \dfrac{h_\beta}{2} & \dfrac{h_\beta^2}{4} \\[2mm] -\dfrac{h_\beta}{2} & \dfrac{h_\beta^2}{4} \end{bmatrix} \begin{bmatrix} W_{2(10)} \\ W_{2(20)} \end{bmatrix}^{(\beta,\gamma)} + \begin{bmatrix} W_{2(00)} \\ W_{2(00)} \end{bmatrix}^{(\beta,\gamma)} \tag{3.42b}$$

$$\begin{bmatrix} \overline{u}_{3R} \\ \overline{u}_{3L} \end{bmatrix}^{(\beta,\gamma)} = \begin{bmatrix} \dfrac{h_\beta}{2} & \dfrac{h_\beta^2}{4} \\[2mm] -\dfrac{h_\beta}{2} & \dfrac{h_\beta^2}{4} \end{bmatrix} \begin{bmatrix} W_{3(10)} \\ W_{3(20)} \end{bmatrix}^{(\beta,\gamma)} + \begin{bmatrix} W_{3(00)} \\ W_{3(00)} \end{bmatrix}^{(\beta,\gamma)} \tag{3.42c}$$

$$\begin{bmatrix} \overline{u}_{3T} \\ \overline{u}_{3B} \end{bmatrix}^{(\beta,\gamma)} = \begin{bmatrix} \dfrac{l_\gamma}{2} & \dfrac{l_\gamma^2}{4} \\[2mm] -\dfrac{l_\gamma}{2} & \dfrac{l_\gamma^2}{4} \end{bmatrix} \begin{bmatrix} W_{3(01)} \\ W_{3(02)} \end{bmatrix}^{(\beta,\gamma)} + \begin{bmatrix} W_{3(00)} \\ W_{3(00)} \end{bmatrix}^{(\beta,\gamma)} \tag{3.42d}$$

$$\begin{bmatrix} \overline{u}_{2T} \\ \overline{u}_{2B} \end{bmatrix}^{(\beta,\gamma)} = \begin{bmatrix} \dfrac{l_\gamma}{2} & \dfrac{l_\gamma^2}{4} \\[2mm] -\dfrac{l_\gamma}{2} & \dfrac{l_\gamma^2}{4} \end{bmatrix} \begin{bmatrix} W_{2(01)} \\ W_{2(02)} \end{bmatrix}^{(\beta,\gamma)} + \begin{bmatrix} W_{2(00)} \\ W_{2(00)} \end{bmatrix}^{(\beta,\gamma)} \tag{3.42e}$$

$$\begin{bmatrix} \overline{u}_{1T} \\ \overline{u}_{1B} \end{bmatrix}^{(\beta,\gamma)} = \begin{bmatrix} \dfrac{l_\gamma}{2} & \dfrac{l_\gamma^2}{4} \\[2mm] -\dfrac{l_\gamma}{2} & \dfrac{l_\gamma^2}{4} \end{bmatrix} \begin{bmatrix} W_{1(01)} \\ W_{1(02)} \end{bmatrix}^{(\beta,\gamma)} + \begin{bmatrix} W_{1(00)} \\ W_{1(00)} \end{bmatrix}^{(\beta,\gamma)} \tag{3.42f}$$

利用式 (3.42),一阶和二阶细观变量能用表面平均位移和零阶细观变量来表示,即

$$\begin{bmatrix} W_{1(10)} \\ W_{1(20)} \end{bmatrix}^{(\beta,\gamma)} = \begin{bmatrix} \dfrac{1}{h_\beta} & -\dfrac{1}{h_\beta} \\[2mm] \dfrac{2}{h_\beta^2} & \dfrac{2}{h_\beta^2} \end{bmatrix} \begin{bmatrix} \overline{u}_{1R} \\ \overline{u}_{1L} \end{bmatrix}^{(\beta,\gamma)} - \dfrac{4}{h_\beta^2} \begin{bmatrix} 0 \\ W_{1(00)} \end{bmatrix}^{(\beta,\gamma)} \tag{3.43a}$$

$$\begin{bmatrix} W_{2(10)} \\ W_{2(20)} \end{bmatrix}^{(\beta,\gamma)} = \begin{bmatrix} \dfrac{1}{h_\beta} & -\dfrac{1}{h_\beta} \\ \dfrac{2}{h_\beta^2} & \dfrac{2}{h_\beta^2} \end{bmatrix} \begin{bmatrix} \overline{u}_{2\mathrm{R}} \\ \overline{u}_{2\mathrm{L}} \end{bmatrix}^{(\beta,\gamma)} - \dfrac{4}{h_\beta^2} \begin{bmatrix} 0 \\ W_{2(00)} \end{bmatrix}^{(\beta,\gamma)} \tag{3.43b}$$

$$\begin{bmatrix} W_{3(10)} \\ W_{3(20)} \end{bmatrix}^{(\beta,\gamma)} = \begin{bmatrix} \dfrac{1}{h_\beta} & -\dfrac{1}{h_\beta} \\ \dfrac{2}{h_\beta^2} & \dfrac{2}{h_\beta^2} \end{bmatrix} \begin{bmatrix} \overline{u}_{3\mathrm{R}} \\ \overline{u}_{3\mathrm{L}} \end{bmatrix}^{(\beta,\gamma)} - \dfrac{4}{h_\beta^2} \begin{bmatrix} 0 \\ W_{3(00)} \end{bmatrix}^{(\beta,\gamma)} \tag{3.43c}$$

$$\begin{bmatrix} W_{3(01)} \\ W_{3(02)} \end{bmatrix}^{(\beta,\gamma)} = \begin{bmatrix} \dfrac{1}{l_\gamma} & -\dfrac{1}{l_\gamma} \\ \dfrac{2}{l_\gamma^2} & \dfrac{2}{l_\gamma^2} \end{bmatrix} \begin{bmatrix} \overline{u}_{3\mathrm{T}} \\ \overline{u}_{3\mathrm{B}} \end{bmatrix}^{(\beta,\gamma)} - \dfrac{4}{l_\gamma^2} \begin{bmatrix} 0 \\ W_{3(00)} \end{bmatrix}^{(\beta,\gamma)} \tag{3.43d}$$

$$\begin{bmatrix} W_{2(01)} \\ W_{2(02)} \end{bmatrix}^{(\beta,\gamma)} = \begin{bmatrix} \dfrac{1}{l_\gamma} & -\dfrac{1}{l_\gamma} \\ \dfrac{2}{l_\gamma^2} & \dfrac{2}{l_\gamma^2} \end{bmatrix} \begin{bmatrix} \overline{u}_{2\mathrm{T}} \\ \overline{u}_{2\mathrm{B}} \end{bmatrix}^{(\beta,\gamma)} - \dfrac{4}{l_\gamma^2} \begin{bmatrix} 0 \\ W_{2(00)} \end{bmatrix}^{(\beta,\gamma)} \tag{3.43e}$$

$$\begin{bmatrix} W_{1(01)} \\ W_{1(02)} \end{bmatrix}^{(\beta,\gamma)} = \begin{bmatrix} \dfrac{1}{l_\gamma} & -\dfrac{1}{l_\gamma} \\ \dfrac{2}{l_\gamma^2} & \dfrac{2}{l_\gamma^2} \end{bmatrix} \begin{bmatrix} \overline{u}_{1\mathrm{T}} \\ \overline{u}_{1\mathrm{B}} \end{bmatrix}^{(\beta,\gamma)} - \dfrac{4}{l_\gamma^2} \begin{bmatrix} 0 \\ W_{1(00)} \end{bmatrix}^{(\beta,\gamma)} \tag{3.43f}$$

为了能够用表面平均变量来表示细观变量，需要借助于平衡方程。

当结构处于平衡状态时，子胞的应力场必须满足平衡方程。平均意义下的平衡方程可写成下式：

$$\frac{1}{A_{(\beta\gamma)}} \int_{-h_\beta/2}^{h_\beta/2} \int_{-l_\gamma/2}^{l_\gamma/2} \sigma_{ji,j}^{(\beta,\gamma)} \mathrm{d}\overline{y}_2^{(\beta)} \mathrm{d}\overline{y}_3^{(\gamma)} = 0, i = 1, 2, 3 \tag{3.44}$$

其中，$A_{(\beta\gamma)}$ 为子胞的面积。

把子胞的本构方程 (2.22) 以及应变表达式 (3.32) 代入平衡方程 (3.44)，进行积分与化简得

$$3(C_{66}W_{1(20)} + C_{55}W_{1(02)})^{(\beta,\gamma)} = 0$$

$$3(C_{22}W_{2(20)} + C_{44}W_{2(02)})^{(\beta,\gamma)} = 0$$

$$3(C_{33}W_{3(02)} + C_{44}W_{3(20)})^{(\beta,\gamma)} = 0 \tag{3.45}$$

因此，零阶位移细观变量可以写成表面平均位移的表达式：

$$W_{1(00)}^{(\beta,\gamma)} = \frac{C_{66}^{(\beta,\gamma)}}{2\overline{C}_{66}^{(\beta,\gamma)}}(\overline{u}_{1\mathrm{R}} + \overline{u}_{1\mathrm{L}})^{(\beta,\gamma)} + \frac{h_\beta^2 C_{55}^{(\beta,\gamma)}}{2l_\gamma^2 \overline{C}_{66}^{(\beta,\gamma)}}(\overline{u}_{1\mathrm{T}} + \overline{u}_{1\mathrm{B}})^{(\beta,\gamma)} \qquad (3.46\mathrm{a})$$

$$W_{2(00)}^{(\beta,\gamma)} = \frac{C_{22}^{(\beta,\gamma)}}{2\overline{C}_{22}^{(\beta,\gamma)}}(\overline{u}_{2\mathrm{R}} + \overline{u}_{2\mathrm{L}})^{(\beta,\gamma)} + \frac{h_\beta^2 C_{44}^{(\beta,\gamma)}}{2l_\gamma^2 \overline{C}_{22}^{(\beta,\gamma)}}(\overline{u}_{2\mathrm{T}} + \overline{u}_{2\mathrm{B}})^{(\beta,\gamma)} \qquad (3.46\mathrm{b})$$

$$W_{3(00)}^{(\beta,\gamma)} = \frac{C_{33}^{(\beta,\gamma)}}{2\overline{C}_{33}^{(\beta,\gamma)}}(\overline{u}_{3\mathrm{R}} + \overline{u}_{3\mathrm{L}})^{(\beta,\gamma)} + \frac{l_\gamma^2 C_{44}^{(\beta,\gamma)}}{2h_\beta^2 \overline{C}_{33}^{(\beta,\gamma)}}(\overline{u}_{3\mathrm{T}} + \overline{u}_{3\mathrm{B}})^{(\beta,\gamma)} \qquad (3.46\mathrm{c})$$

其中，$\overline{C}_{22}^{(\beta,\gamma)} = C_{22}^{(\beta,\gamma)} + \dfrac{h_\beta^2}{l_\gamma^2}C_{44}^{(\beta,\gamma)}$；$\overline{C}_{33}^{(\beta,\gamma)} = C_{33}^{(\beta,\gamma)} + \dfrac{l_\gamma^2}{h_\beta^2}C_{44}^{(\beta,\gamma)}$；$\overline{C}_{66}^{(\beta,\gamma)} = C_{66}^{(\beta,\gamma)} + \dfrac{h_\beta^2}{l_\gamma^2}C_{55}^{(\beta,\gamma)}$。细观位移变量与表面平均位移变量间的关系为

$$\begin{bmatrix} W_{1(10)} \\ W_{1(20)} \end{bmatrix}^{(\beta,\gamma)} = \begin{bmatrix} \dfrac{1}{h_\beta} & -\dfrac{1}{h_\beta} \\ \dfrac{2C_{55}^{(\beta,\gamma)}}{l_\gamma^2 \overline{C}_{66}^{(\beta,\gamma)}} & \dfrac{2C_{55}^{(\beta,\gamma)}}{l_\gamma^2 \overline{C}_{66}^{(\beta,\gamma)}} \end{bmatrix} \begin{bmatrix} \overline{u}_{1\mathrm{R}} \\ \overline{u}_{1\mathrm{L}} \end{bmatrix}^{(\beta,\gamma)} - \frac{2C_{55}^{(\beta,\gamma)}}{l_\gamma^2 \overline{C}_{66}^{(\beta,\gamma)}} \begin{bmatrix} 0 & 0 \\ 1 & 1 \end{bmatrix} \begin{bmatrix} \overline{u}_{1\mathrm{T}} \\ \overline{u}_{1\mathrm{B}} \end{bmatrix}^{(\beta,\gamma)}$$

$$(3.47\mathrm{a})$$

$$\begin{bmatrix} W_{2(10)} \\ W_{2(20)} \end{bmatrix}^{(\beta,\gamma)} = \begin{bmatrix} \dfrac{1}{h_\beta} & -\dfrac{1}{h_\beta} \\ \dfrac{2C_{44}^{(\beta,\gamma)}}{l_\gamma^2 \overline{C}_{22}^{(\beta,\gamma)}} & \dfrac{2C_{44}^{(\beta,\gamma)}}{l_\gamma^2 \overline{C}_{22}^{(\beta,\gamma)}} \end{bmatrix} \begin{bmatrix} \overline{u}_{2\mathrm{R}} \\ \overline{u}_{2\mathrm{L}} \end{bmatrix}^{(\beta,\gamma)} - \frac{2C_{44}^{(\beta,\gamma)}}{l_\gamma^2 \overline{C}_{22}^{(\beta,\gamma)}} \begin{bmatrix} 0 & 0 \\ 1 & 1 \end{bmatrix} \begin{bmatrix} \overline{u}_{2\mathrm{T}} \\ \overline{u}_{2\mathrm{B}} \end{bmatrix}^{(\beta,\gamma)}$$

$$(3.47\mathrm{b})$$

$$\begin{bmatrix} W_{3(10)} \\ W_{3(20)} \end{bmatrix}^{(\beta,\gamma)} = \begin{bmatrix} \dfrac{1}{h_\beta} & -\dfrac{1}{h_\beta} \\ \dfrac{2C_{33}^{(\beta,\gamma)}}{h_\beta^2 \overline{C}_{33}^{(\beta,\gamma)}} & \dfrac{2C_{33}^{(\beta,\gamma)}}{h_\beta^2 \overline{C}_{33}^{(\beta,\gamma)}} \end{bmatrix} \begin{bmatrix} \overline{u}_{3\mathrm{R}} \\ \overline{u}_{3\mathrm{L}} \end{bmatrix}^{(\beta,\gamma)} - \frac{2C_{33}^{(\beta,\gamma)}}{h_\beta^2 \overline{C}_{33}^{(\beta,\gamma)}} \begin{bmatrix} 0 & 0 \\ 1 & 1 \end{bmatrix} \begin{bmatrix} \overline{u}_{3\mathrm{T}} \\ \overline{u}_{3\mathrm{B}} \end{bmatrix}^{(\beta,\gamma)}$$

$$(3.47\mathrm{c})$$

$$\begin{bmatrix} W_{3(01)} \\ W_{3(02)} \end{bmatrix}^{(\beta,\gamma)} = \begin{bmatrix} \dfrac{1}{l_\gamma} & -\dfrac{1}{l_\gamma} \\ \dfrac{2C_{44}^{(\beta,\gamma)}}{h_\beta^2 \overline{C}_{33}^{(\beta,\gamma)}} & \dfrac{2C_{44}^{(\beta,\gamma)}}{h_\beta^2 \overline{C}_{33}^{(\beta,\gamma)}} \end{bmatrix} \begin{bmatrix} \overline{u}_{3\mathrm{T}} \\ \overline{u}_{3\mathrm{B}} \end{bmatrix}^{(\beta,\gamma)} - \frac{2C_{44}^{(\beta,\gamma)}}{h_\beta^2 \overline{C}_{33}^{(\beta,\gamma)}} \begin{bmatrix} 0 & 0 \\ 1 & 1 \end{bmatrix} \begin{bmatrix} \overline{u}_{3\mathrm{R}} \\ \overline{u}_{3\mathrm{L}} \end{bmatrix}^{(\beta,\gamma)}$$

$$(3.47\mathrm{d})$$

$$
\begin{bmatrix} W_{2(01)} \\ W_{2(02)} \end{bmatrix}^{(\beta,\gamma)} = \begin{bmatrix} \dfrac{1}{l_\gamma} & -\dfrac{1}{l_\gamma} \\[2mm] \dfrac{2C_{22}^{(\beta,\gamma)}}{l_\gamma^2 \overline{C}_{22}^{(\beta,\gamma)}} & \dfrac{2C_{22}^{(\beta,\gamma)}}{l_\gamma^2 \overline{C}_{22}^{(\beta,\gamma)}} \end{bmatrix} \begin{bmatrix} \overline{u}_{2T} \\ \overline{u}_{2B} \end{bmatrix}^{(\beta,\gamma)} - \dfrac{2C_{22}^{(\beta,\gamma)}}{l_\gamma^2 \overline{C}_{22}^{(\beta,\gamma)}} \begin{bmatrix} 0 & 0 \\ 1 & 1 \end{bmatrix} \begin{bmatrix} \overline{u}_{2R} \\ \overline{u}_{2L} \end{bmatrix}^{(\beta,\gamma)}
$$

$$(3.47\text{e})$$

$$
\begin{bmatrix} W_{1(01)} \\ W_{1(02)} \end{bmatrix}^{(\beta,\gamma)} = \begin{bmatrix} \dfrac{1}{l_\gamma} & -\dfrac{1}{l_\gamma} \\[2mm] \dfrac{2C_{66}^{(\beta,\gamma)}}{l_\gamma^2 \overline{C}_{66}^{(\beta,\gamma)}} & \dfrac{2C_{66}^{(\beta,\gamma)}}{l_\gamma^2 \overline{C}_{66}^{(\beta,\gamma)}} \end{bmatrix} \begin{bmatrix} \overline{u}_{1T} \\ \overline{u}_{1B} \end{bmatrix}^{(\beta,\gamma)} - \dfrac{2C_{66}^{(\beta,\gamma)}}{l_\gamma^2 \overline{C}_{66}^{(\beta,\gamma)}} \begin{bmatrix} 0 & 0 \\ 1 & 1 \end{bmatrix} \begin{bmatrix} \overline{u}_{1R} \\ \overline{u}_{1L} \end{bmatrix}^{(\beta,\gamma)}
$$

$$(3.47\text{f})$$

联立式 (3.37)、式 (3.46) 和式 (3.47) 即可得到反映表面平均位移与平均应力间关系的细观刚度矩阵。简化后为

$$
\begin{bmatrix} t_{1R} \\ t_{1L} \\ t_{2R} \\ t_{2L} \\ t_{3R} \\ t_{3L} \\ t_{1T} \\ t_{1B} \\ t_{2T} \\ t_{2B} \\ t_{3T} \\ t_{3B} \end{bmatrix}^{(\beta,\gamma)} = \begin{bmatrix} K_{aa} & K_{ab} & 0 & 0 & 0 & 0 & K_{ag} & K_{ah} & 0 & 0 & 0 & 0 \\ K_{ba} & K_{bb} & 0 & 0 & 0 & 0 & K_{bg} & K_{bh} & 0 & 0 & 0 & 0 \\ 0 & 0 & K_{cc} & K_{cd} & 0 & 0 & 0 & 0 & K_{ci} & K_{cj} & K_{ck} & K_{cl} \\ 0 & 0 & K_{dc} & K_{dd} & 0 & 0 & 0 & 0 & K_{di} & K_{dj} & K_{dk} & K_{dl} \\ 0 & 0 & 0 & 0 & K_{ee} & K_{ef} & 0 & 0 & K_{ei} & K_{ej} & K_{ek} & K_{el} \\ 0 & 0 & 0 & 0 & K_{fe} & K_{ff} & 0 & 0 & K_{fi} & K_{fj} & K_{fk} & K_{fl} \\ K_{ga} & K_{gb} & 0 & 0 & 0 & 0 & K_{gg} & K_{gh} & 0 & 0 & 0 & 0 \\ K_{ha} & K_{hb} & 0 & 0 & 0 & 0 & K_{hg} & K_{hh} & 0 & 0 & 0 & 0 \\ 0 & 0 & K_{ic} & K_{id} & K_{ie} & K_{if} & 0 & 0 & K_{ii} & K_{ij} & 0 & 0 \\ 0 & 0 & K_{jc} & K_{jd} & K_{je} & K_{jf} & 0 & 0 & K_{ji} & K_{jj} & 0 & 0 \\ 0 & 0 & K_{kc} & K_{kd} & K_{ke} & K_{kf} & 0 & 0 & 0 & 0 & K_{kk} & K_{kl} \\ 0 & 0 & K_{lc} & K_{ld} & K_{le} & K_{lf} & 0 & 0 & 0 & 0 & K_{lk} & K_{ll} \end{bmatrix}^{(\beta,\gamma)} \begin{bmatrix} u_{1R} \\ u_{1L} \\ u_{2R} \\ u_{2L} \\ u_{3R} \\ u_{3L} \\ u_{1T} \\ u_{1B} \\ u_{2T} \\ u_{2B} \\ u_{3T} \\ u_{3B} \end{bmatrix}^{(\beta,\gamma)}
$$

$$
+ \begin{bmatrix} 0 & 0 & 0 & 0 & 0 & C_{66}^{(\beta,\gamma)} \\ 0 & 0 & 0 & 0 & 0 & -C_{66}^{(\beta,\gamma)} \\ C_{21}^{(\beta,\gamma)} & C_{22}^{(\beta,\gamma)} & C_{23}^{(\beta,\gamma)} & 0 & 0 & 0 \\ -C_{21}^{(\beta,\gamma)} & -C_{22}^{(\beta,\gamma)} & -C_{23}^{(\beta,\gamma)} & 0 & 0 & 0 \\ 0 & 0 & 0 & C_{44}^{(\beta,\gamma)} & 0 & 0 \\ 0 & 0 & 0 & -C_{44}^{(\beta,\gamma)} & 0 & 0 \\ 0 & 0 & 0 & 0 & C_{55}^{(\beta,\gamma)} & 0 \\ 0 & 0 & 0 & 0 & -C_{55}^{(\beta,\gamma)} & 0 \\ 0 & 0 & 0 & C_{44}^{(\beta,\gamma)} & 0 & 0 \\ 0 & 0 & 0 & -C_{44}^{(\beta,\gamma)} & 0 & 0 \\ C_{31}^{(\beta,\gamma)} & C_{32}^{(\beta,\gamma)} & C_{33}^{(\beta,\gamma)} & 0 & 0 & 0 \\ -C_{31}^{(\beta,\gamma)} & -C_{32}^{(\beta,\gamma)} & -C_{33}^{(\beta,\gamma)} & 0 & 0 & 0 \end{bmatrix} \begin{bmatrix} \overline{\varepsilon}_{11} \\ \overline{\varepsilon}_{22} \\ \overline{\varepsilon}_{33} \\ 2\overline{\varepsilon}_{23} \\ 2\overline{\varepsilon}_{13} \\ 2\overline{\varepsilon}_{12} \end{bmatrix} - \begin{bmatrix} 0 \\ 0 \\ \Gamma_2^{(\beta,\gamma)} \\ -\Gamma_2^{(\beta,\gamma)} \\ 0 \\ 0 \\ 0 \\ 0 \\ 0 \\ 0 \\ \Gamma_3^{(\beta,\gamma)} \\ -\Gamma_3^{(\beta,\gamma)} \end{bmatrix} \Delta T
$$

$$(3.48)$$

其中，$K_{..}$ 为与每个子胞细观几何尺寸和弹性常数有关的常数，即

$$
K_{aa}^{(\beta,\gamma)} = K_{bb}^{(\beta,\gamma)} = \frac{C_{66}^{(\beta,\gamma)}}{h_\beta}\left(4 - 3\frac{C_{66}^{(\beta,\gamma)}}{\overline{C}_{66}^{(\beta,\gamma)}}\right)
$$

$$K_{ab}^{(\beta,\gamma)} = K_{ba}^{(\beta,\gamma)} = \frac{C_{66}^{(\beta,\gamma)}}{h_\beta}\left(2 - 3\frac{C_{66}^{(\beta,\gamma)}}{\overline{C}_{66}^{(\beta,\gamma)}}\right)$$

$$K_{ag}^{(\beta,\gamma)} = K_{ah}^{(\beta,\gamma)} = K_{bg}^{(\beta,\gamma)} = K_{bh}^{(\beta,\gamma)} = -\frac{3C_{55}^{(\beta,\gamma)}C_{66}^{(\beta,\gamma)}h_\beta}{\overline{C}_{66}^{(\beta,\gamma)}l_\gamma^2}$$

$$K_{cc}^{(\beta,\gamma)} = K_{dd}^{(\beta,\gamma)} = \frac{C_{22}^{(\beta,\gamma)}}{h_\beta}\left(4 - 3\frac{C_{22}^{(\beta,\gamma)}}{\overline{C}_{22}^{(\beta,\gamma)}}\right)$$

$$K_{cd}^{(\beta,\gamma)} = K_{dc}^{(\beta,\gamma)} = \frac{C_{22}^{(\beta,\gamma)}}{h_\beta}\left(2 - 3\frac{C_{22}^{(\beta,\gamma)}}{\overline{C}_{22}^{(\beta,\gamma)}}\right)$$

$$K_{ci}^{(\beta,\gamma)} = K_{cj}^{(\beta,\gamma)} = K_{di}^{(\beta,\gamma)} = K_{dj}^{(\beta,\gamma)} = -\frac{3C_{22}^{(\beta,\gamma)}C_{44}^{(\beta,\gamma)}h_\beta}{\overline{C}_{22}^{(\beta,\gamma)}l_\gamma^2}$$

$$K_{ck}^{(\beta,\gamma)} = -K_{cl}^{(\beta,\gamma)} = -K_{dk}^{(\beta,\gamma)} = K_{dl}^{(\beta,\gamma)} = \frac{C_{23}^{(\beta,\gamma)}}{l_\gamma}$$

$$K_{ee}^{(\beta,\gamma)} = K_{ff}^{(\beta,\gamma)} = \frac{C_{44}^{(\beta,\gamma)}}{h_\beta}\left(1 + 3\frac{C_{33}^{(\beta,\gamma)}}{\overline{C}_{33}^{(\beta,\gamma)}}\right)$$

$$K_{ef}^{(\beta,\gamma)} = K_{fe}^{(\beta,\gamma)} = \frac{C_{44}^{(\beta,\gamma)}}{h_\beta}\left(-1 + 3\frac{C_{33}^{(\beta,\gamma)}}{\overline{C}_{33}^{(\beta,\gamma)}}\right)$$

$$K_{ei}^{(\beta,\gamma)} = -K_{ej}^{(\beta,\gamma)} = -K_{fi}^{(\beta,\gamma)} = K_{fj}^{(\beta,\gamma)} = \frac{C_{44}^{(\beta,\gamma)}}{l_\gamma}$$

$$K_{ek}^{(\beta,\gamma)} = K_{el}^{(\beta,\gamma)} = K_{fk}^{(\beta,\gamma)} = K_{fl}^{(\beta,\gamma)} = -\frac{3C_{33}^{(\beta,\gamma)}C_{44}^{(\beta,\gamma)}}{\overline{C}_{33}^{(\beta,\gamma)}h_\beta}$$

$$K_{ga}^{(\beta,\gamma)} = K_{gb}^{(\beta,\gamma)} = K_{ha}^{(\beta,\gamma)} = K_{hb}^{(\beta,\gamma)} = -\frac{3C_{55}^{(\beta,\gamma)}C_{66}^{(\beta,\gamma)}}{\overline{C}_{66}^{(\beta,\gamma)}l_\gamma}$$

$$K_{gg}^{(\beta,\gamma)} = K_{hh}^{(\beta,\gamma)} = \frac{C_{55}^{(\beta,\gamma)}}{l_\gamma}\left(1 + 3\frac{C_{66}^{(\beta,\gamma)}}{\overline{C}_{66}^{(\beta,\gamma)}}\right)$$

$$K_{gh}^{(\beta,\gamma)} = K_{hg}^{(\beta,\gamma)} = \frac{C_{55}^{(\beta,\gamma)}}{l_\gamma}\left(-1 + 3\frac{C_{66}^{(\beta,\gamma)}}{\overline{C}_{66}^{(\beta,\gamma)}}\right)$$

$$K_{ic}^{(\beta,\gamma)} = K_{id}^{(\beta,\gamma)} = K_{jc}^{(\beta,\gamma)} = K_{jd}^{(\beta,\gamma)} = -\frac{3C_{22}^{(\beta,\gamma)}C_{44}^{(\beta,\gamma)}}{\overline{C}_{22}^{(\beta,\gamma)}l_\gamma}$$

$$K_{ie}^{(\beta,\gamma)} = -K_{if}^{(\beta,\gamma)} = -K_{je}^{(\beta,\gamma)} = K_{jf}^{(\beta,\gamma)} = \frac{C_{44}^{(\beta,\gamma)}}{h_\beta}$$

$$K_{ii}^{(\beta,\gamma)} = K_{jj}^{(\beta,\gamma)} = \frac{C_{44}^{(\beta,\gamma)}}{l_\gamma}\left(1 + 3\frac{C_{22}^{(\beta,\gamma)}}{\overline{C}_{22}^{(\beta,\gamma)}}\right)$$

$$K_{ij}^{(\beta,\gamma)} = K_{ji}^{(\beta,\gamma)} = \frac{C_{44}^{(\beta,\gamma)}}{l_\gamma}\left(-1 + 3\frac{C_{22}^{(\beta,\gamma)}}{\overline{C}_{22}^{(\beta,\gamma)}}\right)$$

$$K_{kc}^{(\beta,\gamma)} = -K_{kd}^{(\beta,\gamma)} = -K_{lc}^{(\beta,\gamma)} = K_{ld}^{(\beta,\gamma)} = \frac{C_{23}^{(\beta,\gamma)}}{h_\beta}$$

$$K_{ke}^{(\beta,\gamma)} = K_{kf}^{(\beta,\gamma)} = K_{le}^{(\beta,\gamma)} = K_{lf}^{(\beta,\gamma)} = -\frac{3C_{33}^{(\beta,\gamma)}C_{44}^{(\beta,\gamma)}l_\gamma}{\overline{C}_{33}^{(\beta,\gamma)}h_\beta^2}$$

$$K_{kk}^{(\beta,\gamma)} = K_{ll}^{(\beta,\gamma)} = \frac{C_{33}^{(\beta,\gamma)}}{l_\gamma}\left(4 - 3\frac{C_{33}^{(\beta,\gamma)}}{\overline{C}_{33}^{(\beta,\gamma)}}\right)$$

$$K_{kl}^{(\beta,\gamma)} = K_{lk}^{(\beta,\gamma)} = \frac{C_{33}^{(\beta,\gamma)}}{l_\gamma}\left(2 - 3\frac{C_{33}^{(\beta,\gamma)}}{\overline{C}_{33}^{(\beta,\gamma)}}\right)$$

相邻子胞之间界面处的位移在平均意义下是连续的, 即在第 β 个界面, 各方向的表面平均位移 $\overline{u}_{i\mathrm{R}}^{(\beta,\gamma)}$ 和 $\overline{u}_{i\mathrm{L}}^{(\beta+1,\gamma)}$ 必须相等。因此, 可用一个变量来表示, 即

$$\overline{u}_{i\mathrm{R}}^{(\beta,\gamma)} = \overline{u}_{i\mathrm{L}}^{(\beta+1,\gamma)}, \quad \beta = 1,\cdots,N_\beta - 1; \gamma = 1,\cdots,N_\gamma \tag{3.49a}$$

在第 γ 个界面, 各方向的表面平均位移必须相等, 即

$$\overline{u}_{i\mathrm{T}}^{(\beta,\gamma)} = \overline{u}_{i\mathrm{B}}^{(\beta,\gamma+1)}, \quad \beta = 1,\cdots,N_\beta; \gamma = 1,\cdots,N_\gamma - 1 \tag{3.49b}$$

其中, $i = 1,2,3$。

由于代表性体积单元的位移边界条件具有周期性, 可以增加下列方程:

$$\overline{u}_{i\mathrm{R}}^{(N_\beta,\gamma)} = \overline{u}_{i\mathrm{L}}^{(1,\gamma)}, \quad \overline{u}_{i\mathrm{T}}^{(\beta,N_\gamma)} = \overline{u}_{i\mathrm{B}}^{(\beta,1)} \tag{3.50}$$

其中, $i = 1,2,3$。

在体积平均意义下，相邻子胞间的应力连续条件必须被应用。第 β 个子胞各方向的应力必须满足下列关系：

$$\bar{t}_{iR}^{(\beta,\gamma)} + \bar{t}_{iL}^{(\beta+1,\gamma)} = 0, \quad i = 1,2,3 \tag{3.51a}$$

第 γ 个子胞的各方向的应力必须保证下列关系：

$$\bar{t}_{iT}^{(\beta,\gamma)} + \bar{t}_{iB}^{(\beta,\gamma+1)} = 0, \quad i = 1,2,3 \tag{3.51b}$$

式 (3.51) 中，根据边界条件具有周期性的特点，当 $\beta = N_\beta$ 时，$\beta+1$ 取为 1，当 $\gamma = N_\gamma$ 时，$\gamma+1$ 取为 1。

把细观刚度矩阵表达式 (3.48) 代入式 (3.51) 中，可得

$$(K_{aa}\bar{u}_{1R} + K_{ab}\bar{u}_{1L} + K_{ag}\bar{u}_{1T} + K_{ah}\bar{u}_{1B})^{(\beta,\gamma)}$$
$$+ (K_{ba}\bar{u}_{1R} + K_{bb}\bar{u}_{1L} + K_{bg}\bar{u}_{1T} + K_{bh}\bar{u}_{1B})^{(\beta+1,\gamma)}$$
$$= -2(C_{66}^{(\beta,\gamma)} - C_{66}^{(\beta+1,\gamma)})\bar{\varepsilon}_{12} \tag{3.52a}$$

$$(K_{cc}\bar{u}_{2R} + K_{cd}\bar{u}_{2L} + K_{ci}\bar{u}_{2T} + K_{cj}\bar{u}_{2B} + K_{ck}\bar{u}_{3T} + K_{cl}\bar{u}_{3B})^{(\beta,\gamma)}$$
$$+ (K_{dc}\bar{u}_{2R} + K_{dd}\bar{u}_{2L} + K_{di}\bar{u}_{2T} + K_{dj}\bar{u}_{2B} + K_{dk}\bar{u}_{3T} + K_{dl}\bar{u}_{3B})^{(\beta+1,\gamma)}$$
$$= -(C_{21}^{(\beta,\gamma)} - C_{21}^{(\beta+1,\gamma)})\bar{\varepsilon}_{11} - (C_{22}^{(\beta,\gamma)} - C_{22}^{(\beta+1,\gamma)})\bar{\varepsilon}_{22} - (C_{23}^{(\beta,\gamma)} - C_{23}^{(\beta+1,\gamma)})\bar{\varepsilon}_{33}$$
$$+ (\Gamma_2^{(\beta,\gamma)} - \Gamma_2^{(\beta+1,\gamma)})\Delta T \tag{3.52b}$$

$$(K_{ee}\bar{u}_{3R} + K_{ef}\bar{u}_{3L} + K_{ei}\bar{u}_{2T} + K_{ej}\bar{u}_{2B} + K_{ek}\bar{u}_{3T} + K_{el}\bar{u}_{3B})^{(\beta,\gamma)}$$
$$+ (K_{fe}\bar{u}_{3R} + K_{ff}\bar{u}_{3L} + K_{fi}\bar{u}_{2T} + K_{fj}\bar{u}_{2B} + K_{fk}\bar{u}_{3T} + K_{fl}\bar{u}_{3B})^{(\beta+1,\gamma)}$$
$$= -2(C_{44}^{(\beta,\gamma)} - C_{44}^{(\beta+1,\gamma)})\bar{\varepsilon}_{23} \tag{3.52c}$$

$$(K_{ga}\bar{u}_{1R} + K_{gb}\bar{u}_{1L} + K_{gg}\bar{u}_{1T} + K_{gh}\bar{u}_{1B})^{(\beta,\gamma)}$$
$$+ (K_{ha}\bar{u}_{1R} + K_{hb}\bar{u}_{1L} + K_{hg}\bar{u}_{1T} + K_{hh}\bar{u}_{1B})^{(\beta,\gamma+1)}$$
$$= -2(C_{55}^{(\beta,\gamma)} - C_{55}^{(\beta,\gamma+1)})\bar{\varepsilon}_{13} \tag{3.52d}$$

$$(K_{ic}\bar{u}_{2R} + K_{id}\bar{u}_{2L} + K_{ie}\bar{u}_{3R} + K_{if}\bar{u}_{3L} + K_{ii}\bar{u}_{2T} + K_{ij}\bar{u}_{2B})^{(\beta,\gamma)}$$

$$+ (K_{jc}\overline{u}_{2\mathrm{R}} + K_{jd}\overline{u}_{2\mathrm{L}} + K_{je}\overline{u}_{3\mathrm{R}} + K_{jf}\overline{u}_{3\mathrm{L}} + K_{ji}\overline{u}_{2\mathrm{T}} + K_{jj}\overline{u}_{2\mathrm{B}})^{(\beta,\gamma+1)}$$

$$= -2(C_{44}^{(\beta,\gamma)} - C_{44}^{(\beta,\gamma+1)})\overline{\varepsilon}_{23} \tag{3.52e}$$

$$(K_{kc}\overline{u}_{2\mathrm{R}} + K_{kd}\overline{u}_{2\mathrm{L}} + K_{ke}\overline{u}_{3\mathrm{R}} + K_{kf}\overline{u}_{3\mathrm{L}} + K_{kk}\overline{u}_{3\mathrm{T}} + K_{kl}\overline{u}_{3\mathrm{B}})^{(\beta,\gamma)}$$

$$+ (K_{lc}\overline{u}_{2\mathrm{R}} + K_{ld}\overline{u}_{2\mathrm{L}}^{2-} + K_{le}\overline{u}_{3\mathrm{R}} + K_{lf}\overline{u}_{3\mathrm{L}} + K_{lk}\overline{u}_{3\mathrm{T}}^{+}K_{ll}\overline{u}_{3\mathrm{B}})^{(\beta,\gamma+1)}$$

$$= -(C_{31}^{(\beta,\gamma)} - C_{31}^{(\beta,\gamma+1)})\overline{\varepsilon}_{11} - (C_{32}^{(\beta,\gamma)} - C_{32}^{(\beta,\gamma+1)})\overline{\varepsilon}_{22} - (C_{33}^{(\beta,\gamma)} - C_{33}^{(\beta,\gamma+1)})\overline{\varepsilon}_{33}$$

$$+ (\Gamma_3^{(\beta,\gamma)} - \Gamma_3^{(\beta,\gamma+1)})\Delta T \tag{3.52f}$$

用给定的位移连续条件式 (3.49) 代入式 (3.52) 可得

$$K_{ab}^{(\beta,\gamma)}\overline{u}_{1\mathrm{L}}^{(\beta,\gamma)} + (K_{aa}^{(\beta,\gamma)} + K_{bb}^{(\beta,\gamma)})\overline{u}_{1\mathrm{L}}^{(\beta+1,\gamma)} + K_{ba}^{(\beta+1,\gamma)}\overline{u}_{1\mathrm{L}}^{(\beta+2,\gamma)} + K_{ah}^{(\beta,\gamma)}\overline{u}_{1\mathrm{B}}^{(\beta,\gamma)}$$

$$+ K_{ag}^{(\beta,\gamma)}\overline{u}_{1\mathrm{B}}^{(\beta,\gamma+1)} + K_{bh}^{(\beta+1,\gamma)}\overline{u}_{1\mathrm{B}}^{(\beta+1,\gamma)} + K_{bg}^{(\beta+1,\gamma)}\overline{u}_{1\mathrm{B}}^{(\beta+1,\gamma+1)}$$

$$= -2(C_{66}^{(\beta,\gamma)} - C_{66}^{(\beta+1,\gamma)})\overline{\varepsilon}_{12} \tag{3.53a}$$

$$K_{cd}^{(\beta,\gamma)}\overline{u}_{2\mathrm{L}}^{(\beta,\gamma)} + (K_{cc}^{(\beta,\gamma)} + K_{dd}^{(\beta,\gamma)})\overline{u}_{2\mathrm{L}}^{(\beta+1,\gamma)} + K_{dc}^{(\beta+1,\gamma)}\overline{u}_{2\mathrm{L}}^{(\beta+2,\gamma)} + K_{cj}^{(\beta,\gamma)}\overline{u}_{2\mathrm{B}}^{(\beta,\gamma)}$$

$$+ K_{ci}^{(\beta,\gamma)}\overline{u}_{2\mathrm{B}}^{(\beta,\gamma+1)} + K_{dj}^{(\beta+1,\gamma)}\overline{u}_{2\mathrm{B}}^{(\beta+1,\gamma)} + K_{di}^{(\beta+1,\gamma)}\overline{u}_{2\mathrm{B}}^{(\beta+1,\gamma+1)} + K_{cl}^{(\beta,\gamma)}\overline{u}_{3\mathrm{B}}^{(\beta,\gamma)}$$

$$+ K_{ck}^{(\beta,\gamma)}\overline{u}_{3\mathrm{B}}^{(\beta,\gamma+1)} + K_{dl}^{(\beta+1,\gamma)}\overline{u}_{3\mathrm{B}}^{(\beta+1,\gamma)} + K_{dk}^{(\beta+1,\gamma)}\overline{u}_{3\mathrm{B}}^{(\beta+1,\gamma+1)}$$

$$= -(C_{21}^{(\beta,\gamma)} - C_{21}^{(\beta+1,\gamma)})\overline{\varepsilon}_{11} - (C_{22}^{(\beta,\gamma)} - C_{22}^{(\beta+1,\gamma)})\overline{\varepsilon}_{22} - (C_{23}^{(\beta,\gamma)} - C_{23}^{(\beta+1,\gamma)})\overline{\varepsilon}_{33}$$

$$+ (\Gamma_2^{(\beta,\gamma)} - \Gamma_2^{(\beta+1,\gamma)})\Delta T \tag{3.53b}$$

$$K_{ef}^{(\beta,\gamma)}\overline{u}_{3\mathrm{L}}^{(\beta,\gamma)} + (K_{ee}^{(\beta,\gamma)} + K_{ff}^{(\beta+1,\gamma)})\overline{u}_{3\mathrm{L}}^{(\beta+1,\gamma)} + K_{fe}^{(\beta+1,\gamma)}\overline{u}_{3\mathrm{L}}^{(\beta+2,\gamma)}$$

$$+ K_{ej}^{(\beta,\gamma)}\overline{u}_{2\mathrm{B}}^{(\beta,\gamma)} + K_{ei}^{(\beta,\gamma)}\overline{u}_{2\mathrm{B}}^{(\beta,\gamma+1)} + K_{fj}^{(\beta+1,\gamma)}\overline{u}_{2\mathrm{B}}^{(\beta+1,\gamma)} + K_{fi}^{(\beta+1,\gamma)}\overline{u}_{2\mathrm{B}}^{(\beta+1,\gamma+1)}$$

$$+ K_{el}^{(\beta,\gamma)}\overline{u}_{3\mathrm{B}}^{(\beta,\gamma)} + K_{ek}^{(\beta,\gamma)}\overline{u}_{3\mathrm{B}}^{(\beta,\gamma+1)} + K_{fl}^{(\beta+1,\gamma)}\overline{u}_{3\mathrm{B}}^{(\beta+1,\gamma)} + K_{fk}^{(\beta+1,\gamma)}\overline{u}_{3\mathrm{B}}^{(\beta+1,\gamma+1)}$$

$$= -2(C_{44}^{(\beta,\gamma)} - C_{44}^{(\beta+1,\gamma)})\overline{\varepsilon}_{23} \tag{3.53c}$$

$$K_{gb}^{(\beta,\gamma)}\overline{u}_{1\mathrm{L}}^{(\beta,\gamma)} + K_{ga}^{(\beta,\gamma)}\overline{u}_{1\mathrm{L}}^{(\beta+1,\gamma)} + K_{hb}^{(\beta,\gamma+1)}\overline{u}_{1\mathrm{L}}^{(\beta,\gamma+1)} + K_{ha}^{(\beta,\gamma+1)}\overline{u}_{1\mathrm{L}}^{(\beta+1,\gamma+1)}$$

$$+ K_{gh}^{(\beta,\gamma)}\overline{u}_{1\mathrm{B}}^{(\beta,\gamma)} + (K_{gg}^{(\beta,\gamma)} + K_{hh}^{(\beta,\gamma+1)})\overline{u}_{1\mathrm{B}}^{(\beta,\gamma+1)} + K_{hg}^{(\beta,\gamma+1)}\overline{u}_{1\mathrm{B}}^{(\beta,\gamma+2)}$$

$$= -2(C_{55}^{(\beta,\gamma)} - C_{55}^{(\beta,\gamma+1)})\overline{\varepsilon}_{13} \tag{3.53d}$$

$$K_{id}^{(\beta,\gamma)}\overline{u}_{2L}^{(\beta,\gamma)} + K_{ic}^{(\beta,\gamma)}\overline{u}_{2L}^{(\beta+1,\gamma)} + K_{jd}^{(\beta,\gamma+1)}\overline{u}_{2L}^{(\beta,\gamma+1)} + K_{jc}^{(\beta,\gamma+1)}\overline{u}_{2L}^{(\beta+1,\gamma+1)}$$

$$+ K_{if}^{(\beta,\gamma)}\overline{u}_{3L}^{(\beta,\gamma)} + K_{ie}^{(\beta,\gamma)}\overline{u}_{3L}^{(\beta+1,\gamma)} + K_{jf}^{(\beta,\gamma+1)}\overline{u}_{3L}^{(\beta,\gamma+1)} + K_{je}^{(\beta,\gamma+1)}\overline{u}_{3L}^{(\beta+1,\gamma+1)}$$

$$+ K_{ij}^{(\beta,\gamma)}\overline{u}_{2B}^{(\beta,\gamma)} + (K_{ii}^{(\beta,\gamma)} + K_{jj}^{(\beta,\gamma+1)})\overline{u}_{2B}^{(\beta,\gamma+1)} + K_{ji}^{(\beta,\gamma+1)}\overline{u}_{2B}^{(\beta,\gamma+2)}$$

$$= -2(C_{44}^{(\beta,\gamma)} - C_{44}^{(\beta,\gamma+1)})\overline{\varepsilon}_{23} \tag{3.53e}$$

$$K_{kd}^{(\beta,\gamma)}\overline{u}_{2L}^{(\beta,\gamma)} + K_{kc}^{(\beta,\gamma)}\overline{u}_{2L}^{(\beta+1,\gamma)} + K_{ld}^{(\beta,\gamma+1)}\overline{u}_{2L}^{(\beta,\gamma+1)} + K_{lc}^{(\beta,\gamma+1)}\overline{u}_{2L}^{(\beta+1,\gamma+1)}$$

$$+ K_{kf}^{(\beta,\gamma)}\overline{u}_{3L}^{(\beta,\gamma)} + K_{ke}^{(\beta,\gamma)}\overline{u}_{3L}^{(\beta+1,\gamma)} + K_{lf}^{(\beta,\gamma+1)}\overline{u}_{3L}^{(\beta,\gamma+1)} + K_{le}^{(\beta,\gamma+1)}\overline{u}_{3L}^{(\beta+1,\gamma+1)}$$

$$+ K_{kl}^{(\beta,\gamma)}\overline{u}_{3B}^{(\beta,\gamma)} + (K_{kk}^{(\beta,\gamma)} + K_{ll}^{(\beta,\gamma+1)})\overline{u}_{3B}^{(\beta,\gamma+1)} + K_{lk}^{(\beta,\gamma+1)}\overline{u}_{3B}^{(\beta,\gamma+2)}$$

$$= -(C_{31}^{(\beta,\gamma)} - C_{31}^{(\beta,\gamma+1)})\overline{\varepsilon}_{11} - (C_{32}^{(\beta,\gamma)} - C_{32}^{(\beta,\gamma+1)})\overline{\varepsilon}_{22} - (C_{33}^{(\beta,\gamma)} - C_{33}^{(\beta,\gamma+1)})\overline{\varepsilon}_{33}$$

$$+ (\Gamma_3^{(\beta,\gamma)} - \Gamma_3^{(\beta,\gamma+1)})\Delta T \tag{3.53f}$$

通过方程 (3.53) 可以看出，式 (3.53a) 和式 (3.53d) 与其他表达式之间是解耦的，可写成下列矩阵形式：

$$K_1\overline{U}_1 = A_1\overline{\varepsilon} \tag{3.54a}$$

其中，$\overline{U}_1 = \left[\overline{u}_{1L}^{(1)}, \cdots, \overline{u}_{1L}^{(N_\gamma)}, \overline{u}_{1B}^{(1)}, \cdots, \overline{u}_{1B}^{(N_\beta)}\right]$，$\overline{u}_{1L}^{(\gamma)} = \left[\overline{u}_{1L}^{(1,\gamma)}, \cdots, \overline{u}_{1L}^{(N_\beta,\gamma)}\right]$，

$\overline{u}_{1B}^{(\beta)} = \left[\overline{u}_{1B}^{(\beta,1)}, \cdots, \overline{u}_{1B}^{(\beta,N_\gamma)}\right]$；$K_1 = \begin{bmatrix} \kappa_{11} & \kappa_{12} \\ \kappa_{21} & \kappa_{22} \end{bmatrix}$。其余的 4 个表达式也可写成矩阵形式：

$$K_2\overline{U}_2 = A_2\overline{\varepsilon} + \Gamma\Delta T \tag{3.54b}$$

其中，$\overline{U}_2 = \left[\overline{u}_{2L}^{2(1)}, \cdots, \overline{u}_{2L}^{2(N_\gamma)}, \overline{u}_{3L}^{2(1)}, \cdots, \overline{u}_{3L}^{2(N_\gamma)}, \overline{u}_{2B}^{3(1)}, \cdots, \overline{u}_{2B}^{3(N_\beta)}, \overline{u}_{3B}^{3(1)}, \cdots, \overline{u}_{3B}^{3(N_\beta)}\right]$，

$\overline{u}_{2L}^{2(\gamma)} = \left[\overline{u}_{2L}^{2(1,\gamma)}, \cdots, \overline{u}_{2L}^{2(N_\beta,\gamma)}\right]$，$\overline{u}_{3L}^{2(\gamma)} = \left[\overline{u}_{3L}^{2(1,\gamma)}, \cdots, \overline{u}_{3L}^{2(N_\beta,\gamma)}\right]$；$\overline{u}_{2B}^{3(\beta)} = \left[\overline{u}_{2B}^{3(\beta,1)}, \cdots, \overline{u}_{2B}^{3(\beta,N_\gamma)}\right]$；$\overline{u}_{3B}^{3(\beta)} = \left[\overline{u}_{3B}^{3(\beta,1)}, \cdots, \overline{u}_{3B}^{3(\beta,N_\gamma)}\right]$。

宏观刚度矩阵形式如下：

$$K_2 = \begin{bmatrix} K_{11} & 0 & K_{13} & K_{14} \\ 0 & K_{22} & K_{23} & K_{24} \\ K_{31} & K_{32} & K_{33} & 0 \\ K_{41} & K_{42} & 0 & K_{44} \end{bmatrix}$$

在假设位移下产生的应变场和应力场都可以用勒让德多项式来表达，具体形式如式 (3.9)。利用勒让德多项式的正交化特性，可得应变系数 $e_{ij(m,n)}^{(\beta\gamma)}$，具体形式如式 (3.10)。其中的 (β,γ) 表示为子胞，而不再是亚子胞。

通过上述分析可知，式 (3.47) 代入式 (3.10)，可得

$$e_{11(0,0)}^{(\beta\gamma)} = \bar{\varepsilon}_{11} \tag{3.55a}$$

$$e_{22(0,0)}^{(\beta\gamma)} = \bar{\varepsilon}_{22} + \frac{1}{h_\beta}(\bar{u}_{2\mathrm{R}} - \bar{u}_{2\mathrm{L}})^{(\beta,\gamma)} = \bar{\varepsilon}_{22} + \frac{1}{h_\beta}(\bar{u}_{2\mathrm{L}}^{(\beta+1,\gamma)} - \bar{u}_{2\mathrm{L}}^{(\beta,\gamma)}) \tag{3.55b}$$

$$e_{33(0,0)}^{(\beta\gamma)} = \bar{\varepsilon}_{33} + \frac{1}{l_\gamma}(\bar{u}_{3\mathrm{T}} - \bar{u}_{3\mathrm{B}})^{(\beta,\gamma)} = \bar{\varepsilon}_{33} + \frac{1}{l_\gamma}(\bar{u}_{3\mathrm{B}}^{(\beta,\gamma+1)} - \bar{u}_{3\mathrm{B}}^{(\beta,\gamma)}) \tag{3.55c}$$

$$\begin{aligned} e_{23(0,0)}^{(\beta\gamma)} &= \bar{\varepsilon}_{23} + \frac{1}{2}\left[\frac{1}{l_\gamma}(\bar{u}_{2\mathrm{T}} - \bar{u}_{2\mathrm{B}}) + \frac{1}{h_\beta}(\bar{u}_{3\mathrm{R}} - \bar{u}_{3\mathrm{L}})\right]^{(\beta,\gamma)} \\ &= \bar{\varepsilon}_{23} + \frac{1}{2}\left[\frac{1}{l_\gamma}(\bar{u}_{2\mathrm{B}}^{(\beta,\gamma+1)} - \bar{u}_{2\mathrm{B}}^{(\beta,\gamma)}) + \frac{1}{h_\beta}(\bar{u}_{3\mathrm{L}}^{(\beta+1,\gamma)} - \bar{u}_{3\mathrm{L}}^{(\beta,\gamma)})\right] \end{aligned} \tag{3.55d}$$

$$e_{13(0,0)}^{(\beta\gamma)} = \bar{\varepsilon}_{13} + \frac{1}{2l_\gamma}(\bar{u}_{1\mathrm{T}} - \bar{u}_{1\mathrm{B}})^{(\beta,\gamma)} = \bar{\varepsilon}_{13} + \frac{1}{2l_\gamma}(\bar{u}_{1\mathrm{B}}^{(\beta,\gamma+1)} - \bar{u}_{1\mathrm{B}}^{(\beta,\gamma)}) \tag{3.55e}$$

$$e_{12(0,0)}^{(\beta\gamma)} = \bar{\varepsilon}_{12} + \frac{1}{2h_\beta}(\bar{u}_{1\mathrm{L}}^{(\beta+1,\gamma)} - \bar{u}_{1\mathrm{L}}^{(\beta,\gamma)}) \tag{3.55f}$$

通过式 (3.54) 可得平均位移为宏观应变的函数，可得

$$e_{(0,0)}^{(\beta\gamma)} = A^{(\beta\gamma)}\bar{\varepsilon} + a^{(\beta\gamma)}\Delta T \tag{3.56}$$

应变 $e_{(0,0)}^{(\beta\gamma)}$ 和平均应力分量 $S_{ij(0,0)}^{(\beta\gamma)}$ 的关系可用下列表达式表达：

$$S_{(0,0)}^{(\beta\gamma)} = C^{(\beta\gamma)}e_{(0,0)}^{(\beta\gamma)} - R_{(0,0)}^{(\beta\gamma)} - \Gamma^{(\beta\gamma)}\Delta T \tag{3.57}$$

综合式 (3.56)、式 (3.57) 可得

$$S_{(0,0)}^{(\beta\gamma)} = C^{(\beta\gamma)}(A^{(\beta\gamma)}\bar{\varepsilon} + a^{(\beta\gamma)}\Delta T) - \Gamma^{(\beta\gamma)}\Delta T \tag{3.58}$$

多相复合材料的平均应力可由下列表达式给出：

$$\bar{\sigma} = \frac{1}{HL}\sum_{q=1}^{N_q}\sum_{r=1}^{N_r} h_\beta l_\gamma S_{(0,0)}^{(\beta\gamma)} \tag{3.59}$$

综合式 (3.58)、式 (3.59) 可得多相热弹性复合材料本构方程如下：

$$\bar{\sigma} = C^*\bar{\varepsilon} - \bar{\sigma}^T \tag{3.60}$$

其中，C^* 为复合材料的刚度矩阵；$\bar{\sigma}^T$ 为热应力。二者形式如下：

$$C^* = \frac{1}{HL}\sum_{q=1}^{N_q}\sum_{r=1}^{N_r}h_\beta l_\gamma C^{(\beta\gamma)}A^{(\beta\gamma)}, \quad \bar{\sigma}^T = -\frac{\Delta T}{HL}\sum_{q=1}^{N_q}\sum_{r=1}^{N_r}h_\beta l_\gamma [C^{(\beta\gamma)}a^{(\beta\gamma)} - \Gamma^{(\beta\gamma)}]$$

从上述分析可以看出，改进的高精度通用单胞模型与原始的高精度通用单胞模型相比较，具有以下优点：

(1) 通过消除亚子胞来简化离散化过程，只剩下子胞来代表材料的微观结构。这与通用单胞模型的子胞划分是相同的。

(2) 采用子胞界面的平均量来代替假设位移方程所定义的变量作为未知数，降低了求解方程数目。图 3.4 展示了子胞划分的数目相同 (两个方向均为 n) 时，求解方程数大大减少，求解方程的个数只为原始算法的 40% 左右。

(3) 改进后，纤维方向的方程与横截面的方程是解耦的，进一步减少了求解时间。

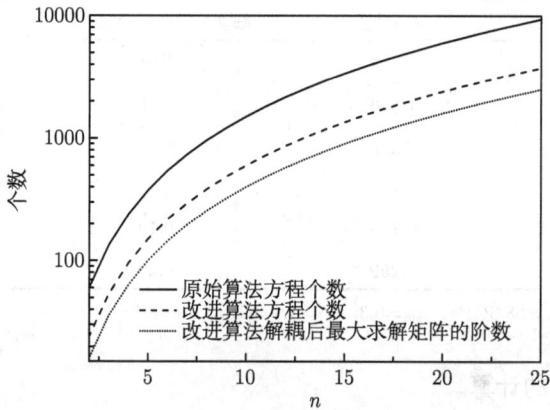

图 3.4　改进前后求解方程数目的对比图

3.3　算例与结果分析

3.3.1　复合材料宏观弹性性能的计算

利用改进的高精度通用单胞模型，可以实现对复合材料宏观弹性性能的计算。对单向纤维增强金属基复合材料，假设纤维在基体中呈图 3.1 所示的四边形排列，其网格划分如图 3.5 所示。

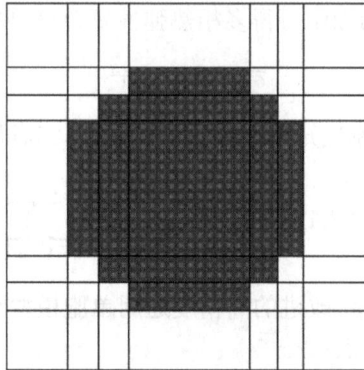

图 3.5　圆截面纤维 RVE

本书对于 B/Al 单向纤维增强复合材料，利用宏细观统一本构模型计算了宏观弹性性能，并与有关文献上的试验值和细观力学有限元法计算值进行了对比 (见表 3.1)。由此可见，本书计算结果与试验值以及细观力学有限元法计算结果具有较好的一致性。

表 3.1　纤维增强 MMC 的宏观弹性性能的计算值与试验值对比表

弹性性能	本书模型	细观力学有限元法 [69]	试验值 [70]
E_1/GPa	215.3	215	216
E_2/GPa	142.8	144	140
G_{12}/GPa	53.9	57.2	52
G_{23}/GPa	45	45.9	
μ_{12}	0.195	0.19	0.29
μ_{23}	0.259	0.29	

注：V_f=0.47，E_m=68.3GPa，μ_m=0.3，E_f=379.3GPa，μ_f=0.1

3.3.2　平均应力的计算

利用高精度通用单胞模型，可以在已知宏观应变 (或应力) 情况下得到细观应力、应变场，进而得到纤维和基体的平均应力。

仍以上述复合材料为例，利用本书的宏细观统一本构模型计算了复合材料在各种载荷 (见表 3.2) 作用下的细观平均应力，并将计算结果与 Hansen 的多相连续理论 [71] 计算结果以及文献 [24] 的计算结果进行了对比 (见表 3.3)。从表中可以看出，本书计算纤维和基体的平均应力与多相连续理论的计算结果以及文献 [24] 的计算结果具有较好的一致性。本书模型能模拟复杂纤维截面和排列方式的复合材料。

表 3.2 各种载荷情况表

载荷情况序号	应力/kPa						等效应力/kPa
	σ_{11}	σ_{22}	σ_{33}	σ_{23}	σ_{13}	σ_{12}	
1	1000	0	0	0	0	0	1000
2	0	1000	0	0	0	0	1000
3	2000	1000	0	0	0	0	1732
4	0	1000	0	0	0	1000	2000

表 3.3 各种载荷作用下细观平均应力计算结果对照表 (单位：kPa)

模型		载荷情况序号			
		1	2	3	4
本书模型	纤维 σ_f	1778.1	1410.8	2999.1	2637.1
	基体 σ_m	310.01	645.7	709.9	1444.6
多相连续理论[71]	纤维 σ_f	1826	1303	2896	2601
	基体 σ_m	324	744	814	1504
文献 [24]	纤维 σ_f	1824	1445	3078	2570
	基体 σ_m	326	645	722	1551

3.3.3 弹塑性应力–应变曲线的计算

与有限元方法类似，当网格划分较粗时，计算可能不收敛，因此弹塑性分析时，网格划分必须适当的细。本书先考虑一方形截面纤维的复合材料，纤维体积含量为 0.47；基体为双线性材料，弹性模量为 70GPa，泊松比为 0.31，屈服强度为 50MPa，切线模量为 5GPa；纤维为弹性材料，弹性模量为 380GPa，泊松比为 0.15。采用通用单胞模型 (GMC) 和高精度通用单胞模型 (HFGMC) 计算了应

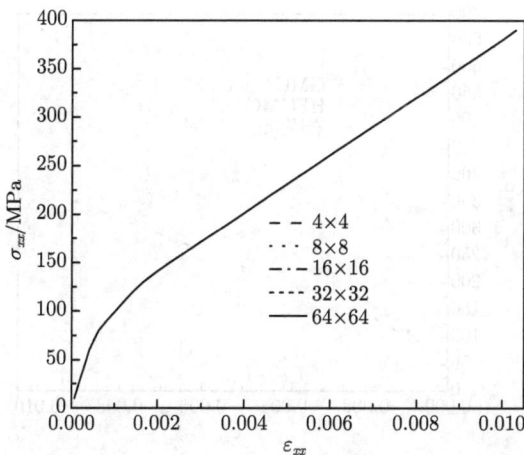

图 3.6 GMC 计算方形截面纤维应力–应变关系

力–应变曲线 (见图 3.6~图 3.8)，从计算结果可知，由于通用单胞模型没有考虑细观正应力与剪应力之间的耦合，因此计算结果与网格划分粗细无关。而高精度通用单胞模型考虑了细观正应力与剪应力的耦合，因此计算结果与网格划分粗细有较大的关系。当网格数划分到 32×32 时，计算结果已经收敛，并且高精度通用单胞模型的计算结果与细观有限元的结果更加接近。

下面再用上述材料参数，对纤维体积含量为 0.47 的圆形截面纤维进行计算，计算结果见图 3.9~图 3.11。从计算结果可知，当采用 14×14 的网格时，已能较好地模拟圆形截面的纤维。

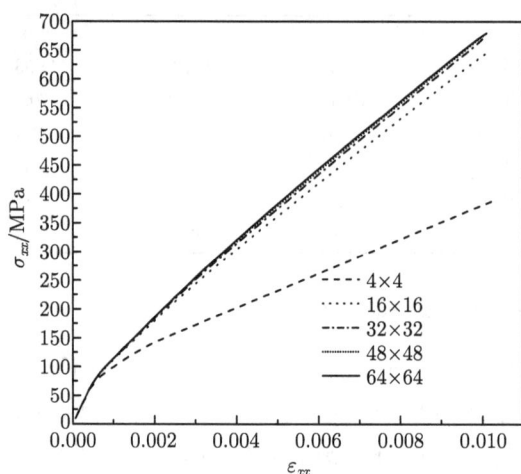

图 3.7　HFGMC 计算方形截面纤维应力–应变关系

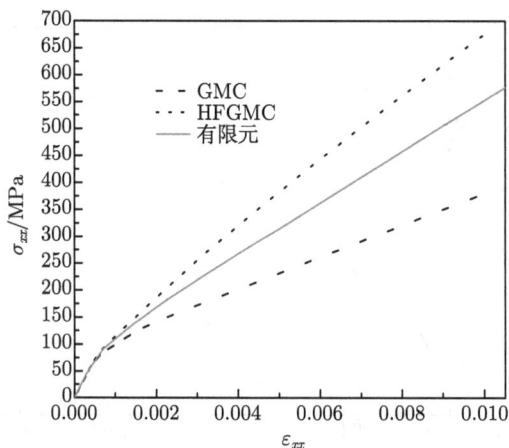

图 3.8　方形截面纤维应力–应变关系对比

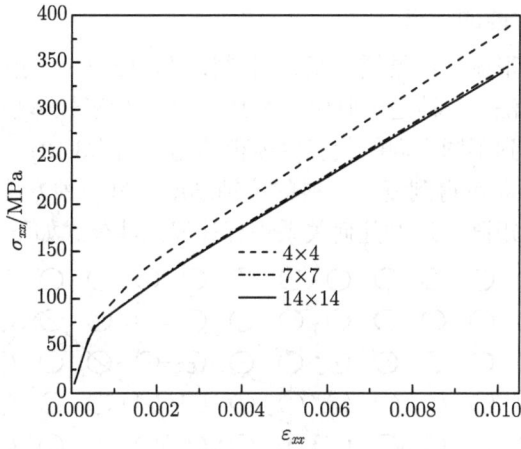

图 3.9 GMC 计算圆形截面纤维应力–应变关系

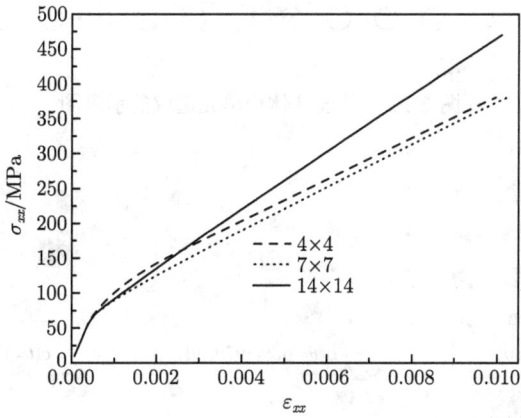

图 3.10 HFGMC 计算圆形截面纤维应力–应变关系

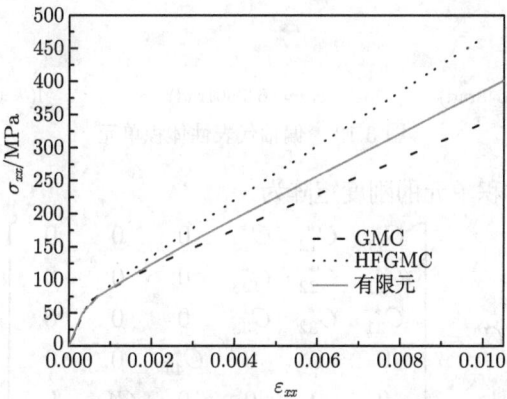

图 3.11 圆形截面纤维应力–应变关系对比

3.3.4 偏轴弹性性能的计算

方形排列的圆形截面纤维增强复合材料如图 3.12 所示。预测复合材料的偏轴刚度矩阵有两种方法，一种是选取如图 3.12 所示的代表性体积单元，当选取不同偏轴角度时，可得到不同方向的代表性体积单元 (如图 3.13)。对该方向的代表性体积单元进行分析即可得到复合材料的偏轴刚度；另一种方法是计算 0° 时代表性体积单元的刚度矩阵，通过几何关系进行计算，其公式如下 [24]。

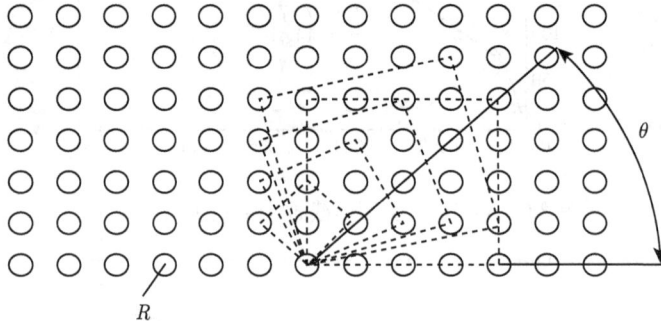

图 3.12   代表性体积单元选取的示意图

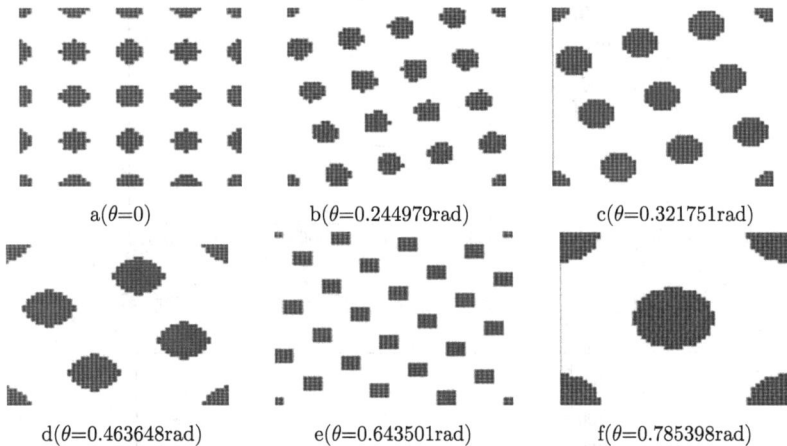

a(θ=0)   b(θ=0.244979rad)   c(θ=0.321751rad)

d(θ=0.463648rad)   e(θ=0.643501rad)   f(θ=0.785398rad)

图 3.13   偏轴代表性体积单元

0° 时代表性体积单元的刚度矩阵为

$$C^* = \begin{bmatrix} C_{11}^* & C_{12}^* & C_{13}^* & 0 & 0 & 0 \\ C_{21}^* & C_{22}^* & C_{23}^* & 0 & 0 & 0 \\ C_{31}^* & C_{32}^* & C_{33}^* & 0 & 0 & 0 \\ 0 & 0 & 0 & C_{44}^* & 0 & 0 \\ 0 & 0 & 0 & 0 & C_{55}^* & 0 \\ 0 & 0 & 0 & 0 & 0 & C_{66}^* \end{bmatrix}$$

偏轴刚度矩阵可采用下述公式进行计算:

$$\overline{C}^*(\theta) = T_1 C^* T_2^{-1}$$

其中，T_1 和 T_2 与 θ 间的关系为

$$T_1 = \begin{bmatrix} 1 & 0 & 0 & 0 & 0 & 0 \\ 0 & m^2 & n^2 & 2mn & 0 & 0 \\ 0 & n^2 & m^2 & -2mn & 0 & 0 \\ 0 & -mn & mn & m^2-n^2 & 0 & 0 \\ 0 & 0 & 0 & 0 & m & -n \\ 0 & 0 & 0 & 0 & n & m \end{bmatrix}$$

$$T_2 = \begin{bmatrix} 1 & 0 & 0 & 0 & 0 & 0 \\ 0 & m^2 & n^2 & mn & 0 & 0 \\ 0 & n^2 & m^2 & -mn & 0 & 0 \\ 0 & -2mn & 2mn & m^2-n^2 & 0 & 0 \\ 0 & 0 & 0 & 0 & m & -n \\ 0 & 0 & 0 & 0 & n & m \end{bmatrix}$$

其中，$m = \cos\theta, n = \sin\theta$，$\theta$ 为偏轴角度。

偏轴应力、应变场 σ'、ε' 与主轴方向应力、应变场 σ、ε 间的关系为

$$\sigma' = T_1 \sigma, \quad \varepsilon' = T_2 \varepsilon$$

利用上述关系，偏轴刚度矩阵可以写成下列形式:

$$\overline{C}^*(\theta) = \begin{bmatrix} \overline{C}_{11}^* & \overline{C}_{12}^* & \overline{C}_{13}^* & 0 & 0 & 0 \\ \overline{C}_{21}^* & \overline{C}_{22}^* & \overline{C}_{23}^* & \overline{C}_{24}^* & 0 & 0 \\ \overline{C}_{31}^* & \overline{C}_{32}^* & \overline{C}_{33}^* & \overline{C}_{34}^* & 0 & 0 \\ 0 & \overline{C}_{42}^* & \overline{C}_{43}^* & \overline{C}_{44}^* & 0 & 0 \\ 0 & 0 & 0 & 0 & \overline{C}_{55}^* & 0 \\ 0 & 0 & 0 & 0 & 0 & \overline{C}_{66}^* \end{bmatrix}$$

其材料参数:纤维弹性模量为 70GPa，泊松比为 0.25；基体的弹性模量为 3.5GPa，泊松比为 0.35；纤维半径为 0.25mm。采用通用单胞模型 (GMC)、高精

度通用单胞模型 (HFGMC) 及相容通用单胞模型 (SCMC) 三种方法计算的代表性体积单元的偏轴刚度系数以及理论关系曲线 [24] 如图 3.14 所示。

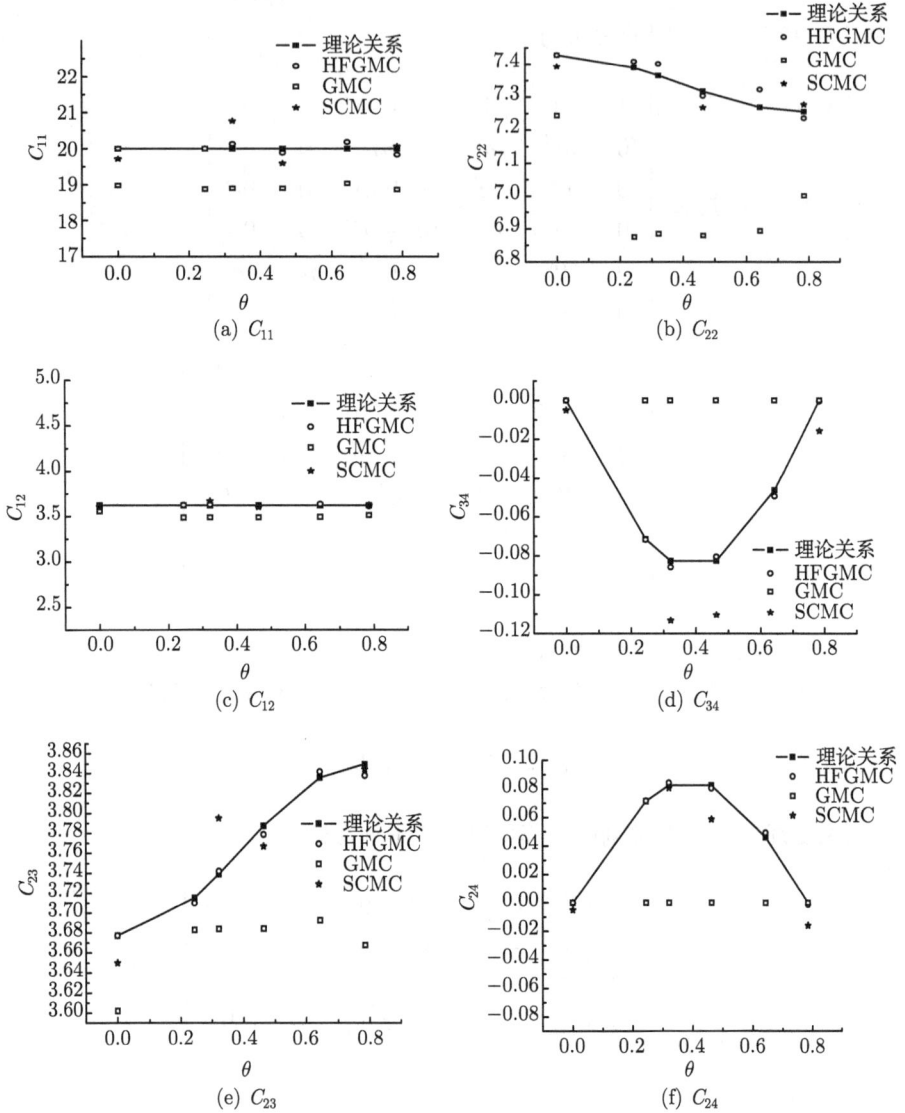

(a) C_{11}

(b) C_{22}

(c) C_{12}

(d) C_{34}

(e) C_{23}

(f) C_{24}

图 3.14　刚度系数对比图

由图 3.14 可知，由于通用单胞模型没有考虑细观正应力与剪应力之间的耦合，因此其预测的刚度矩阵除 C_{11}、C_{12} 外，其他与理论关系差别很大，尤其是 C_{22}，其理论值随着 θ 的增加而减少，而通用单胞模型的预测值是随着 θ 的增加而增加；并且通用单胞模型无法预测 C_{24} 和 C_{34} 随 θ 的变化关系。高精度通用单胞模型和相容通用单胞模型对偏轴刚度的预测值与理论关系比较接近，但前者更接近理论关系。其误差主要是由于在离散化过程中，体积发生了一定的变化。

3.3.5 复合材料细观应力场的预测

1. 与有限元解的对比分析

对图 3.15 所示的方形排列的方形截面纤维和圆形截面纤维复合材料 x 方向承受 100MPa 载荷的细观应力场进行了计算，并将改进的高精度通用单胞模型、相容通用单胞模型以及细观力学有限元法的计算结果进行了对比。材料性能：基体弹性模量为 70GPa，泊松比为 0.3，纤维弹性模量为 400GPa，泊松比为 0.2。结果详见图 3.16 和图 3.17。

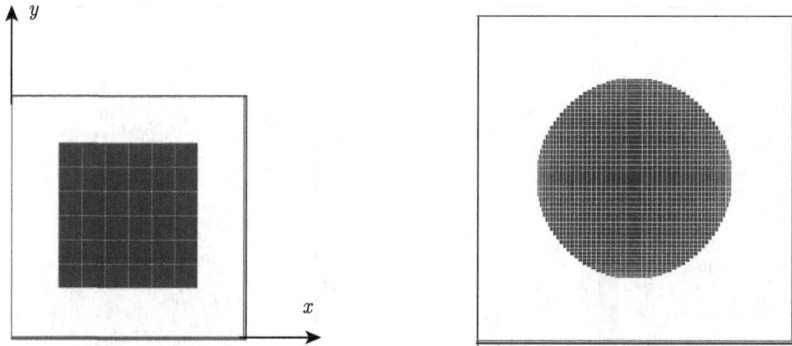

(a) 方形截面纤维   (b) 圆形截面纤维

图 3.15 纤维形状

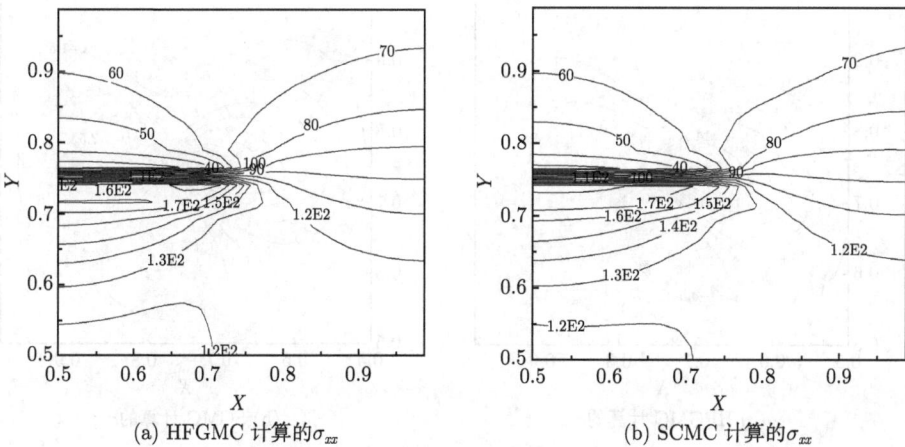

(a) HFGMC 计算的 σ_{xx} (b) SCMC 计算的 σ_{xx}

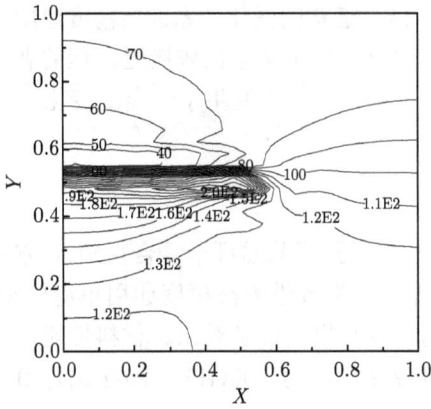

(c) 有限元计算的σ_{xx}

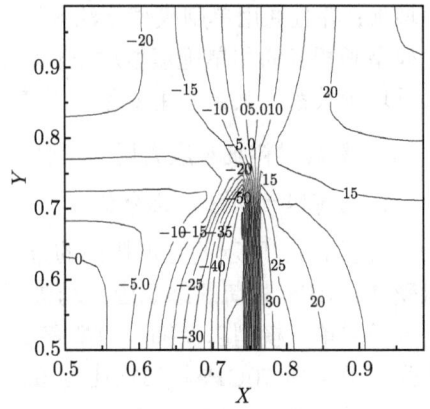

(d) HFGMC 计算的σ_{yy}

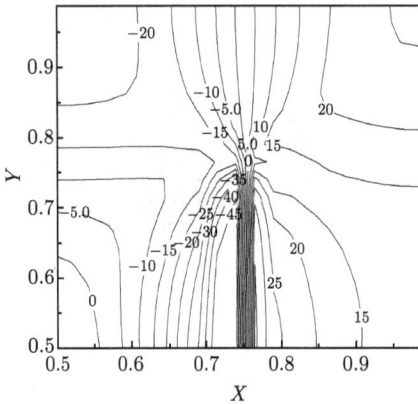

(e) SCMC 计算的σ_{yy}

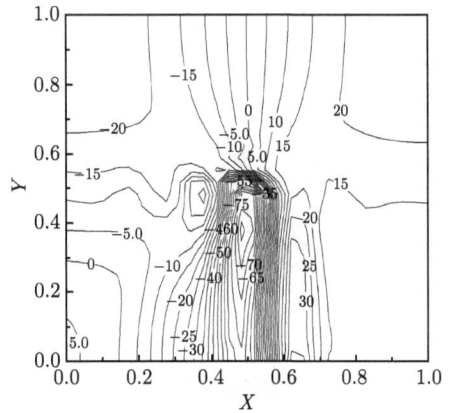

(f) 有限元计算的σ_{yy}

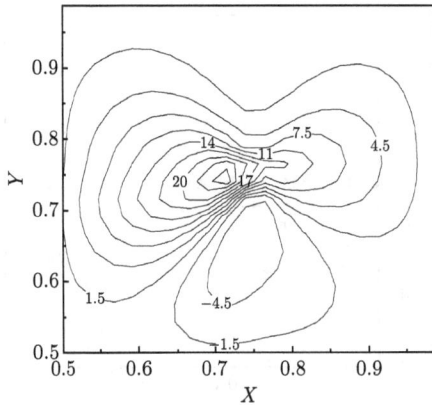

(g) HFGMC 计算的σ_{xy}

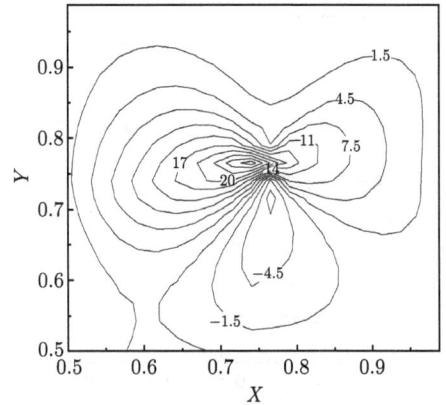

(h) SCMC 计算的σ_{xy}

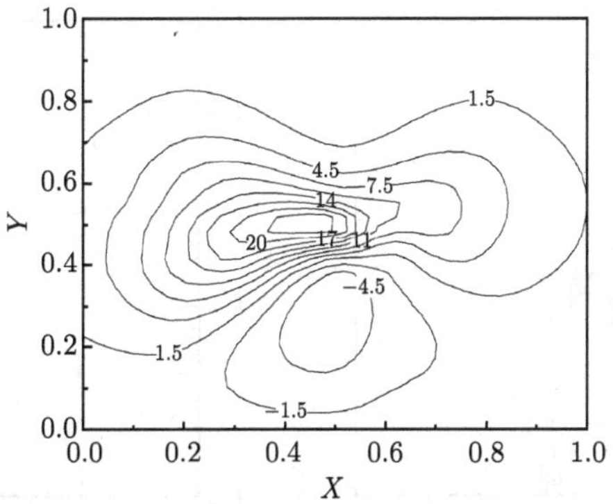

(i) 有限元计算的 σ_{xy}

图 3.16 方形截面纤维计算结果对比图

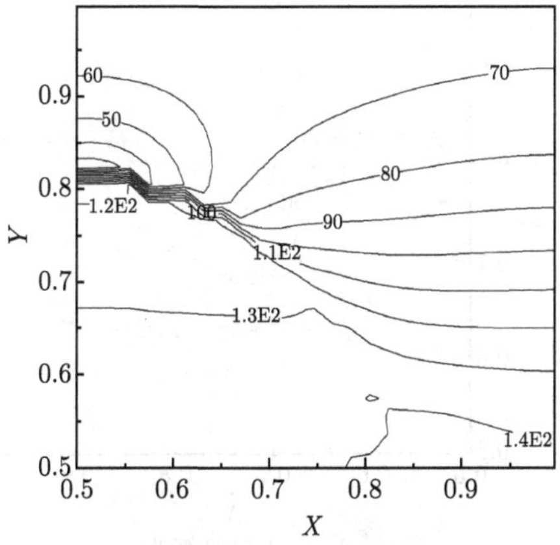

(a) HFGMC 计算的 σ_{xx}

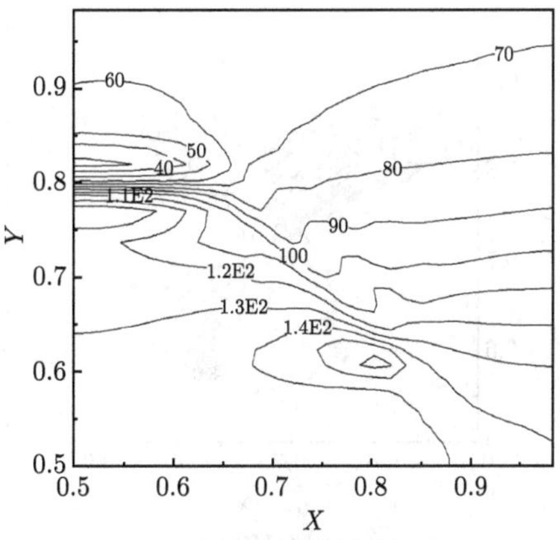

(b) SCMC 计算的 σ_{xx}

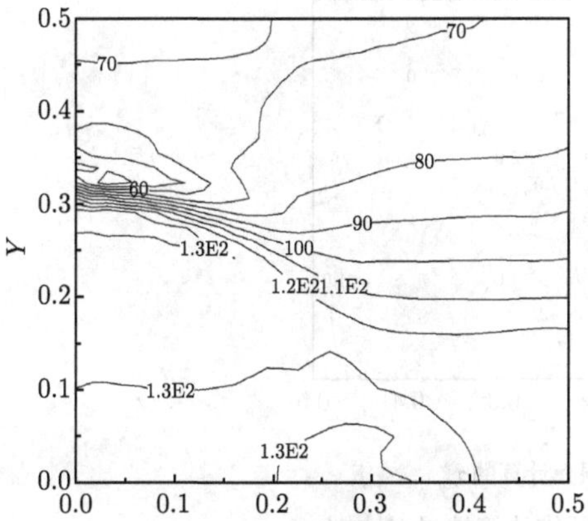

(c) 有限元计算的 σ_{xx}

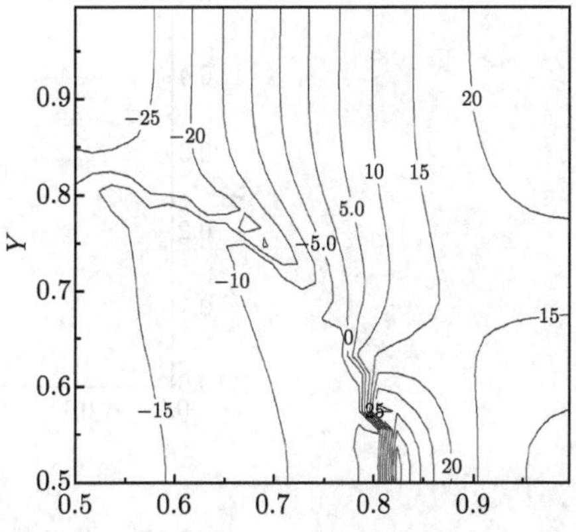

(d) HFGMC 计算的 σ_{yy}

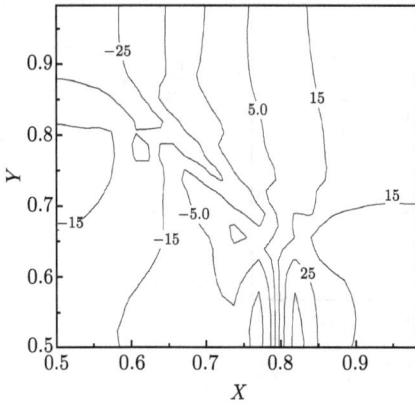

(e) SCMC 计算的σ_{yy}

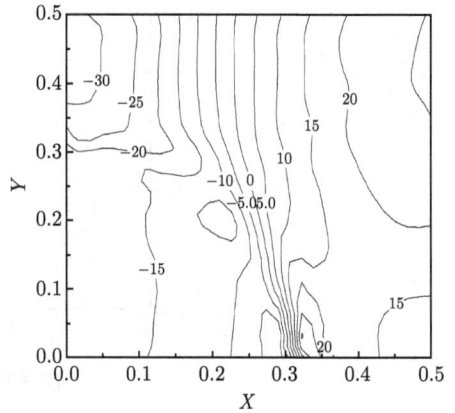

(f) 有限元计算的σ_{yy}

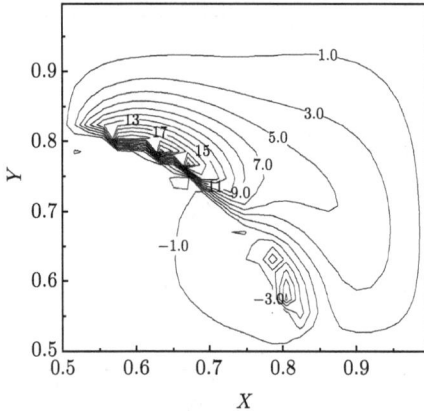

(g) HFGMC 计算的σ_{xy}

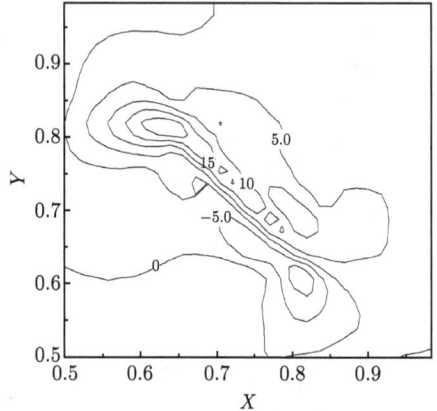

(h) SCMC 计算的σ_{xy}

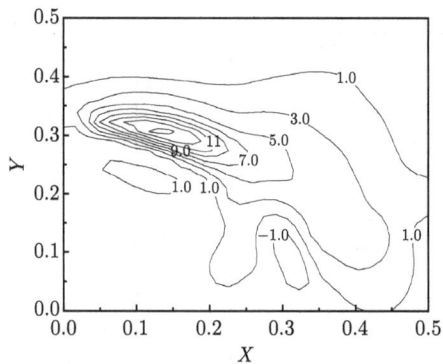

(i) 有限元计算的σ_{xy}

图 3.17   圆形截面纤维计算结果对比图

从图 3.16 和图 3.17 可以看出，采用改进的高精度通用单胞模型与相容单胞模型对复合材料细观应力场进行预测和采用细观力学有限元法的预测结果具有相当好的一致性。同时还可以看出，对复合材料细观应力场进行预测时，横向剪应力是不可以忽略的，而通用单胞模型由于缺少细观正应力和剪应力之间的耦合，导致了当复合材料承受正应力时剪应力为零，因此，通用单胞模型预测细观属性的能力差。但是，在大部分情况下，通用单胞模型在预测复合材料宏观性能方面的能力还是令人满意的。改进的高精度通用单胞模型计算结果与细观力学有限元结果更接近，在三种方法中，改进的高精度通用单胞模型计算效率最高。

2. 网格划分对细观分析的影响

对方形截面纤维的复合材料用方形网格模拟比较精确。方形截面纤维角点处应力奇异，需细分网格。把划分的网格逐渐加密，考虑其对细观应力场的影响。现对纤维体积含量为 0.25 的方形截面纤维的复合材料进行细观应力场分析，采用网格划分为 4×4、8×8、16×16、32×32、48×48 以及 64×64。采用通用单胞模型、高精度通用单胞模型以及相容通用单胞模型，预测的细观应力场等值线见图 3.18～图 3.22。如图可知，由于通用单胞模型没有考虑细观的正应力和剪应力之间的耦合，因此网格细分对应力场没有影响。由于高精度通用单胞模型和相容单胞模型考虑了细观正应力和剪应力之间的耦合，网格划分对计算结果影响较大。从计算结果可以看出，当网格数为 32×32 时，预测结果已经收敛。

通用单胞模型只能划分成矩形网格，因此，该模型不可能精确地模拟复杂的纤维形状。为了考虑网格划分对模拟纤维形状的能力，现以纤维体积含量为 0.25 的圆形截面纤维的复合材料为例，划分的网格为 4×4、7×7 以及 14×14，其中 4×4 的计算结果见方形截面纤维的分析结果。由于圆形截面纤维没有应力奇异，当网格划分为 14×14 时，采用通用单胞模型、改进的高精度通用单胞模型以及相容单

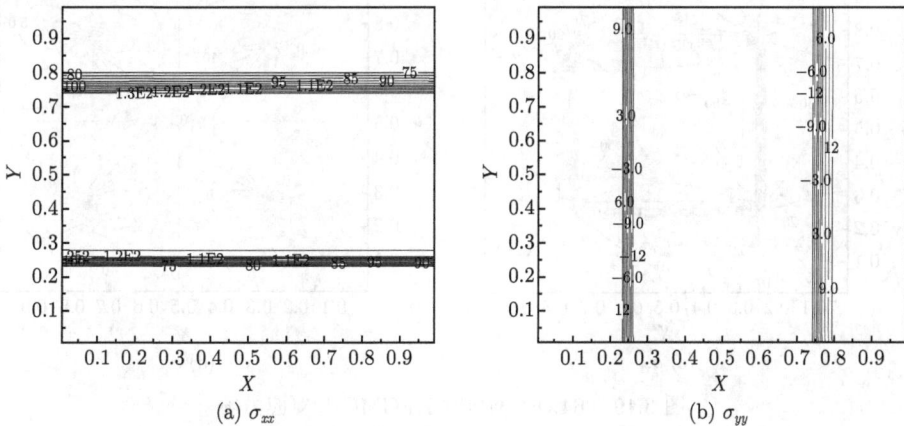

(a) σ_{xx}

(b) σ_{yy}

(c) σ_{zz}

(d) σ_{eq}

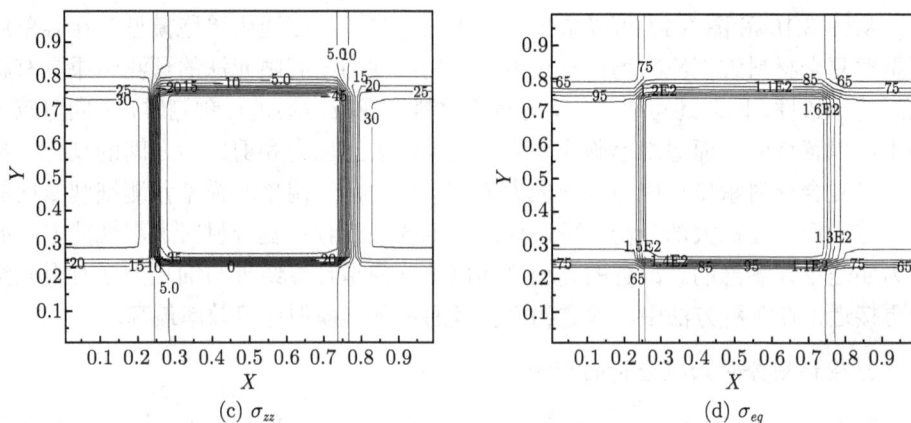

图 3.18   GMC 计算的应力场

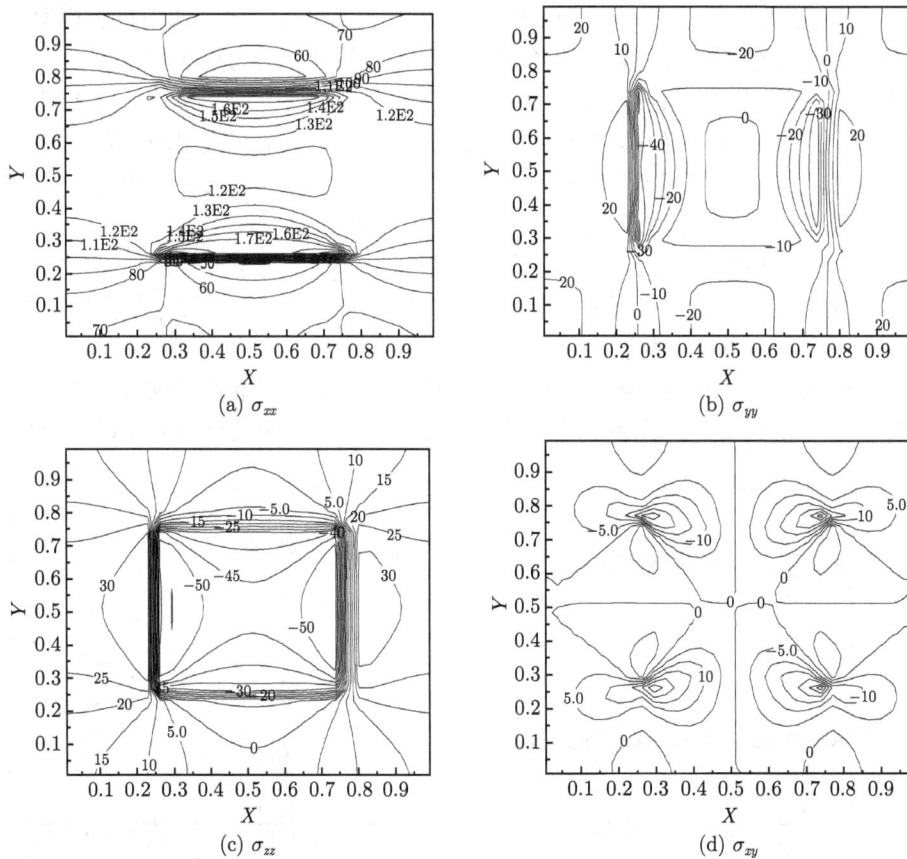

(a) σ_{xx}

(b) σ_{yy}

(c) σ_{zz}

(d) σ_{xy}

图 3.19   64×64 网格时 HFGMC 计算应力场

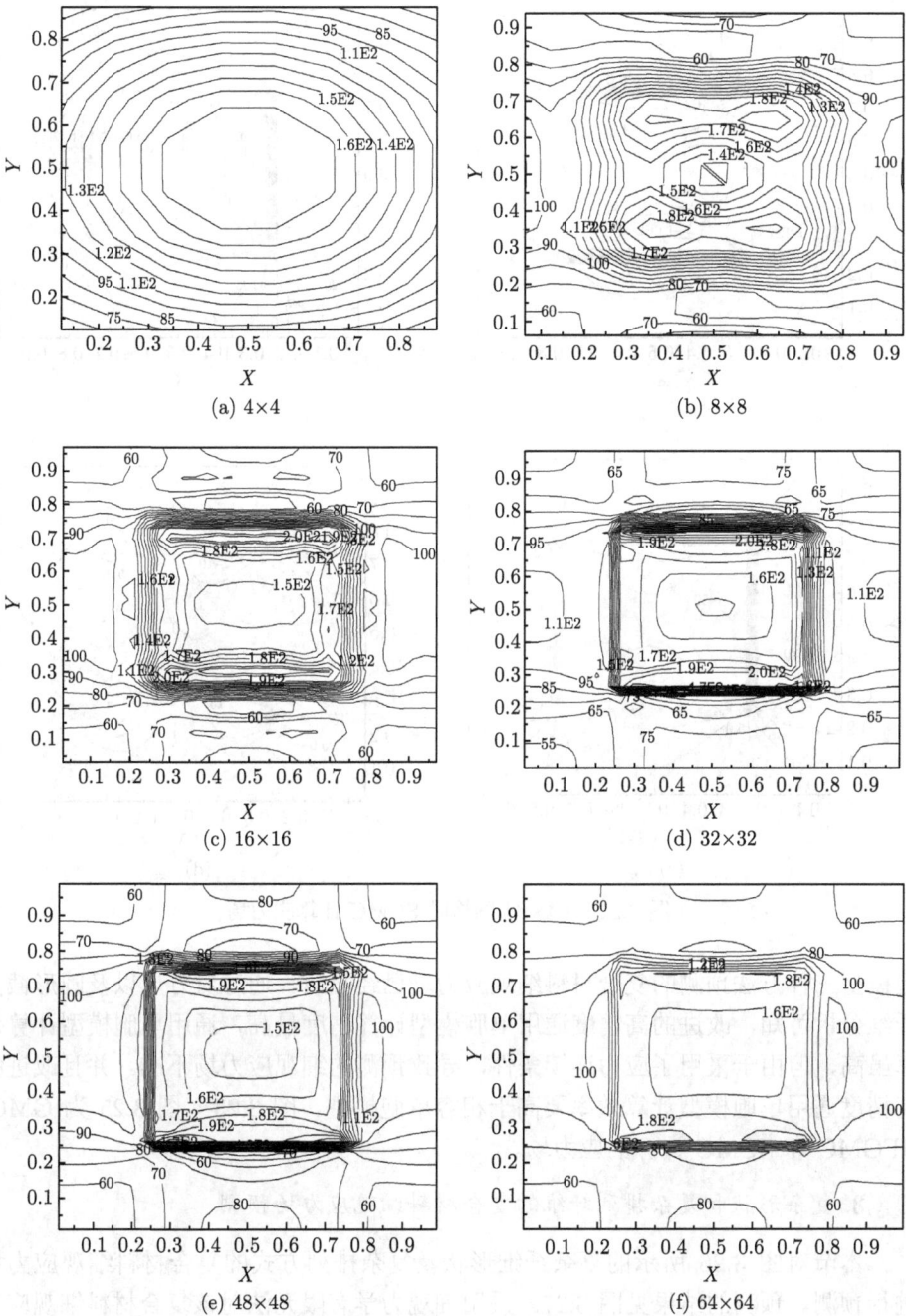

图 3.20 HFGMC 计算的 σ_{eq} 随划分网格数的变化图

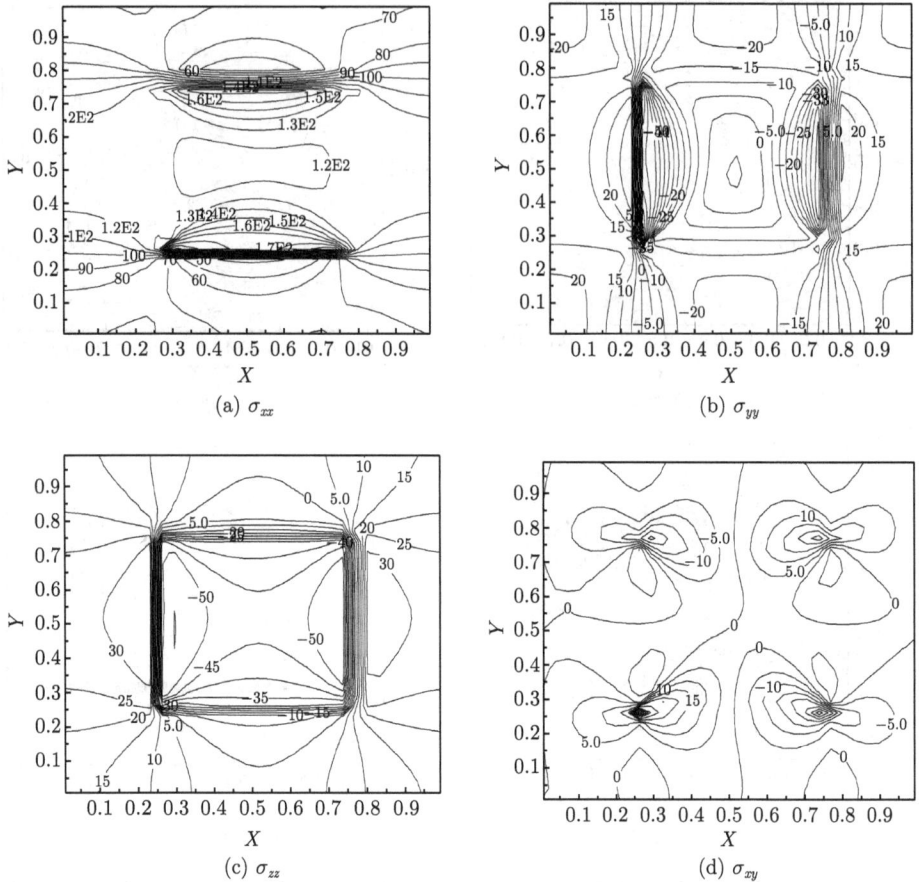

(a) σ_{xx}

(b) σ_{yy}

(c) σ_{zz}

(d) σ_{xy}

图 3.21　64×64 网格时 SCMC 计算应力场

胞模型三种方法预测的复合材料细观应力场已经收敛。通过对方形以及圆形截面纤维分析可知，改进的高精度通用单胞模型计算精度最高，通用单胞模型计算效率虽高，但由于采用了应力连续条件，导致预测的细观应力场不准。并且改进的高精度通用单胞模型计算效率要高于相容单胞模型。图 3.23～图 3.25 为 GMC、HFGMC 和 SCMC 计算的应力场。

3. 复杂形状和复杂排列纤维的复合材料细观应力场预测

本节对图 3.26 所示的复杂纤维形状及复杂排列方式的复合材料细观应力场进行预测。预测的结果见图 3.27。采用细观力学有限元法对该复合材料细观应力场进行预测时，不仅其分网过程比较复杂，而且所划分网格数较多，计算效率非常低。采用改进的高精度通用单胞模型分网过程相当简单，并且网格数少，计算精度也要比相容通用单胞模型高。

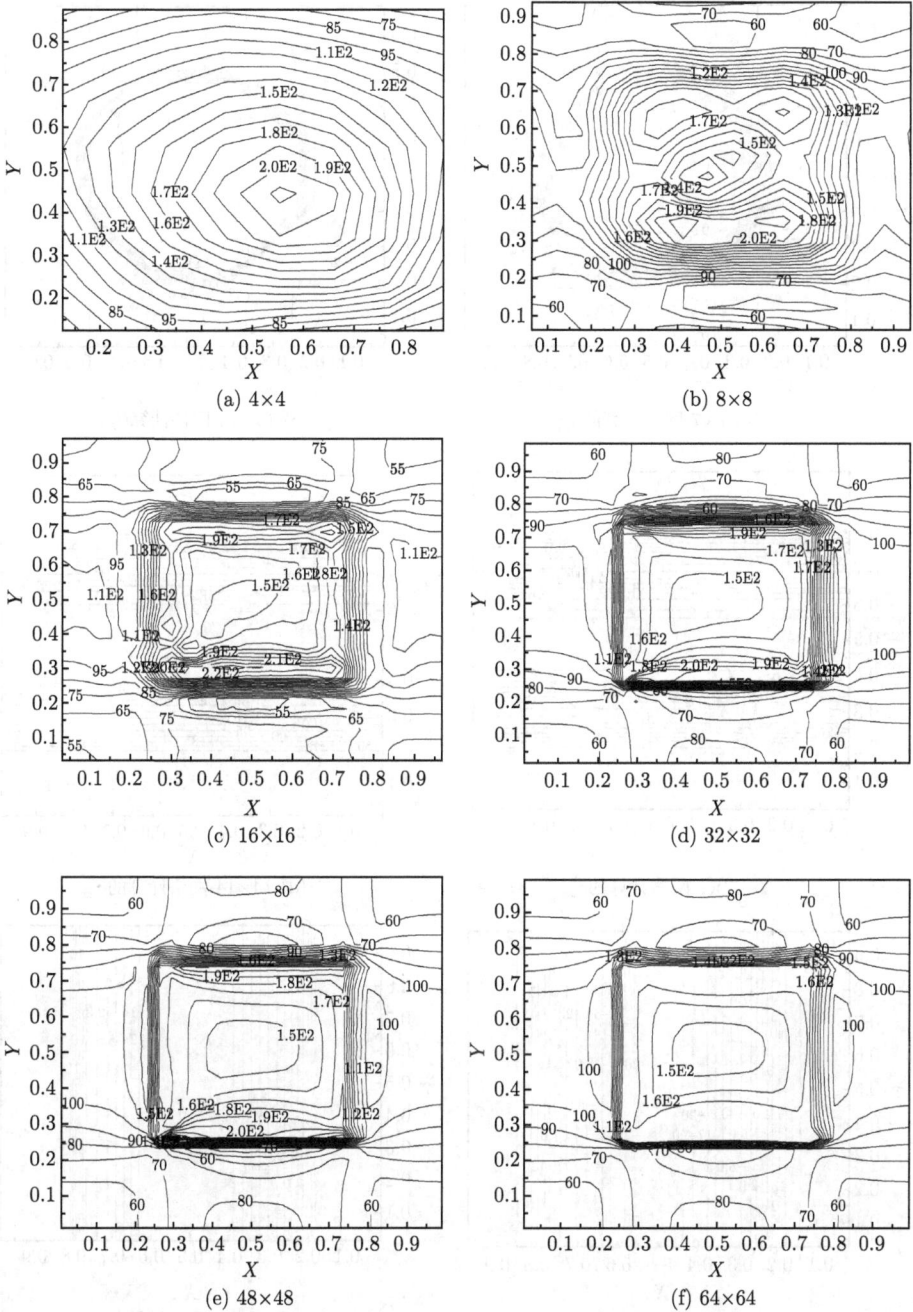

(a) 4×4

(b) 8×8

(c) 16×16

(d) 32×32

(e) 48×48

(f) 64×64

图 3.22 SCMC 计算的 σ_{eq} 随划分网格数的变化图

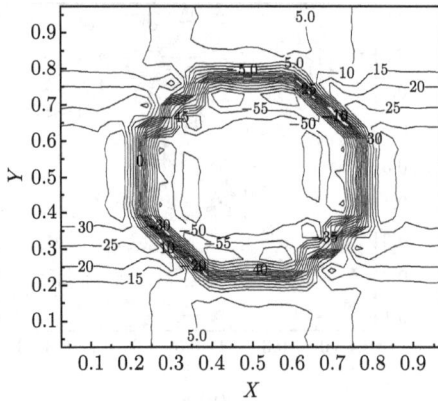

(a) 7×7 网格计算的 σ_{zz}

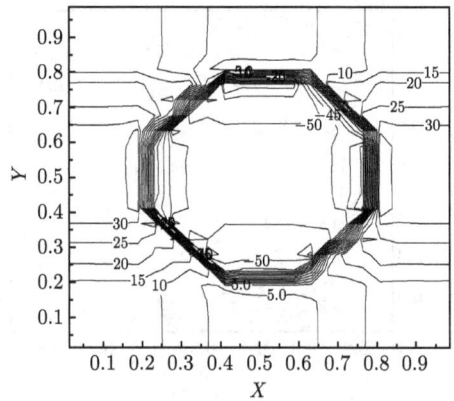

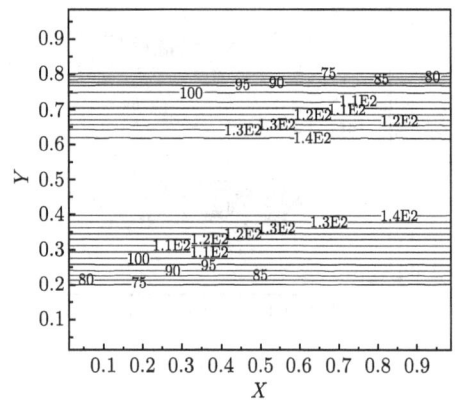

(b) 14×14 网格计算的 σ_{zz}

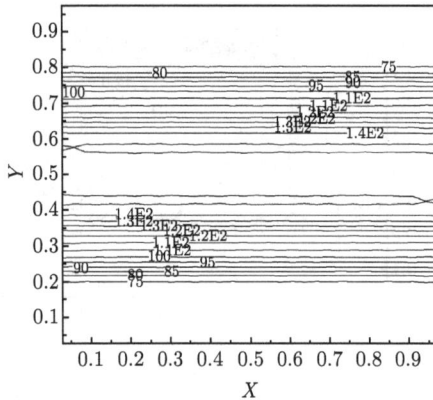

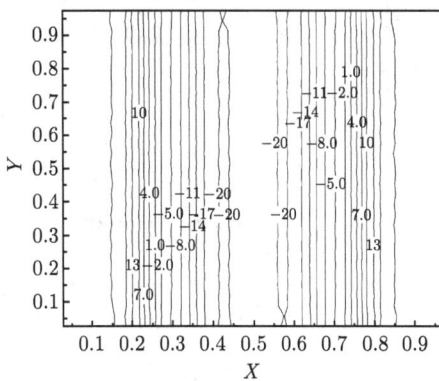

(c) 7×7 网格计算的 σ_{xx}

(d) 14×14 网格计算的 σ_{xx}

(e) 7×7 网格计算的 σ_{yy}

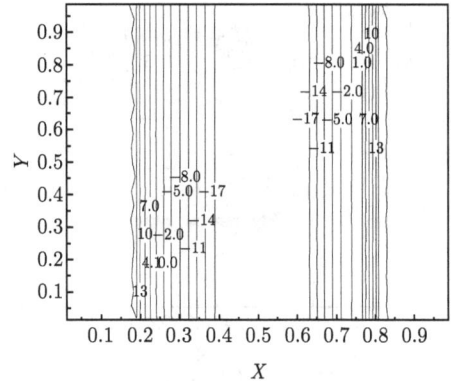

(f) 14×14 网格计算的 σ_{yy}

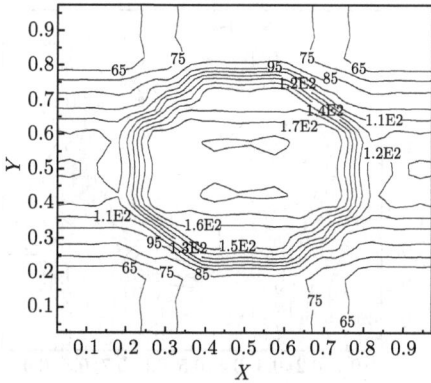

(g) 7×7 网格计算的 σ_{eq}

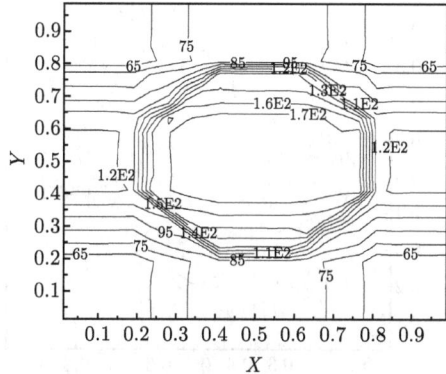

(h) 14×14 网格计算的 σ_{eq}

图 3.23 GMC 计算的应力场

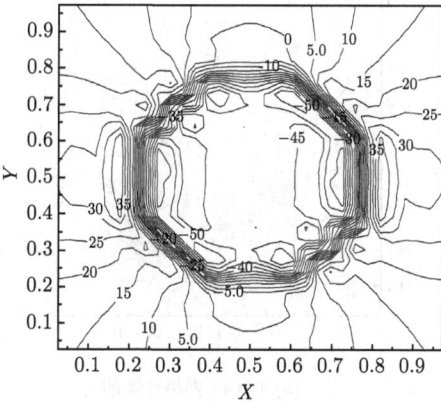

(a) 7×7 网格计算的 σ_{zz}

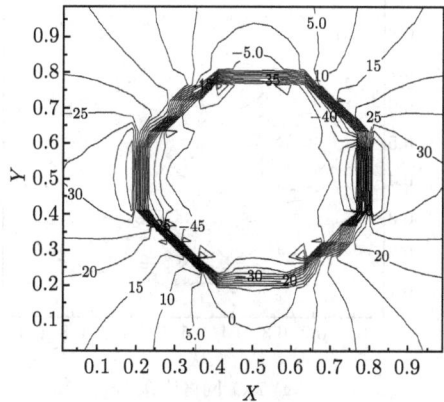

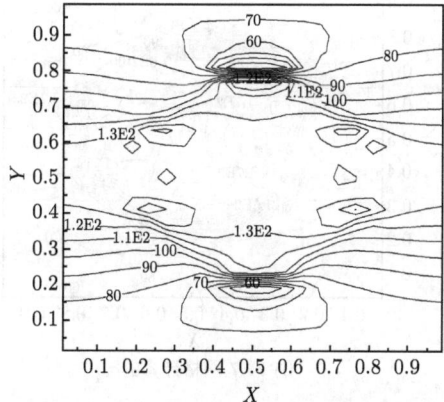

(b) 14×14 网格计算的 σ_{zz}

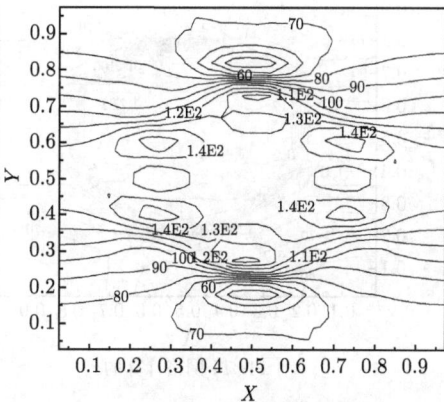

(c) 7×7 网格计算的 σ_{xx}

(d) 14×14 网格计算的 σ_{xx}

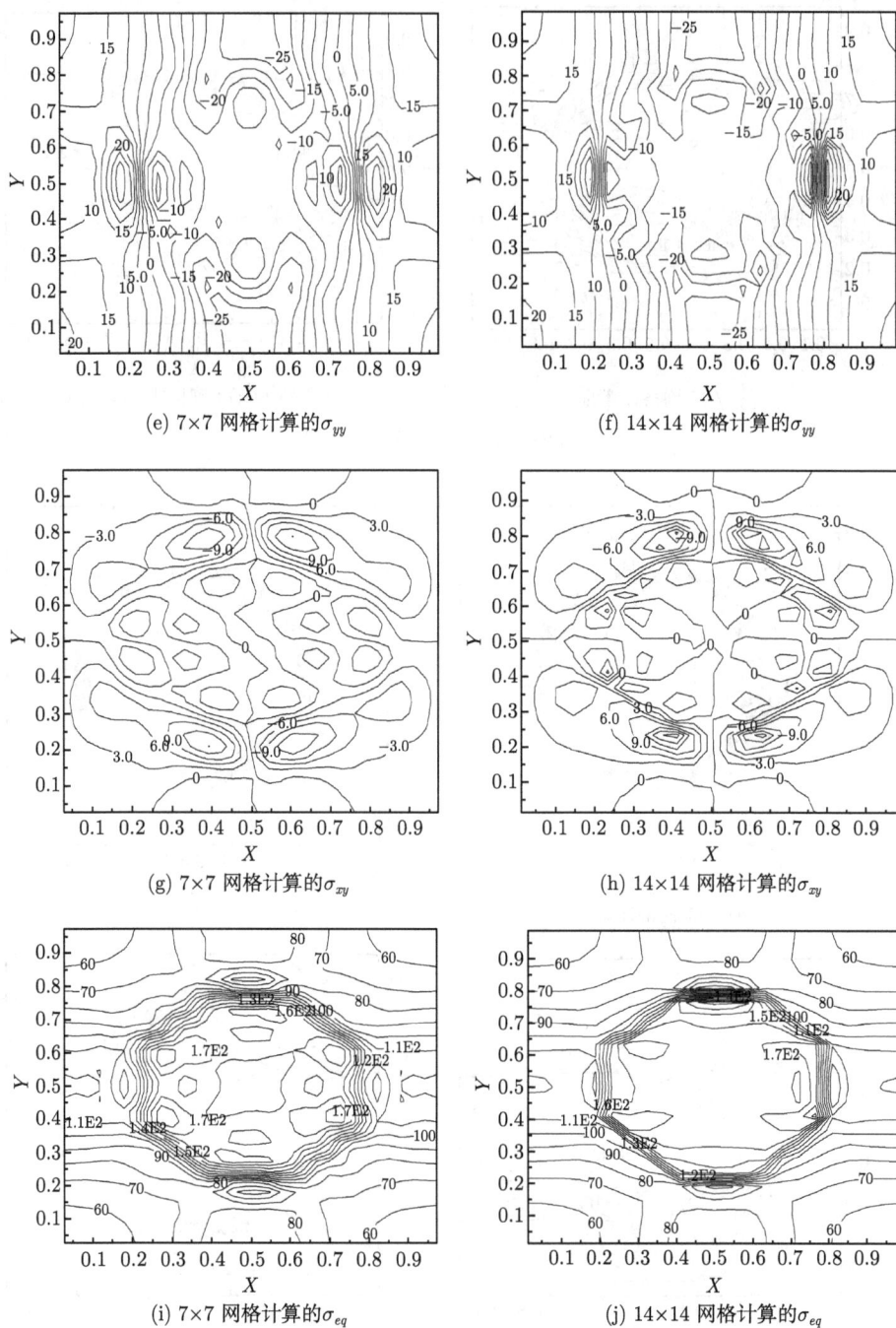

(e) 7×7 网格计算的σ_{yy}　　　　　　　　　　(f) 14×14 网格计算的σ_{yy}

(g) 7×7 网格计算的σ_{xy}　　　　　　　　　　(h) 14×14 网格计算的σ_{xy}

(i) 7×7 网格计算的σ_{eq}　　　　　　　　　　(j) 14×14 网格计算的σ_{eq}

图 3.24　HFGMC 计算的应力场

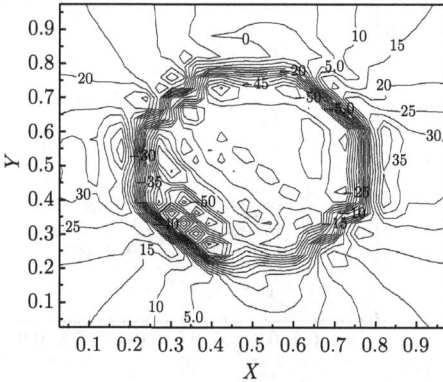

(a) 7×7 网格计算的 σ_{zz}

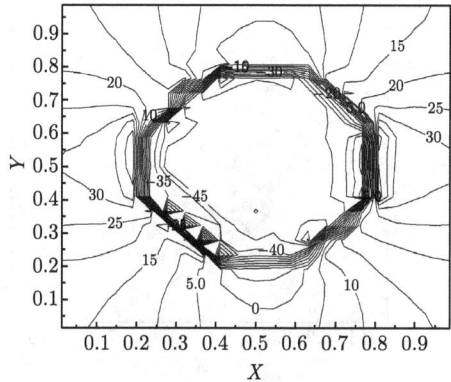

(b) 14×14 网格计算的 σ_{zz}

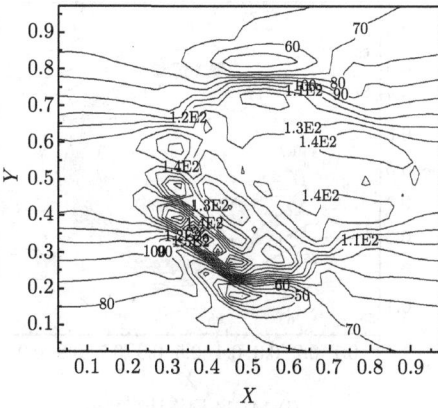

(c) 7×7 网格计算的 σ_{xx}

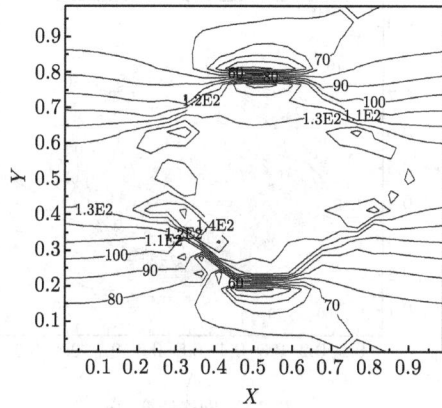

(d) 14×14 网格计算的 σ_{xx}

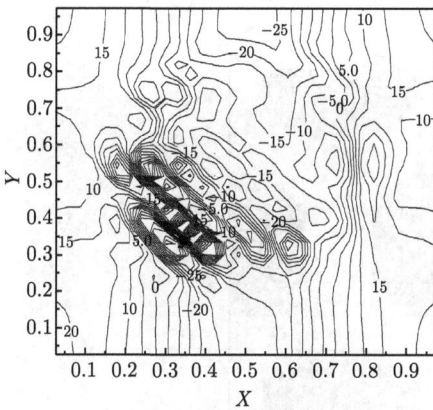

(e) 7×7 网格计算的 σ_{yy}

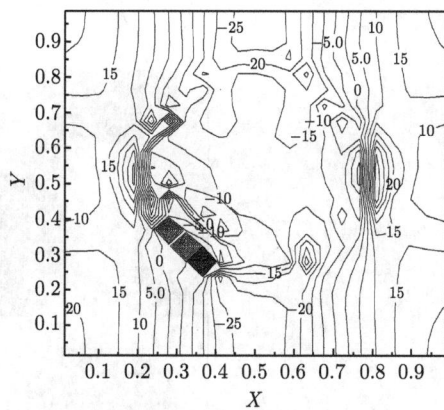

(f) 14×14 网格计算的 σ_{yy}

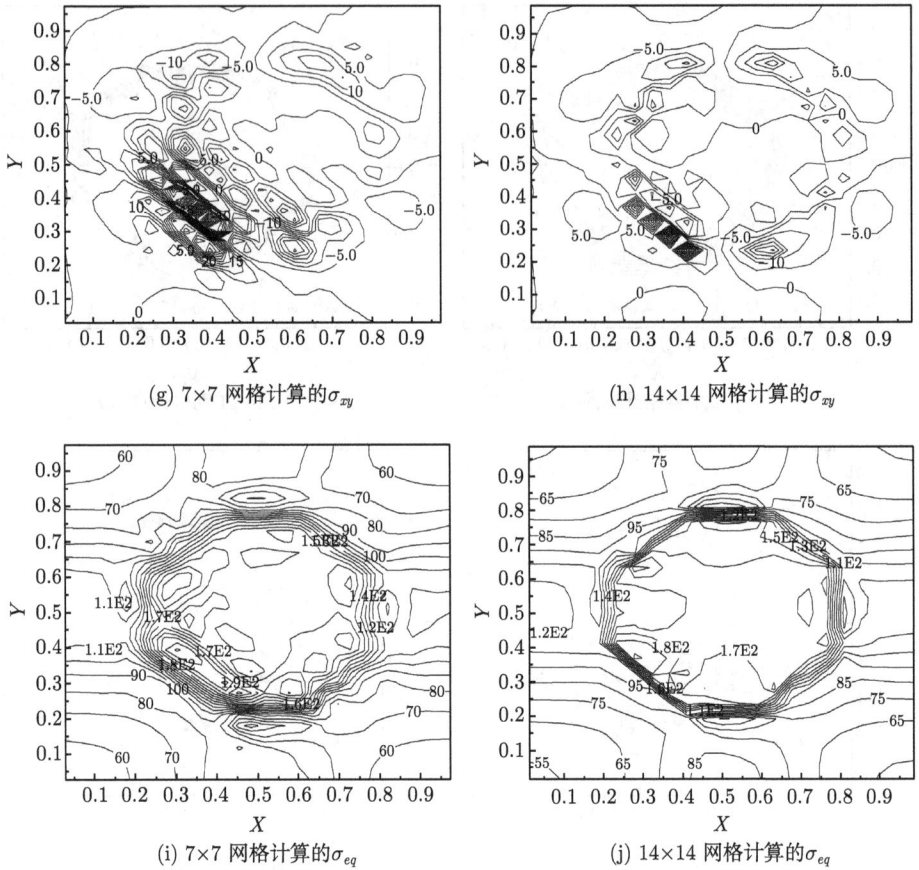

(g) 7×7 网格计算的 σ_{xy}

(h) 14×14 网格计算的 σ_{xy}

(i) 7×7 网格计算的 σ_{eq}

(j) 14×14 网格计算的 σ_{eq}

图 3.25　SCMC 计算的应力场

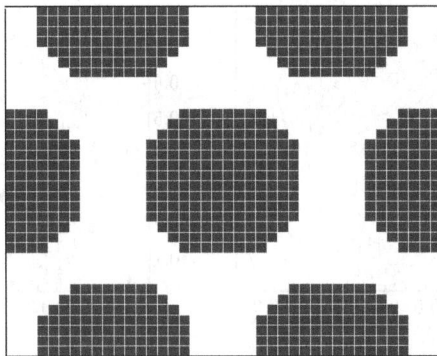

图 3.26　复杂形状及复杂排列的复合材料截面图

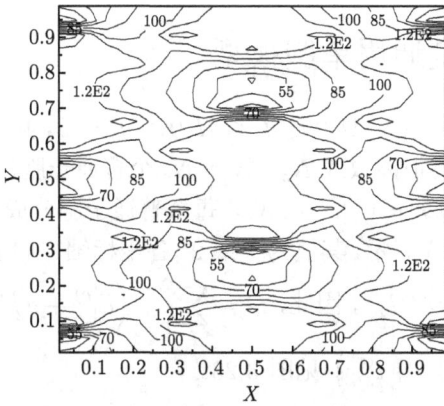

(a) HFGMC 计算的 σ_{xx}

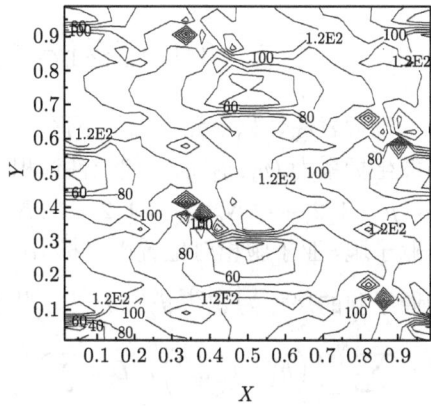

(b) SCMC 计算的 σ_{xx}

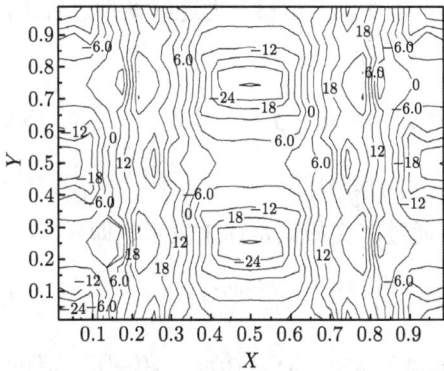

(c) HFGMC 计算的 σ_{yy}

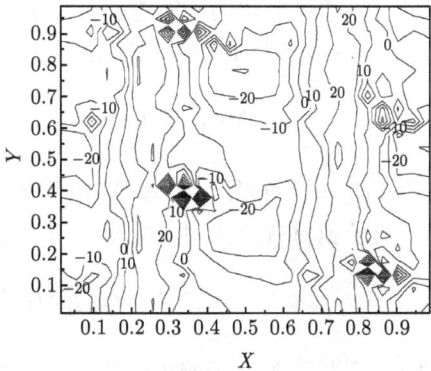

(d) SCMC 计算的 σ_{yy}

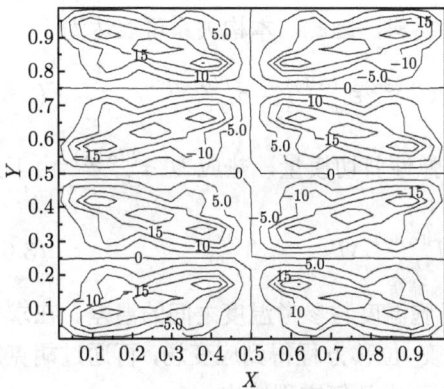

(e) HFGMC 计算的 σ_{xy}

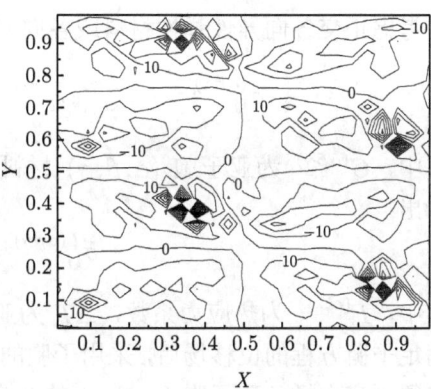

(f) SCMC 计算的 σ_{xy}

图 3.27　复杂形状、复杂排列纤维的复合材料应力分布图

3.4　三维高精度通用单胞模型

设代表性体积单元占据如下区域：$0 \leqslant y_1 \leqslant D, 0 \leqslant y_2 \leqslant H, 0 \leqslant y_3 \leqslant L$，其中，局部坐标系为 (y_1, y_2, y_3)，代表性体积单元被离散成 $N_p \times N_q \times N_r$ 个普通子胞，其中，$p = 1, 2, \cdots, N_p$，$q = 1, 2, \cdots, N_q$ 和 $r = 1, 2, \cdots, N_r$。每个普通子胞分成八个亚子胞。亚子胞相对位置由坐标 (α, β, γ) 表示，其值为 1 或 2。各坐标轴方向上，普通子胞的尺寸为 $d_1^{(p)}, d_2^{(p)}$、$h_1^{(q)}, h_2^{(q)}$ 和 $l_1^{(r)}, l_2^{(r)}$，因此，$D = \sum_{p=1}^{N_p} \left(d_1^{(p)} + d_2^{(p)} \right)$，$H = \sum_{q=1}^{N_q} \left(h_1^{(q)} + h_2^{(q)} \right)$，$L = \sum_{r=1}^{N_r} \left(l_1^{(r)} + l_2^{(r)} \right)$ 见图 3.28。

若施加宏观平均应变载荷 $\bar{\varepsilon}_{ij}$，与二维模型类似任一个亚子胞 (α, β, γ) 的位移场可以通过弱化的平衡方程、周期性边界条件以及位移、力连续条件进行求解。亚子胞 (α, β, γ) 的位移场必须满足平衡方程，即

$$\partial_1 \sigma_{(1j)}^{(\alpha\beta\gamma)} + \partial_2 \sigma_{(2j)}^{(\alpha\beta\gamma)} + \partial_3 \sigma_{(3j)}^{(\alpha\beta\gamma)} = 0, \quad j = 1, 2, 3 \tag{3.61}$$

其中，$\partial_1 = \partial/\partial \bar{y}_1^{(\alpha)}$，$\partial_2 = \partial/\partial \bar{y}_2^{(\beta)}$ 和 $\partial_3 = \partial/\partial \bar{y}_3^{(\gamma)}$。

亚子胞材料的应力与应变之间关系可通过广义胡克定律来表示，即

$$\sigma_{ij}^{(\alpha\beta\gamma)} = C_{ijkl}^{(\alpha\beta\gamma)} (\varepsilon_{kl}^{(\alpha\beta\gamma)} - \varepsilon_{kl}^{I(\alpha\beta\gamma)} - \varepsilon_{kl}^{T(\alpha\beta\gamma)}) \tag{3.62}$$

其中，$C_{ijkl}^{(\alpha\beta\gamma)}$ 为亚子胞 (α, β, γ) 的刚度矢量，$\varepsilon_{kl}^{(\alpha\beta\gamma)}$ 是总应变，$\varepsilon_{kl}^{I(\alpha\beta\gamma)}$、$\varepsilon_{kl}^{T(\alpha\beta\gamma)}$ 分别为非弹性应变和热应变。非弹性应变由所选择的非弹性本构模型确定。本书仅考虑正交各向异性弹性材料或各向同性材料，因此，本构关系可表达为

$$\sigma_{ij}^{(\alpha\beta\gamma)} = C_{ijkl}^{(\alpha\beta\gamma)} \varepsilon_{kl}^{(\alpha\beta\gamma)} - 2G^{(\alpha\beta\gamma)} \varepsilon_{ij}^{I(\alpha\beta\gamma)} - \sigma_{ij}^{T(\alpha\beta\gamma)} \tag{3.63}$$

其中，$G^{(\alpha\beta\gamma)}$ 为亚子胞 (α, β, γ) 材料的弹性剪切模量，热应力 $\sigma_{ij}^{T(\alpha\beta\gamma)}$ 由下式给出：

$$\sigma_{ij}^{T(\alpha\beta\gamma)} = \Gamma_{ij}^{(\alpha\beta\gamma)} \Delta T \tag{3.64}$$

其中，$\Gamma_{ij}^{(\alpha\beta\gamma)}$ 为热应力系数，ΔT 为亚子胞温度与参考温度之间的温差。在求得满足平衡方程的位移场后，采用子胞的应变–位移方程得到应变场，再通过胡克定律得到应力场。亚子胞 (α, β, γ) 的总应变可由几何方程给出：

$$\varepsilon_{ij}^{(\alpha\beta\gamma)} = \bar{\varepsilon}_{ij} + \frac{1}{2} \left(\partial_i u_j^{(\alpha\beta\gamma)} + \partial_j u_i^{(\alpha\beta\gamma)} \right), i, j = 1, 2, 3 \tag{3.65}$$

其中，∂_1，∂_2 和 ∂_3 在前面已经进行了定义。

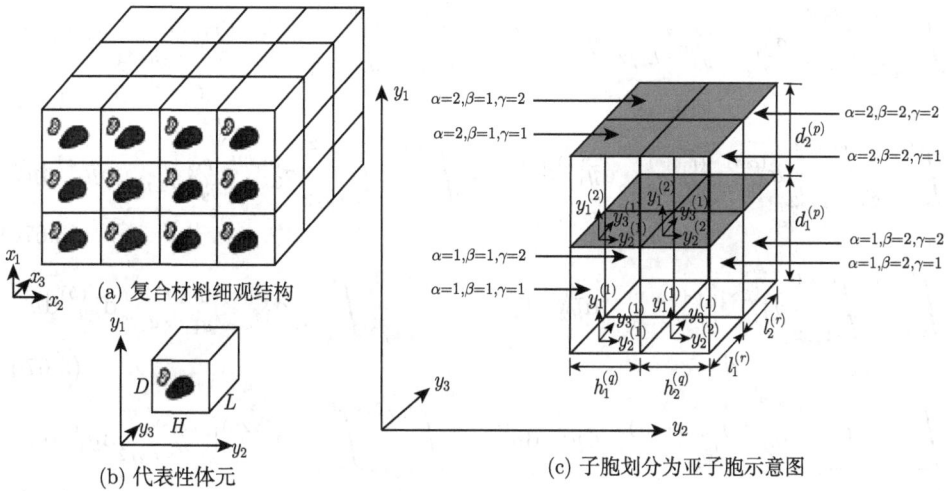

(a) 复合材料细观结构

(b) 代表性体元

(c) 子胞划分为亚子胞示意图

图 3.28 三维复合材料示意图

3.4.1 三维子胞问题的求解方法

在平衡方程中，每个亚子胞可变位移采用了二次多项式模式，即相对于亚子胞中心的位移在局部坐标系 $(\overline{y}_1^\alpha, \overline{y}_2^\beta, \overline{y}_3^\gamma)$ 中采用二次展开。这与通用单胞模型有较大的不同。在原始模型中位移函数采用了线性模式，因此消除了局部正应力与剪应力之间的耦合。高阶可变位移模式能较准确地考虑复合材料细观量之间的相互作用。

假设高精度通用单胞模型的位移模式为

$$
\begin{aligned}
u_i^{(\alpha\beta\gamma)} =& \overline{\varepsilon}_{ij}x_j + W_{i(000)}^{(\alpha\beta\gamma)} + \overline{y}_1^{(\alpha)}W_{i(100)}^{(\alpha\beta\gamma)} + \overline{y}_2^{(\beta)}W_{i(010)}^{(\alpha\beta\gamma)} + \overline{y}_3^{(\gamma)}W_{i(001)}^{(\alpha\beta\gamma)} \\
&+ \frac{1}{2}\left(3\overline{y}_1^{(\alpha)2} - \frac{d_\alpha^{(p)2}}{4}\right)W_{i(200)}^{(\alpha\beta\gamma)} + \frac{1}{2}\left(3\overline{y}_2^{(\beta)2} - \frac{h_\beta^{(q)2}}{4}\right)W_{i(020)}^{(\alpha\beta\gamma)} \\
&+ \frac{1}{2}\left(3\overline{y}_3^{(\gamma)2} - \frac{l_\gamma^{(r)2}}{4}\right)W_{i(002)}^{(\alpha\beta\gamma)}
\end{aligned}
\tag{3.66}
$$

其中，$W_{i(000)}^{(\alpha\beta\gamma)}$ 是可变体积平均位移；$W_{i(lmn)}^{(\alpha\beta\gamma)}(i=1,2,3)$ 为可变位移的高阶项。在普通子胞 (p,q,r) 中，描述可变位移的未知细观量数量为 168。所有细观量在体积平均意义上满足平衡方程，在积分意义下子胞与亚子胞之间满足界面连续条件(包括位移和力)：

$$
\int_{-h_\beta/2}^{h_\beta/2}\int_{-l_\gamma/2}^{l_\gamma/2}\sigma_{1j}^{(1\beta\gamma)}\big|_{\overline{y}_1^{(\alpha)}=d_1/2}^{(p,q,r)}\,\mathrm{d}\overline{y}_2^{(\beta)}\,\mathrm{d}\overline{y}_3^{(\gamma)} = \int_{-h_\beta/2}^{h_\beta/2}\int_{-l_\gamma/2}^{l_\gamma/2}\sigma_{1j}^{(2\beta\gamma)}\big|_{\overline{y}_1^{(\alpha)}=-d_2/2}^{(p,q,r)}\,\mathrm{d}\overline{y}_2^{(\beta)}\,\mathrm{d}\overline{y}_3^{(\gamma)}
\tag{3.67a}
$$

$$\int_{-d_\alpha/2}^{d_\alpha/2} \int_{-l_\gamma/2}^{l_\gamma/2} \sigma_{2j}^{(\alpha1\gamma)} \big|_{\overline{y}_2^{(\beta)}=h_1/2}^{(p,q,r)} \mathrm{d}\overline{y}_1^{(\alpha)} \mathrm{d}\overline{y}_3^{(\gamma)} = \int_{-d_\alpha/2}^{d_\alpha/2} \int_{-l_\gamma/2}^{l_\gamma/2} \sigma_{2j}^{(\alpha2\gamma)} \big|_{\overline{y}_2^{(\beta)}=-h_2/2}^{(p,q,r)} \mathrm{d}\overline{y}_1^{(\alpha)} \mathrm{d}\overline{y}_3^{(\gamma)}$$

$$\tag{3.67b}$$

$$\int_{-d_\alpha/2}^{d_\alpha/2} \int_{-h_\beta/2}^{h_\beta/2} \sigma_{3j}^{(\alpha\beta1)} \big|_{\overline{y}_3^{(\gamma)}=l_1/2}^{(p,q,r)} \mathrm{d}\overline{y}_1^{(\alpha)} \mathrm{d}\overline{y}_2^{(\beta)} = \int_{-d_\alpha/2}^{d_\alpha/2} \int_{-h_\beta/2}^{h_\beta/2} \sigma_{3j}^{(\alpha\beta2)} \big|_{\overline{y}_3^{(\gamma)}=-l_2/2}^{(p,q,r)} \mathrm{d}\overline{y}_1^{(\alpha)} \mathrm{d}\overline{y}_2^{(\beta)}$$

$$\tag{3.67c}$$

$$\int_{-h_\beta/2}^{h_\beta/2} \int_{-l_\gamma/2}^{l_\gamma/2} \sigma_{1j}^{(1\beta\gamma)} \big|_{\overline{y}_1^{(\alpha)}=-d_1/2}^{(p+1,q,r)} \mathrm{d}\overline{y}_2^{(\beta)} \mathrm{d}\overline{y}_3^{(\gamma)} = \int_{-h_\beta/2}^{h_\beta/2} \int_{-l_\gamma/2}^{l_\gamma/2} \sigma_{1j}^{(2\beta\gamma)} \big|_{\overline{y}_1^{(\alpha)}=d_2/2}^{(p,q,r)} \mathrm{d}\overline{y}_2^{(\beta)} \mathrm{d}\overline{y}_3^{(\gamma)}$$

$$\tag{3.67d}$$

$$\int_{-d_\alpha/2}^{d_\alpha/2} \int_{-l_\gamma/2}^{l_\gamma/2} \sigma_{2j}^{(\alpha1\gamma)} \big|_{\overline{y}_2^{(\beta)}=-h_1/2}^{(p,q+1,r)} \mathrm{d}\overline{y}_1^{(\alpha)} \mathrm{d}\overline{y}_3^{(\gamma)} = \int_{-d_\alpha/2}^{d_\alpha/2} \int_{-l_\gamma/2}^{l_\gamma/2} \sigma_{2j}^{(\alpha2\gamma)} \big|_{\overline{y}_2^{(\beta)}=h_2/2}^{(p,q,r)} \mathrm{d}\overline{y}_1^{(\alpha)} \mathrm{d}\overline{y}_3^{(\gamma)}$$

$$\tag{3.67e}$$

$$\int_{-d_\alpha/2}^{d_\alpha/2} \int_{-h_\beta/2}^{h_\beta/2} \sigma_{3j}^{(\alpha\beta1)} \big|_{\overline{y}_3^{(\gamma)}=-l_1/2}^{(p,q,r+1)} \mathrm{d}\overline{y}_1^{(\alpha)} \mathrm{d}\overline{y}_2^{(\beta)} = \int_{-d_\alpha/2}^{d_\alpha/2} \int_{-h_\beta/2}^{h_\beta/2} \sigma_{3j}^{(\alpha\beta2)} \big|_{\overline{y}_3^{(\gamma)}=l_2/2}^{(p,q,r)} \mathrm{d}\overline{y}_1^{(\alpha)} \mathrm{d}\overline{y}_2^{(\beta)}$$

$$\tag{3.67f}$$

$$\int_{-h_\beta/2}^{h_\beta/2} \int_{-l_\gamma/2}^{l_\gamma/2} u_i^{(1\beta\gamma)} \big|_{\overline{y}_1^{(\alpha)}=d_1/2}^{(p,q,r)} \mathrm{d}\overline{y}_2^{(\beta)} \mathrm{d}\overline{y}_3^{(\gamma)} = \int_{-h_\beta/2}^{h_\beta/2} \int_{-l_\gamma/2}^{l_\gamma/2} u_i^{(2\beta\gamma)} \big|_{\overline{y}_1^{(\alpha)}=-d_2/2}^{(p,q,r)} \mathrm{d}\overline{y}_2^{(\beta)} \mathrm{d}\overline{y}_3^{(\gamma)}$$

$$\tag{3.67g}$$

$$\int_{-d_\alpha/2}^{d_\alpha/2} \int_{-l_\gamma/2}^{l_\gamma/2} u_i^{(\alpha1\gamma)} \big|_{\overline{y}_2^{(\beta)}=h_1/2}^{(p,q,r)} \mathrm{d}\overline{y}_1^{(\alpha)} \mathrm{d}\overline{y}_3^{(\gamma)} = \int_{-d_\alpha/2}^{d_\alpha/2} \int_{-l_\gamma/2}^{l_\gamma/2} u_i^{(\alpha2\gamma)} \big|_{\overline{y}_2^{(\beta)}=-h_2/2}^{(p,q,r)} \mathrm{d}\overline{y}_1^{(\alpha)} \mathrm{d}\overline{y}_3^{(\gamma)}$$

$$\tag{3.67h}$$

$$\int_{-d_\alpha/2}^{d_\alpha/2} \int_{-h_\beta/2}^{h_\beta/2} u_i^{(\alpha\beta1)} \big|_{\overline{y}_3^{(\gamma)}=l_1/2}^{(p,q,r)} \mathrm{d}\overline{y}_1^{(\alpha)} \mathrm{d}\overline{y}_2^{(\beta)} = \int_{-d_\alpha/2}^{d_\alpha/2} \int_{-h_\beta/2}^{h_\beta/2} u_i^{(\alpha\beta2)} \big|_{\overline{y}_3^{(\gamma)}=-l_2/2}^{(p,q,r)} \mathrm{d}\overline{y}_1^{(\alpha)} \mathrm{d}\overline{y}_2^{(\beta)}$$

$$\tag{3.67i}$$

$$\int_{-h_\beta/2}^{h_\beta/2} \int_{-l_\gamma/2}^{l_\gamma/2} u_i^{(1\beta\gamma)} \big|_{\overline{y}_1^{(\alpha)}=-d_1/2}^{(p+1,q,r)} \mathrm{d}\overline{y}_2^{(\beta)} \mathrm{d}\overline{y}_3^{(\gamma)} = \int_{-h_\beta/2}^{h_\beta/2} \int_{-l_\gamma/2}^{l_\gamma/2} u_i^{(2\beta\gamma)} \big|_{\overline{y}_1^{(\alpha)}=d_2/2}^{(p,q,r)} \mathrm{d}\overline{y}_2^{(\beta)} \mathrm{d}\overline{y}_3^{(\gamma)}$$

$$\tag{3.67j}$$

$$\int_{-d_\alpha/2}^{d_\alpha/2} \int_{-l_\gamma/2}^{l_\gamma/2} u_i^{(\alpha1\gamma)} \big|_{\overline{y}_2^{(\beta)}=-h_1/2}^{(p,q+1,r)} \mathrm{d}\overline{y}_1^{(\alpha)} \mathrm{d}\overline{y}_3^{(\gamma)} = \int_{-d_\alpha/2}^{d_\alpha/2} \int_{-l_\gamma/2}^{l_\gamma/2} u_i^{(\alpha2\gamma)} \big|_{\overline{y}_2^{(\beta)}=h_2/2}^{(p,q,r)} \mathrm{d}\overline{y}_1^{(\alpha)} \mathrm{d}\overline{y}_3^{(\gamma)}$$

$$\tag{3.67k}$$

$$\int_{-d_\alpha/2}^{d_\alpha/2} \int_{-h_\beta/2}^{h_\beta/2} u_i^{(\alpha\beta1)} \big|_{\overline{y}_3^{(\gamma)}=-l_1/2}^{(p,q,r+1)} \mathrm{d}\overline{y}_1^{(\alpha)} \mathrm{d}\overline{y}_2^{(\beta)} = \int_{-d_\alpha/2}^{d_\alpha/2} \int_{-h_\beta/2}^{h_\beta/2} u_i^{(\alpha\beta2)} \big|_{\overline{y}_3^{(\gamma)}=l_2/2}^{(p,q,r)} \mathrm{d}\overline{y}_1^{(\alpha)} \mathrm{d}\overline{y}_2^{(\beta)}$$

$$\tag{3.67l}$$

在亚子胞的局部坐标系下，$y_1 = 0, D$、$y_2 = 0, H$ 和 $y_3 = 0, L$ 面上的周期边界条件可以表达为

$$\int_{-h_\beta/2}^{h_\beta/2} \int_{-l_\gamma/2}^{l_\gamma/2} \sigma_{1j}^{(1\beta\gamma)}|_{\overline{y}_1^{(\alpha)}=-d_1/2}^{(1,q,r)} \mathrm{d}\overline{y}_2^{(\beta)} \mathrm{d}\overline{y}_3^{(\gamma)} = \int_{-h_\beta/2}^{h_\beta/2} \int_{-l_\gamma/2}^{l_\gamma/2} \sigma_{1j}^{(2\beta\gamma)}|_{\overline{y}_1^{(\alpha)}=d_2/2}^{(N_p,q,r)} \mathrm{d}\overline{y}_2^{(\beta)} \mathrm{d}\overline{y}_3^{(\gamma)}$$

$$(3.68\mathrm{a})$$

$$\int_{-d_\alpha/2}^{d_\alpha/2} \int_{-l_\gamma/2}^{l_\gamma/2} \sigma_{2j}^{(\alpha1\gamma)}|_{\overline{y}_2^{(\beta)}=-h_1/2}^{(p,1,r)} \mathrm{d}\overline{y}_1^{(\alpha)} \mathrm{d}\overline{y}_3^{(\gamma)} = \int_{-d_\alpha/2}^{d_\alpha/2} \int_{-l_\gamma/2}^{l_\gamma/2} \sigma_{2j}^{(\alpha2\gamma)}|_{\overline{y}_2^{(\beta)}=h_2/2}^{(p,N_q,r)} \mathrm{d}\overline{y}_1^{(\alpha)} \mathrm{d}\overline{y}_3^{(\gamma)}$$

$$(3.68\mathrm{b})$$

$$\int_{-d_\alpha/2}^{d_\alpha/2} \int_{-h_\beta/2}^{h_\beta/2} \sigma_{3j}^{(\alpha\beta1)}|_{\overline{y}_3^{(\gamma)}=-l_1/2}^{(p,q,1)} \mathrm{d}\overline{y}_1^{(\alpha)} \mathrm{d}\overline{y}_2^{(\beta)} = \int_{-d_\alpha/2}^{d_\alpha/2} \int_{-h_\beta/2}^{h_\beta/2} \sigma_{3j}^{(\alpha\beta2)}|_{\overline{y}_3^{(\gamma)}=l_2/2}^{(p,q,N_r)} \mathrm{d}\overline{y}_1^{(\alpha)} \mathrm{d}\overline{y}_2^{(\beta)}$$

$$(3.68\mathrm{c})$$

$$\int_{-h_\beta/2}^{h_\beta/2} \int_{-l_\gamma/2}^{l_\gamma/2} u_i^{(1\beta\gamma)}|_{\overline{y}_1^{(\alpha)}=-d_1/2}^{(1,q,r)} \mathrm{d}\overline{y}_2^{(\beta)} \mathrm{d}\overline{y}_3^{(\gamma)} = \int_{-h_\beta/2}^{h_\beta/2} \int_{-l_\gamma/2}^{l_\gamma/2} u_i^{(2\beta\gamma)}|_{\overline{y}_1^{(\alpha)}=d_2/2}^{(N_p,q,r)} \mathrm{d}\overline{y}_2^{(\beta)} \mathrm{d}\overline{y}_3^{(\gamma)}$$

$$(3.68\mathrm{d})$$

$$\int_{-d_\alpha/2}^{d_\alpha/2} \int_{-l_\gamma/2}^{l_\gamma/2} u_i^{(\alpha1\gamma)}|_{\overline{y}_2^{(\beta)}=-h_1/2}^{(p,1,r)} \mathrm{d}\overline{y}_1^{(\alpha)} \mathrm{d}\overline{y}_3^{(\gamma)} = \int_{-d_\alpha/2}^{d_\alpha/2} \int_{-l_\gamma/2}^{l_\gamma/2} u_i^{(\alpha2\gamma)}|_{\overline{y}_2^{(\beta)}=h_2/2}^{(p,N_q,r)} \mathrm{d}\overline{y}_1^{(\alpha)} \mathrm{d}\overline{y}_3^{(\gamma)}$$

$$(3.68\mathrm{e})$$

$$\int_{-d_\alpha/2}^{d_\alpha/2} \int_{-h_\beta/2}^{h_\beta/2} u_i^{(\alpha\beta1)}|_{\overline{y}_3^{(\gamma)}=-l_1/2}^{(p,q,1)} \mathrm{d}\overline{y}_1^{(\alpha)} \mathrm{d}\overline{y}_2^{(\beta)} = \int_{-d_\alpha/2}^{d_\alpha/2} \int_{-h_\beta/2}^{h_\beta/2} u_i^{(\alpha\beta2)}|_{\overline{y}_3^{(\gamma)}=l_2/2}^{(p,q,N_r)} \mathrm{d}\overline{y}_1^{(\alpha)} \mathrm{d}\overline{y}_2^{(\beta)}$$

$$(3.68\mathrm{f})$$

其中，$i, j = 1, 2, 3$。上述周期性边界条件能明确考虑邻近子胞之间的相互影响。应用上述边界条件，就能满足求解未知细观变量的方程数量。

在弹性阶段，亚子胞应力和应变场为线性的。非弹性阶段，应力场与加载路径有关，位移场依赖于非弹性应变场的分布，并产生高阶应力场。在非弹性阶段，高阶应力场采用局部坐标下的勒让德多项式扩展来描述，即在假设的位移下产生的应变场和应力场都可以用勒让德多项式来表达：

$$\varepsilon_{ij}^{(\alpha\beta\gamma)} = \sum_{l=0}^{\infty} \sum_{m=0}^{\infty} \sum_{n=0}^{\infty} \sqrt{(1+2l)(1+2m)(1+2n)} e_{ij(l,m,n)}^{(\alpha\beta\gamma)} P_l(\zeta_1^{(\alpha)}) P_m(\zeta_2^{(\beta)}) P_n(\zeta_3^{(\gamma)})$$

$$(3.69\mathrm{a})$$

$$\sigma_{ij}^{(\alpha\beta\gamma)} = \sum_{l=0}^{\infty} \sum_{m=0}^{\infty} \sum_{n=0}^{\infty} \sqrt{(1+2l)(1+2m)(1+2n)} \tau_{ij(l,m,n)}^{(\alpha\beta\gamma)} P_l(\zeta_1^{(\alpha)}) P_m(\zeta_2^{(\beta)}) P_n(\zeta_3^{(\gamma)})$$

$$(3.69\mathrm{b})$$

其中，非尺寸变量 $\zeta_i^{(\cdot)}$ 的范围为 $-1 \leqslant \zeta_i^{(\cdot)} \leqslant 1$。其为与子胞坐标有关的变量，即 $\zeta_1^{(\alpha)} = \overline{y}_1^{(\alpha)}/(d_\alpha^{(p)}/2)$，$\zeta_2^{(\beta)} = \overline{y}_2^{(\beta)}/(h_\beta^{(q)}/2)$，$\zeta_3^{(\gamma)} = \overline{y}_3^{(\gamma)}/(l_\gamma^{(r)}/2)$。对于给定的位移

场模式，式 (3.69a) 的上限为 1。式 (3.69b) 的上限应该适当地选择，以准确地获得每一个亚子胞的应力场。上述表达式中的系数 $e_{ij(l,m,n)}^{(\alpha\beta\gamma)}$，$\tau_{ij(l,m,n)}^{(\alpha\beta\gamma)}$ 确定方法如下。

利用勒让德多项式的正交化特性，子胞 (p,q,r) 中亚子胞 (α,β,γ) 的应变系数 $e_{ij(l,m,n)}^{(\alpha\beta\gamma)}$ 可由假设的位移场来确定。其中的非零向量表达如下 (省略了 (p,q,r)):

$$e_{11(0,0,0)}^{(\alpha\beta\gamma)} = \bar{\varepsilon}_{11} + W_{1(100)}^{(\alpha\beta\gamma)} \quad e_{11(1,0,0)}^{(\alpha\beta\gamma)} = \frac{\sqrt{3}}{2}d_\alpha^{(p)}W_{1(200)}^{(\alpha\beta\gamma)} \quad e_{22(0,0,0)}^{(\alpha\beta\gamma)} = \bar{\varepsilon}_{22} + W_{2(010)}^{(\alpha\beta\gamma)}$$

$$e_{22(0,1,0)}^{(\alpha\beta\gamma)} = \frac{\sqrt{3}}{2}h_\beta^{(q)}W_{2(020)}^{(\alpha\beta\gamma)} \quad e_{33(0,0,0)}^{(\alpha\beta\gamma)} = \bar{\varepsilon}_{33} + W_{3(001)}^{(\alpha\beta\gamma)} \quad e_{33(0,0,1)}^{(\alpha\beta\gamma)} = \frac{\sqrt{3}}{2}l_\gamma^{(r)}W_{3(002)}^{(\alpha\beta\gamma)}$$

$$e_{23(0,0,0)}^{(\alpha\beta\gamma)} = \bar{\varepsilon}_{23} + \frac{1}{2}\left(W_{2(001)}^{(\alpha\beta\gamma)} + W_{3(010)}^{(\alpha\beta\gamma)}\right) \quad e_{23(0,1,0)}^{(\alpha\beta\gamma)} = \frac{\sqrt{3}}{4}h_\beta^{(q)}W_{3(020)}^{(\alpha\beta\gamma)}$$

$$e_{23(0,0,1)}^{(\alpha\beta\gamma)} = \frac{\sqrt{3}}{4}l_\gamma^{(r)}W_{2(002)}^{(\alpha\beta\gamma)} \quad e_{13(0,0,0)}^{(\alpha\beta\gamma)} = \bar{\varepsilon}_{13} + \frac{1}{2}\left(W_{1(001)}^{(\alpha\beta\gamma)} + W_{3(100)}^{(\alpha\beta\gamma)}\right)$$

$$e_{13(1,0,0)}^{(\beta\gamma)} = \frac{\sqrt{3}}{4}d_\alpha^{(p)}W_{3(200)}^{(\alpha\beta\gamma)} \quad e_{13(0,0,1)}^{(\alpha\beta\gamma)} = \frac{\sqrt{3}}{4}l_\gamma^{(r)}W_{1(002)}^{(\alpha\beta\gamma)}$$

$$e_{12(0,0,0)}^{(\alpha\beta\gamma)} = \bar{\varepsilon}_{12} + \frac{1}{2}\left(W_{1(010)}^{(\alpha\beta\gamma)} + W_{2(100)}^{(\alpha\beta\gamma)}\right) \quad e_{12(1,0,0)}^{(\alpha\beta\gamma)} = \frac{\sqrt{3}}{4}d_\alpha^{(p)}W_{2(200)}^{(\alpha\beta\gamma)}$$

$$e_{12(0,1,0)}^{(\alpha\beta\gamma)} = \frac{\sqrt{3}}{4}h_\beta^{(q)}W_{1(020)}^{(\alpha\beta\gamma)}$$

其中，$e_{ij(0,0,0)}^{(\alpha\beta\gamma)}$ 为子胞 (p,q,r) 中亚子胞 (α,β,γ) 的平均应变。

上述表达式也可写成：

$$\varepsilon_{11}^{(\alpha\beta\gamma)} = \bar{\varepsilon}_{11} + W_{1(100)}^{(\alpha\beta\gamma)} + 3\bar{y}_1^{(\alpha)}W_{1(200)}^{(\alpha\beta\gamma)} \tag{3.70a}$$

$$\varepsilon_{22}^{(\alpha\beta\gamma)} = \bar{\varepsilon}_{22} + W_{2(010)}^{(\alpha\beta\gamma)} + 3\bar{y}_2^{(\beta)}W_{2(020)}^{(\alpha\beta\gamma)} \tag{3.70b}$$

$$\varepsilon_{33}^{(\alpha\beta\gamma)} = \bar{\varepsilon}_{33} + W_{3(001)}^{(\alpha\beta\gamma)} + 3\bar{y}_3^{(\gamma)}W_{3(002)}^{(\alpha\beta\gamma)} \tag{3.70c}$$

$$\varepsilon_{23}^{(\alpha\beta\gamma)} = \bar{\varepsilon}_{23} + \frac{1}{2}(W_{2(001)}^{(\alpha\beta\gamma)} + W_{3(010)}^{(\alpha\beta\gamma)}) + \frac{3}{2}(\bar{y}_2^{(\beta)}W_{3(020)}^{(\alpha\beta\gamma)} + \bar{y}_3^{(\gamma)}W_{2(002)}^{(\alpha\beta\gamma)}) \tag{3.70d}$$

$$\varepsilon_{13}^{(\alpha\beta\gamma)} = \bar{\varepsilon}_{13} + \frac{1}{2}(W_{1(001)}^{(\alpha\beta\gamma)} + W_{3(100)}^{(\alpha\beta\gamma)}) + \frac{3}{2}(\bar{y}_1^{(\alpha)}W_{3(200)}^{(\alpha\beta\gamma)} + \bar{y}_3^{(\gamma)}W_{1(002)}^{(\alpha\beta\gamma)}) \tag{3.70e}$$

$$\varepsilon_{12}^{(\alpha\beta\gamma)} = \bar{\varepsilon}_{12} + \frac{1}{2}(W_{1(010)}^{(\alpha\beta\gamma)} + W_{2(100)}^{(\alpha\beta\gamma)}) + \frac{3}{2}(\bar{y}_1^{(\alpha)}W_{2(200)}^{(\alpha\beta\gamma)} + \bar{y}_2^{(\beta)}W_{1(020)}^{(\alpha\beta\gamma)}) \tag{3.70f}$$

由于子胞 (p,q,r) 中亚子胞 (α,β,γ) 的应变系数 $\tau_{ij(l,m,n)}^{(\alpha\beta\gamma)}$ 与子胞应变系数、热应力以及未知的非弹性应变场有关，因此可得

$$\tau_{ij(l,m,n)}^{(\alpha\beta\gamma)} = C_{ijkl}^{(\alpha\beta\gamma)} e_{kl(l,m,n)}^{(\alpha\beta\gamma)} - R_{ij(l,m,n)}^{(\alpha\beta\gamma)} - \sigma_{ij}^{T(\alpha\beta\gamma)}\delta_{m0}\delta_{0n} \tag{3.71}$$

其中，$R_{ij(l,m,n)}^{(\alpha\beta\gamma)}$ 为非弹性应力项，可采用下列方程式计算：

$$R_{ij(l,m,n)}^{(\alpha\beta\gamma)} = \frac{1}{2}\mu^{(\alpha\beta\gamma)}\sqrt{(1+2l)(1+2m)(1+2n)}$$
$$\int_{-1}^{1} \varepsilon_{ij}^{I(\alpha\beta\gamma)} P_l(\zeta_1^{(\alpha)}) P_m(\zeta_2^{(\beta)}) P_n(\zeta_3^{(\gamma)}) \mathrm{d}\zeta_1^{(\alpha)} \mathrm{d}\zeta_2^{(\beta)} \mathrm{d}\zeta_3^{(\gamma)} \tag{3.72}$$

上述两式中同样省略了 (p,q,r)。

在体积平均意义下满足平衡方程时，定义下列应力项：

$$[S_{ij(l,m,n)}^{(\alpha\beta\gamma)}]^{(p,q,r)} = \frac{1}{d_\alpha^{(p)} h_\beta^{(q)} l_\gamma^{(r)}} \int_{-d_\alpha^{(p)}/2}^{d_\alpha^{(p)}/2} \int_{-h_\beta^{(q)}/2}^{h_\beta^{(q)}/2} \int_{-l_\gamma^{(r)}/2}^{l_\gamma^{(r)}/2}$$
$$\sigma_{ij}^{(\alpha\beta\gamma)} (\bar{y}_1^{(\alpha)})^l (\bar{y}_2^{(\beta)})^m (\bar{y}_3^{(\gamma)})^n \mathrm{d}\bar{y}_1^{(\alpha)} \mathrm{d}\bar{y}_2^{(\beta)} \mathrm{d}\bar{y}_3^{(\gamma)} \tag{3.73}$$

式 (3.73) 当 $l=m=n=0$ 时，即为亚子胞的平均应力。当 (l,m,n) 为其他值时，即为亚子胞的高阶应力项。把亚子胞的本构方程、几何方程以及位移场代入式 (3.73) 并积分，应力项即可由未知系数 $W_{i(lmn)}^{(\alpha\beta\gamma)}$ 表示出来。在给定的位移场条件下，非 0 的零阶及一阶应力项表达如下：

$$S_{11(0,0,0)}^{(\alpha\beta\gamma)} = C_{11}^{(\alpha\beta\gamma)}(\bar{\varepsilon}_{11}+W_{1(100)}^{(\alpha\beta\gamma)}) + C_{12}^{(\alpha\beta\gamma)}(\bar{\varepsilon}_{22}+W_{2(010)}^{(\alpha\beta\gamma)}) + C_{13}^{(\alpha\beta\gamma)}(\bar{\varepsilon}_{33}+W_{3(001)}^{(\alpha\beta\gamma)})$$
$$- \Gamma_1^{(\alpha\beta\gamma)}\Delta T - R_{11(0,0,0)}^{(\alpha\beta\gamma)}$$

$$S_{11(1,0,0)}^{(\alpha\beta\gamma)} = \frac{1}{4}d_\alpha^{(p)2}C_{11}^{(\alpha\beta\gamma)}W_{1(200)}^{(\alpha\beta\gamma)} - \frac{1}{2\sqrt{3}}d_\alpha^{(p)}R_{11(1,0,0)}^{(\alpha\beta\gamma)}$$

$$S_{11(0,1,0)}^{(\alpha\beta\gamma)} = \frac{1}{4}h_\beta^{(q)2}C_{12}^{(\alpha\beta\gamma)}W_{2(020)}^{(\alpha\beta\gamma)} - \frac{1}{2\sqrt{3}}h_\beta^{(q)}R_{11(0,1,0)}^{(\alpha\beta\gamma)}$$

$$S_{11(0,0,1)}^{(\alpha\beta\gamma)} = \frac{1}{4}l_\gamma^{(r)2}C_{13}^{(\alpha\beta\gamma)}W_{3(002)}^{(\alpha\beta\gamma)} - \frac{1}{2\sqrt{3}}l_\gamma^{(r)}R_{11(0,0,1)}^{(\alpha\beta\gamma)}$$

$$S_{22(0,0,0)}^{(\alpha\beta\gamma)} = C_{21}^{(\alpha\beta\gamma)}(\bar{\varepsilon}_{11}+W_{1(100)}^{(\alpha\beta\gamma)}) + C_{22}^{(\alpha\beta\gamma)}(\bar{\varepsilon}_{22}+W_{2(010)}^{(\alpha\beta\gamma)}) + C_{23}^{(\alpha\beta\gamma)}(\bar{\varepsilon}_{33}+W_{3(001)}^{(\alpha\beta\gamma)})$$
$$- \Gamma_2^{(\alpha\beta\gamma)}\Delta T - R_{22(0,0,0)}^{(\alpha\beta\gamma)}$$

$$S_{22(1,0,0)}^{(\alpha\beta\gamma)} = \frac{1}{4}d_\alpha^{(p)2}C_{21}^{(\alpha\beta\gamma)}W_{1(200)}^{(\alpha\beta\gamma)} - \frac{1}{2\sqrt{3}}d_\alpha^{(p)}R_{22(1,0,0)}^{(\alpha\beta\gamma)}$$

$$S_{22(0,1,0)}^{(\alpha\beta\gamma)} = \frac{1}{4}h_\beta^{(q)2}C_{22}^{(\alpha\beta\gamma)}W_{2(020)}^{(\alpha\beta\gamma)} - \frac{1}{2\sqrt{3}}h_\beta^{(q)}R_{22(0,1,0)}^{(\alpha\beta\gamma)}$$

$$S_{22(0,0,1)}^{(\alpha\beta\gamma)} = \frac{1}{4}l_\gamma^{(r)2}C_{23}^{(\alpha\beta\gamma)}W_{3(002)}^{(\alpha\beta\gamma)} - \frac{1}{2\sqrt{3}}l_\gamma^{(r)}R_{22(0,0,1)}^{(\alpha\beta\gamma)}$$

$$S_{33(0,0,0)}^{(\alpha\beta\gamma)} = C_{31}^{(\alpha\beta\gamma)}(\bar{\varepsilon}_{11} + W_{1(100)}^{(\alpha\beta\gamma)}) + C_{32}^{(\alpha\beta\gamma)}(\bar{\varepsilon}_{22} + W_{2(010)}^{(\alpha\beta\gamma)}) + C_{33}^{(\alpha\beta\gamma)}(\bar{\varepsilon}_{33} + W_{3(001)}^{(\alpha\beta\gamma)})$$
$$- \Gamma_3^{(\alpha\beta\gamma)}\Delta T - R_{33(0,0,0)}^{(\alpha\beta\gamma)} \tag{3.74}$$

$$S_{33(1,0,0)}^{(\alpha\beta\gamma)} = \frac{1}{4}d_\alpha^{(p)2}C_{31}^{(\alpha\beta\gamma)}W_{1(200)}^{(\alpha\beta\gamma)} - \frac{1}{2\sqrt{3}}d_\alpha^{(p)}R_{33(1,0,0)}^{(\alpha\beta\gamma)}$$

$$S_{33(0,1,0)}^{(\alpha\beta\gamma)} = \frac{1}{4}h_\beta^{(q)2}C_{32}^{(\alpha\beta\gamma)}W_{2(020)}^{(\alpha\beta\gamma)} - \frac{1}{2\sqrt{3}}h_\beta^{(q)}R_{33(0,1,0)}^{(\alpha\beta\gamma)}$$

$$S_{33(0,0,1)}^{(\alpha\beta\gamma)} = \frac{1}{4}l_\gamma^{(r)2}C_{33}^{(\alpha\beta\gamma)}W_{3(002)}^{(\alpha\beta\gamma)} - \frac{1}{2\sqrt{3}}l_\gamma^{(r)}R_{33(0,0,1)}^{(\alpha\beta\gamma)}$$

$$S_{23(0,0,0)}^{(\alpha\beta\gamma)} = C_{44}^{(\alpha\beta\gamma)}\left(2\bar{\varepsilon}_{23} + W_{2(001)}^{(\alpha\beta\gamma)} + W_{3(010)}^{(\alpha\beta\gamma)}\right) - R_{23(0,0,0)}^{(\alpha\beta\gamma)}$$

$$S_{23(0,1,0)}^{(\alpha\beta\gamma)} = \frac{1}{4}h_\beta^{(q)2}C_{44}^{(\alpha\beta\gamma)}W_{3(020)}^{(\alpha\beta\gamma)} - \frac{1}{2\sqrt{3}}h_\beta^{(q)}R_{23(0,1,0)}^{(\alpha\beta\gamma)}$$

$$S_{23(0,0,1)}^{(\alpha\beta\gamma)} = \frac{1}{4}l_\gamma^{(r)2}C_{44}^{(\alpha\beta\gamma)}W_{2(002)}^{(\alpha\beta\gamma)} - \frac{1}{2\sqrt{3}}l_\gamma^{(r)}R_{23(0,0,1)}^{(\alpha\beta\gamma)}$$

$$S_{13(0,0,0)}^{(\alpha\beta\gamma)} = C_{55}^{(\alpha\beta\gamma)}\left(2\bar{\varepsilon}_{13} + W_{1(001)}^{(\alpha\beta\gamma)} + W_{3(100)}^{(\alpha\beta\gamma)}\right) - R_{13(0,0,0)}^{(\alpha\beta\gamma)}$$

$$S_{13(1,0,0)}^{(\alpha\beta\gamma)} = \frac{1}{4}d_\alpha^{(p)2}C_{55}^{(\alpha\beta\gamma)}W_{3(200)}^{(\alpha\beta\gamma)} - \frac{1}{2\sqrt{3}}d_\alpha^{(p)}R_{13(1,0,0)}^{(\alpha\beta\gamma)}$$

$$S_{13(0,0,1)}^{(\alpha\beta\gamma)} = \frac{1}{4}l_\gamma^{(r)2}C_{55}^{(\alpha\beta\gamma)}W_{1(002)}^{(\alpha\beta\gamma)} - \frac{1}{2\sqrt{3}}l_\gamma^{(r)}R_{13(0,0,1)}^{(\alpha\beta\gamma)}$$

$$S_{12(0,0,0)}^{(\alpha\beta\gamma)} = C_{66}^{(\alpha\beta\gamma)}\left(2\bar{\varepsilon}_{12} + W_{1(010)}^{(\alpha\beta\gamma)} + W_{2(100)}^{(\alpha\beta\gamma)}\right) - R_{12(0,0,0)}^{(\alpha\beta\gamma)}$$

$$S_{12(1,0,0)}^{(\alpha\beta\gamma)} = \frac{1}{4}d_\alpha^{(p)2}C_{66}^{(\alpha\beta\gamma)}W_{2(200)}^{(\alpha\beta\gamma)} - \frac{1}{2\sqrt{3}}d_\alpha^{(p)}R_{12(1,0,0)}^{(\alpha\beta\gamma)}$$

$$S_{12(0,1,0)}^{(\alpha\beta\gamma)} = \frac{1}{4}h_\beta^{(q)2}C_{66}^{(\alpha\beta\gamma)}W_{1(020)}^{(\alpha\beta\gamma)} - \frac{1}{2\sqrt{3}}h_\beta^{(q)}R_{12(0,1,0)}^{(\alpha\beta\gamma)}$$

对子胞 (p, q, r) 的亚子胞 (α, β, γ) 而言，在经过一系列代数运算后，零阶、一阶、二阶应力项都应满足平衡方程，在体积平均意义下，对于一阶应力项有关系式：

$$[S_{1j(1,0,0)}^{(\alpha\beta\gamma)}/d_\alpha^{(p)2} + S_{2j(0,1,0)}^{(\alpha\beta\gamma)}/h_\beta^{(q)2} + S_{3j(0,0,1)}^{(\alpha\beta\gamma)}/l_\gamma^{(r)2}] = 0, \quad j = 1, 2, 3 \tag{3.75}$$

子胞内部的亚子胞之间应力连续条件以及相邻子胞之间的应力连续条件表达式经过代数运算后，可以得到下列关系式：

$$[S_{1j(0,0,0)}^{(1\beta\gamma)} + 6S_{1j(1,0,0)}^{(1\beta\gamma)}/d_1 - S_{1j(0,0,0)}^{(2\beta\gamma)} + 6S_{1j(1,0,0)}^{(2\beta\gamma)}/d_2]^{(p,q,r)} = 0 \tag{3.76a}$$

$$[-S_{1j(0,0,0)}^{(1\beta\gamma)} + 6S_{1j(1,0,0)}^{(1\beta\gamma)}/d_1]^{(p,q,r)} + [S_{1j(0,0,0)}^{(2\beta\gamma)} + 6S_{1j(1,0,0)}^{(2\beta\gamma)}/d_2]^{(p-1,q,r)} = 0 \tag{3.76b}$$

$$[S_{2j(0,0,0)}^{(\alpha1\gamma)} + 6S_{2j(0,1,0)}^{(\alpha1\gamma)}/h_1 - S_{2j(0,0,0)}^{(\alpha2\gamma)} + 6S_{2j(0,1,0)}^{(\alpha2\gamma)}/h_2]^{(p,q,r)} = 0 \tag{3.76c}$$

$$[-S_{2j(0,0,0)}^{(\alpha1\gamma)} + 6S_{2j(0,1,0)}^{(\alpha1\gamma)}/h_1]^{(p,q,r)} + [S_{2j(0,0,0)}^{(\alpha2\gamma)} + 6S_{2j(0,1,0)}^{(\alpha2\gamma)}/h_2]^{(p,q-1,r)} = 0 \tag{3.76d}$$

$$[S_{3j(0,0,0)}^{(\alpha\beta1)} + 6S_{3j(0,0,1)}^{(\alpha\beta1)}/l_1 - S_{3j(0,0,0)}^{(\alpha\beta2)} + 6S_{3j(0,0,1)}^{(\alpha\beta2)}/l_2]^{(p,q,r)} = 0 \tag{3.76e}$$

$$[-S_{3j(0,0,0)}^{(\alpha\beta1)} + 6S_{3j(0,0,1)}^{(\alpha\beta1)}/l_1]^{(p,q,r)} + [S_{3j(0,0,0)}^{(\alpha\beta2)} + 6S_{3j(0,0,1)}^{(\alpha\beta2)}/l_2]^{(p,q,r-1)} = 0 \tag{3.76f}$$

其中，$j = 1, 2, 3$。

子胞间的位移连续条件为

$$\left[W_{i(000)}^{(1\beta\gamma)} + \frac{1}{2}d_1 W_{i(100)}^{(1\beta\gamma)} + \frac{1}{4}d_1^2 W_{i(200)}^{(1\beta\gamma)}\right]^{(p,q,r)} = \left[W_{i(000)}^{(2\beta\gamma)} - \frac{1}{2}d_2 W_{i(100)}^{(2\beta\gamma)} + \frac{1}{4}d_2^2 W_{i(200)}^{(2\beta\gamma)}\right]^{(p,q,r)} \tag{3.77a}$$

$$\left[W_{i(000)}^{(2\beta\gamma)} + \frac{1}{2}d_2 W_{i(100)}^{(2\beta\gamma)} + \frac{1}{4}d_2^2 W_{i(200)}^{(2\beta\gamma)}\right]^{(p,q,r)} = \left[W_{i(000)}^{(1\beta\gamma)} - \frac{1}{2}d_1 W_{i(100)}^{(1\beta\gamma)} + \frac{1}{4}d_1^2 W_{i(200)}^{(1\beta\gamma)}\right]^{(p+1,q,r)} \tag{3.77b}$$

$$\left[W_{i(000)}^{(\alpha1\gamma)} + \frac{1}{2}h_1 W_{i(010)}^{(\alpha1\gamma)} + \frac{1}{4}h_1^2 W_{i(020)}^{(\alpha1\gamma)}\right]^{(p,q,r)} = \left[W_{i(000)}^{(\alpha2\gamma)} - \frac{1}{2}h_2 W_{i(010)}^{(\alpha2\gamma)} + \frac{1}{4}h_2^2 W_{i(020)}^{(\alpha2\gamma)}\right]^{(p,q,r)} \tag{3.77c}$$

$$\left[W_{i(000)}^{(\alpha2\gamma)} + \frac{1}{2}h_2 W_{i(010)}^{(\alpha2\gamma)} + \frac{1}{4}h_2^2 W_{i(020)}^{(\alpha2\gamma)}\right]^{(p,q,r)} = \left[W_{i(000)}^{(\alpha1\gamma)} - \frac{1}{2}h_1 W_{i(010)}^{(\alpha1\gamma)} + \frac{1}{4}h_1^2 W_{i(020)}^{(\alpha1\gamma)}\right]^{(p,q+1,r)} \tag{3.77d}$$

$$\left[W_{i(000)}^{(\alpha\beta1)} + \frac{1}{2}l_1 W_{i(001)}^{(\alpha\beta1)} + \frac{1}{4}l_1^2 W_{i(002)}^{(\alpha\beta1)}\right]^{(p,q,r)} = \left[W_{i(000)}^{(\alpha\beta2)} - \frac{1}{2}l_2 W_{i(001)}^{(\alpha\beta2)} + \frac{1}{4}l_2^2 W_{i(002)}^{(\alpha\beta2)}\right]^{(p,q,r)} \tag{3.77e}$$

$$\left[W_{i(000)}^{(\alpha\beta2)}+\frac{1}{2}l_2 W_{i(001)}^{(\alpha\beta2)}+\frac{1}{4}l_2^2 W_{i(002)}^{(\alpha\beta2)}\right]^{(p,q,r)}=\left[W_{i(000)}^{(\alpha\beta1)}-\frac{1}{2}l_1 W_{i(001)}^{(\alpha\beta1)}+\frac{1}{4}l_1^2 W_{i(002)}^{(\alpha\beta1)}\right]^{(p,q,r+1)}$$

$$(3.77\text{f})$$

对于内部子胞 $p=2,\cdots,N_p-1$、$q=2,\cdots,N_q-1$、$r=2,\cdots,N_r-1$ 而言，子胞 (p,q,r) 位移场的 168 个未知系数可由平衡方程、应力以及位移连续条件所提供的方程求解。对于边界子胞 $p=1,N_p$、$q=1,N_q$、$r=1,N_r$ 而言，需要不同求解方程。

对于边界子胞 $(1,q,r)$，只需修改式 (3.76b)。由于代表性体积单元的边界条件具有周期性，应力连续条件式 (3.67d) 可被式 (3.68a) 取代，即

$$[-S_{1j(0,0,0)}^{(1\beta\gamma)}+6S_{1j(1,0,0)}^{(1\beta\gamma)}/d_1]^{(1,q,r)}+[S_{1j(0,0,0)}^{(2\beta\gamma)}+6S_{1j(1,0,0)}^{(2\beta\gamma)}/d_2]^{(N_p,q,r)}=0,\quad j=1,2,3$$

$$(3.78)$$

对于边界子胞 (N_p,q,r)，需要修改式 (3.77b)。根据位移周期性边界条件，式 (3.67j) 可被式 (3.68d) 取代，即

$$\left[W_{i(000)}^{(2\beta\gamma)}+\frac{1}{2}d_2 W_{i(100)}^{(2\beta\gamma)}+\frac{1}{4}d_2^2 W_{i(200)}^{(2\beta\gamma)}\right]^{(N_p,q,r)}=\left[W_{i(000)}^{(1\beta\gamma)}-\frac{1}{2}d_1 W_{i(100)}^{(1\beta\gamma)}+\frac{1}{4}d_1^2 W_{i(200)}^{(1\beta\gamma)}\right]^{(1,q,r)}$$

$$(3.79)$$

对于边界子胞 $(p,1,r)$、(p,N_q,r) 和 $(p,q,1)$、(p,q,N_r) 与上述情况类似。对于边界子胞 $(p,1,r)$ 来说，式 (3.76d) 可用下式取代：

$$[-S_{2j(0,0,0)}^{(\alpha1\gamma)}+6S_{2j(0,1,0)}^{(\alpha1\gamma)}/h_1]^{(p,1,r)}+[S_{2j(0,0,0)}^{(\alpha2\gamma)}+6S_{2j(0,1,0)}^{(\alpha2\gamma)}/h_2]^{(p,N_q,r)}=0 \quad (3.80)$$

对于边界子胞 (p,N_q,r) 来说，式 (3.77d) 可用下式取代：

$$\left[W_{i(000)}^{(\alpha2\gamma)}+\frac{1}{2}h_2 W_{i(010)}^{(\alpha2\gamma)}+\frac{1}{4}h_2^2 W_{i(020)}^{(\alpha2\gamma)}\right]^{(p,N_q,r)}$$
$$=\left[W_{i(000)}^{(\alpha1\gamma)}-\frac{1}{2}h_1 W_{i(010)}^{(\alpha1\gamma)}+\frac{1}{4}h_1^2 W_{i(020)}^{(\alpha1\gamma)}\right]^{(p,1,r)} \quad (3.81)$$

对于边界子胞 $(p,q,1)$ 来说，式 (3.76f) 可用下式取代：

$$[-S_{3j(0,0,0)}^{(\alpha\beta1)}+6S_{3j(0,0,1)}^{(\alpha\beta1)}/l_1]^{(p,q,1)}+[S_{3j(0,0,0)}^{(\alpha\beta2)}+6S_{3j(0,0,1)}^{(\alpha\beta2)}/l_2]^{(p,q,N_r)}=0 \quad (3.82)$$

对于边界子胞 (p,q,N_r) 来说，式 (3.77f) 可用下式取代：

$$\left[W_{i(000)}^{(\alpha\beta2)}+\frac{1}{2}l_2 W_{i(001)}^{(\alpha\beta2)}+\frac{1}{4}l_2^2 W_{i(002)}^{(\alpha\beta2)}\right]^{(p,q,N_r)}$$

$$= \left[W_{i(000)}^{(\alpha\beta 1)} - \frac{1}{2} l_1 W_{i(001)}^{(\alpha\beta 1)} + \frac{1}{4} l_1^2 W_{i(002)}^{(\alpha\beta 1)} \right]^{(p,q,1)} \tag{3.83}$$

综合上述内部和边界子胞所有方程，可以得到求解 $W_{i(lmn)}^{(\alpha\beta\gamma)}$ 的 $168 N_p N_q N_r$ 个方程，写成矩阵形式如下：

$$KU = f + g \tag{3.84}$$

其中，结构刚度矩阵 K 包含了几何信息以及多相周期复合材料每个亚子胞材料的热力学属性；位移矢量 U 包含了每个亚子胞的未知位移系数 $W_{i(lmn)}^{(\alpha\beta\gamma)}$，即

$$U = [W_{111}^{(111)}, \cdots, W_{N_p N_q N_r}^{(222)}]$$

子胞 (p,q,r) 中亚子胞 (α,β,γ) 的未知位移系数 $W_{i(lmn)}^{(\alpha\beta\gamma)}$ 为

$$U_{pqr}^{(\alpha\beta\gamma)} = [W_{i(000)}, W_{i(100)}, W_{i(010)}, W_{i(001)}, W_{i(200)}, W_{i(020)}, W_{i(002)}]_{pqr}^{(\alpha\beta\gamma)}, \quad i=1,2,3$$

外载荷矢量 f 包含了平均应变 $\bar{\varepsilon}_{ij}$ 和温差 ΔT 等，矢量 g 则贡献了材料的非弹性变形，包含了非弹性应力场的积分。由于积分中包含了未知的位移系数矩阵 U，因此对加载路径中的每一点都需进行增量求解。

3.4.2 三维本构关系表达式

在给定平均应变 $\bar{\varepsilon}_{ij}$ 的前提下，求解 U，进而可以得到子胞 (p,q,r) 中亚子胞 (α,β,γ) 的平均应变 $\left[e_{(0,0,0)}^{(\alpha\beta\gamma)} \right]^{(p,q,r)}$ 和平均应力 $\left[S_{ij(0,0,0)}^{(\alpha\beta\gamma)} \right]^{(q,r)}$，即可以用下列公式表达：

$$[S_{(0,0,0)}^{(\alpha\beta\gamma)}]^{(p,q,r)} = [C^{(\alpha\beta\gamma)} e_{(0,0,0)}^{(\alpha\beta\gamma)} - R_{(0,0,0)}^{(\alpha\beta\gamma)} - \Gamma^{(\alpha\beta\gamma)} \Delta T]^{(p,q,r)} \tag{3.85}$$

亚子胞的总应变、塑性应变以及热应变与宏观应变之间关系可由下式表示：

$$[e_{(0,0,0)}^{(\alpha\beta\gamma)}]^{(p,q,r)} = [A^{(\alpha\beta\gamma)} \bar{\varepsilon} + a^{(\alpha\beta\gamma)} \Delta T + D^{(\alpha\beta\gamma)}]^{(p,q,r)} \tag{3.86}$$

其中，$[A^{(\alpha\beta\gamma)}]^{(p,q,r)}$ 是亚子胞 (α,β,γ) 的应变矩阵；$[a^{(\alpha\beta\gamma)}]^{(p,q,r)}$、$[D^{(\alpha\beta\gamma)}]^{(p,q,r)}$ 向量包含了亚子胞热力属性和非弹性属性的影响。当不考虑温度和非弹性影响时，由式 (3.86) 可得应变矩阵 $[A^{(\alpha\beta\gamma)}]^{(p,q,r)}$。

在均匀温度场条件下，热–非弹性分析采用增量法求解。对于给定的热机械载荷，亚子胞的平均应变 $\left[e_{(0,0,0)}^{(\alpha\beta\gamma)} \right]^{(p,q,r)}$ 以及矩阵 $[a^{(\alpha\beta\gamma)}]^{(p,q,r)}$、$[D^{(\alpha\beta\gamma)}]^{(p,q,r)}$ 可以在当前的载荷步下通过式 (3.86) 求得。

综合式 (3.85)、式 (3.86) 可以得到：

$$[S_{(0,0,0)}^{(\alpha\beta\gamma)}]^{(p,q,r)} = [C^{(\alpha\beta\gamma)}(A^{(\alpha\beta\gamma)}\bar{\varepsilon} + a^{(\alpha\beta\gamma)}\Delta T + D^{(\alpha\beta\gamma)}) - R_{(0,0,0)}^{(\alpha\beta\gamma)} - \Gamma^{(\alpha\beta\gamma)}\Delta T]^{(p,q,r)}$$
(3.87)

多相复合材料的平均应力可由下述表达式给出：

$$\bar{\sigma} = \frac{1}{DHL}\sum_{p=1}^{N_p}\sum_{q=1}^{N_q}\sum_{r=1}^{N_r}\sum_{\alpha,\beta,\gamma=1}^{2} d_\alpha^{(p)} h_\beta^{(q)} l_\gamma^{(r)} [S_{(0,0,0)}^{(\alpha\beta\gamma)}]^{(p,q,r)}$$
(3.88)

综合式 (3.87)、式 (3.88) 可以得到多相热弹塑性复合材料的本构方程如下：

$$\bar{\sigma} = C^*\bar{\varepsilon} - (\bar{\sigma}^I + \bar{\sigma}^T)$$
(3.89)

其中，C^* 为复合材料的刚度矩阵，形式如下：

$$C^* = \frac{1}{DHL}\sum_{p=1}^{N_p}\sum_{q=1}^{N_q}\sum_{r=1}^{N_r}\sum_{\alpha,\beta,\gamma=1}^{2} d_\alpha^{(p)} h_\beta^{(q)} l_\gamma^{(r)} [C^{(\alpha\beta\gamma)} A^{(\alpha\beta\gamma)}]^{(p,q,r)}$$
(3.90)

$\bar{\sigma}^I$ 与 $\bar{\sigma}^T$ 为复合材料的宏观非弹性应力以及热应力，分别为

$$\bar{\sigma}^T = -\frac{\Delta T}{DHL}\sum_{p=1}^{N_p}\sum_{q=1}^{N_q}\sum_{r=1}^{N_r}\sum_{\alpha,\beta,\gamma=1}^{2} d_\alpha^{(p)} h_\beta^{(q)} l_\gamma^{(r)} [C^{(\alpha\beta\gamma)} a^{(\alpha\beta\gamma)} - \Gamma^{(\alpha\beta\gamma)}]^{(p,q,r)}$$
(3.91)

$$\bar{\sigma}^I = -\frac{1}{DHL}\sum_{p=1}^{N_p}\sum_{q=1}^{N_q}\sum_{r=1}^{N_r}\sum_{\alpha,\beta,\gamma=1}^{2} d_\alpha^{(p)} h_\beta^{(q)} l_\gamma^{(r)} [C^{(\alpha\beta\gamma)} D^{(\alpha\beta\gamma)} - R_{(0,0,0)}^{(\alpha\beta\gamma)}]^{(p,q,r)}$$
(3.92)

由上式可以看出，复合材料的热应力 $\bar{\sigma}^T = \Gamma^*\Delta T(\Gamma^*$ 为与复合材料热膨胀系数有关的系数，$\Gamma^* = C^*\alpha^*)$ 与亚子胞材料的应变矩阵和热应力向量 Γ 有关，复合材料热膨胀系数为

$$\alpha^* = -\frac{C^{*-1}}{DHL}\sum_{p=1}^{N_p}\sum_{q=1}^{N_q}\sum_{r=1}^{N_r}\sum_{\alpha,\beta,\gamma=1}^{2} d_\alpha^{(p)} h_\beta^{(q)} l_\gamma^{(r)} [C^{(\alpha\beta\gamma)} a^{(\alpha\beta\gamma)} - \Gamma^{(\alpha\beta\gamma)}]^{(p,q,r)}$$
(3.93)

3.4.3 平衡方程及连续条件的推导

把式 (3.61) 乘以 $(\bar{y}_1^{(\alpha)})^l(\bar{y}_2^{(\beta)})^m(\bar{y}_3^{(\gamma)})^n$，其中，$l,m,n = 0,1$ 或 2 并且 $l+m+n \leqslant 2$。在亚子胞区域积分，并把式 (3.66) 代入，平衡方程可写成下列形式：

$$I_{1j(0,0,0)}^{(\alpha\beta\gamma)} + J_{2j(0,0,0)}^{(\alpha\beta\gamma)} + K_{3j(0,0,0)}^{(\alpha\beta\gamma)} = 0$$
(3.94a)

$$I_{1j(1,0,0)}^{(\alpha\beta\gamma)} = S_{1j(0,0,0)}^{(\alpha\beta\gamma)} \tag{3.94b}$$

$$J_{2j(0,1,0)}^{(\alpha\beta\gamma)} = S_{2j(0,0,0)}^{(\alpha\beta\gamma)} \tag{3.94c}$$

$$K_{3j(0,0,1)}^{(\alpha\beta\gamma)} = S_{3j(0,0,0)}^{(\alpha\beta\gamma)} \tag{3.94d}$$

$$\frac{1}{12}d_\alpha^{(p)2}[3I_{1j(0,0,0)}^{(\alpha\beta\gamma)} + J_{2j(0,0,0)}^{(\alpha\beta\gamma)} + K_{3j(0,0,0)}^{(\alpha\beta\gamma)}] - 2S_{1j(1,0,0)}^{(\alpha\beta\gamma)} = 0 \tag{3.94e}$$

$$\frac{1}{12}h_\beta^{(q)2}[I_{1j(0,0,0)}^{(\alpha\beta\gamma)} + 3J_{2j(0,0,0)}^{(\alpha\beta\gamma)} + K_{3j(0,0,0)}^{(\alpha\beta\gamma)}] - 2S_{2j(0,1,0)}^{(\alpha\beta\gamma)} = 0 \tag{3.94f}$$

$$\frac{1}{12}l_\gamma^{(r)2}[I_{1j(0,0,0)}^{(\alpha\beta\gamma)} + J_{2j(0,0,0)}^{(\alpha\beta\gamma)} + 3K_{3j(0,0,0)}^{(\alpha\beta\gamma)}] - 2S_{3j(0,0,1)}^{(\alpha\beta\gamma)} = 0 \tag{3.94g}$$

其中,

$$
\begin{aligned}
I_{1j(n,0,0)}^{(\alpha\beta\gamma)} =& \frac{1}{V_{(\alpha\beta\gamma)}^{(pqr)}} \left(\frac{1}{2}d_\alpha^{(p)}\right)^n \int_{-h_\beta^{(q)}/2}^{h_\beta^{(q)}/2} \int_{-l_\gamma^{(r)}/2}^{l_\gamma^{(r)}/2} \left[\sigma_{1j}^{(\alpha\beta\gamma)}\left(\frac{1}{2}d_\alpha^{(p)}\right)\right. \\
&\left. + (-1)^{n+1}\sigma_{1j}^{(\alpha\beta\gamma)}\left(-\frac{1}{2}d_\alpha^{(p)}\right)\right]\mathrm{d}\overline{y}_2^{(\beta)}\mathrm{d}\overline{y}_3^{(\gamma)}
\end{aligned}
$$

$$
\begin{aligned}
J_{2j(0,n,0)}^{(\alpha\beta\gamma)} =& \frac{1}{V_{(\alpha\beta\gamma)}^{(pqr)}} \left(\frac{1}{2}h_\beta^{(q)}\right)^n \int_{-d_\alpha^{(p)}/2}^{d_\alpha^{(p)}/2} \int_{-l_\gamma^{(r)}/2}^{l_\gamma^{(r)}/2} \left[\sigma_{2j}^{(\alpha\beta\gamma)}\left(\frac{1}{2}h_\beta^{(q)}\right)\right. \\
&\left. + (-1)^{n+1}\sigma_{2j}^{(\alpha\beta\gamma)}\left(-\frac{1}{2}h_\beta^{(q)}\right)\right]\mathrm{d}\overline{y}_1^{(\alpha)}\mathrm{d}\overline{y}_3^{(\gamma)}
\end{aligned}
$$

$$
\begin{aligned}
K_{3j(0,0,n)}^{(\alpha\beta\gamma)} =& \frac{1}{V_{(\alpha\beta\gamma)}^{(pqr)}} \left(\frac{1}{2}l_\gamma^{(r)}\right)^n \int_{-d_\alpha^{(p)}/2}^{d_\alpha^{(p)}/2} \int_{-h_\beta^{(q)}/2}^{h_\beta^{(q)}/2} \left[\sigma_{3j}^{(\alpha\beta\gamma)}\left(\frac{1}{2}l_\gamma^{(r)}\right)\right. \\
&\left. + (-1)^{n+1}\sigma_{3j}^{(\alpha\beta\gamma)}\left(-\frac{1}{2}l_\gamma^{(r)}\right)\right]\mathrm{d}\overline{y}_1^{(\alpha)}\mathrm{d}\overline{y}_2^{(\beta)}
\end{aligned}
$$

以上方程中 $n = 0$ 或 1;$\sigma_{1j}^{(\alpha\beta\gamma)}\left(\pm\frac{1}{2}d_\alpha^{(p)}\right)$、$\sigma_{2j}^{(\alpha\beta\gamma)}\left(\pm\frac{1}{2}h_\beta^{(q)}\right)$、$\sigma_{3j}^{(\alpha\beta\gamma)}\left(\pm\frac{1}{2}l_\gamma^{(r)}\right)$ 表示在 $\overline{y}_1^{(\alpha)} = \pm\frac{1}{2}d_\alpha^{(p)}$、$\overline{y}_2^{(\beta)} = \pm\frac{1}{2}h_\beta^{(q)}$、$\overline{y}_3^{(\gamma)} = \pm\frac{1}{2}l_\gamma^{(r)}$ 面上的应力。

$$S_{ij(l,m,n)}^{(\alpha\beta\gamma)}$$

$$=\frac{1}{V_{(\alpha\beta\gamma)}^{(pqr)}}\int_{-d_\alpha^{(p)}/2}^{d_\alpha^{(p)}/2}\int_{-h_\beta^{(q)}/2}^{h_\beta^{(q)}/2}\int_{-l_l^{(\gamma)}/2}^{l^{(\gamma)}/2}\left(\overline{y}_1^{(\alpha)}\right)^l\left(\overline{y}_2^{(\beta)}\right)^m\left(\overline{y}_3^{(\gamma)}\right)^n\sigma_{ij}^{(\alpha\beta\gamma)}\mathrm{d}\overline{y}_1^{(\alpha)}\mathrm{d}\overline{y}_2^{(\beta)}\mathrm{d}\overline{y}_3^{(\gamma)}$$

方程 (3.94) 反映了零阶和一阶体积平均应力 $S_{ij(l,m,n)}^{(\alpha\beta\gamma)}$ 与面力 $I_{1j(n,0,0)}^{(\alpha\beta\gamma)}$、$J_{2j(0,n,0)}^{(\alpha\beta\gamma)}$、$K_{3j(0,0,n)}^{(\alpha\beta\gamma)}$ 之间的关系。方程 (3.94b) ~ 方程 (3.94d) 反映了 $S_{1j(0,0,0)}^{(\alpha\beta\gamma)}$ 与 $I_{1j(1,0,0)}^{(\alpha\beta\gamma)}$、$S_{2j(0,0,0)}^{(\alpha\beta\gamma)}$ 与 $J_{2j(1,0,0)}^{(\alpha\beta\gamma)}$、$S_{3j(0,0,0)}^{(\alpha\beta\gamma)}$ 与 $K_{3j(1,0,0)}^{(\alpha\beta\gamma)}$ 间的一一对应关系。把方程 (3.94a) 代入方程 (3.94e) ~ 方程 (3.94g)，可以分别得到 $I_{1j(0,0,0)}^{(\alpha\beta\gamma)}$、$J_{2j(0,0,0)}^{(\alpha\beta\gamma)}$ 以及 $K_{3j(0,0,0)}^{(\alpha\beta\gamma)}$

$$I_{1j(0,0,0)}^{(\alpha\beta\gamma)}=12S_{1j(1,0,0)}^{(\alpha\beta\gamma)}/d_\alpha^{(p)2} \tag{3.95a}$$

$$J_{2j(0,0,0)}^{(\alpha\beta\gamma)}=12S_{2j(0,1,0)}^{(\alpha\beta\gamma)}/h_\beta^{(q)2} \tag{3.95b}$$

$$K_{3j(0,0,0)}^{(\alpha\beta\gamma)}=12S_{3j(0,0,1)}^{(\alpha\beta\gamma)}/l_\gamma^{(r)2} \tag{3.95c}$$

把方程 (3.95) 代入方程 (3.94a)，可以得到平衡方程表达式 (3.75)。

子胞 (p,q,r) 的亚子胞间界面应力连续条件需要满足下列关系式：

$$\sigma_{1j}^{(1\beta\gamma)}\Big|_{\overline{y}_1^{(\alpha)}=d_1^{(p)}/2}^{(p,q,r)}=\sigma_{1j}^{(2\beta\gamma)}\Big|_{\overline{y}_1^{(\alpha)}=-d_2^{(p)}/2}^{(p,q,r)} \tag{3.96a}$$

$$\sigma_{2j}^{(\alpha1\gamma)}\Big|_{\overline{y}_2^{(\beta)}=h_1^{(q)}/2}^{(p,q,r)}=\sigma_{2j}^{(\alpha2\gamma)}\Big|_{\overline{y}_2^{(\beta)}=-h_2^{(q)}/2}^{(p,q,r)} \tag{3.96b}$$

$$\sigma_{3j}^{(\alpha\beta1)}\Big|_{\overline{y}_3^{(\gamma)}=l_1^{(r)}/2}^{(p,q,r)}=\sigma_{3j}^{(\alpha\beta2)}\Big|_{\overline{y}_3^{(\gamma)}=-l_2^{(r)}/2}^{(p,q,r)} \tag{3.96c}$$

两个子胞间的应力连续条件要满足下列关系式：

$$\sigma_{1j}^{(1\beta\gamma)}\Big|_{\overline{y}_1^{(\alpha)}=-d_1^{(p+1)}/2}^{(p+1,q,r)}=\sigma_{1j}^{(2\beta\gamma)}\Big|_{\overline{y}_1^{(\alpha)}=d_2^{(p)}/2}^{(p,q,r)} \tag{3.97a}$$

$$\sigma_{2j}^{(\alpha1\gamma)}\Big|_{\overline{y}_2^{(\beta)}=-h_1^{(q+1)}/2}^{(p,q+1,r)}=\sigma_{2j}^{(\alpha2\gamma)}\Big|_{\overline{y}_2^{(\beta)}=h_2^{(q)}/2}^{(p,q,r)} \tag{3.97b}$$

$$\sigma_{3j}^{(\alpha\beta1)}\Big|_{\overline{y}_3^{(\gamma)}=-l_1^{(r+1)}/2}^{(p,q,r+1)}=\sigma_{3j}^{(\alpha\beta2)}\Big|_{\overline{y}_3^{(\gamma)}=l_2^{(r)}/2}^{(p,q,r)} \tag{3.97c}$$

为了建立应力连续条件的表达式，设变量 $F_{1j}^{(\alpha\beta\gamma)}$ 和 $G_{1j}^{(\alpha\beta\gamma)}$ 为

$$F_{1j}^{(\alpha\beta\gamma)}\Big|^{(p,q,r)} = \sigma_{1j}^{(\alpha\beta\gamma)}\Big|_{\overline{y}_1^{(\alpha)}=d_\alpha^{(p)}/2}^{(p,q,r)} - \sigma_{1j}^{(\alpha\beta\gamma)}\Big|_{\overline{y}_1^{(\alpha)}=-d_\alpha^{(p)}/2}^{(p,q,r)} \tag{3.98a}$$

$$G_{1j}^{(\alpha\beta\gamma)}\Big|^{(p,q,r)} = \sigma_{1j}^{(\alpha\beta\gamma)}\Big|_{\overline{y}_1^{(\alpha)}=d_\alpha^{(p)}/2}^{(p,q,r)} + \sigma_{1j}^{(\alpha\beta\gamma)}\Big|_{\overline{y}_1^{(\alpha)}=-d_\alpha^{(p)}/2}^{(p,q,r)} \tag{3.98b}$$

对式 (3.98) 在 y_2-y_3 方向进行积分，得到如下表达式：

$$\int_{-h_\beta^{(q)}/2}^{h_\beta^{(q)}/2} \int_{-l_\gamma^{(r)}/2}^{l_\gamma^{(r)}/2} F_{1j}^{(\alpha\beta\gamma)}\Big|^{(p,q,r)} \mathrm{d}\overline{y}_2^{(\beta)}\mathrm{d}\overline{y}_3^{(\gamma)} = V_{(\alpha\beta\gamma)}^{(pqr)} I_{1j(0,0,0)}^{(\alpha\beta\gamma)}$$

$$\int_{-h_\beta^{(q)}/2}^{h_\beta^{(q)}/2} \int_{-l_\gamma^{(r)}/2}^{l_\gamma^{(r)}/2} G_{1j}^{(\alpha\beta\gamma)}\Big|^{(p,q,r)} \mathrm{d}\overline{y}_2^{(\beta)}\mathrm{d}\overline{y}_3^{(\gamma)} = \frac{2}{d_\alpha^{(p)}} V_{(\alpha\beta\gamma)}^{(pqr)} I_{1j(1,0,0)}^{(\alpha\beta\gamma)}$$

再根据面力与体积平均力之间的关系式 (3.94b)、式 (3.95a)，上述方程式变为

$$\int_{-h_\beta^{(q)}/2}^{h_\beta^{(q)}/2} \int_{-l_\gamma^{(r)}/2}^{l_\gamma^{(r)}/2} F_{1j}^{(\alpha\beta\gamma)}\Big|^{(p,q,r)} \mathrm{d}\overline{y}_2^{(\beta)}\mathrm{d}\overline{y}_3^{(\gamma)} = 12 V_{(\alpha\beta\gamma)}^{(pqr)} S_{1j(1,0,0)}^{(\alpha\beta\gamma)}/d_\alpha^{(p)2} \tag{3.99a}$$

$$\int_{-h_\beta^{(q)}/2}^{h_\beta^{(q)}/2} \int_{-l_\gamma^{(r)}/2}^{l_\gamma^{(r)}/2} G_{1j}^{(\alpha\beta\gamma)}\Big|^{(p,q,r)} \mathrm{d}\overline{y}_2^{(\beta)}\mathrm{d}\overline{y}_3^{(\gamma)} = \frac{2}{d_\alpha^{(p)}} V_{(\alpha\beta\gamma)}^{(pqr)} S_{1j(1,0,0)}^{(\alpha\beta\gamma)} \tag{3.99b}$$

对于式 (3.98)，取 $\alpha = 1$，得到如下表达式：

$$F_{1j}^{(1\beta\gamma)}\Big|^{(p,q,r)} = \sigma_{1j}^{(1\beta\gamma)}\Big|_{\overline{y}_1^{(\alpha)}=d_1^{(p)}/2}^{(p,q,r)} - \sigma_{1j}^{(1\beta\gamma)}\Big|_{\overline{y}_1^{(\alpha)}=-d_1^{(p)}/2}^{(p,q,r)} \tag{3.100a}$$

$$G_{1j}^{(1\beta\gamma)}\Big|^{(p,q,r)} = \sigma_{1j}^{(1\beta\gamma)}\Big|_{\overline{y}_1^{(\alpha)}=d_1^{(p)}/2}^{(p,q,r)} + \sigma_{1j}^{(1\beta\gamma)}\Big|_{\overline{y}_1^{(\alpha)}=-d_1^{(p)}/2}^{(p,q,r)} \tag{3.100b}$$

把式 (3.96a) 和式 (3.97a) 代入式 (3.100a) 和式 (3.100b)，分别得到：

$$F_{1j}^{(1\beta\gamma)}\Big|^{(p,q,r)} = \sigma_{1j}^{(2\beta\gamma)}\Big|_{\overline{y}_1^{(\alpha)}=-d_2^{(p)}/2}^{(p,q,r)} - \sigma_{1j}^{(2\beta\gamma)}\Big|_{\overline{y}_1^{(\alpha)}=d_2^{(p-1)}/2}^{(p-1,q,r)} \tag{3.100c}$$

$$G_{1j}^{(1\beta\gamma)}\Big|^{(p,q,r)} = \sigma_{1j}^{(2\beta\gamma)}\Big|_{\overline{y}_1^{(\alpha)}=-d_2^{(p)}/2}^{(p,q,r)} + \sigma_{1j}^{(2\beta\gamma)}\Big|_{\overline{y}_1^{(\alpha)}=d_2^{(p-1)}/2}^{(p-1,q,r)} \tag{3.100d}$$

由式 (3.100) 得到下列方程式：

$$\left[F_{1j}^{(1\beta\gamma)} + G_{1j}^{(1\beta\gamma)}\right]^{(p,q,r)} = \left[-F_{1j}^{(2\beta\gamma)} + G_{1j}^{(2\beta\gamma)}\right]^{(p,q,r)}$$

$$\left[-F_{1j}^{(1\beta\gamma)} + G_{1j}^{(1\beta\gamma)}\right]^{(p,q,r)} = \left[F_{1j}^{(2\beta\gamma)} + G_{1j}^{(2\beta\gamma)}\right]^{(p-1,q,r)}$$

对上述的两个表达式进行积分,并把式 (3.99) 代入得到式 (3.76a) 和式 (3.76b)。同理,可以得到式 (3.76) 其余的四个表达式。

3.5　改进的三维高精度通用单胞模型

与二维高精度通用单胞模型类似,由于 3.4 节的模型计算效率低,本节利用界面平均量作为未知量,对方程进行求解,改进了三维高精度通用单胞模型,提高了计算效率。把图 3.28(b) 所示的代表性体积单元划分为 $N_\alpha \times N_\beta \times N_\gamma$ 个子胞 (如图 3.10 所示),分析每个子胞的应力–应变,就可以得到宏观应力–应变场。

假设三维高精度通用单胞模型子胞位移模式为下列形式:

$$u_i^{(\alpha,\beta,\gamma)} = \bar{\varepsilon}_{ij}x_j + W_{i(000)}^{(\alpha,\beta,\gamma)} + \bar{y}_1^{(\alpha)}W_{i(100)}^{(\alpha,\beta,\gamma)} + \bar{y}_2^{(\beta)}W_{i(010)}^{(\alpha,\beta,\gamma)} + \bar{y}_3^{(\gamma)}W_{i(001)}^{(\alpha,\beta,\gamma)}$$
$$+ \frac{1}{2}\left(3\bar{y}_1^{(\alpha)2} - \frac{d_\alpha^2}{4}\right)W_{i(200)}^{(\alpha,\beta,\gamma)} + \frac{1}{2}\left(3\bar{y}_2^{(\beta)2} - \frac{h_\beta^2}{4}\right)W_{i(020)}^{(\alpha,\beta,\gamma)}$$
$$+ \frac{1}{2}\left(3\bar{y}_3^{(\gamma)2} - \frac{l_\gamma^2}{4}\right)W_{i(002)}^{(\alpha,\beta,\gamma)} \tag{3.101}$$

其中, $W_{i(lmn)}^{(\alpha,\beta,\gamma)}$ 为与子胞尺寸和材料相关的未知量。

应变分量可以写成下列形式:

$$\varepsilon_{ij} = \bar{\varepsilon}_{ij}(x) + \varepsilon_{ij}(x,y) + O(\delta) \tag{3.102}$$

其中, $\bar{\varepsilon}_{ij}(x) = \frac{1}{2}\left(\frac{\partial \bar{u}_i}{\partial x_j} + \frac{\partial \bar{u}_j}{\partial x_i}\right)$; $\varepsilon_{ij}(x,y) = \frac{1}{2}\left(\frac{\partial u_i}{\partial y_j} + \frac{\partial u_j}{\partial y_i}\right)$; $O(\delta)$ 代表高阶无穷小量。

把假设的位移函数式 (3.101) 代入式 (3.102),可以得到与式 (3.70) 相同的子胞的应变分量形式,其中的 (α,β,γ) 代表子胞,而不再是亚子胞。

根据式 (2.72),界面平均应力分量能用单位面积的力分量来表达。各界面平均量如图 3.29 所示。子胞下表面平均应力 $\bar{t}_{1B}^{(\alpha,\beta,\gamma)}$、$\bar{t}_{2B}^{(\alpha,\beta,\gamma)}$、$\bar{t}_{3B}^{(\alpha,\beta,\gamma)}$ 定义为下列形式:

$$\bar{t}_{1B}^{(\alpha,\beta,\gamma)} = \frac{1}{h_\beta l_\gamma}\int_{-h_\beta/2}^{h_\beta/2}\int_{-l_\gamma/2}^{l_\gamma/2} t_1^{n(\alpha,\beta,\gamma)}\left(-\frac{d_\alpha}{2}, \bar{y}_2^{(\beta)}, \bar{y}_3^{(\gamma)}\right)\mathrm{d}\bar{y}_3^{(\gamma)}\mathrm{d}\bar{y}_2^{(\beta)} \tag{3.103a}$$

$$\bar{t}_{2B}^{(\alpha,\beta,\gamma)} = \frac{1}{h_\beta l_\gamma}\int_{-h_\beta/2}^{h_\beta/2}\int_{-l_\gamma/2}^{l_\gamma/2} t_2^{n(\alpha,\beta,\gamma)}\left(-\frac{d_\alpha}{2}, \bar{y}_2^{(\beta)}, \bar{y}_3^{(\gamma)}\right)\mathrm{d}\bar{y}_3^{(\gamma)}\mathrm{d}\bar{y}_2^{(\beta)} \tag{3.103b}$$

$$\bar{t}_{3B}^{(\alpha,\beta,\gamma)} = \frac{1}{h_\beta l_\gamma} \int_{-h_\beta/2}^{h_\beta/2} \int_{-l_\gamma/2}^{l_\gamma/2} t_3^{n(\alpha,\beta,\gamma)} \left(-\frac{d_\alpha}{2}, \bar{y}_2^{(\beta)}, \bar{y}_3^{(\gamma)} \right) \mathrm{d}\bar{y}_3^{(\gamma)} \mathrm{d}\bar{y}_2^{(\beta)} \tag{3.103c}$$

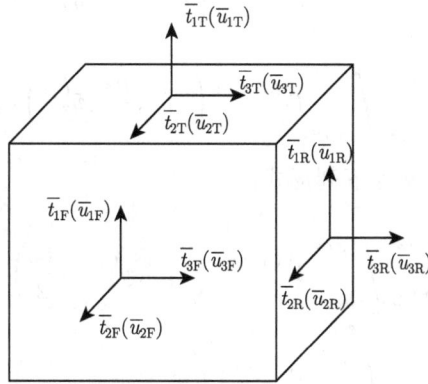

图 3.29 三维表面平均量定义的示意图

同理，上表面平均应力定义为下列形式：

$$\bar{t}_{1T}^{(\alpha,\beta,\gamma)} = \frac{1}{h_\beta l_\gamma} \int_{-h_\beta/2}^{h_\beta/2} \int_{-l_\gamma/2}^{l_\gamma/2} t_1^{n(\alpha,\beta,\gamma)} \left(\frac{d_\alpha}{2}, \bar{y}_2^{(\beta)}, \bar{y}_3^{(\gamma)} \right) \mathrm{d}\bar{y}_3^{(\gamma)} \mathrm{d}\bar{y}_2^{(\beta)} \tag{3.104a}$$

$$\bar{t}_{2T}^{(\alpha,\beta,\gamma)} = \frac{1}{h_\beta l_\gamma} \int_{-h_\beta/2}^{h_\beta/2} \int_{-l_\gamma/2}^{l_\gamma/2} t_2^{n(\alpha,\beta,\gamma)} \left(\frac{d_\alpha}{2}, \bar{y}_2^{(\beta)}, \bar{y}_3^{(\gamma)} \right) \mathrm{d}\bar{y}_3^{(\gamma)} \mathrm{d}\bar{y}_2^{(\beta)} \tag{3.104b}$$

$$\bar{t}_{3T}^{(\alpha,\beta,\gamma)} = \frac{1}{h_\beta l_\gamma} \int_{-h_\beta/2}^{h_\beta/2} \int_{-l_\gamma/2}^{l_\gamma/2} t_3^{n(\alpha,\beta,\gamma)} \left(\frac{d_\alpha}{2}, \bar{y}_2^{(\beta)}, \bar{y}_3^{(\gamma)} \right) \mathrm{d}\bar{y}_3^{(\gamma)} \mathrm{d}\bar{y}_2^{(\beta)} \tag{3.104c}$$

左表面平均应力定义为下列形式：

$$\bar{t}_{1L}^{(\alpha,\beta,\gamma)} = \frac{1}{d_\alpha l_\gamma} \int_{-d_\alpha/2}^{d_\alpha/2} \int_{-l_\gamma/2}^{l_\gamma/2} t_1^{n(\alpha,\beta,\gamma)} \left(\bar{y}_1^{(\alpha)}, -\frac{h_\beta}{2}, \bar{y}_3^{(\gamma)} \right) \mathrm{d}\bar{y}_3^{(\gamma)} \mathrm{d}\bar{y}_1^{(\alpha)} \tag{3.105a}$$

$$\bar{t}_{2L}^{(\alpha,\beta,\gamma)} = \frac{1}{d_\alpha l_\gamma} \int_{-d_\alpha/2}^{d_\alpha/2} \int_{-l_\gamma/2}^{l_\gamma/2} t_2^{n(\alpha,\beta,\gamma)} \left(\bar{y}_1^{(\alpha)}, -\frac{h_\beta}{2}, \bar{y}_3^{(\gamma)} \right) \mathrm{d}\bar{y}_3^{(\gamma)} \mathrm{d}\bar{y}_1^{(\alpha)} \tag{3.105b}$$

$$\bar{t}_{3L}^{(\alpha,\beta,\gamma)} = \frac{1}{d_\alpha l_\gamma} \int_{-d_\alpha/2}^{d_\alpha/2} \int_{-l_\gamma/2}^{l_\gamma/2} t_3^{n(\alpha,\beta,\gamma)} \left(\bar{y}_1^{(\alpha)}, -\frac{h_\beta}{2}, \bar{y}_3^{(\gamma)} \right) \mathrm{d}\bar{y}_3^{(\gamma)} \mathrm{d}\bar{y}_1^{(\alpha)} \tag{3.105c}$$

右表面平均应力定义为下列形式：

$$\overline{t}_{1R}^{(\alpha,\beta,\gamma)} = \frac{1}{d_\alpha l_\gamma} \int_{-d_\alpha/2}^{d_\alpha/2} \int_{-l_\gamma/2}^{l_\gamma/2} t_1^{n(\alpha,\beta,\gamma)} \left(\overline{y}_1^{(\alpha)}, \frac{h_\beta}{2}, \overline{y}_3^{(\gamma)} \right) \mathrm{d}\overline{y}_3^{(\gamma)} \mathrm{d}\overline{y}_1^{(\alpha)} \tag{3.106a}$$

$$\overline{t}_{2R}^{(\alpha,\beta,\gamma)} = \frac{1}{d_\alpha l_\gamma} \int_{-d_\alpha/2}^{d_\alpha/2} \int_{-l_\gamma/2}^{l_\gamma/2} t_2^{n(\alpha,\beta,\gamma)} \left(\overline{y}_1^{(\alpha)}, \frac{h_\beta}{2}, \overline{y}_3^{(\gamma)} \right) \mathrm{d}\overline{y}_3^{(\gamma)} \mathrm{d}\overline{y}_1^{(\alpha)} \tag{3.106b}$$

$$\overline{t}_{3R}^{(\alpha,\beta,\gamma)} = \frac{1}{d_\alpha l_\gamma} \int_{-d_\alpha/2}^{d_\alpha/2} \int_{-l_\gamma/2}^{l_\gamma/2} t_3^{n(\alpha,\beta,\gamma)} \left(\overline{y}_1^{(\alpha)}, \frac{h_\beta}{2}, \overline{y}_3^{(\gamma)} \right) \mathrm{d}\overline{y}_3^{(\gamma)} \mathrm{d}\overline{y}_1^{(\alpha)} \tag{3.106c}$$

后表面平均应力定义为下列形式:

$$\overline{t}_{1A}^{(\alpha,\beta,\gamma)} = \frac{1}{d_\alpha h_\beta} \int_{-d_\alpha/2}^{d_\alpha/2} \int_{-h_\beta/2}^{h_\beta/2} t_1^{n(\alpha,\beta,\gamma)} \left(\overline{y}_1^{(\alpha)}, \overline{y}_2^{(\beta)}, -\frac{l_\gamma}{2} \right) \mathrm{d}\overline{y}_2^{(\beta)} \mathrm{d}\overline{y}_1^{(\alpha)} \tag{3.107a}$$

$$\overline{t}_{2A}^{(\alpha,\beta,\gamma)} = \frac{1}{d_\alpha h_\beta} \int_{-d_\alpha/2}^{d_\alpha/2} \int_{-h_\beta/2}^{h_\beta/2} t_2^{n(\alpha,\beta,\gamma)} \left(\overline{y}_1^{(\alpha)}, \overline{y}_2^{(\beta)}, -\frac{l_\gamma}{2} \right) \mathrm{d}\overline{y}_2^{(\beta)} \mathrm{d}\overline{y}_1^{(\alpha)} \tag{3.107b}$$

$$\overline{t}_{3A}^{(\alpha,\beta,\gamma)} = \frac{1}{d_\alpha h_\beta} \int_{-d_\alpha/2}^{d_\alpha/2} \int_{-h_\beta/2}^{h_\beta/2} t_3^{n(\alpha,\beta,\gamma)} \left(\overline{y}_1^{(\alpha)}, \overline{y}_2^{(\beta)}, -\frac{l_\gamma}{2} \right) \mathrm{d}\overline{y}_2^{(\beta)} \mathrm{d}\overline{y}_1^{(\alpha)} \tag{3.107c}$$

前表面平均应力定义为下列形式:

$$\overline{t}_{1F}^{(\alpha,\beta,\gamma)} = \frac{1}{d_\alpha h_\beta} \int_{-d_\alpha/2}^{d_\alpha/2} \int_{-h_\beta/2}^{h_\beta/2} t_1^{n(\alpha,\beta,\gamma)} \left(\overline{y}_1^{(\alpha)}, \overline{y}_2^{(\beta)}, \frac{l_\gamma}{2} \right) \mathrm{d}\overline{y}_2^{(\beta)} \mathrm{d}\overline{y}_1^{(\alpha)} \tag{3.108a}$$

$$\overline{t}_{2F}^{(\alpha,\beta,\gamma)} = \frac{1}{d_\alpha h_\beta} \int_{-d_\alpha/2}^{d_\alpha/2} \int_{-h_\beta/2}^{h_\beta/2} t_2^{n(\alpha,\beta,\gamma)} \left(\overline{y}_1^{(\alpha)}, \overline{y}_2^{(\beta)}, \frac{l_\gamma}{2} \right) \mathrm{d}\overline{y}_2^{(\beta)} \mathrm{d}\overline{y}_1^{(\alpha)} \tag{3.108b}$$

$$\overline{t}_{3F}^{(\alpha,\beta,\gamma)} = \frac{1}{d_\alpha h_\beta} \int_{-d_\alpha/2}^{d_\alpha/2} \int_{-h_\beta/2}^{h_\beta/2} t_3^{n(\alpha,\beta,\gamma)} \left(\overline{y}_1^{(\alpha)}, \overline{y}_2^{(\beta)}, \frac{l_\gamma}{2} \right) \mathrm{d}\overline{y}_2^{(\beta)} \mathrm{d}\overline{y}_1^{(\alpha)} \tag{3.108c}$$

把子胞的本构方程 (3.63) 以及应变表达式 (3.70) 代入式 (3.103)~ 式 (3.108) 中, 把得到的表面平均应力方程写成矩阵形式:

$$\begin{bmatrix} \overline{t}_{1T} \\ \overline{t}_{1B} \end{bmatrix}^{(\alpha,\beta,\gamma)} = C_{11}^{(\alpha,\beta,\gamma)} \begin{bmatrix} 1 & \dfrac{3d_\alpha}{2} \\ -1 & \dfrac{3d_\alpha}{2} \end{bmatrix} \begin{bmatrix} W_{1(100)} \\ W_{1(200)} \end{bmatrix}^{(\alpha,\beta,\gamma)}$$

$$+ C_{12}^{(\alpha,\beta,\gamma)} \begin{bmatrix} 1 & 0 \\ -1 & 0 \end{bmatrix} \begin{bmatrix} W_{2(010)} \\ W_{2(020)} \end{bmatrix}^{(\alpha,\beta,\gamma)}$$

$$+ C_{13}^{(\alpha,\beta,\gamma)} \begin{bmatrix} 1 & 0 \\ -1 & 0 \end{bmatrix} \begin{bmatrix} W_{3(001)} \\ W_{3(002)} \end{bmatrix}^{(\alpha,\beta,\gamma)}$$

$$+ C_{11}^{(\alpha,\beta,\gamma)} \bar{\varepsilon}_{11} \begin{bmatrix} 1 \\ -1 \end{bmatrix} + C_{12}^{(\alpha,\beta,\gamma)} \bar{\varepsilon}_{22} \begin{bmatrix} 1 \\ -1 \end{bmatrix}$$

$$+ C_{13}^{(\alpha,\beta,\gamma)} \bar{\varepsilon}_{33} \begin{bmatrix} 1 \\ -1 \end{bmatrix} - \varGamma_1^{(\alpha,\beta,\gamma)} \begin{bmatrix} 1 \\ -1 \end{bmatrix} \Delta T \tag{3.109a}$$

$$\begin{bmatrix} \bar{t}_{2\mathrm{T}} \\ \bar{t}_{2\mathrm{B}} \end{bmatrix}^{(\alpha,\beta,\gamma)} = C_{66}^{(\alpha,\beta,\gamma)} \begin{bmatrix} 1 & \dfrac{3d_\alpha}{2} \\ -1 & \dfrac{3d_\alpha}{2} \end{bmatrix} \begin{bmatrix} W_{2(100)} \\ W_{2(200)} \end{bmatrix}^{(\alpha,\beta,\gamma)}$$

$$+ C_{66}^{(\alpha,\beta,\gamma)} \begin{bmatrix} 1 & 0 \\ -1 & 0 \end{bmatrix} \begin{bmatrix} W_{1(010)} \\ W_{1(020)} \end{bmatrix}^{(\alpha,\beta,\gamma)} + 2 C_{66}^{(\alpha,\beta,\gamma)} \bar{\varepsilon}_{12} \begin{bmatrix} 1 \\ -1 \end{bmatrix} \tag{3.109b}$$

$$\begin{bmatrix} \bar{t}_{3\mathrm{T}} \\ \bar{t}_{3\mathrm{B}} \end{bmatrix}^{(\alpha,\beta,\gamma)} = C_{55}^{(\alpha,\beta,\gamma)} \begin{bmatrix} 1 & \dfrac{3d_\alpha}{2} \\ -1 & \dfrac{3d_\alpha}{2} \end{bmatrix} \begin{bmatrix} W_{3(100)} \\ W_{3(200)} \end{bmatrix}^{(\alpha,\beta,\gamma)}$$

$$+ C_{55}^{(\alpha,\beta,\gamma)} \begin{bmatrix} 1 & 0 \\ -1 & 0 \end{bmatrix} \begin{bmatrix} W_{1(001)} \\ W_{1(002)} \end{bmatrix}^{(\alpha,\beta,\gamma)} + 2 C_{55}^{(\alpha,\beta,\gamma)} \bar{\varepsilon}_{13} \begin{bmatrix} 1 \\ -1 \end{bmatrix} \tag{3.109c}$$

$$\begin{bmatrix} \bar{t}_{1\mathrm{R}} \\ \bar{t}_{1\mathrm{L}} \end{bmatrix}^{(\alpha,\beta,\gamma)} = C_{66}^{(\alpha,\beta,\gamma)} \begin{bmatrix} 1 & 0 \\ -1 & 0 \end{bmatrix} \begin{bmatrix} W_{2(100)} \\ W_{2(200)} \end{bmatrix}^{(\alpha,\beta,\gamma)}$$

$$+ C_{66}^{(\alpha,\beta,\gamma)} \begin{bmatrix} 1 & \dfrac{3h_\beta}{2} \\ -1 & \dfrac{3h_\beta}{2} \end{bmatrix} \begin{bmatrix} W_{1(010)} \\ W_{1(020)} \end{bmatrix}^{(\alpha,\beta,\gamma)} + 2 C_{66}^{(\alpha,\beta,\gamma)} \bar{\varepsilon}_{12} \begin{bmatrix} 1 \\ -1 \end{bmatrix} \tag{3.109d}$$

$$\begin{bmatrix} \bar{t}_{2\mathrm{R}} \\ \bar{t}_{2\mathrm{L}} \end{bmatrix}^{(\alpha,\beta,\gamma)} = C_{21}^{(\alpha,\beta,\gamma)} \begin{bmatrix} 1 & 0 \\ -1 & 0 \end{bmatrix} \begin{bmatrix} W_{1(100)} \\ W_{1(200)} \end{bmatrix}^{(\alpha,\beta,\gamma)}$$

$$+ C_{22}^{(\alpha,\beta,\gamma)} \begin{bmatrix} 1 & \dfrac{3h_\beta}{2} \\ -1 & \dfrac{3h_\beta}{2} \end{bmatrix} \begin{bmatrix} W_{2(010)} \\ W_{2(020)} \end{bmatrix}^{(\alpha,\beta,\gamma)}$$

$$+ C_{23}^{(\alpha,\beta,\gamma)} \begin{bmatrix} 1 & 0 \\ -1 & 0 \end{bmatrix} \begin{bmatrix} W_{3(001)} \\ W_{3(002)} \end{bmatrix}^{(\alpha,\beta,\gamma)}$$

$$+ C_{21}^{(\alpha,\beta,\gamma)} \bar{\varepsilon}_{11} \begin{bmatrix} 1 \\ -1 \end{bmatrix} + C_{22}^{(\alpha,\beta,\gamma)} \bar{\varepsilon}_{22} \begin{bmatrix} 1 \\ -1 \end{bmatrix}$$

$$+ C_{23}^{(\alpha,\beta,\gamma)} \bar{\varepsilon}_{33} \begin{bmatrix} 1 \\ -1 \end{bmatrix} - \Gamma_2^{(\alpha,\beta,\gamma)} \begin{bmatrix} 1 \\ -1 \end{bmatrix} \Delta T \tag{3.109e}$$

$$\begin{bmatrix} \bar{t}_{3R} \\ \bar{t}_{3L} \end{bmatrix}^{(\alpha,\beta,\gamma)} = C_{44}^{(\alpha,\beta,\gamma)} \begin{bmatrix} 1 & \dfrac{3h_\beta}{2} \\ -1 & \dfrac{3h_\beta}{2} \end{bmatrix} \begin{bmatrix} W_{3(010)} \\ W_{3(020)} \end{bmatrix}^{(\alpha,\beta,\gamma)}$$

$$+ C_{44}^{(\alpha,\beta,\gamma)} \begin{bmatrix} 1 & 0 \\ -1 & 0 \end{bmatrix} \begin{bmatrix} W_{2(001)} \\ W_{2(002)} \end{bmatrix}^{(\alpha,\beta,\gamma)}$$

$$+ 2C_{44}^{(\alpha,\beta,\gamma)} \bar{\varepsilon}_{23} \begin{bmatrix} 1 \\ -1 \end{bmatrix} \tag{3.109f}$$

$$\begin{bmatrix} \bar{t}_{1F} \\ \bar{t}_{1A} \end{bmatrix}^{(\alpha,\beta,\gamma)} = C_{55}^{(\alpha,\beta,\gamma)} \begin{bmatrix} 1 & 0 \\ -1 & 0 \end{bmatrix} \begin{bmatrix} W_{3(100)} \\ W_{3(200)} \end{bmatrix}^{(\alpha,\beta,\gamma)}$$

$$+ C_{55}^{(\alpha,\beta,\gamma)} \begin{bmatrix} 1 & \dfrac{3l_\gamma}{2} \\ -1 & \dfrac{3l_\gamma}{2} \end{bmatrix} \begin{bmatrix} W_{1(001)} \\ W_{1(002)} \end{bmatrix}^{(\alpha,\beta,\gamma)}$$

$$+ 2C_{55}^{(\alpha,\beta,\gamma)} \bar{\varepsilon}_{13} \begin{bmatrix} 1 \\ -1 \end{bmatrix} \tag{3.109g}$$

$$\begin{bmatrix} \bar{t}_{2F} \\ \bar{t}_{2A} \end{bmatrix}^{(\alpha,\beta,\gamma)} = C_{44}^{(\alpha,\beta,\gamma)} \begin{bmatrix} 1 & 0 \\ -1 & 0 \end{bmatrix} \begin{bmatrix} W_{3(010)} \\ W_{3(020)} \end{bmatrix}^{(\alpha,\beta,\gamma)}$$

$$
+ C_{44}^{(\alpha,\beta,\gamma)}
\begin{bmatrix} 1 & \dfrac{3l_\gamma}{2} \\ -1 & \dfrac{3l_\gamma}{2} \end{bmatrix}
\begin{bmatrix} W_{2(001)} \\ W_{2(002)} \end{bmatrix}^{(\alpha,\beta,\gamma)}
$$

$$
+ 2C_{44}^{(\alpha,\beta,\gamma)} \overline{\varepsilon}_{23}
\begin{bmatrix} 1 \\ -1 \end{bmatrix}
\tag{3.109h}
$$

$$
\begin{bmatrix} \overline{t}_{3\mathrm{F}} \\ \overline{t}_{3\mathrm{A}} \end{bmatrix}^{(\alpha,\beta,\gamma)}
= C_{31}^{(\alpha,\beta,\gamma)}
\begin{bmatrix} 1 & 0 \\ -1 & 0 \end{bmatrix}
\begin{bmatrix} W_{1(100)} \\ W_{1(200)} \end{bmatrix}^{(\alpha,\beta,\gamma)}
$$

$$
+ C_{32}^{(\alpha,\beta,\gamma)}
\begin{bmatrix} 1 & 0 \\ -1 & 0 \end{bmatrix}
\begin{bmatrix} W_{2(010)} \\ W_{2(020)} \end{bmatrix}^{(\alpha,\beta,\gamma)}
$$

$$
+ C_{33}^{(\alpha,\beta,\gamma)}
\begin{bmatrix} 1 & \dfrac{3l_\gamma}{2} \\ -1 & \dfrac{3l_\gamma}{2} \end{bmatrix}
\begin{bmatrix} W_{3(001)} \\ W_{3(002)} \end{bmatrix}^{(\alpha,\beta,\gamma)}
$$

$$
+ C_{31}^{(\alpha,\beta,\gamma)} \overline{\varepsilon}_{11}
\begin{bmatrix} 1 \\ -1 \end{bmatrix}
+ C_{32}^{(\alpha,\beta,\gamma)} \overline{\varepsilon}_{22}
\begin{bmatrix} 1 \\ -1 \end{bmatrix}
$$

$$
+ C_{33}^{(\alpha,\beta,\gamma)} \overline{\varepsilon}_{33}
\begin{bmatrix} 1 \\ -1 \end{bmatrix}
- \varGamma_3^{(\alpha,\beta,\gamma)}
\begin{bmatrix} 1 \\ -1 \end{bmatrix} \Delta T
\tag{3.109i}
$$

下表面的平均位移 $\overline{u}_{1\mathrm{B}}^{(\alpha,\beta,\gamma)}$、$\overline{u}_{2\mathrm{B}}^{(\alpha,\beta,\gamma)}$、$\overline{u}_{3\mathrm{B}}^{(\alpha,\beta,\gamma)}$ 定义为下列形式:

$$
\overline{u}_{1\mathrm{B}}^{(\alpha,\beta,\gamma)} = \frac{1}{h_\beta l_\gamma} \int_{-h_\beta/2}^{h_\beta/2} \int_{-l_\gamma/2}^{l_\gamma/2} u_1^{(\alpha,\beta,\gamma)} \left(-\frac{d_\alpha}{2}, \overline{y}_2^{(\beta)}, \overline{y}_3^{(\gamma)} \right) \mathrm{d}\overline{y}_3^{(\gamma)} \mathrm{d}\overline{y}_2^{(\beta)}
\tag{3.110a}
$$

$$
\overline{u}_{2\mathrm{B}}^{(\alpha,\beta,\gamma)} = \frac{1}{h_\beta l_\gamma} \int_{-h_\beta/2}^{h_\beta/2} \int_{-l_\gamma/2}^{l_\gamma/2} u_2^{(\alpha,\beta,\gamma)} \left(-\frac{d_\alpha}{2}, \overline{y}_2^{(\beta)}, \overline{y}_3^{(\gamma)} \right) \mathrm{d}\overline{y}_3^{(\gamma)} \mathrm{d}\overline{y}_2^{(\beta)}
\tag{3.110b}
$$

$$
\overline{u}_{3\mathrm{B}}^{(\alpha,\beta,\gamma)} = \frac{1}{h_\beta l_\gamma} \int_{-h_\beta/2}^{h_\beta/2} \int_{-l_\gamma/2}^{l_\gamma/2} u_3^{(\alpha,\beta,\gamma)} \left(-\frac{d_\alpha}{2}, \overline{y}_2^{(\beta)}, \overline{y}_3^{(\gamma)} \right) \mathrm{d}\overline{y}_3^{(\gamma)} \mathrm{d}\overline{y}_2^{(\beta)}
\tag{3.110c}
$$

上表面的平均位移定义为下列形式:

$$
\overline{u}_{1\mathrm{T}}^{(\alpha,\beta,\gamma)} = \frac{1}{h_\beta l_\gamma} \int_{-h_\beta/2}^{h_\beta/2} \int_{-l_\gamma/2}^{l_\gamma/2} u_1^{(\alpha,\beta,\gamma)} \left(\frac{d_\alpha}{2}, \overline{y}_2^{(\beta)}, \overline{y}_3^{(\gamma)} \right) \mathrm{d}\overline{y}_3^{(\gamma)} \mathrm{d}\overline{y}_2^{(\beta)}
\tag{3.111a}
$$

$$\overline{u}_{2\mathrm{T}}^{(\alpha,\beta,\gamma)} = \frac{1}{h_\beta l_\gamma} \int_{-h_\beta/2}^{h_\beta/2} \int_{-l_\gamma/2}^{l_\gamma/2} u_2^{(\alpha,\beta,\gamma)} \left(\frac{d_\alpha}{2}, \overline{y}_2^{(\beta)}, \overline{y}_3^{(\gamma)} \right) \mathrm{d}\overline{y}_3^{(\gamma)} \mathrm{d}\overline{y}_2^{(\beta)} \tag{3.111b}$$

$$\overline{u}_{3\mathrm{T}}^{(\alpha,\beta,\gamma)} = \frac{1}{h_\beta l_\gamma} \int_{-h_\beta/2}^{h_\beta/2} \int_{-l_\gamma/2}^{l_\gamma/2} u_3^{(\alpha,\beta,\gamma)} \left(\frac{d_\alpha}{2}, \overline{y}_2^{(\beta)}, \overline{y}_3^{(\gamma)} \right) \mathrm{d}\overline{y}_3^{(\gamma)} \mathrm{d}\overline{y}_2^{(\beta)} \tag{3.111c}$$

左表面的平均位移定义为下列形式:

$$\overline{u}_{1\mathrm{L}}^{(\alpha,\beta,\gamma)} = \frac{1}{d_\alpha l_\gamma} \int_{-d_\alpha/2}^{d_\alpha/2} \int_{-l_\gamma/2}^{l_\gamma/2} u_1^{(\alpha,\beta,\gamma)} \left(\overline{y}_1^{(\alpha)}, -\frac{h_\beta}{2}, \overline{y}_3^{(\gamma)} \right) \mathrm{d}\overline{y}_3^{(\gamma)} \mathrm{d}\overline{y}_1^{(\alpha)} \tag{3.112a}$$

$$\overline{u}_{2\mathrm{L}}^{(\alpha,\beta,\gamma)} = \frac{1}{d_\alpha l_\gamma} \int_{-d_\alpha/2}^{d_\alpha/2} \int_{-l_\gamma/2}^{l_\gamma/2} u_2^{(\alpha,\beta,\gamma)} \left(\overline{y}_1^{(\alpha)}, -\frac{h_\beta}{2}, \overline{y}_3^{(\gamma)} \right) \mathrm{d}\overline{y}_3^{(\gamma)} \mathrm{d}\overline{y}_1^{(\alpha)} \tag{3.112b}$$

$$\overline{u}_{3\mathrm{L}}^{(\alpha,\beta,\gamma)} = \frac{1}{d_\alpha l_\gamma} \int_{-d_\alpha/2}^{d_\alpha/2} \int_{-l_\gamma/2}^{l_\gamma/2} u_3^{(\alpha,\beta,\gamma)} \left(\overline{y}_1^{(\alpha)}, -\frac{h_\beta}{2}, \overline{y}_3^{(\gamma)} \right) \mathrm{d}\overline{y}_3^{(\gamma)} \mathrm{d}\overline{y}_1^{(\alpha)} \tag{3.112c}$$

右表面的平均位移定义为下列形式:

$$\overline{u}_{1\mathrm{R}}^{(\alpha,\beta,\gamma)} = \frac{1}{d_\alpha l_\gamma} \int_{-d_\alpha/2}^{d_\alpha/2} \int_{-l_\gamma/2}^{l_\gamma/2} u_1^{(\alpha,\beta,\gamma)} \left(\overline{y}_1^{(\alpha)}, \frac{h_\beta}{2}, \overline{y}_3^{(\gamma)} \right) \mathrm{d}\overline{y}_3^{(\gamma)} \mathrm{d}\overline{y}_1^{(\alpha)} \tag{3.113a}$$

$$\overline{u}_{2\mathrm{R}}^{(\alpha,\beta,\gamma)} = \frac{1}{d_\alpha l_\gamma} \int_{-d_\alpha/2}^{d_\alpha/2} \int_{-l_\gamma/2}^{l_\gamma/2} u_2^{(\alpha,\beta,\gamma)} \left(\overline{y}_1^{(\alpha)}, \frac{h_\beta}{2}, \overline{y}_3^{(\gamma)} \right) \mathrm{d}\overline{y}_3^{(\gamma)} \mathrm{d}\overline{y}_1^{(\alpha)} \tag{3.113b}$$

$$\overline{u}_{3\mathrm{R}}^{(\alpha,\beta,\gamma)} = \frac{1}{d_\alpha l_\gamma} \int_{-d_\alpha/2}^{d_\alpha/2} \int_{-l_\gamma/2}^{l_\gamma/2} u_3^{(\alpha,\beta,\gamma)} \left(\overline{y}_1^{(\alpha)}, \frac{h_\beta}{2}, \overline{y}_3^{(\gamma)} \right) \mathrm{d}\overline{y}_3^{(\gamma)} \mathrm{d}\overline{y}_1^{(\alpha)} \tag{3.113c}$$

后表面的平均位移定义为下列形式:

$$\overline{u}_{1\mathrm{A}}^{(\alpha,\beta,\gamma)} = \frac{1}{d_\alpha h_\beta} \int_{-d_\alpha/2}^{d_\alpha/2} \int_{-h_\beta/2}^{h_\beta/2} u_1^{(\alpha,\beta,\gamma)} \left(\overline{y}_1^{(\alpha)}, \overline{y}_2^{(\beta)}, -\frac{l_\gamma}{2} \right) \mathrm{d}\overline{y}_2^{(\beta)} \mathrm{d}\overline{y}_1^{(\alpha)} \tag{3.114a}$$

$$\overline{u}_{2\mathrm{A}}^{(\alpha,\beta,\gamma)} = \frac{1}{d_\alpha h_\beta} \int_{-d_\alpha/2}^{d_\alpha/2} \int_{-h_\beta/2}^{h_\beta/2} u_2^{(\alpha,\beta,\gamma)} \left(\overline{y}_1^{(\alpha)}, \overline{y}_2^{(\beta)}, -\frac{l_\gamma}{2} \right) \mathrm{d}\overline{y}_2^{(\beta)} \mathrm{d}\overline{y}_1^{(\alpha)} \tag{3.114b}$$

$$\overline{u}_{3\mathrm{A}}^{(\alpha,\beta,\gamma)} = \frac{1}{d_\alpha h_\beta} \int_{-d_\alpha/2}^{d_\alpha/2} \int_{-h_\beta/2}^{h_\beta/2} u_3^{(\alpha,\beta,\gamma)} \left(\overline{y}_1^{(\alpha)}, \overline{y}_2^{(\beta)}, -\frac{l_\gamma}{2} \right) \mathrm{d}\overline{y}_2^{(\beta)} \mathrm{d}\overline{y}_1^{(\alpha)} \tag{3.114c}$$

前表面的平均位移定义成下列形式:

$$\overline{u}_{1\mathrm{F}}^{(\alpha,\beta,\gamma)} = \frac{1}{d_\alpha h_\beta} \int_{-d_\alpha/2}^{d_\alpha/2} \int_{-h_\beta/2}^{h_\beta/2} u_1^{(\alpha,\beta,\gamma)} \left(\overline{y}_1^{(\alpha)}, \overline{y}_2^{(\beta)}, \frac{l_\gamma}{2} \right) \mathrm{d}\overline{y}_2^{(\beta)} \mathrm{d}\overline{y}_1^{(\alpha)} \tag{3.115a}$$

$$\overline{u}_{2F}^{(\alpha,\beta,\gamma)} = \frac{1}{d_\alpha h_\beta} \int_{-d_\alpha/2}^{d_\alpha/2} \int_{-h_\beta/2}^{h_\beta/2} u_2^{(\alpha,\beta,\gamma)} \left(\overline{y}_1^{(\alpha)}, \overline{y}_2^{(\beta)}, \frac{l_\gamma}{2} \right) \mathrm{d}\overline{y}_2^{(\beta)} \mathrm{d}\overline{y}_1^{(\alpha)} \tag{3.115b}$$

$$\overline{u}_{3F}^{(\alpha,\beta,\gamma)} = \frac{1}{d_\alpha h_\beta} \int_{-d_\alpha/2}^{d_\alpha/2} \int_{-h_\beta/2}^{h_\beta/2} u_3^{(\alpha,\beta,\gamma)} \left(\overline{y}_1^{(\alpha)}, \overline{y}_2^{(\beta)}, \frac{l_\gamma}{2} \right) \mathrm{d}\overline{y}_2^{(\beta)} \mathrm{d}\overline{y}_1^{(\alpha)} \tag{3.115c}$$

把位移函数 (3.101) 代入到式 (3.110) ~ 式 (3.115) 并简化, 可得

$$\overline{u}_{1B}^{(\alpha,\beta,\gamma)} = W_{1(000)}^{(\alpha,\beta,\gamma)} - \frac{d_\alpha}{2} W_{1(100)}^{(\alpha,\beta,\gamma)} + \frac{d_\alpha^2}{4} W_{1(200)}^{(\alpha,\beta,\gamma)}$$

$$\overline{u}_{2B}^{(\alpha,\beta,\gamma)} = W_{2(000)}^{(\alpha,\beta,\gamma)} - \frac{d_\alpha}{2} W_{2(100)}^{(\alpha,\beta,\gamma)} + \frac{d_\alpha^2}{4} W_{2(200)}^{(\alpha,\beta,\gamma)}$$

$$\overline{u}_{3B}^{(\alpha,\beta,\gamma)} = W_{3(000)}^{(\alpha,\beta,\gamma)} - \frac{d_\alpha}{2} W_{3(100)}^{(\alpha,\beta,\gamma)} + \frac{d_\alpha^2}{4} W_{3(200)}^{(\alpha,\beta,\gamma)}$$

$$\overline{u}_{1T}^{(\alpha,\beta,\gamma)} = W_{1(000)}^{(\alpha,\beta,\gamma)} + \frac{d_\alpha}{2} W_{1(100)}^{(\alpha,\beta,\gamma)} + \frac{d_\alpha^2}{4} W_{1(200)}^{(\alpha,\beta,\gamma)}$$

$$\overline{u}_{2T}^{(\alpha,\beta,\gamma)} = W_{2(000)}^{(\alpha,\beta,\gamma)} + \frac{d_\alpha}{2} W_{2(100)}^{(\alpha,\beta,\gamma)} + \frac{d_\alpha^2}{4} W_{2(200)}^{(\alpha,\beta,\gamma)}$$

$$\overline{u}_{3T}^{(\alpha,\beta,\gamma)} = W_{3(000)}^{(\alpha,\beta,\gamma)} + \frac{d_\alpha}{2} W_{3(100)}^{(\alpha,\beta,\gamma)} + \frac{d_\alpha^2}{4} W_{3(200)}^{(\alpha,\beta,\gamma)}$$

$$\overline{u}_{1L}^{(\alpha,\beta,\gamma)} = W_{1(000)}^{(\alpha,\beta,\gamma)} - \frac{h_\beta}{2} W_{1(010)}^{(\alpha,\beta,\gamma)} + \frac{h_\beta^2}{4} W_{1(020)}^{(\alpha,\beta,\gamma)}$$

$$\overline{u}_{2L}^{(\alpha,\beta,\gamma)} = W_{2(000)}^{(\alpha,\beta,\gamma)} - \frac{h_\beta}{2} W_{2(010)}^{(\alpha,\beta,\gamma)} + \frac{h_\beta^2}{4} W_{2(020)}^{(\alpha,\beta,\gamma)}$$

$$\overline{u}_{3L}^{(\alpha,\beta,\gamma)} = W_{3(000)}^{(\alpha,\beta,\gamma)} - \frac{h_\beta}{2} W_{3(010)}^{(\alpha,\beta,\gamma)} + \frac{h_\beta^2}{4} W_{3(020)}^{(\alpha,\beta,\gamma)}$$

$$\overline{u}_{1R}^{(\alpha,\beta,\gamma)} = W_{1(000)}^{(\alpha,\beta,\gamma)} + \frac{h_\beta}{2} W_{1(010)}^{(\alpha,\beta,\gamma)} + \frac{h_\beta^2}{4} W_{1(020)}^{(\alpha,\beta,\gamma)}$$

$$\overline{u}_{2R}^{(\alpha,\beta,\gamma)} = W_{2(000)}^{(\alpha,\beta,\gamma)} + \frac{h_\beta}{2} W_{2(010)}^{(\alpha,\beta,\gamma)} + \frac{h_\beta^2}{4} W_{2(020)}^{(\alpha,\beta,\gamma)}$$

$$\overline{u}_{3R}^{(\alpha,\beta,\gamma)} = W_{3(000)}^{(\alpha,\beta,\gamma)} + \frac{h_\beta}{2} W_{3(010)}^{(\alpha,\beta,\gamma)} + \frac{h_\beta^2}{4} W_{3(020)}^{(\alpha,\beta,\gamma)}$$

$$\overline{u}_{1A}^{(\alpha,\beta,\gamma)} = W_{1(000)}^{(\alpha,\beta,\gamma)} - \frac{l_\gamma}{2} W_{1(001)}^{(\alpha,\beta,\gamma)} + \frac{l_\gamma^2}{4} W_{1(002)}^{(\alpha,\beta,\gamma)}$$

$$\overline{u}_{2\mathrm{A}}^{(\alpha,\beta,\gamma)} = W_{2(000)}^{(\alpha,\beta,\gamma)} - \frac{l_\gamma}{2}W_{2(001)}^{(\alpha,\beta,\gamma)} + \frac{l_\gamma^2}{4}W_{2(002)}^{(\alpha,\beta,\gamma)}$$

$$\overline{u}_{3\mathrm{A}}^{(\alpha,\beta,\gamma)} = W_{3(000)}^{(\alpha,\beta,\gamma)} - \frac{l_\gamma}{2}W_{3(001)}^{(\alpha,\beta,\gamma)} + \frac{l_\gamma^2}{4}W_{3(002)}^{(\alpha,\beta,\gamma)}$$

$$\overline{u}_{1\mathrm{F}}^{(\alpha,\beta,\gamma)} = W_{1(000)}^{(\alpha,\beta,\gamma)} + \frac{l_\gamma}{2}W_{1(001)}^{(\alpha,\beta,\gamma)} + \frac{l_\gamma^2}{4}W_{1(002)}^{(\alpha,\beta,\gamma)}$$

$$\overline{u}_{2\mathrm{F}}^{(\alpha,\beta,\gamma)} = W_{2(000)}^{(\alpha,\beta,\gamma)} + \frac{l_\gamma}{2}W_{2(001)}^{(\alpha,\beta,\gamma)} + \frac{l_\gamma^2}{4}W_{2(002)}^{(\alpha,\beta,\gamma)}$$

$$\overline{u}_{3\mathrm{F}}^{(\alpha,\beta,\gamma)} = W_{3(000)}^{(\alpha,\beta,\gamma)} + \frac{l_\gamma}{2}W_{3(001)}^{(\alpha,\beta,\gamma)} + \frac{l_\gamma^2}{4}W_{3(002)}^{(\alpha,\beta,\gamma)}$$

写成矩阵形式如下：

$$\begin{bmatrix} \overline{u}_{1\mathrm{T}} \\ \overline{u}_{1\mathrm{B}} \end{bmatrix}^{(\alpha,\beta,\gamma)} = \begin{bmatrix} \dfrac{d_\alpha}{2} & \dfrac{d_\alpha^2}{4} \\[2mm] -\dfrac{d_\alpha}{2} & \dfrac{d_\alpha^2}{4} \end{bmatrix} \begin{bmatrix} W_{1(100)} \\ W_{1(200)} \end{bmatrix}^{(\alpha,\beta,\gamma)} + \begin{bmatrix} W_{1(000)} \\ W_{1(000)} \end{bmatrix}^{(\alpha,\beta,\gamma)} \tag{3.116a}$$

$$\begin{bmatrix} \overline{u}_{2\mathrm{T}} \\ \overline{u}_{2\mathrm{B}} \end{bmatrix}^{(\alpha,\beta,\gamma)} = \begin{bmatrix} \dfrac{d_\alpha}{2} & \dfrac{d_\alpha^2}{4} \\[2mm] -\dfrac{d_\alpha}{2} & \dfrac{d_\alpha^2}{4} \end{bmatrix} \begin{bmatrix} W_{2(100)} \\ W_{2(200)} \end{bmatrix}^{(\alpha,\beta,\gamma)} + \begin{bmatrix} W_{2(000)} \\ W_{2(000)} \end{bmatrix}^{(\alpha,\beta,\gamma)} \tag{3.116b}$$

$$\begin{bmatrix} \overline{u}_{3\mathrm{T}} \\ \overline{u}_{3\mathrm{B}} \end{bmatrix}^{(\alpha,\beta,\gamma)} = \begin{bmatrix} \dfrac{d_\alpha}{2} & \dfrac{d_\alpha^2}{4} \\[2mm] -\dfrac{d_\alpha}{2} & \dfrac{d_\alpha^2}{4} \end{bmatrix} \begin{bmatrix} W_{3(100)} \\ W_{3(200)} \end{bmatrix}^{(\alpha,\beta,\gamma)} + \begin{bmatrix} W_{3(000)} \\ W_{3(000)} \end{bmatrix}^{(\alpha,\beta,\gamma)} \tag{3.116c}$$

$$\begin{bmatrix} \overline{u}_{1\mathrm{R}} \\ \overline{u}_{1\mathrm{L}} \end{bmatrix}^{(\alpha,\beta,\gamma)} = \begin{bmatrix} \dfrac{h_\beta}{2} & \dfrac{h_\beta^2}{4} \\[2mm] -\dfrac{h_\beta}{2} & \dfrac{h_\beta^2}{4} \end{bmatrix} \begin{bmatrix} W_{1(010)} \\ W_{1(020)} \end{bmatrix}^{(\alpha,\beta,\gamma)} + \begin{bmatrix} W_{1(000)} \\ W_{1(000)} \end{bmatrix}^{(\alpha,\beta,\gamma)} \tag{3.116d}$$

$$\begin{bmatrix} \overline{u}_{2\mathrm{R}} \\ \overline{u}_{2\mathrm{L}} \end{bmatrix}^{(\alpha,\beta,\gamma)} = \begin{bmatrix} \dfrac{h_\beta}{2} & \dfrac{h_\beta^2}{4} \\[2mm] -\dfrac{h_\beta}{2} & \dfrac{h_\beta^2}{4} \end{bmatrix} \begin{bmatrix} W_{2(010)} \\ W_{2(020)} \end{bmatrix}^{(\alpha,\beta,\gamma)} + \begin{bmatrix} W_{2(000)} \\ W_{2(000)} \end{bmatrix}^{(\alpha,\beta,\gamma)} \tag{3.116e}$$

$$
\begin{bmatrix} \overline{u}_{3\mathrm{R}} \\ \overline{u}_{3\mathrm{L}} \end{bmatrix}^{(\alpha,\beta,\gamma)} = \begin{bmatrix} \dfrac{h_\beta}{2} & \dfrac{h_\beta^2}{4} \\[2mm] -\dfrac{h_\beta}{2} & \dfrac{h_\beta^2}{4} \end{bmatrix} \begin{bmatrix} W_{3(010)} \\ W_{3(020)} \end{bmatrix}^{(\alpha,\beta,\gamma)} + \begin{bmatrix} W_{3(000)} \\ W_{3(000)} \end{bmatrix}^{(\alpha,\beta,\gamma)} \tag{3.116f}
$$

$$
\begin{bmatrix} \overline{u}_{1\mathrm{F}} \\ \overline{u}_{1\mathrm{A}} \end{bmatrix}^{(\alpha,\beta,\gamma)} = \begin{bmatrix} \dfrac{l_\gamma}{2} & \dfrac{l_\gamma^2}{4} \\[2mm] -\dfrac{l_\gamma}{2} & \dfrac{l_\gamma^2}{4} \end{bmatrix} \begin{bmatrix} W_{1(001)} \\ W_{1(002)} \end{bmatrix}^{(\alpha,\beta,\gamma)} + \begin{bmatrix} W_{1(000)} \\ W_{1(000)} \end{bmatrix}^{(\alpha,\beta,\gamma)} \tag{3.116g}
$$

$$
\begin{bmatrix} \overline{u}_{2\mathrm{F}} \\ \overline{u}_{2\mathrm{A}} \end{bmatrix}^{(\alpha,\beta,\gamma)} = \begin{bmatrix} \dfrac{l_\gamma}{2} & \dfrac{l_\gamma^2}{4} \\[2mm] -\dfrac{l_\gamma}{2} & \dfrac{l_\gamma^2}{4} \end{bmatrix} \begin{bmatrix} W_{2(001)} \\ W_{2(002)} \end{bmatrix}^{(\alpha,\beta,\gamma)} + \begin{bmatrix} W_{2(000)} \\ W_{2(000)} \end{bmatrix}^{(\alpha,\beta,\gamma)} \tag{3.116h}
$$

$$
\begin{bmatrix} \overline{u}_{3\mathrm{F}} \\ \overline{u}_{3\mathrm{A}} \end{bmatrix}^{(\alpha,\beta,\gamma)} = \begin{bmatrix} \dfrac{l_\gamma}{2} & \dfrac{l_\gamma^2}{4} \\[2mm] -\dfrac{l_\gamma}{2} & \dfrac{l_\gamma^2}{4} \end{bmatrix} \begin{bmatrix} W_{3(001)} \\ W_{3(002)} \end{bmatrix}^{(\alpha,\beta,\gamma)} + \begin{bmatrix} W_{3(000)} \\ W_{3(000)} \end{bmatrix}^{(\alpha,\beta,\gamma)} \tag{3.116i}
$$

对于式 (3.116)，一阶和二阶细观变量可用表面平均位移和零阶细观变量来表示，即

$$
\begin{bmatrix} W_{1(100)} \\ W_{1(200)} \end{bmatrix}^{(\alpha,\beta,\gamma)} = \begin{bmatrix} \dfrac{1}{d_\alpha} & -\dfrac{1}{d_\alpha} \\[2mm] \dfrac{2}{d_\alpha^2} & \dfrac{2}{d_\alpha^2} \end{bmatrix} \begin{bmatrix} \overline{u}_{1\mathrm{T}} \\ \overline{u}_{1\mathrm{B}} \end{bmatrix}^{(\alpha,\beta,\gamma)} - \dfrac{4}{d_\alpha^2} \begin{bmatrix} 0 \\ W_{1(000)} \end{bmatrix}^{(\alpha,\beta,\gamma)}
$$
$$
\tag{3.117a}
$$

$$
\begin{bmatrix} W_{2(100)} \\ W_{2(200)} \end{bmatrix}^{(\alpha,\beta,\gamma)} = \begin{bmatrix} \dfrac{1}{d_\alpha} & -\dfrac{1}{d_\alpha} \\[2mm] \dfrac{2}{d_\alpha^2} & \dfrac{2}{d_\alpha^2} \end{bmatrix} \begin{bmatrix} \overline{u}_{2\mathrm{T}} \\ \overline{u}_{2\mathrm{B}} \end{bmatrix}^{(\alpha,\beta,\gamma)} - \dfrac{4}{d_\alpha^2} \begin{bmatrix} 0 \\ W_{2(000)} \end{bmatrix}^{(\alpha,\beta,\gamma)}
$$
$$
\tag{3.117b}
$$

$$
\begin{bmatrix} W_{3(100)} \\ W_{3(200)} \end{bmatrix}^{(\alpha,\beta,\gamma)} = \begin{bmatrix} \dfrac{1}{d_\alpha} & -\dfrac{1}{d_\alpha} \\[2mm] \dfrac{2}{d_\alpha^2} & \dfrac{2}{d_\alpha^2} \end{bmatrix} \begin{bmatrix} \overline{u}_{3\mathrm{T}} \\ \overline{u}_{3\mathrm{B}} \end{bmatrix}^{(\alpha,\beta,\gamma)} - \dfrac{4}{d_\alpha^2} \begin{bmatrix} 0 \\ W_{3(000)} \end{bmatrix}^{(\alpha,\beta,\gamma)}
$$
$$
\tag{3.117c}
$$

$$\begin{bmatrix} W_{1(010)} \\ W_{1(020)} \end{bmatrix}^{(\alpha,\beta,\gamma)} = \begin{bmatrix} \dfrac{1}{h_\beta} & -\dfrac{1}{h_\beta} \\ \dfrac{2}{h_\beta^2} & \dfrac{2}{h_\beta^2} \end{bmatrix} \begin{bmatrix} \overline{u}_{1\mathrm{R}} \\ \overline{u}_{1\mathrm{L}} \end{bmatrix}^{(\alpha,\beta,\gamma)} - \dfrac{4}{h_\beta^2} \begin{bmatrix} 0 \\ W_{1(000)} \end{bmatrix}^{(\alpha,\beta,\gamma)}$$

(3.117d)

$$\begin{bmatrix} W_{2(010)} \\ W_{2(020)} \end{bmatrix}^{(\alpha,\beta,\gamma)} = \begin{bmatrix} \dfrac{1}{h_\beta} & -\dfrac{1}{h_\beta} \\ \dfrac{2}{h_\beta^2} & \dfrac{2}{h_\beta^2} \end{bmatrix} \begin{bmatrix} \overline{u}_{2\mathrm{R}} \\ \overline{u}_{2\mathrm{L}} \end{bmatrix}^{(\alpha,\beta,\gamma)} - \dfrac{4}{h_\beta^2} \begin{bmatrix} 0 \\ W_{2(000)} \end{bmatrix}^{(\alpha,\beta,\gamma)}$$

(3.117e)

$$\begin{bmatrix} W_{3(010)} \\ W_{3(020)} \end{bmatrix}^{(\alpha,\beta,\gamma)} = \begin{bmatrix} \dfrac{1}{h_\beta} & -\dfrac{1}{h_\beta} \\ \dfrac{2}{h_\beta^2} & \dfrac{2}{h_\beta^2} \end{bmatrix} \begin{bmatrix} \overline{u}_{3\mathrm{R}} \\ \overline{u}_{3\mathrm{L}} \end{bmatrix}^{(\alpha,\beta,\gamma)} - \dfrac{4}{h_\beta^2} \begin{bmatrix} 0 \\ W_{3(000)} \end{bmatrix}^{(\alpha,\beta,\gamma)}$$

(3.117f)

$$\begin{bmatrix} W_{1(001)} \\ W_{1(002)} \end{bmatrix}^{(\alpha,\beta,\gamma)} = \begin{bmatrix} \dfrac{1}{l_\gamma} & -\dfrac{1}{l_\gamma} \\ \dfrac{2}{l_\gamma^2} & \dfrac{2}{l_\gamma^2} \end{bmatrix} \begin{bmatrix} \overline{u}_{1\mathrm{F}} \\ \overline{u}_{1\mathrm{A}} \end{bmatrix}^{(\alpha,\beta,\gamma)} - \dfrac{4}{l_\gamma^2} \begin{bmatrix} 0 \\ W_{1(000)} \end{bmatrix}^{(\alpha,\beta,\gamma)}$$

(3.117g)

$$\begin{bmatrix} W_{2(001)} \\ W_{2(002)} \end{bmatrix}^{(\alpha,\beta,\gamma)} = \begin{bmatrix} \dfrac{1}{l_\gamma} & -\dfrac{1}{l_\gamma} \\ \dfrac{2}{l_\gamma^2} & \dfrac{2}{l_\gamma^2} \end{bmatrix} \begin{bmatrix} \overline{u}_{2\mathrm{F}} \\ \overline{u}_{2\mathrm{A}} \end{bmatrix}^{(\alpha,\beta,\gamma)} - \dfrac{4}{l_\gamma^2} \begin{bmatrix} 0 \\ W_{2(000)} \end{bmatrix}^{(\alpha,\beta,\gamma)}$$

(3.117h)

$$\begin{bmatrix} W_{3(001)} \\ W_{3(002)} \end{bmatrix}^{(\alpha,\beta,\gamma)} = \begin{bmatrix} \dfrac{1}{l_\gamma} & -\dfrac{1}{l_\gamma} \\ \dfrac{2}{l_\gamma^2} & \dfrac{2}{l_\gamma^2} \end{bmatrix} \begin{bmatrix} \overline{u}_{3\mathrm{F}} \\ \overline{u}_{3\mathrm{A}} \end{bmatrix}^{(\alpha,\beta,\gamma)} - \dfrac{4}{l_\gamma^2} \begin{bmatrix} 0 \\ W_{3(000)} \end{bmatrix}^{(\alpha,\beta,\gamma)}$$

(3.117i)

　　当结构处于平衡状态时，子胞应力场必须满足平衡方程。平均意义下的平衡方程可写成下式：

$$\frac{1}{V_{(\alpha\beta\gamma)}} \int_{-d_\alpha/2}^{d_\alpha/2} \int_{-h_\beta/2}^{h_\beta/2} \int_{-l_\gamma/2}^{l_\gamma/2} \sigma_{ji,j}^{(\alpha,\beta,\gamma)} \mathrm{d}\overline{y}_1^{(\alpha)} \mathrm{d}\overline{y}_2^{(\beta)} \mathrm{d}\overline{y}_3^{(\gamma)} = 0, \quad i = 1, 2, 3 \quad (3.118)$$

其中，$V_{(\alpha\beta\gamma)}$ 为子胞的体积。

把子胞本构方程 (3.63) 及应变表达式 (3.70) 代入平衡方程 (3.118)，积分并化简得

$$3(C_{11}W_{1(200)} + C_{66}W_{1(020)} + C_{55}W_{1(002)})^{(\alpha,\beta,\gamma)} = 0$$

$$3(C_{66}W_{2(200)} + C_{22}W_{2(020)} + C_{44}W_{2(002)})^{(\alpha,\beta,\gamma)} = 0$$

$$3(C_{55}W_{3(200)} + C_{44}W_{3(020)} + C_{33}W_{3(002)})^{(\alpha,\beta,\gamma)} = 0 \tag{3.119}$$

将式 (3.117) 中二阶细观变量 $W_{i(200)}, W_{i(020)}, W_{i(002)}$ ($i = 1, 2, 3$) 代入到式 (3.119) 可得

$$3\left(-4\left(\frac{C_{11}}{d_\alpha^2} + \frac{C_{66}}{h_\beta^2} + \frac{C_{55}}{l_\gamma^2}\right)W_{1(000)} + \frac{2C_{11}}{d_\alpha^2}(\overline{u}_{1T} + \overline{u}_{1B}) + \frac{2C_{66}}{h_\beta^2}(\overline{u}_{1R} + \overline{u}_{1L})\right.$$
$$\left. + \frac{2C_{55}}{l_\gamma^2}(\overline{u}_{1F} + \overline{u}_{1A})\right)^{(\alpha,\beta,\gamma)} = 0 \tag{3.120a}$$

$$3\left(\frac{2C_{66}}{d_\alpha^2}(\overline{u}_{2T} + \overline{u}_{2B}) - 4\left(\frac{C_{66}}{d_\alpha^2} + \frac{C_{22}}{h_\beta^2} + \frac{C_{44}}{l_\gamma^2}\right)W_{2(000)} + \frac{2C_{22}}{h_\beta^2}(\overline{u}_{2R} + \overline{u}_{2L})\right.$$
$$\left. + \frac{2C_{44}}{l_\gamma^2}(\overline{u}_{2F} + \overline{u}_{2A})\right)^{(\alpha,\beta,\gamma)} = 0 \tag{3.120b}$$

$$3\left(\frac{2C_{55}}{d_\alpha^2}(\overline{u}_{3T} + \overline{u}_{3B}) + \frac{2C_{44}}{h_\beta^2}(\overline{u}_{3R} + \overline{u}_{3L}) - 4\left(\frac{C_{55}}{d_\alpha^2} + \frac{C_{44}}{h_\beta^2} + \frac{C_{33}}{l_\gamma^2}\right)W_{3(000)}\right.$$
$$\left. + \frac{2C_{33}}{l_\gamma^2}(\overline{u}_{3F} + \overline{u}_{3A})\right)^{(\alpha,\beta,\gamma)} = 0 \tag{3.120c}$$

因此，零阶位移细观变量可以写成表面平均位移的表达式：

$$W_{1(000)}^{(\alpha,\beta,\gamma)} = \frac{C_{11}^{(\alpha,\beta,\gamma)}}{2\overline{C}_{11}^{(\alpha,\beta,\gamma)}}(\overline{u}_{1T} + \overline{u}_{1B})^{(\alpha,\beta,\gamma)} + \frac{d_\alpha^2 C_{66}^{(\alpha,\beta,\gamma)}}{2h_\beta^2 \overline{C}_{11}^{(\alpha,\beta,\gamma)}}(\overline{u}_{1R} + \overline{u}_{1L})^{(\alpha,\beta,\gamma)}$$
$$+ \frac{d_\alpha^2 C_{55}^{(\alpha,\beta,\gamma)}}{2l_\gamma^2 \overline{C}_{11}^{(\alpha,\beta,\gamma)}}(\overline{u}_{1F} + \overline{u}_{1A})^{(\alpha,\beta,\gamma)} \tag{3.121a}$$

$$W_{2(000)}^{(\alpha,\beta,\gamma)} = \frac{h_\beta^2 C_{66}^{(\alpha,\beta,\gamma)}}{2d_\alpha^2 \overline{C}_{22}^{(\alpha,\beta,\gamma)}}(\overline{u}_{2T} + \overline{u}_{2B})^{(\alpha,\beta,\gamma)} + \frac{C_{22}^{(\alpha,\beta,\gamma)}}{2\overline{C}_{22}^{(\alpha,\beta,\gamma)}}(\overline{u}_{2R} + \overline{u}_{2L})^{(\alpha,\beta,\gamma)}$$

$$+ \frac{h_\beta^2 C_{44}^{(\alpha,\beta,\gamma)}}{2l_\gamma^2 \overline{C}_{22}^{(\alpha,\beta,\gamma)}} (\overline{u}_{2\mathrm{F}} + \overline{u}_{2\mathrm{A}})^{(\alpha,\beta,\gamma)} \tag{3.121b}$$

$$W_{3(000)}^{(\alpha,\beta,\gamma)} = \frac{l_\gamma^2 C_{55}^{(\alpha,\beta,\gamma)}}{2d_\alpha^2 \overline{C}_{33}^{(\alpha,\beta,\gamma)}} (\overline{u}_{3\mathrm{T}} + \overline{u}_{3\mathrm{B}})^{(\alpha,\beta,\gamma)} + \frac{l_\gamma^2 C_{44}^{(\alpha,\beta,\gamma)}}{2h_\beta^2 \overline{C}_{33}^{(\alpha,\beta,\gamma)}} (\overline{u}_{3\mathrm{R}} + \overline{u}_{3\mathrm{L}})^{(\alpha,\beta,\gamma)}$$

$$+ \frac{C_{33}^{(\alpha,\beta,\gamma)}}{2\overline{C}_{33}^{(\alpha,\beta,\gamma)}} (\overline{u}_{3\mathrm{F}} + \overline{u}_{3\mathrm{A}})^{(\alpha,\beta,\gamma)} \tag{3.121c}$$

其中，$\overline{C}_{11}^{(\alpha,\beta,\gamma)} = C_{11}^{(\alpha,\beta,\gamma)} + \frac{d_\alpha^2}{h_\beta^2} C_{66}^{(\alpha,\beta,\gamma)} + \frac{d_\alpha^2}{l_\gamma^2} C_{55}^{(\alpha,\beta,\gamma)}$；$\overline{C}_{22}^{(\alpha,\beta,\gamma)} = \frac{h_\beta^2}{d_\alpha^2} C_{66}^{(\alpha,\beta,\gamma)} + C_{22}^{(\alpha,\beta,\gamma)} + \frac{h_\beta^2}{l_\gamma^2} C_{44}^{(\alpha,\beta,\gamma)}$；$\overline{C}_{33}^{(\alpha,\beta,\gamma)} = \frac{l_\gamma^2}{d_\alpha^2} C_{55}^{(\alpha,\beta,\gamma)} + \frac{l_\gamma^2}{h_\beta^2} C_{44}^{(\alpha,\beta,\gamma)} + C_{33}^{(\alpha,\beta,\gamma)}$。

细观位移变量与表面平均位移之间的关系式为

$$\begin{bmatrix} W_{1(100)} \\ W_{1(200)} \end{bmatrix}^{(\alpha,\beta,\gamma)} = \begin{bmatrix} \frac{1}{d_\alpha} & -\frac{1}{d_\alpha} \\ \frac{2\left(\frac{C_{66}^{(\alpha,\beta,\gamma)}}{h_\beta^2} + \frac{C_{55}^{(\alpha,\beta,\gamma)}}{l_\gamma^2}\right)}{\overline{C}_{11}^{(\alpha,\beta,\gamma)}} & \frac{2\left(\frac{C_{66}^{(\alpha,\beta,\gamma)}}{h_\beta^2} + \frac{C_{55}^{(\alpha,\beta,\gamma)}}{l_\gamma^2}\right)}{\overline{C}_{11}^{(\alpha,\beta,\gamma)}} \end{bmatrix} \begin{bmatrix} \overline{u}_{1\mathrm{T}} \\ \overline{u}_{1\mathrm{B}} \end{bmatrix}^{(\alpha,\beta,\gamma)}$$
$$- \frac{2C_{66}^{(\alpha,\beta,\gamma)}}{h_\beta^2 \overline{C}_{11}^{(\alpha,\beta,\gamma)}} \begin{bmatrix} 0 & 0 \\ 1 & 1 \end{bmatrix} \begin{bmatrix} \overline{u}_{1\mathrm{R}} \\ \overline{u}_{1\mathrm{L}} \end{bmatrix}^{(\alpha,\beta,\gamma)} - \frac{2C_{55}^{(\alpha,\beta,\gamma)}}{l_\gamma^2 \overline{C}_{11}^{(\alpha,\beta,\gamma)}} \begin{bmatrix} 0 & 0 \\ 1 & 1 \end{bmatrix} \begin{bmatrix} \overline{u}_{1\mathrm{F}} \\ \overline{u}_{1\mathrm{A}} \end{bmatrix}^{(\alpha,\beta,\gamma)} \tag{3.122a}$$

$$\begin{bmatrix} W_{2(100)} \\ W_{2(200)} \end{bmatrix}^{(\alpha,\beta,\gamma)} = \begin{bmatrix} \frac{1}{d_\alpha} & -\frac{1}{d_\alpha} \\ \frac{2\left(C_{22}^{(\alpha,\beta,\gamma)} + \frac{h_\beta^2}{l_\gamma^2} C_{44}^{(\alpha,\beta,\gamma)}\right)}{d_\alpha^2 \overline{C}_{22}^{(\alpha,\beta,\gamma)}} & \frac{2\left(C_{22}^{(\alpha,\beta,\gamma)} + \frac{h_\beta^2}{l_\gamma^2} C_{44}^{(\alpha,\beta,\gamma)}\right)}{d_\alpha^2 \overline{C}_{22}^{(\alpha,\beta,\gamma)}} \end{bmatrix} \begin{bmatrix} \overline{u}_{2\mathrm{T}} \\ \overline{u}_{2\mathrm{B}} \end{bmatrix}^{(\alpha,\beta,\gamma)}$$

$$- \frac{2C_{22}^{(\alpha,\beta,\gamma)}}{d_\alpha^2 \overline{C}_{22}^{(\alpha,\beta,\gamma)}} \begin{bmatrix} 0 & 0 \\ 1 & 1 \end{bmatrix} \begin{bmatrix} \overline{u}_{2R} \\ \overline{u}_{2L} \end{bmatrix}^{(\alpha,\beta,\gamma)} - \frac{2h_\beta^2 C_{44}^{(\alpha,\beta,\gamma)}}{d_\alpha^2 l_\gamma^2 \overline{C}_{22}^{(\alpha,\beta,\gamma)}} \begin{bmatrix} 0 & 0 \\ 1 & 1 \end{bmatrix} \begin{bmatrix} \overline{u}_{2F} \\ \overline{u}_{2A} \end{bmatrix}^{(\alpha,\beta,\gamma)}$$

$$\text{(3.122b)}$$

$$\begin{bmatrix} W_{3(100)} \\ W_{3(200)} \end{bmatrix}^{(\alpha,\beta,\gamma)}$$

$$= \begin{bmatrix} \dfrac{1}{d_\alpha} & -\dfrac{1}{d_\alpha} \\[4mm] \dfrac{2\left(\dfrac{l_\gamma^2}{h_\beta^2}C_{44}^{(\alpha,\beta,\gamma)} + C_{33}^{(\alpha,\beta,\gamma)}\right)}{d_\alpha^2 \overline{C}_{33}^{(\alpha,\beta,\gamma)}} & \dfrac{2\left(\dfrac{l_\gamma^2}{h_\beta^2}C_{44}^{(\alpha,\beta,\gamma)} + C_{33}^{(\alpha,\beta,\gamma)}\right)}{d_\alpha^2 \overline{C}_{33}^{(\alpha,\beta,\gamma)}} \end{bmatrix} \begin{bmatrix} \overline{u}_{3T} \\ \overline{u}_{3B} \end{bmatrix}^{(\alpha,\beta,\gamma)}$$

$$- \frac{2l_\gamma^2 C_{44}^{(\alpha,\beta,\gamma)}}{d_\alpha^2 h_\beta^2 \overline{C}_{33}^{(\alpha,\beta,\gamma)}} \begin{bmatrix} 0 & 0 \\ 1 & 1 \end{bmatrix} \begin{bmatrix} \overline{u}_{3R} \\ \overline{u}_{3L} \end{bmatrix}^{(\alpha,\beta,\gamma)} - \frac{2C_{33}^{(\alpha,\beta,\gamma)}}{d_\alpha^2 \overline{C}_{33}^{(\alpha,\beta,\gamma)}} \begin{bmatrix} 0 & 0 \\ 1 & 1 \end{bmatrix} \begin{bmatrix} \overline{u}_{3F} \\ \overline{u}_{3A} \end{bmatrix}^{(\alpha,\beta,\gamma)}$$

$$\text{(3.122c)}$$

$$\begin{bmatrix} W_{1(010)} \\ W_{1(020)} \end{bmatrix}^{(\alpha,\beta,\gamma)}$$

$$= \begin{bmatrix} \dfrac{1}{h_\beta} & -\dfrac{1}{h_\beta} \\[4mm] \dfrac{2\left(C_{11}^{(\alpha,\beta,\gamma)} + \dfrac{d_\alpha^2}{l_\gamma^2}C_{55}^{(\alpha,\beta,\gamma)}\right)}{h_\beta^2 \overline{C}_{11}^{(\alpha,\beta,\gamma)}} & \dfrac{2\left(C_{11}^{(\alpha,\beta,\gamma)} + \dfrac{d_\alpha^2}{l_\gamma^2}C_{55}^{(\alpha,\beta,\gamma)}\right)}{h_\beta^2 \overline{C}_{11}^{(\alpha,\beta,\gamma)}} \end{bmatrix} \begin{bmatrix} \overline{u}_{1R} \\ \overline{u}_{1L} \end{bmatrix}^{(\alpha,\beta,\gamma)}$$

$$- \frac{2C_{11}^{(\alpha,\beta,\gamma)}}{h_\beta^2 \overline{C}_{11}^{(\alpha,\beta,\gamma)}} \begin{bmatrix} 0 & 0 \\ 1 & 1 \end{bmatrix} \begin{bmatrix} \overline{u}_{1T} \\ \overline{u}_{1B} \end{bmatrix}^{(\alpha,\beta,\gamma)} - \frac{2d_\alpha^2 C_{55}^{(\alpha,\beta,\gamma)}}{h_\beta^2 l_\gamma^2 \overline{C}_{11}^{(\alpha,\beta,\gamma)}} \begin{bmatrix} 0 & 0 \\ 1 & 1 \end{bmatrix} \begin{bmatrix} \overline{u}_{1F} \\ \overline{u}_{1A} \end{bmatrix}^{(\alpha,\beta,\gamma)}$$

$$\text{(3.122d)}$$

$$\begin{bmatrix} W_{2(010)} \\ W_{2(020)} \end{bmatrix}^{(\alpha,\beta,\gamma)}$$

$$
=\left[\begin{array}{cc}
\dfrac{1}{h_\beta} & -\dfrac{1}{h_\beta} \\[4mm]
\dfrac{2\left(\dfrac{C_{66}^{(\alpha,\beta,\gamma)}}{d_\alpha^2}+\dfrac{C_{44}^{(\alpha,\beta,\gamma)}}{l_\gamma^2}\right)}{\overline{C}_{22}^{(\alpha,\beta,\gamma)}} & \dfrac{2\left(\dfrac{C_{66}^{(\alpha,\beta,\gamma)}}{d_\alpha^2}+\dfrac{C_{44}^{(\alpha,\beta,\gamma)}}{l_\gamma^2}\right)}{\overline{C}_{22}^{(\alpha,\beta,\gamma)}}
\end{array}\right]
\left[\begin{array}{c}\overline{u}_{2R}\\[2mm]\overline{u}_{2L}\end{array}\right]^{(\alpha,\beta,\gamma)}
$$

$$
-\frac{2C_{66}^{(\alpha,\beta,\gamma)}}{d_\alpha^2\,\overline{C}_{22}^{(\alpha,\beta,\gamma)}}
\left[\begin{array}{cc}0&0\\1&1\end{array}\right]
\left[\begin{array}{c}\overline{u}_{2T}\\\overline{u}_{2B}\end{array}\right]^{(\alpha,\beta,\gamma)}
-\frac{2C_{44}^{(\alpha,\beta,\gamma)}}{l_\gamma^2\,\overline{C}_{22}^{(\alpha,\beta,\gamma)}}
\left[\begin{array}{cc}0&0\\1&1\end{array}\right]
\left[\begin{array}{c}\overline{u}_{2F}\\\overline{u}_{2A}\end{array}\right]^{(\alpha,\beta,\gamma)}
$$

$$(3.122\text{e})$$

$$
\left[\begin{array}{c}W_{3(010)}\\[2mm]W_{3(020)}\end{array}\right]^{(\alpha,\beta,\gamma)}
$$

$$
=\left[\begin{array}{cc}
\dfrac{1}{h_\beta} & -\dfrac{1}{h_\beta} \\[4mm]
\dfrac{2\left(\dfrac{l_\gamma^2}{d_\alpha^2}C_{55}^{(\alpha,\beta,\gamma)}+C_{33}^{(\alpha,\beta,\gamma)}\right)}{h_\beta^2\,\overline{C}_{33}^{(\alpha,\beta,\gamma)}} & \dfrac{2\left(\dfrac{l_\gamma^2}{d_\alpha^2}C_{55}^{(\alpha,\beta,\gamma)}+C_{33}^{(\alpha,\beta,\gamma)}\right)}{h_\beta^2\,\overline{C}_{33}^{(\alpha,\beta,\gamma)}}
\end{array}\right]
\left[\begin{array}{c}\overline{u}_{3R}\\[2mm]\overline{u}_{3L}\end{array}\right]^{(\alpha,\beta,\gamma)}
$$

$$
-\frac{2l_\gamma^2 C_{55}^{(\alpha,\beta,\gamma)}}{h_\beta^2 d_\alpha^2\,\overline{C}_{33}^{(\alpha,\beta,\gamma)}}
\left[\begin{array}{cc}0&0\\1&1\end{array}\right]
\left[\begin{array}{c}\overline{u}_{3T}\\\overline{u}_{3B}\end{array}\right]^{(\alpha,\beta,\gamma)}
-\frac{2C_{33}^{(\alpha,\beta,\gamma)}}{h_\beta^2\,\overline{C}_{33}^{(\alpha,\beta,\gamma)}}
\left[\begin{array}{cc}0&0\\1&1\end{array}\right]
\left[\begin{array}{c}\overline{u}_{3F}\\\overline{u}_{3A}\end{array}\right]^{(\alpha,\beta,\gamma)}
$$

$$(3.122\text{f})$$

$$
\left[\begin{array}{c}W_{1(001)}\\[2mm]W_{1(002)}\end{array}\right]^{(\alpha,\beta,\gamma)}
$$

$$
=\left[\begin{array}{cc}
\dfrac{1}{l_\gamma} & -\dfrac{1}{l_\gamma} \\[4mm]
\dfrac{2\left(C_{11}^{(\alpha,\beta,\gamma)}+\dfrac{d_\alpha^2}{h_\beta^2}C_{66}^{(\alpha,\beta,\gamma)}\right)}{l_\gamma^2\,\overline{C}_{11}^{(\alpha,\beta,\gamma)}} & \dfrac{2\left(C_{11}^{(\alpha,\beta,\gamma)}+\dfrac{d_\alpha^2}{h_\beta^2}C_{66}^{(\alpha,\beta,\gamma)}\right)}{l_\gamma^2\,\overline{C}_{11}^{(\alpha,\beta,\gamma)}}
\end{array}\right]
\left[\begin{array}{c}\overline{u}_{1F}\\[2mm]\overline{u}_{1A}\end{array}\right]^{(\alpha,\beta,\gamma)}
$$

$$-\frac{2C_{11}^{(\alpha,\beta,\gamma)}}{l_\gamma^2 \overline{C}_{11}^{(\alpha,\beta,\gamma)}}\begin{bmatrix} 0 & 0 \\ 1 & 1 \end{bmatrix}\begin{bmatrix} \overline{u}_{1\mathrm{T}} \\ \overline{u}_{1\mathrm{B}} \end{bmatrix}^{(\alpha,\beta,\gamma)} - \frac{2d_\alpha^2 C_{66}^{(\alpha,\beta,\gamma)}}{h_\beta^2 l_\gamma^2 \overline{C}_{11}^{(\alpha,\beta,\gamma)}}\begin{bmatrix} 0 & 0 \\ 1 & 1 \end{bmatrix}\begin{bmatrix} \overline{u}_{1\mathrm{R}} \\ \overline{u}_{1\mathrm{L}} \end{bmatrix}^{(\alpha,\beta,\gamma)}$$

$$\tag{3.122g}$$

$$\begin{bmatrix} W_{2(001)} \\ W_{2(002)} \end{bmatrix}^{(\alpha,\beta,\gamma)}$$

$$= \begin{bmatrix} \dfrac{1}{l_\gamma} & -\dfrac{1}{l_\gamma} \\ \dfrac{2\left(\dfrac{h_\beta^2}{d_\alpha^2}C_{66}^{(\alpha,\beta,\gamma)}+C_{22}^{(\alpha,\beta,\gamma)}\right)}{l_\gamma^2 \overline{C}_{22}^{(\alpha,\beta,\gamma)}} & \dfrac{2\left(\dfrac{h_\beta^2}{d_\alpha^2}C_{66}^{(\alpha,\beta,\gamma)}+C_{22}^{(\alpha,\beta,\gamma)}\right)}{l_\gamma^2 \overline{C}_{22}^{(\alpha,\beta,\gamma)}} \end{bmatrix}\begin{bmatrix} \overline{u}_{2\mathrm{F}} \\ \overline{u}_{2\mathrm{A}} \end{bmatrix}^{(\alpha,\beta,\gamma)}$$

$$-\frac{2h_\beta^2 C_{66}^{(\alpha,\beta,\gamma)}}{l_\gamma^2 d_\alpha^2 \overline{C}_{22}^{(\alpha,\beta,\gamma)}}\begin{bmatrix} 0 & 0 \\ 1 & 1 \end{bmatrix}\begin{bmatrix} \overline{u}_{2\mathrm{T}} \\ \overline{u}_{2\mathrm{B}} \end{bmatrix}^{(\alpha,\beta,\gamma)} - \frac{2C_{22}^{(\alpha,\beta,\gamma)}}{l_\gamma^2 \overline{C}_{22}^{(\alpha,\beta,\gamma)}}\begin{bmatrix} 0 & 0 \\ 1 & 1 \end{bmatrix}\begin{bmatrix} \overline{u}_{2\mathrm{R}} \\ \overline{u}_{2\mathrm{L}} \end{bmatrix}^{(\alpha,\beta,\gamma)}$$

$$\tag{3.122h}$$

$$\begin{bmatrix} W_{3(001)} \\ W_{3(002)} \end{bmatrix}^{(\alpha,\beta,\gamma)}$$

$$= \begin{bmatrix} \dfrac{1}{l_\gamma} & -\dfrac{1}{l_\gamma} \\ \dfrac{2\left(\dfrac{C_{55}^{(\alpha,\beta,\gamma)}}{d_\alpha^2}+\dfrac{C_{44}^{(\alpha,\beta,\gamma)}}{h_\beta^2}\right)}{\overline{C}_{33}^{(\alpha,\beta,\gamma)}} & \dfrac{2\left(\dfrac{C_{55}^{(\alpha,\beta,\gamma)}}{d_\alpha^2}+\dfrac{C_{44}^{(\alpha,\beta,\gamma)}}{h_\beta^2}\right)}{\overline{C}_{33}^{(\alpha,\beta,\gamma)}} \end{bmatrix}\begin{bmatrix} \overline{u}_{3\mathrm{F}} \\ \overline{u}_{3\mathrm{A}} \end{bmatrix}^{(\alpha,\beta,\gamma)}$$

$$-\frac{2C_{55}^{(\alpha,\beta,\gamma)}}{d_\alpha^2 \overline{C}_{33}^{(\alpha,\beta,\gamma)}}\begin{bmatrix} 0 & 0 \\ 1 & 1 \end{bmatrix}\begin{bmatrix} \overline{u}_{3\mathrm{T}} \\ \overline{u}_{3\mathrm{B}} \end{bmatrix}^{(\alpha,\beta,\gamma)} - \frac{2C_{44}^{(\alpha,\beta,\gamma)}}{h_\beta^2 \overline{C}_{33}^{(\alpha,\beta,\gamma)}}\begin{bmatrix} 0 & 0 \\ 1 & 1 \end{bmatrix}\begin{bmatrix} \overline{u}_{3\mathrm{R}} \\ \overline{u}_{3\mathrm{L}} \end{bmatrix}^{(\alpha,\beta,\gamma)}$$

$$\tag{3.122i}$$

联立式 (3.109)、式 (3.117) 和式 (3.122) 可得到反映表面平均位移与平均应力之间关系的细观刚度矩阵 K，化简后为

$$
\begin{bmatrix} t_{1F} \\ t_{1A} \\ t_{2F} \\ t_{2A} \\ t_{3F} \\ t_{3A} \\ t_{1R} \\ t_{1L} \\ t_{2R} \\ t_{2L} \\ t_{3R} \\ t_{3L} \\ t_{1T} \\ t_{1B} \\ t_{2T} \\ t_{2B} \\ t_{3T} \\ t_{3B} \end{bmatrix}^{(\alpha,\beta,\gamma)}
=
\begin{bmatrix}
K_{aa} & K_{ab} & 0 & 0 & 0 & 0 & K_{ag} & K_{ah} & K_{ai} & K_{aj} & 0 & 0 & K_{am} & K_{an} & 0 & 0 & K_{aq} & K_{ar} \\
K_{ba} & K_{bb} & 0 & 0 & 0 & 0 & K_{bg} & K_{bh} & K_{bi} & K_{bj} & 0 & 0 & K_{bm} & K_{bn} & 0 & 0 & K_{bq} & K_{br} \\
0 & 0 & K_{cc} & K_{cd} & 0 & 0 & K_{cg} & K_{ch} & K_{ci} & K_{cj} & 0 & 0 & 0 & 0 & K_{co} & K_{cp} & 0 & 0 \\
0 & 0 & K_{dc} & K_{dd} & 0 & 0 & K_{dg} & K_{dh} & K_{di} & K_{dj} & 0 & 0 & 0 & 0 & K_{do} & K_{dp} & 0 & 0 \\
0 & 0 & 0 & 0 & K_{ee} & K_{ef} & 0 & 0 & 0 & 0 & K_{ek} & K_{el} & K_{em} & K_{en} & 0 & 0 & K_{eq} & K_{er} \\
0 & 0 & 0 & 0 & K_{fe} & K_{ff} & 0 & 0 & 0 & 0 & K_{fk} & K_{fl} & K_{fm} & K_{fn} & 0 & 0 & K_{fq} & K_{fr} \\
K_{ga} & K_{gb} & K_{gc} & K_{gd} & 0 & 0 & K_{gg} & K_{gh} & 0 & 0 & 0 & 0 & K_{gm} & K_{gn} & 0 & 0 & 0 & 0 \\
K_{ha} & K_{hb} & K_{hc} & K_{hd} & 0 & 0 & K_{hg} & K_{hh} & 0 & 0 & 0 & 0 & K_{hm} & K_{hn} & 0 & 0 & 0 & 0 \\
K_{ia} & K_{ib} & K_{ic} & K_{id} & 0 & 0 & 0 & 0 & K_{ii} & K_{ij} & 0 & 0 & 0 & 0 & K_{io} & K_{ip} & K_{iq} & K_{ir} \\
K_{ja} & K_{jb} & K_{jc} & K_{jd} & 0 & 0 & 0 & 0 & K_{ji} & K_{jj} & 0 & 0 & 0 & 0 & K_{jo} & K_{jp} & K_{jq} & K_{jr} \\
0 & 0 & 0 & 0 & K_{ke} & K_{kf} & 0 & 0 & 0 & 0 & K_{kk} & K_{kl} & 0 & 0 & K_{ko} & K_{kp} & K_{kq} & K_{kr} \\
0 & 0 & 0 & 0 & K_{le} & K_{lf} & 0 & 0 & 0 & 0 & K_{lk} & K_{ll} & 0 & 0 & K_{lo} & K_{lp} & K_{lq} & K_{lr} \\
K_{ma} & K_{mb} & 0 & 0 & K_{me} & K_{mf} & K_{mg} & K_{mh} & 0 & 0 & 0 & 0 & K_{mm} & K_{mn} & 0 & 0 & 0 & 0 \\
K_{na} & K_{nb} & 0 & 0 & K_{ne} & K_{nf} & K_{ng} & K_{nh} & 0 & 0 & 0 & 0 & K_{nm} & K_{nn} & 0 & 0 & 0 & 0 \\
0 & 0 & K_{oc} & K_{od} & 0 & 0 & 0 & 0 & K_{oi} & K_{oj} & K_{ok} & K_{ol} & 0 & 0 & K_{oo} & K_{op} & 0 & 0 \\
0 & 0 & K_{pc} & K_{pd} & 0 & 0 & 0 & 0 & K_{pi} & K_{pj} & K_{pk} & K_{pl} & 0 & 0 & K_{po} & K_{pp} & 0 & 0 \\
K_{qa} & K_{qb} & 0 & 0 & K_{qe} & K_{qf} & 0 & 0 & K_{qi} & K_{qj} & K_{qk} & K_{ql} & 0 & 0 & 0 & 0 & K_{qq} & K_{qr} \\
K_{ra} & K_{rb} & 0 & 0 & K_{re} & K_{rf} & 0 & 0 & K_{ri} & K_{rj} & K_{rk} & K_{rl} & 0 & 0 & 0 & 0 & K_{rq} & K_{rr}
\end{bmatrix}^{(\alpha,\beta,\gamma)}
$$

$$
\cdot
\begin{bmatrix} u_{1F} \\ u_{1A} \\ u_{2F} \\ u_{2A} \\ u_{3F} \\ u_{3A} \\ u_{1R} \\ u_{1L} \\ u_{2R} \\ u_{2L} \\ u_{3R} \\ u_{3L} \\ u_{1T} \\ u_{1B} \\ u_{2T} \\ u_{2B} \\ u_{3T} \\ u_{3B} \end{bmatrix}^{(\alpha,\beta,\gamma)}
+
\begin{bmatrix}
C_{11} & C_{12} & C_{13} & 0 & 0 & 0 \\
-C_{11} & -C_{12} & -C_{13} & 0 & 0 & 0 \\
0 & 0 & 0 & 0 & 0 & C_{66} \\
0 & 0 & 0 & 0 & 0 & -C_{66} \\
0 & 0 & 0 & C_{55} & 0 & 0 \\
0 & 0 & 0 & -C_{55} & 0 & 0 \\
0 & 0 & 0 & 0 & 0 & C_{66} \\
0 & 0 & 0 & 0 & 0 & -C_{66} \\
C_{21} & C_{22} & C_{23} & 0 & 0 & 0 \\
-C_{21} & -C_{22} & -C_{23} & 0 & 0 & 0 \\
0 & 0 & 0 & C_{44} & 0 & 0 \\
0 & 0 & 0 & -C_{44} & 0 & 0 \\
0 & 0 & 0 & 0 & C_{55} & 0 \\
0 & 0 & 0 & 0 & -C_{55} & 0 \\
0 & 0 & 0 & C_{44} & 0 & 0 \\
0 & 0 & 0 & -C_{44} & 0 & 0 \\
C_{31} & C_{32} & C_{33} & 0 & 0 & 0 \\
-C_{31} & -C_{32} & -C_{33} & 0 & 0 & 0
\end{bmatrix}^{(\alpha,\beta,\gamma)}
\begin{bmatrix} \bar{\varepsilon}_{11} \\ \bar{\varepsilon}_{22} \\ \bar{\varepsilon}_{33} \\ 2\bar{\varepsilon}_{23} \\ 2\bar{\varepsilon}_{13} \\ 2\bar{\varepsilon}_{12} \end{bmatrix}
-
\begin{bmatrix} \Gamma_1 \\ -\Gamma_1 \\ 0 \\ 0 \\ 0 \\ 0 \\ 0 \\ 0 \\ \Gamma_2 \\ -\Gamma_2 \\ 0 \\ 0 \\ 0 \\ 0 \\ 0 \\ 0 \\ \Gamma_3 \\ -\Gamma_3 \end{bmatrix}^{(\alpha,\beta,\gamma)}
\Delta T
$$

$$\tag{3.123}$$

其中，$K_{..}$ 为与每个子胞细观几何尺寸和弹性常数有关的常数，即

$$
K_{aa}^{(\alpha,\beta,\gamma)} = K_{bb}^{(\alpha,\beta,\gamma)} = \frac{C_{11}^{(\alpha,\beta,\gamma)}}{d_\alpha}\left(4 - 3\frac{C_{11}^{(\alpha,\beta,\gamma)}}{\overline{C}_{11}^{(\alpha,\beta,\gamma)}}\right)
$$

$$K_{ab}^{(\alpha,\beta,\gamma)} = K_{ba}^{(\alpha,\beta,\gamma)} = \frac{C_{11}^{(\alpha,\beta,\gamma)}}{d_\alpha} \left(2 - 3\frac{C_{11}^{(\alpha,\beta,\gamma)}}{\overline{C}_{11}^{(\alpha,\beta,\gamma)}} \right)$$

$$K_{ag}^{(\alpha,\beta,\gamma)} = K_{ah}^{(\alpha,\beta,\gamma)} = K_{bg}^{(\alpha,\beta,\gamma)} = K_{bh}^{(\alpha,\beta,\gamma)} = -\frac{3d_\alpha C_{11}^{(\alpha,\beta,\gamma)} C_{66}^{(\alpha,\beta,\gamma)}}{h_\beta^2 \overline{C}_{11}^{(\alpha,\beta,\gamma)}}$$

$$K_{ai}^{(\alpha,\beta,\gamma)} = -K_{aj}^{(\alpha,\beta,\gamma)} = -K_{bi}^{(\alpha,\beta,\gamma)} = K_{bj}^{(\alpha,\beta,\gamma)} = \frac{C_{12}^{(\alpha,\beta,\gamma)}}{h_\beta}$$

$$K_{am}^{(\alpha,\beta,\gamma)} = K_{an}^{(\alpha,\beta,\gamma)} = K_{bm}^{(\alpha,\beta,\gamma)} = K_{bn}^{(\alpha,\beta,\gamma)} = -\frac{3d_\alpha C_{11}^{(\alpha,\beta,\gamma)} C_{55}^{(\alpha,\beta,\gamma)}}{l_\gamma^2 \overline{C}_{11}^{(\alpha,\beta,\gamma)}}$$

$$K_{aq}^{(\alpha,\beta,\gamma)} = -K_{ar}^{(\alpha,\beta,\gamma)} = -K_{bq}^{(\alpha,\beta,\gamma)} = K_{br}^{(\alpha,\beta,\gamma)} = \frac{C_{13}^{(\alpha,\beta,\gamma)}}{l_\gamma}$$

$$K_{cc}^{(\alpha,\beta,\gamma)} = K_{dd}^{(\alpha,\beta,\gamma)} = \frac{C_{66}^{(\alpha,\beta,\gamma)}}{d_\alpha} \left(4 - 3\frac{h_\beta^2 C_{66}^{(\alpha,\beta,\gamma)}}{d_\alpha^2 \overline{C}_{22}^{(\alpha,\beta,\gamma)}} \right)$$

$$K_{cd}^{(\alpha,\beta,\gamma)} = K_{dc}^{(\alpha,\beta,\gamma)} = \frac{C_{66}^{(\alpha,\beta,\gamma)}}{d_\alpha} \left(2 - 3\frac{h_\beta^2 C_{66}^{(\alpha,\beta,\gamma)}}{d_\alpha^2 \overline{C}_{22}^{(\alpha,\beta,\gamma)}} \right)$$

$$K_{cg}^{(\alpha,\beta,\gamma)} = -K_{ch}^{(\alpha,\beta,\gamma)} = -K_{dg}^{(\alpha,\beta,\gamma)} = K_{dh}^{(\alpha,\beta,\gamma)} = \frac{C_{66}^{(\alpha,\beta,\gamma)}}{h_\beta}$$

$$K_{ci}^{(\alpha,\beta,\gamma)} = K_{cj}^{(\alpha,\beta,\gamma)} = K_{di}^{(\alpha,\beta,\gamma)} = K_{dj}^{(\alpha,\beta,\gamma)} = -\frac{3C_{22}^{(\alpha,\beta,\gamma)} C_{66}^{(\alpha,\beta,\gamma)}}{d_\alpha \overline{C}_{22}^{(\alpha,\beta,\gamma)}}$$

$$K_{co}^{(\alpha,\beta,\gamma)} = K_{cp}^{(\alpha,\beta,\gamma)} = K_{do}^{(\alpha,\beta,\gamma)} = K_{dp}^{(\alpha,\beta,\gamma)} = -\frac{3h_\beta^2 C_{44}^{(\alpha,\beta,\gamma)} C_{66}^{(\alpha,\beta,\gamma)}}{d_\alpha l_\gamma^2 \overline{C}_{22}^{(\alpha,\beta,\gamma)}}$$

$$K_{ee}^{(\alpha,\beta,\gamma)} = K_{ff}^{(\alpha,\beta,\gamma)} = \frac{C_{55}^{(\alpha,\beta,\gamma)}}{d_\alpha} \left(4 - 3\frac{l_\gamma^2 C_{55}^{(\alpha,\beta,\gamma)}}{d_\alpha^2 \overline{C}_{33}^{(\alpha,\beta,\gamma)}} \right)$$

$$K_{ef}^{(\alpha,\beta,\gamma)} = K_{fe}^{(\alpha,\beta,\gamma)} = \frac{C_{55}^{(\alpha,\beta,\gamma)}}{d_\alpha} \left(2 - 3\frac{l_\gamma^2 C_{55}^{(\alpha,\beta,\gamma)}}{d_\alpha^2 \overline{C}_{33}^{(\alpha,\beta,\gamma)}} \right)$$

$$K_{ek}^{(\alpha,\beta,\gamma)} = K_{el}^{(\alpha,\beta,\gamma)} = K_{fk}^{(\alpha,\beta,\gamma)} = K_{fl}^{(\alpha,\beta,\gamma)} = -\frac{3l_\gamma^2 C_{44}^{(\alpha,\beta,\gamma)} C_{55}^{(\alpha,\beta,\gamma)}}{d_\alpha h_\beta^2 \overline{C}_{33}^{(\alpha,\beta,\gamma)}}$$

$$K_{em}^{(\alpha,\beta,\gamma)} = -K_{en}^{(\alpha,\beta,\gamma)} = -K_{fm}^{(\alpha,\beta,\gamma)} = K_{fn}^{(\alpha,\beta,\gamma)} = \frac{C_{55}^{(\alpha,\beta,\gamma)}}{l_\gamma}$$

$$K_{eq}^{(\alpha,\beta,\gamma)} = K_{er}^{(\alpha,\beta,\gamma)} = K_{fq}^{(\alpha,\beta,\gamma)} = K_{fr}^{(\alpha,\beta,\gamma)} = -\frac{3C_{33}^{(\alpha,\beta,\gamma)} C_{55}^{(\alpha,\beta,\gamma)}}{d_\alpha \overline{C}_{33}^{(\alpha,\beta,\gamma)}}$$

$$K_{ga}^{(\alpha,\beta,\gamma)} = K_{gb}^{(\alpha,\beta,\gamma)} = K_{ha}^{(\alpha,\beta,\gamma)} = K_{hb}^{(\alpha,\beta,\gamma)} = -\frac{3C_{11}^{(\alpha,\beta,\gamma)} C_{66}^{(\alpha,\beta,\gamma)}}{h_\beta \overline{C}_{11}^{(\alpha,\beta,\gamma)}}$$

$$K_{gc}^{(\alpha,\beta,\gamma)} = -K_{gd}^{(\alpha,\beta,\gamma)} = -K_{hc}^{(\alpha,\beta,\gamma)} = K_{hd}^{(\alpha,\beta,\gamma)} = \frac{C_{66}^{(\alpha,\beta,\gamma)}}{d_\alpha}$$

$$K_{gg}^{(\alpha,\beta,\gamma)} = K_{hh}^{(\alpha,\beta,\gamma)} = \frac{C_{66}^{(\alpha,\beta,\gamma)}}{h_\beta} \left(4 - 3\frac{d_\alpha^2 C_{66}^{(\alpha,\beta,\gamma)}}{h_\beta^2 \overline{C}_{11}^{(\alpha,\beta,\gamma)}} \right)$$

$$K_{gh}^{(\alpha,\beta,\gamma)} = K_{hg}^{(\alpha,\beta,\gamma)} = \frac{C_{66}^{(\alpha,\beta,\gamma)}}{h_\beta} \left(2 - 3\frac{d_\alpha^2 C_{66}^{(\alpha,\beta,\gamma)}}{h_\beta^2 \overline{C}_{11}^{(\alpha,\beta,\gamma)}} \right)$$

$$K_{gm}^{(\alpha,\beta,\gamma)} = K_{gn}^{(\alpha,\beta,\gamma)} = K_{hm}^{(\alpha,\beta,\gamma)} = K_{hn}^{(\alpha,\beta,\gamma)} = -\frac{3d_\alpha^2 C_{55}^{(\alpha,\beta,\gamma)} C_{66}^{(\alpha,\beta,\gamma)}}{h_\beta l_\gamma^2 \overline{C}_{11}^{(\alpha,\beta,\gamma)}}$$

$$K_{ia}^{(\alpha,\beta,\gamma)} = -K_{ib}^{(\alpha,\beta,\gamma)} = -K_{ja}^{(\alpha,\beta,\gamma)} = K_{jb}^{(\alpha,\beta,\gamma)} = \frac{C_{21}^{(\alpha,\beta,\gamma)}}{d_\alpha}$$

$$K_{ic}^{(\alpha,\beta,\gamma)} = K_{id}^{(\alpha,\beta,\gamma)} = K_{jc}^{(\alpha,\beta,\gamma)} = K_{jd}^{(\alpha,\beta,\gamma)} = -\frac{3h_\beta C_{22}^{(\alpha,\beta,\gamma)} C_{66}^{(\alpha,\beta,\gamma)}}{d_\alpha^2 \overline{C}_{22}^{(\alpha,\beta,\gamma)}}$$

$$K_{ii}^{(\alpha,\beta,\gamma)} = K_{jj}^{(\alpha,\beta,\gamma)} = \frac{C_{22}^{(\alpha,\beta,\gamma)}}{h_\beta} \left(4 - 3\frac{C_{22}^{(\alpha,\beta,\gamma)}}{\overline{C}_{22}^{(\alpha,\beta,\gamma)}} \right)$$

$$K_{ij}^{(\alpha,\beta,\gamma)} = K_{ji}^{(\alpha,\beta,\gamma)} = \frac{C_{22}^{(\alpha,\beta,\gamma)}}{h_\beta} \left(2 - 3\frac{C_{22}^{(\alpha,\beta,\gamma)}}{\overline{C}_{22}^{(\alpha,\beta,\gamma)}} \right)$$

$$K_{io}^{(\alpha,\beta,\gamma)} = K_{ip}^{(\alpha,\beta,\gamma)} = K_{jo}^{(\alpha,\beta,\gamma)} = K_{jp}^{(\alpha,\beta,\gamma)} = -\frac{3h_\beta C_{22}^{(\alpha,\beta,\gamma)} C_{44}^{(\alpha,\beta,\gamma)}}{l_\gamma^2 \overline{C}_{22}^{(\alpha,\beta,\gamma)}}$$

$$K_{iq}^{(\alpha,\beta,\gamma)} = -K_{ir}^{(\alpha,\beta,\gamma)} = -K_{jq}^{(\alpha,\beta,\gamma)} = K_{jr}^{(\alpha,\beta,\gamma)} = \frac{C_{23}^{(\alpha,\beta,\gamma)}}{l_\gamma}$$

$$K_{ke}^{(\alpha,\beta,\gamma)} = K_{kf}^{(\alpha,\beta,\gamma)} = K_{le}^{(\alpha,\beta,\gamma)} = K_{lf}^{(\alpha,\beta,\gamma)} = -\frac{3l_\gamma^2 C_{44}^{(\alpha,\beta,\gamma)} C_{55}^{(\alpha,\beta,\gamma)}}{h_\beta d_\alpha^2 \overline{C}_{33}^{(\alpha,\beta,\gamma)}}$$

$$K_{kk}^{(\alpha,\beta,\gamma)} = K_{ll}^{(\alpha,\beta,\gamma)} = \frac{C_{44}^{(\alpha,\beta,\gamma)}}{h_\beta} \left(4 - 3\frac{l_\gamma^2 C_{44}^{(\alpha,\beta,\gamma)}}{h_\beta^2 \overline{C}_{33}^{(\alpha,\beta,\gamma)}} \right)$$

$$K_{kl}^{(\alpha,\beta,\gamma)} = K_{lk}^{(\alpha,\beta,\gamma)} = \frac{C_{44}^{(\alpha,\beta,\gamma)}}{h_\beta} \left(2 - 3\frac{l_\gamma^2 C_{44}^{(\alpha,\beta,\gamma)}}{h_\beta^2 \overline{C}_{33}^{(\alpha,\beta,\gamma)}} \right)$$

$$K_{ko}^{(\alpha,\beta,\gamma)} = -K_{kp}^{(\alpha,\beta,\gamma)} = -K_{lo}^{(\alpha,\beta,\gamma)} = K_{lp}^{(\alpha,\beta,\gamma)} = \frac{C_{44}^{(\alpha,\beta,\gamma)}}{l_\gamma}$$

$$K_{kq}^{(\alpha,\beta,\gamma)} = K_{kr}^{(\alpha,\beta,\gamma)} = K_{lq}^{(\alpha,\beta,\gamma)} = K_{lr}^{(\alpha,\beta,\gamma)} = -\frac{3C_{33}^{(\alpha,\beta,\gamma)} C_{44}^{(\alpha,\beta,\gamma)}}{h_\beta \overline{C}_{33}^{(\alpha,\beta,\gamma)}}$$

$$K_{ma}^{(\alpha,\beta,\gamma)} = K_{mb}^{(\alpha,\beta,\gamma)} = K_{na}^{(\alpha,\beta,\gamma)} = K_{nb}^{(\alpha,\beta,\gamma)} = -\frac{3C_{11}^{(\alpha,\beta,\gamma)} C_{55}^{(\alpha,\beta,\gamma)}}{l_\gamma \overline{C}_{11}^{(\alpha,\beta,\gamma)}}$$

$$K_{me}^{(\alpha,\beta,\gamma)} = -K_{mf}^{(\alpha,\beta,\gamma)} = -K_{ne}^{(\alpha,\beta,\gamma)} = K_{nf}^{(\alpha,\beta,\gamma)} = \frac{C_{55}^{(\alpha,\beta,\gamma)}}{d_\alpha}$$

$$K_{mg}^{(\alpha,\beta,\gamma)} = K_{mh}^{(\alpha,\beta,\gamma)} = K_{ng}^{(\alpha,\beta,\gamma)} = K_{nh}^{(\alpha,\beta,\gamma)} = -\frac{3d_\alpha^2 C_{55}^{(\alpha,\beta,\gamma)} C_{66}^{(\alpha,\beta,\gamma)}}{h_\beta^2 l_\gamma \overline{C}_{11}^{(\alpha,\beta,\gamma)}}$$

$$K_{mm}^{(\alpha,\beta,\gamma)} = K_{nn}^{(\alpha,\beta,\gamma)} = \frac{C_{55}^{(\alpha,\beta,\gamma)}}{l_\gamma} \left(4 - 3\frac{d_\alpha^2 C_{55}^{(\alpha,\beta,\gamma)}}{l_\gamma^2 \overline{C}_{11}^{(\alpha,\beta,\gamma)}} \right)$$

$$K_{mn}^{(\alpha,\beta,\gamma)} = K_{nm}^{(\alpha,\beta,\gamma)} = \frac{C_{55}^{(\alpha,\beta,\gamma)}}{l_\gamma} \left(2 - 3\frac{d_\alpha^2 C_{55}^{(\alpha,\beta,\gamma)}}{l_\gamma^2 \overline{C}_{11}^{(\alpha,\beta,\gamma)}} \right)$$

$$K_{oc}^{(\alpha,\beta,\gamma)} = K_{od}^{(\alpha,\beta,\gamma)} = K_{pc}^{(\alpha,\beta,\gamma)} = K_{pd}^{(\alpha,\beta,\gamma)} = -\frac{3h_\beta^2 C_{44}^{(\alpha,\beta,\gamma)} C_{66}^{(\alpha,\beta,\gamma)}}{d_\alpha^2 l_\gamma \overline{C}_{22}^{(\alpha,\beta,\gamma)}}$$

$$K_{oi}^{(\alpha,\beta,\gamma)} = K_{oj}^{(\alpha,\beta,\gamma)} = K_{pi}^{(\alpha,\beta,\gamma)} = K_{pj}^{(\alpha,\beta,\gamma)} = -\frac{3C_{22}^{(\alpha,\beta,\gamma)} C_{44}^{(\alpha,\beta,\gamma)}}{l_\gamma \overline{C}_{22}^{(\alpha,\beta,\gamma)}}$$

$$K_{ok}^{(\alpha,\beta,\gamma)} = -K_{ol}^{(\alpha,\beta,\gamma)} = -K_{pk}^{(\alpha,\beta,\gamma)} = K_{pl}^{(\alpha,\beta,\gamma)} = \frac{C_{44}^{(\alpha,\beta,\gamma)}}{h_\beta}$$

$$K_{oo}^{(\alpha,\beta,\gamma)} = K_{pp}^{(\alpha,\beta,\gamma)} = \frac{C_{44}^{(\alpha,\beta,\gamma)}}{l_\gamma}\left(4 - 3\frac{h_\beta^2 C_{44}^{(\alpha,\beta,\gamma)}}{l_\gamma^2 \overline{C}_{22}^{(\alpha,\beta,\gamma)}}\right)$$

$$K_{op}^{(\alpha,\beta,\gamma)} = K_{po}^{(\alpha,\beta,\gamma)} = \frac{C_{44}^{(\alpha,\beta,\gamma)}}{l_\gamma}\left(2 - 3\frac{h_\beta^2 C_{44}^{(\alpha,\beta,\gamma)}}{l_\gamma^2 \overline{C}_{22}^{(\alpha,\beta,\gamma)}}\right)$$

$$K_{qa}^{(\alpha,\beta,\gamma)} = -K_{qb}^{(\alpha,\beta,\gamma)} = -K_{ra}^{(\alpha,\beta,\gamma)} = K_{rb}^{(\alpha,\beta,\gamma)} = \frac{C_{31}^{(\alpha,\beta,\gamma)}}{d_\alpha}$$

$$K_{qe}^{(\alpha,\beta,\gamma)} = K_{qf}^{(\alpha,\beta,\gamma)} = K_{re}^{(\alpha,\beta,\gamma)} = K_{rf}^{(\alpha,\beta,\gamma)} = -\frac{3l_\gamma C_{33}^{(\alpha,\beta,\gamma)} C_{55}^{(\alpha,\beta,\gamma)}}{d_\alpha^2 \overline{C}_{33}^{(\alpha,\beta,\gamma)}}$$

$$K_{qi}^{(\alpha,\beta,\gamma)} = -K_{qj}^{(\alpha,\beta,\gamma)} = -K_{ri}^{(\alpha,\beta,\gamma)} = K_{rj}^{(\alpha,\beta,\gamma)} = \frac{C_{32}^{(\alpha,\beta,\gamma)}}{h_\beta}$$

$$K_{qk}^{(\alpha,\beta,\gamma)} = K_{ql}^{(\alpha,\beta,\gamma)} = K_{rk}^{(\alpha,\beta,\gamma)} = K_{rl}^{(\alpha,\beta,\gamma)} = -\frac{3l_\gamma C_{33}^{(\alpha,\beta,\gamma)} C_{44}^{(\alpha,\beta,\gamma)}}{h_\beta^2 \overline{C}_{33}^{(\alpha,\beta,\gamma)}}$$

$$K_{qq}^{(\alpha,\beta,\gamma)} = K_{rr}^{(\alpha,\beta,\gamma)} = \frac{C_{33}^{(\alpha,\beta,\gamma)}}{l_\gamma}\left(4 - 3\frac{C_{33}^{(\alpha,\beta,\gamma)}}{\overline{C}_{33}^{(\alpha,\beta,\gamma)}}\right)$$

$$K_{qr}^{(\alpha,\beta,\gamma)} = K_{rq}^{(\alpha,\beta,\gamma)} = \frac{C_{33}^{(\alpha,\beta,\gamma)}}{l_\gamma}\left(2 - 3\frac{C_{33}^{(\alpha,\beta,\gamma)}}{\overline{C}_{33}^{(\alpha,\beta,\gamma)}}\right)$$

相邻子胞间界面处的位移在平均意义下应该是连续的, 即在第 α 个界面, 各方向表面平均位移如 $\overline{u}_{iT}^{(\alpha,\beta,\gamma)}$ 和 $\overline{u}_{iB}^{(\alpha+1,\beta,\gamma)}$ 必须相等, 可用一个变量来表示:

$$\overline{u}_{iT}^{(\alpha,\beta,\gamma)} = \overline{u}_{iB}^{(\alpha+1,\beta,\gamma)}, \quad \alpha = 1,\cdots,N_\alpha - 1; \quad \beta = 1,\cdots,N_\beta; \quad \gamma = 1,\cdots,N_\gamma$$

$$(3.124\text{a})$$

在第 β 个界面, 各方向的表面平均位移必须相等:

$$\overline{u}_{iR}^{(\alpha,\beta,\gamma)} = \overline{u}_{iL}^{(\alpha,\beta+1,\gamma)}, \quad \alpha = 1,\cdots,N_\alpha; \quad \beta = 1,\cdots,N_\beta - 1; \quad \gamma = 1,\cdots,N_\gamma$$

$$(3.124\text{b})$$

在第 γ 个界面, 各方向的表面平均位移必须相等:

$$\overline{u}_{iF}^{(\alpha,\beta,\gamma)} = \overline{u}_{iA}^{(\alpha,\beta,\gamma+1)}, \quad \alpha = 1,\cdots,N_\alpha; \quad \beta = 1,\cdots,N_\beta; \quad \gamma = 1,\cdots,N_\gamma - 1$$

$$(3.124\text{c})$$

其中, $i = 1,2,3$。

由于代表性体积单元的位移边界条件具有周期性, 可以增加下列方程:

$$\bar{u}_{i\mathrm{T}}^{(N_\alpha,\beta,\gamma)} = \bar{u}_{i\mathrm{B}}^{(1,\beta,\gamma)} \quad \bar{u}_{i\mathrm{R}}^{(\alpha,N_\beta,\gamma)} = \bar{u}_{iL}^{(\alpha,1,\gamma)} \quad \bar{u}_{i\mathrm{F}}^{(\alpha,\beta,N_\gamma)} = \bar{u}_{i\mathrm{A}}^{(\alpha,\beta,1)} \tag{3.125}$$

其中, $i = 1,2,3$。

在体积平均意义下, 相邻子胞间的应力连续条件也必须应用。第 α 个子胞各方向的应力必须满足下列关系:

$$\bar{t}_{i\mathrm{T}}^{(\alpha,\beta,\gamma)} + \bar{t}_{i\mathrm{B}}^{(\alpha+1,\beta,\gamma)} = 0 \tag{3.126a}$$

第 β 个子胞的各方向的应力必须满足下列关系:

$$\bar{t}_{i\mathrm{R}}^{(\alpha,\beta,\gamma)} + \bar{t}_{iL}^{(\alpha,\beta+1,\gamma)} = 0 \tag{3.126b}$$

第 γ 个子胞的各方向的应力必须满足下列关系:

$$\bar{t}_{i\mathrm{F}}^{(\alpha,\beta,\gamma)} + \bar{t}_{i\mathrm{A}}^{(\alpha,\beta,\gamma+1)} = 0 \tag{3.126c}$$

其中, $i = 1,2,3$, 同时根据边界条件周期性的特点, 当 $\alpha = N_\alpha$ 时, $\alpha+1$ 取为 1; 当 $\beta = N_\beta$ 时, $\beta+1$ 取为 1; 当 $\gamma = N_\gamma$ 时, $\gamma+1$ 取为 1。

把细观刚度矩阵表达式 (3.123) 代入式 (3.126), 可得

$$(K_{aa}\bar{u}_{1\mathrm{T}} + K_{ab}\bar{u}_{1\mathrm{B}} + K_{ag}\bar{u}_{1\mathrm{R}} + K_{ah}\bar{u}_{1\mathrm{L}} + K_{ai}\bar{u}_{2\mathrm{R}} + K_{aj}\bar{u}_{2\mathrm{L}} + K_{am}\bar{u}_{1\mathrm{F}}$$
$$+ K_{an}\bar{u}_{1\mathrm{A}} + K_{aq}\bar{u}_{3\mathrm{F}} + K_{ar}\bar{u}_{3\mathrm{A}})^{(\alpha,\beta,\gamma)} + (K_{ba}\bar{u}_{1\mathrm{T}} + K_{bb}\bar{u}_{1\mathrm{B}} + K_{bg}\bar{u}_{1\mathrm{R}} +$$
$$K_{bh}\bar{u}_{1\mathrm{L}} + K_{bi}\bar{u}_{2\mathrm{R}} + K_{bj}\bar{u}_{2\mathrm{L}} + K_{bm}\bar{u}_{1\mathrm{F}} + K_{bn}\bar{u}_{1\mathrm{A}} + K_{bq}\bar{u}_{3\mathrm{F}} + K_{br}\bar{u}_{3\mathrm{A}})^{(\alpha+1,\beta,\gamma)}$$
$$= -(C_{11}^{(\alpha,\beta,\gamma)} - C_{11}^{(\alpha+1,\beta,\gamma)})\bar{\varepsilon}_{11} - (C_{12}^{(\alpha,\beta,\gamma)} - C_{12}^{(\alpha+1,\beta,\gamma)})\bar{\varepsilon}_{22}$$
$$- (C_{13}^{(\alpha,\beta,\gamma)} - C_{13}^{(\alpha+1,\beta,\gamma)})\bar{\varepsilon}_{33} + (\Gamma_1^{(\alpha,\beta,\gamma)} - \Gamma_1^{(\alpha+1,\beta,\gamma)})\Delta T \tag{3.127a}$$

$$(K_{cc}\bar{u}_{2\mathrm{T}} + K_{cd}\bar{u}_{2\mathrm{B}} + K_{cg}\bar{u}_{1\mathrm{R}} + K_{ch}\bar{u}_{1\mathrm{L}} + K_{ci}\bar{u}_{2\mathrm{R}} + K_{cj}\bar{u}_{2\mathrm{L}} + K_{co}\bar{u}_{2\mathrm{F}}$$
$$+ K_{cp}\bar{u}_{2\mathrm{A}})^{(\alpha,\beta,\gamma)} + (K_{dc}\bar{u}_{2\mathrm{T}} + K_{dd}\bar{u}_{2\mathrm{B}} + K_{dg}\bar{u}_{1\mathrm{R}} + K_{dh}\bar{u}_{1\mathrm{L}} + K_{di}\bar{u}_{2\mathrm{R}}$$
$$+ K_{dj}\bar{u}_{2\mathrm{L}} + K_{do}\bar{u}_{2\mathrm{F}} + K_{dp}\bar{u}_{2\mathrm{A}})^{(\alpha+1,\beta,\gamma)}$$
$$= -2(C_{66}^{(\alpha,\beta,\gamma)} - C_{66}^{(\alpha+1,\beta,\gamma)})\bar{\varepsilon}_{12} \tag{3.127b}$$

$$(K_{ee}\bar{u}_{3\mathrm{T}} + K_{ef}\bar{u}_{3\mathrm{B}} + K_{ek}\bar{u}_{3\mathrm{R}} + K_{el}\bar{u}_{3\mathrm{L}} + K_{em}\bar{u}_{1\mathrm{F}} + K_{en}\bar{u}_{1\mathrm{A}} + K_{eq}\bar{u}_{3\mathrm{F}}$$

$$+ K_{er}\overline{u}_{3A})^{(\alpha,\beta,\gamma)} + (K_{fe}\overline{u}_{3T} + K_{ff}\overline{u}_{3B} + K_{fk}\overline{u}_{3R} + K_{fl}\overline{u}_{3L} + K_{fm}\overline{u}_{1F}$$

$$+ K_{fn}\overline{u}_{1A} + K_{fq}\overline{u}_{3F} + K_{fr}\overline{u}_{3A})^{(\alpha+1,\beta,\gamma)}$$

$$= -2(C_{55}^{(\alpha,\beta,\gamma)} - C_{55}^{(\alpha+1,\beta,\gamma)})\overline{\varepsilon}_{13} \tag{3.127c}$$

$$(K_{ga}\overline{u}_{1T} + K_{gb}\overline{u}_{1B} + K_{gc}\overline{u}_{2T} + K_{gd}\overline{u}_{2B} + K_{gg}\overline{u}_{1R} + K_{gh}\overline{u}_{1L} + K_{gm}\overline{u}_{1F}$$

$$+ K_{gn}\overline{u}_{1A})^{(\alpha,\beta,\gamma)} + (K_{ha}\overline{u}_{1T} + K_{hb}\overline{u}_{1B} + K_{hc}\overline{u}_{2T} + K_{hd}\overline{u}_{2B} + K_{hg}\overline{u}_{1R}$$

$$+ K_{hh}\overline{u}_{1L} + K_{hm}\overline{u}_{1F} + K_{hn}\overline{u}_{1A})^{(\alpha,\beta+1,\gamma)}$$

$$= -2(C_{66}^{(\alpha,\beta,\gamma)} - C_{66}^{(\alpha,\beta+1,\gamma)})\overline{\varepsilon}_{12} \tag{3.127d}$$

$$(K_{ia}\overline{u}_{1T} + K_{ib}\overline{u}_{1B} + K_{ic}\overline{u}_{2T} + K_{id}\overline{u}_{2B} + K_{ii}\overline{u}_{2R} + K_{ij}\overline{u}_{2L} + K_{io}\overline{u}_{2F} + K_{ip}\overline{u}_{2A}$$

$$+ K_{iq}\overline{u}_{3F} + K_{ir}\overline{u}_{3A})^{(\alpha,\beta,\gamma)} + (K_{ja}\overline{u}_{1T} + K_{jb}\overline{u}_{1B} + K_{jc}\overline{u}_{2T} + K_{jd}\overline{u}_{2B} + K_{ji}\overline{u}_{2R}$$

$$+ K_{jj}\overline{u}_{2L} + K_{jo}\overline{u}_{2F} + K_{jp}\overline{u}_{2A} + K_{jq}\overline{u}_{3F} + K_{jr}\overline{u}_{3A})^{(\alpha,\beta+1,\gamma)}$$

$$= -(C_{21}^{(\alpha,\beta,\gamma)} - C_{21}^{(\alpha,\beta+1,\gamma)})\overline{\varepsilon}_{11} - (C_{22}^{(\alpha,\beta,\gamma)} - C_{22}^{(\alpha,\beta+1,\gamma)})\overline{\varepsilon}_{22} - (C_{23}^{(\alpha,\beta,\gamma)} - C_{23}^{(\alpha,\beta+1,\gamma)})$$

$$\overline{\varepsilon}_{33} + (\Gamma_2^{(\alpha,\beta,\gamma)} - \Gamma_2^{(\alpha,\beta+1,\gamma)})\Delta T \tag{3.127e}$$

$$(K_{ke}\overline{u}_{3T} + K_{kf}\overline{u}_{3B} + K_{kk}\overline{u}_{3R} + K_{kl}\overline{u}_{3L} + K_{ko}\overline{u}_{2F} + K_{kp}\overline{u}_{2A} + K_{kq}\overline{u}_{3F}$$

$$+ K_{kr}\overline{u}_{3A})^{(\alpha,\beta,\gamma)} + (K_{le}\overline{u}_{3T} + K_{lf}\overline{u}_{3B} + K_{lk}\overline{u}_{3R} + K_{ll}\overline{u}_{3L} + K_{lo}\overline{u}_{2F}$$

$$+ K_{lp}\overline{u}_{2A} + K_{lq}\overline{u}_{3F} + K_{lr}\overline{u}_{3A})^{(\alpha,\beta+1,\gamma)}$$

$$= -2(C_{44}^{(\alpha,\beta,\gamma)} - C_{44}^{(\alpha,\beta+1,\gamma)})\overline{\varepsilon}_{23} \tag{3.127f}$$

$$(K_{ma}\overline{u}_{1T} + K_{mb}\overline{u}_{1B} + K_{me}\overline{u}_{3T} + K_{mf}\overline{u}_{3B} + K_{mg}\overline{u}_{1R} + K_{mh}\overline{u}_{1L} + K_{mm}\overline{u}_{1F}$$

$$+ K_{mn}\overline{u}_{1A})^{(\alpha,\beta,\gamma)} + (K_{na}\overline{u}_{1T} + K_{nb}\overline{u}_{1B} + K_{ne}\overline{u}_{3T} + K_{nf}\overline{u}_{3B} + K_{ng}\overline{u}_{1R}$$

$$+ K_{nh}\overline{u}_{1L} + K_{nm}\overline{u}_{1F} + K_{nn}\overline{u}_{1A})^{(\alpha,\beta,\gamma+1)}$$

$$= -2(C_{55}^{(\alpha,\beta,\gamma)} - C_{55}^{(\alpha,\beta,\gamma+1)})\overline{\varepsilon}_{13} \tag{3.127g}$$

$$(K_{oe}\overline{u}_{2T} + K_{of}\overline{u}_{2B} + K_{oi}\overline{u}_{2R} + K_{oj}\overline{u}_{2L} + K_{ok}\overline{u}_{3R} + K_{ol}\overline{u}_{3L} + K_{oo}\overline{u}_{2F}$$

$$+ K_{op}\overline{u}_{2A})^{(\alpha,\beta,\gamma)} + (K_{pe}\overline{u}_{2T} + K_{pf}\overline{u}_{2B} + K_{pi}\overline{u}_{2R} + K_{pj}\overline{u}_{2L}$$

$$+ K_{pk}\overline{u}_{3R} + K_{pl}\overline{u}_{3L} + K_{po}\overline{u}_{2F} + K_{pp}\overline{u}_{2A})^{(\alpha,\beta,\gamma+1)}$$

$$= -2(C_{44}^{(\alpha,\beta,\gamma)} - C_{44}^{(\alpha,\beta,\gamma+1)})\overline{\varepsilon}_{23} \tag{3.127h}$$

$$(K_{qa}\overline{u}_{1T} + K_{qb}\overline{u}_{1B} + K_{qe}\overline{u}_{3T} + K_{qf}\overline{u}_{3B} + K_{qi}\overline{u}_{2R} + K_{qj}\overline{u}_{2L} + K_{qk}\overline{u}_{3R}$$

$$+ K_{ql}\overline{u}_{3L} + K_{qq}\overline{u}_{3F} + K_{qr}\overline{u}_{3A})^{(\alpha,\beta,\gamma)} + (K_{ra}\overline{u}_{1T} + K_{rb}\overline{u}_{1B} + K_{re}\overline{u}_{3T} + K_{rf}\overline{u}_{3B}$$

$$+ K_{ri}\overline{u}_{2R} + K_{rj}\overline{u}_{2L} + K_{rk}\overline{u}_{3R} + K_{rl}\overline{u}_{3L} + K_{rq}\overline{u}_{3F} + K_{rr}\overline{u}_{3A})^{(\alpha,\beta,\gamma+1)}$$

$$= -(C_{31}^{(\alpha,\beta,\gamma)} - C_{31}^{(\alpha,\beta,\gamma+1)})\overline{\varepsilon}_{11} - (C_{32}^{(\alpha,\beta,\gamma)} - C_{32}^{(\alpha,\beta,\gamma+1)})\overline{\varepsilon}_{22} - (C_{33}^{(\alpha,\beta,\gamma)}$$

$$- C_{33}^{(\alpha,\beta,\gamma+1)})\overline{\varepsilon}_{33} + (\Gamma_3^{(\alpha,\beta,\gamma)} - \Gamma_3^{(\alpha,\beta,\gamma+1)})\Delta T \tag{3.127i}$$

把位移连续条件式 (3.74) 和式 (3.75) 代入式 (3.77)，可得

$$K_{ab}^{(\alpha,\beta,\gamma)}\overline{u}_{1A}^{(\alpha,\beta,\gamma)} + (K_{aa}^{(\alpha,\beta,\gamma)} + K_{bb}^{(\alpha+1,\beta,\gamma)})\overline{u}_{1A}^{(\alpha+1,\beta,\gamma)} + K_{ba}^{(\alpha+1,\beta,\gamma)}\overline{u}_{1A}^{(\alpha+2,\beta,\gamma)}$$

$$+ K_{ah}^{(\alpha,\beta,\gamma)}\overline{u}_{1L}^{(\alpha,\beta,\gamma)} + K_{ag}^{(\alpha,\beta,\gamma)}\overline{u}_{1L}^{(\alpha,\beta+1,\gamma)} + K_{bh}^{(\alpha+1,\beta,\gamma)}\overline{u}_{1L}^{(\alpha+1,\beta,\gamma)}$$

$$+ K_{bg}^{(\alpha+1,\beta,\gamma)}\overline{u}_{1L}^{(\alpha+1,\beta+1,\gamma)} + K_{aj}^{(\alpha,\beta,\gamma)}\overline{u}_{2L}^{(\alpha,\beta,\gamma)} + K_{ai}^{(\alpha,\beta,\gamma)}\overline{u}_{2L}^{(\alpha,\beta+1,\gamma)}$$

$$+ K_{bj}^{(\alpha+1,\beta,\gamma)}\overline{u}_{2L}^{(\alpha+1,\beta,\gamma)} + K_{bi}^{(\alpha+1,\beta,\gamma)}\overline{u}_{2L}^{(\alpha+1,\beta+1,\gamma)} + K_{an}^{(\alpha,\beta,\gamma)}\overline{u}_{1B}^{(\alpha,\beta,\gamma)}$$

$$+ K_{am}^{(\alpha,\beta,\gamma)}\overline{u}_{1B}^{(\alpha,\beta,\gamma+1)} + K_{bn}^{(\alpha+1,\beta,\gamma)}\overline{u}_{1B}^{(\alpha+1,\beta,\gamma)} + K_{bm}^{(\alpha+1,\beta,\gamma)}\overline{u}_{1B}^{(\alpha+1,\beta,\gamma+1)}$$

$$+ K_{ar}^{(\alpha,\beta,\gamma)}\overline{u}_{3B}^{(\alpha,\beta,\gamma)} + K_{aq}^{(\alpha,\beta,\gamma)}\overline{u}_{3B}^{(\alpha,\beta,\gamma+1)} + K_{br}^{(\alpha+1,\beta,\gamma)}\overline{u}_{3B}^{(\alpha+1,\beta,\gamma)}$$

$$+ K_{bq}^{(\alpha+1,\beta,\gamma)}\overline{u}_{3B}^{(\alpha+1,\beta,\gamma+1)}$$

$$= -(C_{11}^{(\alpha,\beta,\gamma)} - C_{11}^{(\alpha+1,\beta,\gamma)})\overline{\varepsilon}_{11} - (C_{12}^{(\alpha,\beta,\gamma)} - C_{12}^{(\alpha+1,\beta,\gamma)})\overline{\varepsilon}_{22} - (C_{13}^{(\alpha,\beta,\gamma)}$$

$$- C_{13}^{(\alpha+1,\beta,\gamma)})\overline{\varepsilon}_{33} + (\Gamma_1^{(\alpha,\beta,\gamma)} - \Gamma_1^{(\alpha+1,\beta,\gamma)})\Delta T \tag{3.128a}$$

$$K_{cd}^{(\alpha,\beta,\gamma)}\overline{u}_{2A}^{(\alpha,\beta,\gamma)} + (K_{cc}^{(\alpha,\beta,\gamma)} + K_{dd}^{(\alpha+1,\beta,\gamma)})\overline{u}_{2A}^{(\alpha+1,\beta,\gamma)} + K_{dc}^{(\alpha+1,\beta,\gamma)}\overline{u}_{2A}^{(\alpha+2,\beta,\gamma)}$$

$$+ K_{ch}^{(\alpha,\beta,\gamma)}\overline{u}_{1L}^{(\alpha,\beta,\gamma)} + K_{cg}^{(\alpha,\beta,\gamma)}\overline{u}_{1L}^{(\alpha,\beta+1,\gamma)} + K_{dh}^{(\alpha+1,\beta,\gamma)}\overline{u}_{1L}^{(\alpha+1,\beta,\gamma)}$$

$$+ K_{dg}^{(\alpha+1,\beta,\gamma)}\overline{u}_{1L}^{(\alpha+1,\beta+1,\gamma)} + K_{cj}^{(\alpha,\beta,\gamma)}\overline{u}_{2L}^{(\alpha,\beta,\gamma)} + K_{ci}^{(\alpha,\beta,\gamma)}\overline{u}_{2L}^{(\alpha,\beta+1,\gamma)}$$

$$+ K_{dj}^{(\alpha+1,\beta,\gamma)}\overline{u}_{2L}^{(\alpha+1,\beta,\gamma)} + K_{di}^{(\alpha+1,\beta,\gamma)}\overline{u}_{2L}^{(\alpha+1,\beta+1,\gamma)} + K_{cp}^{(\alpha,\beta,\gamma)}\overline{u}_{2B}^{(\alpha,\beta,\gamma)}$$

$$+ K_{co}^{(\alpha,\beta,\gamma)}\overline{u}_{2B}^{(\alpha,\beta,\gamma+1)} + K_{dp}^{(\alpha+1,\beta,\gamma)}\overline{u}_{2B}^{(\alpha+1,\beta,\gamma)} + K_{do}^{(\alpha+1,\beta,\gamma)}\overline{u}_{2B}^{(\alpha+1,\beta,\gamma+1)}$$

$$= -2(C_{66}^{(\alpha,\beta,\gamma)} - C_{66}^{(\alpha+1,\beta,\gamma)})\overline{\varepsilon}_{12} \tag{3.128b}$$

$$
\begin{aligned}
& K_{ef}^{(\alpha,\beta,\gamma)}\overline{u}_{3A}^{(\alpha,\beta,\gamma)} + (K_{ee}^{(\alpha,\beta,\gamma)} + K_{ff}^{(\alpha+1,\beta,\gamma)})\overline{u}_{3A}^{(\alpha+1,\beta,\gamma)} + K_{fe}^{(\alpha+1,\beta,\gamma)}\overline{u}_{3A}^{(\alpha+2,\beta,\gamma)} \\
& + K_{el}^{(\alpha,\beta,\gamma)}\overline{u}_{3L}^{(\alpha,\beta,\gamma)} + K_{ek}^{(\alpha,\beta,\gamma)}\overline{u}_{3L}^{(\alpha,\beta+1,\gamma)} + K_{fl}^{(\alpha+1,\beta,\gamma)}\overline{u}_{3L}^{(\alpha+1,\beta,\gamma)} \\
& + K_{fk}^{(\alpha+1,\beta,\gamma)}\overline{u}_{3L}^{(\alpha+1,\beta+1,\gamma)} + K_{en}^{(\alpha,\beta,\gamma)}\overline{u}_{1B}^{(\alpha,\beta,\gamma)} + K_{em}^{(\alpha,\beta,\gamma)}\overline{u}_{1B}^{(\alpha,\beta,\gamma+1)} \\
& + K_{fn}^{(\alpha+1,\beta,\gamma)}\overline{u}_{1B}^{(\alpha+1,\beta,\gamma)} + K_{fm}^{(\alpha+1,\beta,\gamma)}\overline{u}_{1B}^{(\alpha+1,\beta,\gamma+1)} + K_{er}^{(\alpha,\beta,\gamma)}\overline{u}_{3B}^{(\alpha,\beta,\gamma)} \\
& + K_{eq}^{(\alpha,\beta,\gamma)}\overline{u}_{3B}^{(\alpha,\beta,\gamma+1)} + K_{fr}^{(\alpha+1,\beta,\gamma)}\overline{u}_{3B}^{(\alpha+1,\beta,\gamma)} + K_{fq}^{(\alpha+1,\beta,\gamma)}\overline{u}_{3B}^{(\alpha+1,\beta,\gamma+1)} \\
& = -2(C_{55}^{(\alpha,\beta,\gamma)} - C_{55}^{(\alpha+1,\beta,\gamma)})\overline{\varepsilon}_{13} \tag{3.128c}
\end{aligned}
$$

$$
\begin{aligned}
& K_{gb}^{(\alpha,\beta,\gamma)}\overline{u}_{1A}^{(\alpha,\beta,\gamma)} + K_{ga}^{(\alpha,\beta,\gamma)}\overline{u}_{1A}^{(\alpha+1,\beta,\gamma)} + K_{hb}^{(\alpha,\beta+1,\gamma)}\overline{u}_{1A}^{(\alpha,\beta+1,\gamma)} \\
& + K_{ha}^{(\alpha,\beta+1,\gamma)}\overline{u}_{1A}^{(\alpha+1,\beta+1,\gamma)} + K_{gd}^{(\alpha,\beta,\gamma)}\overline{u}_{2A}^{(\alpha,\beta,\gamma)} + K_{gc}^{(\alpha,\beta,\gamma)}\overline{u}_{2A}^{(\alpha+1,\beta,\gamma)} \\
& + K_{hd}^{(\alpha,\beta+1,\gamma)}\overline{u}_{2A}^{(\alpha,\beta+1,\gamma)} + K_{hc}^{(\alpha,\beta+1,\gamma)}\overline{u}_{2A}^{(\alpha+1,\beta+1,\gamma)} + K_{gh}^{(\alpha,\beta,\gamma)}\overline{u}_{1L}^{(\alpha,\beta,\gamma)} \\
& + (K_{gg}^{(\alpha,\beta,\gamma)} + K_{hh}^{(\alpha,\beta+1,\gamma)})\overline{u}_{1L}^{(\alpha,\beta+1,\gamma)} + K_{hg}^{(\alpha,\beta+1,\gamma)}\overline{u}_{1L}^{(\alpha,\beta+2,\gamma)} \\
& + K_{gn}^{(\alpha,\beta,\gamma)}\overline{u}_{1B}^{(\alpha,\beta,\gamma)} + K_{gm}^{(\alpha,\beta,\gamma)}\overline{u}_{1B}^{(\alpha,\beta,\gamma+1)} + K_{hn}^{(\alpha,\beta+1,\gamma)}\overline{u}_{1B}^{(\alpha,\beta+1,\gamma)} \\
& + K_{hm}^{(\alpha,\beta+1,\gamma)}\overline{u}_{1B}^{(\alpha,\beta+1,\gamma+1)} \\
& = -2(C_{66}^{(\alpha,\beta,\gamma)} - C_{66}^{(\alpha,\beta+1,\gamma)})\overline{\varepsilon}_{12} \tag{3.128d}
\end{aligned}
$$

$$
\begin{aligned}
& K_{ib}^{(\alpha,\beta,\gamma)}\overline{u}_{1A}^{(\alpha,\beta,\gamma)} + K_{ia}^{(\alpha,\beta,\gamma)}\overline{u}_{1A}^{(\alpha+1,\beta,\gamma)} + K_{jb}^{(\alpha,\beta+1,\gamma)}\overline{u}_{1A}^{(\alpha,\beta+1,\gamma)} \\
& + K_{ja}^{(\alpha,\beta+1,\gamma)}\overline{u}_{1A}^{(\alpha+1,\beta+1,\gamma)} + K_{id}^{(\alpha,\beta,\gamma)}\overline{u}_{2A}^{(\alpha,\beta,\gamma)} + K_{ic}^{(\alpha,\beta,\gamma)}\overline{u}_{2A}^{(\alpha+1,\beta,\gamma)} \\
& + K_{jd}^{(\alpha,\beta+1,\gamma)}\overline{u}_{2A}^{(\alpha,\beta+1,\gamma)} + K_{jc}^{(\alpha,\beta+1,\gamma)}\overline{u}_{2A}^{(\alpha+1,\beta+1,\gamma)} + K_{ij}^{(\alpha,\beta,\gamma)}\overline{u}_{2L}^{(\alpha,\beta,\gamma)} \\
& + (K_{ii}^{(\alpha,\beta,\gamma)} + K_{jj}^{(\alpha,\beta+1,\gamma)})\overline{u}_{2L}^{(\alpha,\beta+1,\gamma)} + K_{ji}^{(\alpha,\beta+1,\gamma)}\overline{u}_{2L}^{(\alpha,\beta+2,\gamma)} \\
& + K_{ip}^{(\alpha,\beta,\gamma)}\overline{u}_{2B}^{(\alpha,\beta,\gamma)} + K_{io}^{(\alpha,\beta,\gamma)}\overline{u}_{2B}^{(\alpha,\beta,\gamma+1)} + K_{jp}^{(\alpha,\beta+1,\gamma)}\overline{u}_{2B}^{(\alpha,\beta+1,\gamma)} \\
& + K_{jo}^{(\alpha,\beta+1,\gamma)}\overline{u}_{2B}^{(\alpha,\beta+1,\gamma+1)} + K_{ir}^{(\alpha,\beta,\gamma)}\overline{u}_{3B}^{(\alpha,\beta,\gamma)} + K_{iq}^{(\alpha,\beta,\gamma)}\overline{u}_{3B}^{(\alpha,\beta,\gamma+1)} \\
& + K_{jr}^{(\alpha,\beta+1,\gamma)}\overline{u}_{3B}^{(\alpha,\beta+1,\gamma)} + K_{jq}^{(\alpha,\beta+1,\gamma)}\overline{u}_{3B}^{(\alpha,\beta+1,\gamma+1)} \\
& = -(C_{21}^{(\alpha,\beta,\gamma)} - C_{21}^{(\alpha,\beta+1,\gamma)})\overline{\varepsilon}_{11} - (C_{22}^{(\alpha,\beta,\gamma)} - C_{22}^{(\alpha,\beta+1,\gamma)})\overline{\varepsilon}_{22} \\
& \quad - (C_{23}^{(\alpha,\beta,\gamma)} - C_{23}^{(\alpha,\beta+1,\gamma)})\overline{\varepsilon}_{33} + (\Gamma_2^{(\alpha,\beta,\gamma)} - \Gamma_2^{(\alpha,\beta+1,\gamma)})\Delta T \tag{3.128e}
\end{aligned}
$$

$$K_{kf}^{(\alpha,\beta,\gamma)}\overline{u}_{3A}^{(\alpha,\beta,\gamma)} + K_{ke}^{(\alpha,\beta,\gamma)}\overline{u}_{3A}^{(\alpha+1,\beta,\gamma)} + K_{lf}^{(\alpha,\beta+1,\gamma)}\overline{u}_{3A}^{(\alpha,\beta+1,\gamma)}$$

$$+ K_{le}^{(\alpha,\beta+1,\gamma)}\overline{u}_{3A}^{(\alpha+1,\beta+1,\gamma)} + K_{kl}^{(\alpha,\beta,\gamma)}\overline{u}_{3L}^{(\alpha,\beta,\gamma)} + (K_{kk}^{(\alpha,\beta,\gamma)}$$

$$+ K_{ll}^{(\alpha,\beta+1,\gamma)})\overline{u}_{3L}^{(\alpha,\beta+1,\gamma)} + K_{lk}^{(\alpha,\beta+1,\gamma)}\overline{u}_{3L}^{(\alpha,\beta+2,\gamma)} + K_{kp}^{(\alpha,\beta,\gamma)}\overline{u}_{2B}^{(\alpha,\beta,\gamma)}$$

$$+ K_{ko}^{(\alpha,\beta,\gamma)}\overline{u}_{2B}^{(\alpha,\beta,\gamma+1)} + K_{lp}^{(\alpha,\beta+1,\gamma)}\overline{u}_{2B}^{(\alpha,\beta+1,\gamma)} + K_{lo}^{(\alpha,\beta+1,\gamma)}\overline{u}_{2B}^{(\alpha,\beta+1,\gamma+1)}$$

$$+ K_{kr}^{(\alpha,\beta,\gamma)}\overline{u}_{3B}^{(\alpha,\beta,\gamma)} + K_{kq}^{(\alpha,\beta,\gamma)}\overline{u}_{3B}^{(\alpha,\beta,\gamma+1)} + K_{lr}^{(\alpha,\beta+1,\gamma)}\overline{u}_{3B}^{(\alpha,\beta+1,\gamma)}$$

$$+ K_{lq}^{(\alpha,\beta+1,\gamma)}\overline{u}_{3B}^{(\alpha,\beta+1,\gamma+1)}$$

$$= -2(C_{44}^{(\alpha,\beta,\gamma)} - C_{44}^{(\alpha,\beta+1,\gamma)})\overline{\varepsilon}_{23} \tag{3.128f}$$

$$K_{mb}^{(\alpha,\beta,\gamma)}\overline{u}_{1A}^{(\alpha,\beta,\gamma)} + K_{ma}^{(\alpha,\beta,\gamma)}\overline{u}_{1A}^{(\alpha+1,\beta,\gamma)} + K_{nb}^{(\alpha,\beta,\gamma+1)}\overline{u}_{1A}^{(\alpha,\beta,\gamma+1)}$$

$$+ K_{na}^{(\alpha,\beta,\gamma+1)}\overline{u}_{1A}^{(\alpha+1,\beta,\gamma+1)} + K_{mf}^{(\alpha,\beta,\gamma)}\overline{u}_{3A}^{(\alpha,\beta,\gamma)} + K_{me}^{(\alpha,\beta,\gamma)}\overline{u}_{3A}^{(\alpha+1,\beta,\gamma)}$$

$$+ K_{nf}^{(\alpha,\beta,\gamma+1)}\overline{u}_{3A}^{(\alpha,\beta,\gamma+1)} + K_{ne}^{(\alpha,\beta,\gamma+1)}\overline{u}_{3A}^{(\alpha+1,\beta,\gamma+1)} + K_{mh}^{(\alpha,\beta,\gamma)}\overline{u}_{1L}^{(\alpha,\beta,\gamma)}$$

$$+ K_{mg}^{(\alpha,\beta,\gamma)}\overline{u}_{1L}^{(\alpha,\beta+1,\gamma)} + K_{nh}^{(\alpha,\beta,\gamma+1)}\overline{u}_{1L}^{(\alpha,\beta,\gamma+1)} + K_{ng}^{(\alpha,\beta,\gamma+1)}\overline{u}_{1L}^{(\alpha,\beta+1,\gamma+1)}$$

$$+ K_{mn}^{(\alpha,\beta,\gamma)}\overline{u}_{1B}^{(\alpha,\beta,\gamma)} + (K_{mm}^{(\alpha,\beta,\gamma)} + K_{nn}^{(\alpha,\beta,\gamma+1)})\overline{u}_{1B}^{(\alpha,\beta,\gamma+1)}$$

$$+ K_{nm}^{(\alpha,\beta,\gamma+1)}\overline{u}_{1B}^{(\alpha,\beta,\gamma+2)}$$

$$= -2(C_{55}^{(\alpha,\beta,\gamma)} - C_{55}^{(\alpha,\beta,\gamma+1)})\overline{\varepsilon}_{13} \tag{3.128g}$$

$$K_{od}^{(\alpha,\beta,\gamma)}\overline{u}_{2A}^{(\alpha,\beta,\gamma)} + K_{oc}^{(\alpha,\beta,\gamma)}\overline{u}_{2A}^{(\alpha+1,\beta,\gamma)} + K_{pd}^{(\alpha,\beta,\gamma+1)}\overline{u}_{2A}^{(\alpha,\beta,\gamma+1)}$$

$$+ K_{pc}^{(\alpha,\beta,\gamma+1)}\overline{u}_{2A}^{(\alpha+1,\beta,\gamma+1)} + K_{oj}^{(\alpha,\beta,\gamma)}\overline{u}_{2L}^{(\alpha,\beta,\gamma)} + K_{oi}^{(\alpha,\beta,\gamma)}\overline{u}_{2L}^{(\alpha,\beta+1,\gamma)}$$

$$+ K_{pj}^{(\alpha,\beta,\gamma+1)}\overline{u}_{2L}^{(\alpha,\beta,\gamma+1)} + K_{pi}^{(\alpha,\beta,\gamma+1)}\overline{u}_{2L}^{(\alpha,\beta+1,\gamma+1)} + K_{ol}^{(\alpha,\beta,\gamma)}\overline{u}_{3L}^{(\alpha,\beta,\gamma)}$$

$$+ K_{ok}^{(\alpha,\beta,\gamma)}\overline{u}_{3L}^{(\alpha,\beta+1,\gamma)} + K_{pl}^{(\alpha,\beta,\gamma+1)}\overline{u}_{3L}^{(\alpha,\beta,\gamma+1)} + K_{pk}^{(\alpha,\beta,\gamma+1)}\overline{u}_{3L}^{(\alpha,\beta+1,\gamma+1)}$$

$$+ K_{op}^{(\alpha,\beta,\gamma)}\overline{u}_{2B}^{(\alpha,\beta,\gamma)} + (K_{oo}^{(\alpha,\beta,\gamma)} + K_{pp}^{(\alpha,\beta,\gamma+1)})\overline{u}_{2B}^{(\alpha,\beta,\gamma+1)} + K_{po}^{(\alpha,\beta,\gamma+1)}\overline{u}_{2B}^{(\alpha,\beta,\gamma+2)}$$

$$= -2(C_{44}^{(\alpha,\beta,\gamma)} - C_{44}^{(\alpha,\beta,\gamma+1)})\overline{\varepsilon}_{23} \tag{3.128h}$$

$$K_{qb}^{(\alpha,\beta,\gamma)}\overline{u}_{1A}^{(\alpha,\beta,\gamma)} + K_{qa}^{(\alpha,\beta,\gamma)}\overline{u}_{1A}^{(\alpha+1,\beta,\gamma)} + K_{rb}^{(\alpha,\beta,\gamma+1)}\overline{u}_{1A}^{(\alpha,\beta,\gamma+1)}$$

$$+ K_{ra}^{(\alpha,\beta,\gamma+1)}\overline{u}_{1A}^{(\alpha+1,\beta,\gamma+1)} + K_{qf}^{(\alpha,\beta,\gamma)}\overline{u}_{3A}^{(\alpha,\beta,\gamma)} + K_{qe}^{(\alpha,\beta,\gamma)}\overline{u}_{3A}^{(\alpha+1,\beta,\gamma)}$$

$$+ K_{rf}^{(\alpha,\beta,\gamma+1)}\overline{u}_{3A}^{(\alpha,\beta,\gamma+1)} + K_{re}^{(\alpha,\beta,\gamma+1)}\overline{u}_{3A}^{(\alpha+1,\beta,\gamma+1)} + K_{qj}^{(\alpha,\beta,\gamma)}\overline{u}_{2L}^{(\alpha,\beta,\gamma)}$$

$$+ K_{qi}^{(\alpha,\beta,\gamma)}\overline{u}_{2L}^{(\alpha,\beta+1,\gamma)} + K_{rj}^{(\alpha,\beta,\gamma+1)}\overline{u}_{2L}^{(\alpha,\beta,\gamma+1)} + K_{ri}^{(\alpha,\beta,\gamma+1)}\overline{u}_{2L}^{(\alpha,\beta+1,\gamma+1)}$$

$$+ K_{ql}^{(\alpha,\beta,\gamma)}\overline{u}_{3L}^{(\alpha,\beta,\gamma)} + K_{qk}^{(\alpha,\beta,\gamma)}\overline{u}_{3L}^{(\alpha,\beta+1,\gamma)} + K_{rl}^{(\alpha,\beta,\gamma+1)}\overline{u}_{3L}^{(\alpha,\beta,\gamma+1)}$$

$$+ K_{rk}^{(\alpha,\beta,\gamma+1)}\overline{u}_{3L}^{(\alpha,\beta+1,\gamma+1)} + K_{qr}^{(\alpha,\beta,\gamma)}\overline{u}_{3B}^{(\alpha,\beta,\gamma)} + (K_{qq}^{(\alpha,\beta,\gamma)} + K_{rr}^{(\alpha,\beta,\gamma+1)})\overline{u}_{3B}^{(\alpha,\beta,\gamma+1)}$$

$$+ K_{rq}^{(\alpha,\beta,\gamma+1)}\overline{u}_{3B}^{(\alpha,\beta,\gamma+2)}$$

$$= -(C_{31}^{(\alpha,\beta,\gamma)} - C_{31}^{(\alpha,\beta,\gamma+1)})\overline{\varepsilon}_{11} - (C_{32}^{(\alpha,\beta,\gamma)} - C_{32}^{(\alpha,\beta,\gamma+1)})\overline{\varepsilon}_{22}$$

$$- (C_{33}^{(\alpha,\beta,\gamma)} - C_{33}^{(\alpha,\beta,\gamma+1)})\overline{\varepsilon}_{33} + (\Gamma_3^{(\alpha,\beta,\gamma)} - \Gamma_3^{(\alpha,\beta,\gamma+1)})\Delta T \tag{3.128i}$$

式 (3.128) 的 9 个表达式可以写成下列矩阵形式:

$$K\overline{U} = A\overline{\varepsilon} + a\Delta T \tag{3.129}$$

其中,

$$\overline{U} = [\overline{u}_{1B}^{(11)}, \cdots, \overline{u}_{1B}^{(N_\beta 1)}, \cdots, \overline{u}_{1B}^{(1N_\gamma)}, \cdots, \overline{u}_{1B}^{(N_\beta N_\gamma)}, \overline{u}_{2B}^{(11)}, \cdots, \overline{u}_{2B}^{(N_\beta 1)}, \cdots, \overline{u}_{2B}^{(1N_\gamma)}, \cdots,$$
$$\overline{u}_{2B}^{(N_\beta N_\gamma)}, \overline{u}_{3B}^{(11)}, \cdots, \overline{u}_{3B}^{(N_\beta 1)}, \cdots, \overline{u}_{3B}^{(1N_\gamma)}, \cdots, \overline{u}_{3B}^{(N_\beta N_\gamma)}, \overline{u}_{1L}^{(11)}, \cdots, \overline{u}_{1L}^{(N_\alpha 1)}, \cdots,$$
$$\overline{u}_{1L}^{(1N_\gamma)}, \cdots, \overline{u}_{1L}^{(N_\alpha N_\gamma)}, \overline{u}_{2L}^{(11)}, \cdots, \overline{u}_{2L}^{(N_\alpha 1)}, \cdots, \overline{u}_{2L}^{(1N_\gamma)}, \cdots, \overline{u}_{2L}^{(N_\alpha N_\gamma)}, \overline{u}_{3L}^{(11)}, \cdots,$$
$$\overline{u}_{3L}^{(N_\alpha 1)}, \cdots, \overline{u}_{3L}^{(1N_\gamma)}, \cdots, \overline{u}_{3L}^{(N_\alpha N_\gamma)}, \overline{u}_{1A}^{(11)}, \cdots, \overline{u}_{1A}^{(N_\alpha 1)}, \cdots, \overline{u}_{1A}^{(1N_\beta)}, \cdots, \overline{u}_{1A}^{(N_\alpha N_\beta)},$$
$$\overline{u}_{2A}^{(11)}, \cdots, \overline{u}_{2A}^{(N_\alpha 1)}, \cdots, \overline{u}_{2A}^{(1N_\beta)}, \cdots, \overline{u}_{2A}^{(N_\alpha N_\beta)}, \overline{u}_{3A}^{(11)}, \cdots, \overline{u}_{3A}^{(N_\alpha 1)}, \cdots,$$
$$\overline{u}_{3A}^{(1N_\beta)}, \cdots, \overline{u}_{3A}^{(N_\alpha N_\beta)}]$$

$$\overline{u}_{1B}^{(\beta\gamma)} = \left[\overline{u}_{1B}^{(1,\beta,\gamma)}, \cdots, \overline{u}_{1B}^{(N_\alpha,\beta,\gamma)}\right] \quad \overline{u}_{2B}^{(\beta\gamma)} = \left[\overline{u}_{2B}^{(1,\beta,\gamma)}, \cdots, \overline{u}_{2B}^{(N_\alpha,\beta,\gamma)}\right]$$

$$\overline{u}_{3B}^{(\beta\gamma)} = \left[\overline{u}_{3B}^{(1,\beta,\gamma)}, \cdots, \overline{u}_{3B}^{(N_\alpha,\beta,\gamma)}\right] \quad \overline{u}_{1L}^{(\alpha\gamma)} = \left[\overline{u}_{1L}^{(\alpha,1,\gamma)}, \cdots, \overline{u}_{1L}^{(\alpha,N_\beta,\gamma)}\right]$$

$$\overline{u}_{2L}^{(\alpha\gamma)} = \left[\overline{u}_{2L}^{(\alpha,1,\gamma)}, \cdots, \overline{u}_{2L}^{(\alpha,N_\beta,\gamma)}\right] \quad \overline{u}_{3L}^{(\alpha\gamma)} = \left[\overline{u}_{3L}^{(\alpha,1,\gamma)}, \cdots, \overline{u}_{3L}^{(\alpha,N_\beta,\gamma)}\right]$$

$$\overline{u}_{1A}^{(\alpha\beta)} = \left[\overline{u}_{1A}^{(\alpha,\beta,1)}, \cdots, \overline{u}_{1A}^{(\alpha,\beta,N_\gamma)}\right] \quad \overline{u}_{2A}^{(\alpha\beta)} = \left[\overline{u}_{2A}^{(\alpha,\beta,1)}, \cdots, \overline{u}_{2A}^{(\alpha,\beta,N_\gamma)}\right]$$

$$\overline{u}_{3A}^{(\alpha\beta)} = \left[\overline{u}_{3A}^{(\alpha,\beta,1)}, \cdots, \overline{u}_{3A}^{(\alpha,\beta,N_\gamma)}\right]$$

在假设位移下产生的应变场和应力场都可以用勒让德多项式来表达,具体形式如式 (3.9)。利用勒让德多项式的正交化特性,可得应变系数 $e_{ij(l,m,n)}^{(\alpha\beta\gamma)}$,具体形式与原始高精度通用单胞模型相同。其中 (α,β,γ) 表示为子胞,而不再是亚子胞。

通过上述分析可知，把式 (3.122) 代入到 $e_{ij(l,m,n)}^{(\alpha\beta\gamma)}$ 表达式中得

$$e_{11(0,0)}^{(\alpha\beta\gamma)} = \overline{\varepsilon}_{11} + \frac{1}{d_\alpha}(\overline{u}_{1\mathrm{T}} - \overline{u}_{1\mathrm{B}})^{(\alpha,\beta,\gamma)} = \overline{\varepsilon}_{11} + \frac{1}{d_\alpha}(\overline{u}_{1\mathrm{B}}^{(\alpha+1,\beta,\gamma)} - \overline{u}_{1\mathrm{B}}^{(\alpha,\beta,\gamma)}) \quad (3.130\mathrm{a})$$

$$e_{22(0,0,0)}^{(\alpha\beta\gamma)} = \overline{\varepsilon}_{22} + \frac{1}{h_\beta}(\overline{u}_{2\mathrm{R}} - \overline{u}_{2\mathrm{L}})^{(\alpha,\beta,\gamma)} = \overline{\varepsilon}_{22} + \frac{1}{h_\beta}(\overline{u}_{2\mathrm{L}}^{(\alpha,\beta+1,\gamma)} - \overline{u}_{2\mathrm{L}}^{(\alpha,\beta,\gamma)}) \quad (3.130\mathrm{b})$$

$$e_{33(0,0,0)}^{(\alpha\beta\gamma)} = \overline{\varepsilon}_{33} + \frac{1}{l_\gamma}(\overline{u}_{3\mathrm{F}} - \overline{u}_{3\mathrm{A}})^{(\alpha,\beta,\gamma)} = \overline{\varepsilon}_{33} + \frac{1}{l_\gamma}(\overline{u}_{3\mathrm{F}}^{(\alpha,\beta,\gamma+1)} - \overline{u}_{3\mathrm{A}}^{(\alpha,\beta,\gamma)}) \quad (3.130\mathrm{c})$$

$$\begin{aligned}
e_{23(0,0,0)}^{(\alpha\beta\gamma)} &= \overline{\varepsilon}_{23} + \frac{1}{2}\left[\frac{1}{l_\gamma}(\overline{u}_{2\mathrm{F}} - \overline{u}_{2\mathrm{A}}) + \frac{1}{h_\beta}(\overline{u}_{3\mathrm{R}} - \overline{u}_{3\mathrm{L}})\right]^{(\alpha,\beta,\gamma)} = \\
&\overline{\varepsilon}_{23} + \frac{1}{2}\left[\frac{1}{l_\gamma}(\overline{u}_{2\mathrm{F}}^{(\alpha,\beta,\gamma+1)} - \overline{u}_{2\mathrm{A}}^{(\alpha,\beta,\gamma)}) + \frac{1}{h_\beta}(\overline{u}_{3\mathrm{R}}^{(\alpha,\beta+1,\gamma)} - \overline{u}_{3\mathrm{L}}^{(\alpha,\beta,\gamma)})\right]
\end{aligned} \quad (3.130\mathrm{d})$$

$$\begin{aligned}
e_{13(0,0,0)}^{(\alpha\beta\gamma)} &= \overline{\varepsilon}_{13} + \frac{1}{2}\left[\frac{1}{l_\gamma}(\overline{u}_{1\mathrm{F}} - \overline{u}_{1\mathrm{A}}) + \frac{1}{d_\alpha}(\overline{u}_{3\mathrm{T}} - \overline{u}_{3\mathrm{B}})\right]^{(\alpha,\beta,\gamma)} = \\
&\overline{\varepsilon}_{13} + \frac{1}{2}\left[\frac{1}{l_\gamma}(\overline{u}_{1\mathrm{F}}^{(\alpha,\beta,\gamma+1)} - \overline{u}_{1\mathrm{F}}^{(\alpha,\beta,\gamma)}) + \frac{1}{d_\alpha}(\overline{u}_{3\mathrm{B}}^{(\alpha+1,\beta,\gamma)} - \overline{u}_{3\mathrm{B}}^{(\alpha,\beta,\gamma)})\right]
\end{aligned} \quad (3.130\mathrm{e})$$

$$\begin{aligned}
e_{12(0,0,0)}^{(\alpha\beta\gamma)} &= \overline{\varepsilon}_{12} + \frac{1}{2}\left[\frac{1}{h_\beta}(\overline{u}_{1\mathrm{R}} - \overline{u}_{1\mathrm{L}}) + \frac{1}{d_\alpha}(\overline{u}_{2\mathrm{T}} - \overline{u}_{2\mathrm{B}})\right]^{(\alpha,\beta,\gamma)} = \\
&\overline{\varepsilon}_{12} + \frac{1}{2}\left[\frac{1}{h_\beta}(\overline{u}_{1\mathrm{L}}^{(\alpha,\beta+1,\gamma)} - \overline{u}_{1\mathrm{L}}^{(\alpha,\beta,\gamma)}) + \frac{1}{d_\alpha}(\overline{u}_{2\mathrm{T}}^{(\alpha+1,\beta,\gamma)} - \overline{u}_{2\mathrm{T}}^{(\alpha,\beta,\gamma)})\right]
\end{aligned} \quad (3.130\mathrm{f})$$

由式 (3.129) 可知平均位移为宏观应变的函数，则式 (3.130) 可写成：

$$e_{(0,0,0)}^{(\alpha\beta\gamma)} = A^{(\alpha\beta\gamma)}\overline{\varepsilon} + a^{(\alpha\beta\gamma)}\Delta T \quad (3.131)$$

由子胞本构方程知，应变 $e_{(0,0,0)}^{(\alpha\beta\gamma)}$ 和平均应力分量 $S_{ij(0,0,0)}^{(\alpha\beta\gamma)}$ 之间可用下式表示：

$$S_{(0,0,0)}^{(\alpha\beta\gamma)} = C^{(\alpha\beta\gamma)}e_{(0,0,0)}^{(\alpha\beta\gamma)} - R_{(0,0,0)}^{(\alpha\beta\gamma)} - \Gamma^{(\alpha\beta\gamma)}\Delta T \quad (3.132)$$

综合式 (3.131)、式 (3.132) 可得

$$S_{(0,0,0)}^{(\alpha\beta\gamma)} = C^{(\alpha\beta\gamma)}(A^{(\alpha\beta\gamma)}\overline{\varepsilon} + a^{(\alpha\beta\gamma)}\Delta T) - \Gamma^{(\alpha\beta\gamma)}\Delta T \quad (3.133)$$

多相复合材料的平均应力可由下述表达式给出：

$$\overline{\sigma} = \frac{1}{DHL} \sum_{\alpha=1}^{N_\alpha} \sum_{\beta=1}^{N_\beta} \sum_{\gamma=1}^{N_\gamma} d_\alpha h_\beta l_\gamma S_{(0,0,0)}^{(\alpha\beta\gamma)} \tag{3.134}$$

综合式 (3.133)、式 (3.134) 可得多相热弹性复合材料的本构方程如下:

$$\overline{\sigma} = C^* \overline{\varepsilon} - \overline{\sigma}^T \tag{3.135}$$

其中, C^* 为复合材料的刚度矩阵, 形式如下:

$$C^* = \frac{1}{DHL} \sum_{\alpha=1}^{N_\alpha} \sum_{\beta=1}^{N_\beta} \sum_{\gamma=1}^{N_\gamma} d_\alpha h_\beta l_\gamma C^{(\alpha\beta\gamma)} A^{(\alpha\beta\gamma)} \tag{3.136}$$

$$\overline{\sigma}^T = -\frac{\Delta T}{DHL} \sum_{\alpha=1}^{N_\alpha} \sum_{\alpha=1}^{N_\beta} \sum_{\gamma=1}^{N_\gamma} d_\alpha h_\beta l_\gamma [C^{(\alpha\beta\gamma)} a^{(\alpha\beta\gamma)} - \Gamma^{(\alpha\beta\gamma)}] \tag{3.137}$$

由上述分析可知, 改进后三维高精度通用单胞模型与原始的三维高精度通用单胞模型相比, 有以下的优点:

(1) 通过消除亚子胞简化了离散化过程, 仅剩下子胞代表复合材料的微观结构。这与通用单胞模型子胞划分的思想是相同的。

(2) 采用子胞界面的平均量代替了假设位移函数系数作为未知量, 降低了求解方程数目, 大大提高了求解效率 (见图 3.30)。图中取每个方向划分的子胞数目相同, 可以看出改进模型的求解方程数约为原始三维高精度通用单胞模型的 3/7。

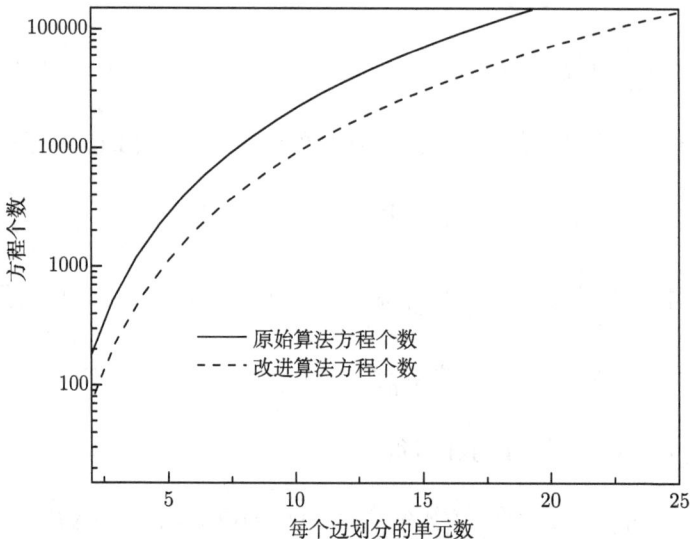

图 3.30　模型改进前后求解方程数目对比图

3.6 算例与结果分析

3.6.1 球形颗粒增强复合材料弹性性能的计算

利用改进三维高精度通用单胞模型,可以实现对球形颗粒增强复合材料宏观弹性性能的计算。现以 7×7×7 的网格来表示球形颗粒增强复合材料,网格划分如图 3.31 所示。其中材料性能为:E_m=68.3GPa,μ_m=0.3,E_f=379.3GPa,μ_f=0.1。分别采用了改进算法的通用单胞模型、细观力学有限元法以及改进的高精度通用单胞模型进行了计算,计算结果见表 3.4 所示。通过对比分析表明本书研究的改进三维高精度通用单胞模型是有效的。

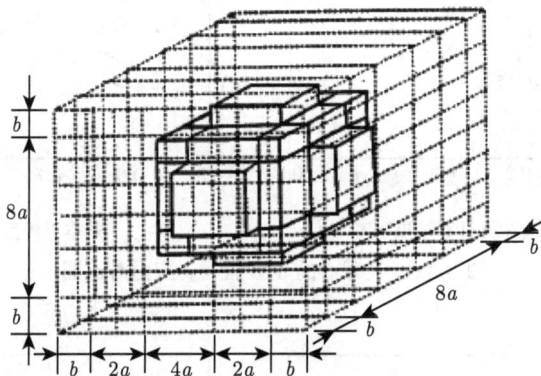

图 3.31 球形增强相 RVE

表 3.4 球形颗粒增强复合材料有效性能对比

材料		弹性性能	改进算法的通用单胞模型	细观力学有限元法	改进的高精度通用单胞模型
B/Al	R=0.25	E_1/GPa	74.18	74.4	74.88
		G_{12}/GPa	27.96	29.957	28.64
		μ_{12}	0.293	0.292	0.292

3.6.2 球形颗粒增强复合材料细观应力场的计算

利用本书研究的三维高精度通用单胞模型,可以在已知宏观应变 (或应力) 情况下得到细观应力、应变场。

仍以上述球形颗粒增强复合材料为例,利用本书研究的模型计算了复合材料在 x 方向承受均匀载荷条件下的细观应力,并将计算结果与细观力学有限元法计算结果进行了对比。对比情况见图 3.32 和图 3.33。由图可见,本书模型计算结果与细观力学有限元计算结果具有较好的一致性。两者之间也存在一定的误差,主要是由于利用本书模型计算时划分的网格较粗, 用细观力学有限元法计算时施加的是截面压力, 而用本书模型计算时, 施加的是应力, 另外施加的边界条件也不完全相同。三维高精度通用单胞模型只需要较少的子胞, 即可达到需要的精度, 而采用细观力学有限元法时, 划分的单元数需要足够多, 因此高精度通用单胞模型的计算效率较高。

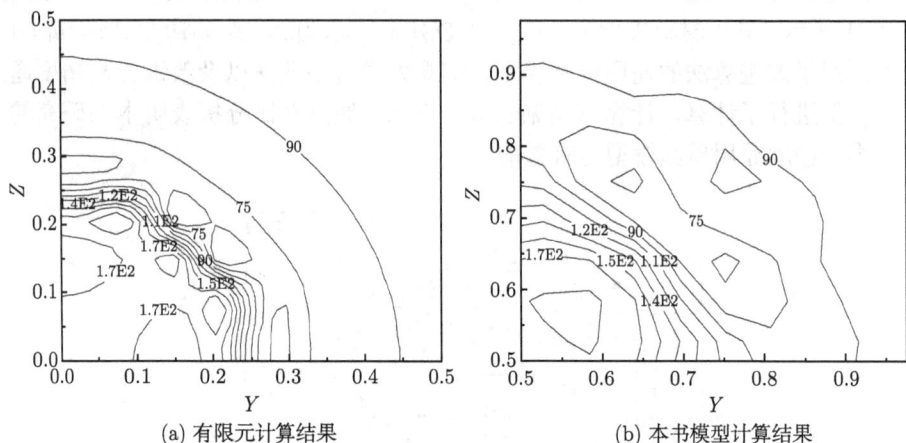

(a) 有限元计算结果　　　　　　　　　　(b) 本书模型计算结果

图 3.32　过球心的 YZ 面 σ_x 应力对比图

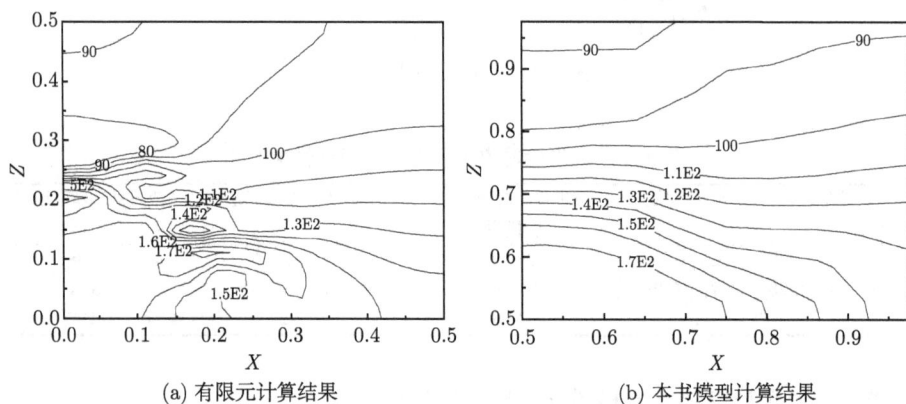

(a) 有限元计算结果　　　　　　　　　　(b) 本书模型计算结果

图 3.33　过球心的 XZ 面 σ_x 应力对比图

第 4 章 高精度四边形子胞模型

4.1 高精度四边形子胞模型的建立

根据建立宏细观统一本构模型的步骤，建立高精度四边形子胞 (high-fidelity quadrangle cell method，HFQCM) 模型的方法与步骤如下：

(1) 假设 RVE 内的位移模式为式 $u_i = \dot{\varepsilon}_{ij} X_j + u(i,j = 1,2,3)$；

(2) 以式 $u_i = \dot{\varepsilon}_{ij} X_j + \tilde{u}_i (i,j = 1,2,3)$ 中细观位移 $\tilde{u}_i$ 作为未知量，模型建立的过程就是在周期边界条件下求解出 $\tilde{u}_i$ 的过程；

(3) 在子胞内用二元多项式来逼近细观位移 $\tilde{u}_i$，即 $^q\tilde{u}_i = {}^qW_{i1} + {}^qW_{i2}y_2 + {}^qW_{i3}y_3 + {}^qW_{i4}y_2^2 + \cdots$，多项式系数 $^qW_{ij}$ 决定了子胞内位移的分布形式 (左上标 q 代表子胞，下标 i 表示位移方向，j 表示多项式中的每一项)，只要确定了 $^qW_{ij}$，就确定了 RVE 内的位移场、应变场和应力场，因此 $^qW_{ij}$ 是模型的基本未知量；

(4) 结合子胞内平均化的平衡方程，把位移多项式的系数用子胞边界的平均位移 $^q\bar{u}_i^\eta$ (左上标 q 代表子胞，右上标 η 代表子胞节点的局部编号，下标 i 表示位移方向) 来表示，将基本未知量从 $^qW_{ij}$ 转换为物理意义更为明确的 $^q\bar{u}_i^\eta$；

(5) 将位移模式代入几何方程 $\varepsilon_{ij} = \bar{\varepsilon}_{ij} + \left(\dfrac{\partial \tilde{u}_i}{\partial x_j} + \dfrac{\partial \tilde{u}_j}{\partial x_i} \right) \Big/ 2$ 和弹性本构方程 $\sigma_{ij} = E_{ijkl}\varepsilon_{kl}$，得到子胞内应力的近似表达式；

(6) 将子胞内应力的近似表达式在子胞边界上积分，得到子胞边界平均力 $^q\bar{P}_i^\eta$，其为基本未知量 $^qW_{ij}$ 的函数，确定了 $^qW_{ij}$ 就确定了 $^q\bar{P}_i^\eta$ 的形式；

(7) 结合 (4) 和 (6) 的结果将 $^q\bar{P}_i^\eta$ 表示成 $^q\bar{u}_i^\eta$ 的表达式；

(8) 应用子胞边界的平均位移连续条件和平均力的平衡条件求解 $^q\bar{u}_i^\eta$，由此确定细观位移场；

(9) 由细观位移场和式 $\varepsilon_{ij} = \bar{\varepsilon}_{ij} + \left(\dfrac{\partial \tilde{u}_i}{\partial x_j} + \dfrac{\partial \tilde{u}_j}{\partial x_i} \right) \Big/ 2$ 确定细观应变场；

(10) 由式 $\bar{\sigma}_{ij} = \dfrac{1}{V} \displaystyle\int_V \sigma_{ij} \mathrm{d}v$ 计算宏观应力，由此确定宏观应力与宏观应变之间的关系。

1. 位移模式

下面以二维问题为研究对象，进行 HFQCM 模型公式的推导。假设代表性体元所占据的区域为 $0 \leqslant X_2 \leqslant L,\ 0 \leqslant X_3 \leqslant H$，采用凸四边形子胞将其离散（图 4.1）。在任意子胞内，假设其位移为

$$
\begin{aligned}
{}^q u_i &= A_{ij}X_j + {}^q W_{i1} + {}^q W_{i2}{}^q y_2 + {}^q W_{i3}{}^q y_3 + {}^q W_{i4}{}^q y_2^2 \\
&\quad + {}^q W_{i5}{}^q y_3^2,\ i = 1,2,3; q = 1, \cdots, N_q
\end{aligned}
\tag{4.1}
$$

其中，上标 q 表示第 q 个子胞；N_q 是子胞总数；X_j 是宏观坐标；${}^q y_i$ 是第 q 个子胞的局部坐标；A_{ij} 是位移模式中的宏观线性项系数，它是对称张量。

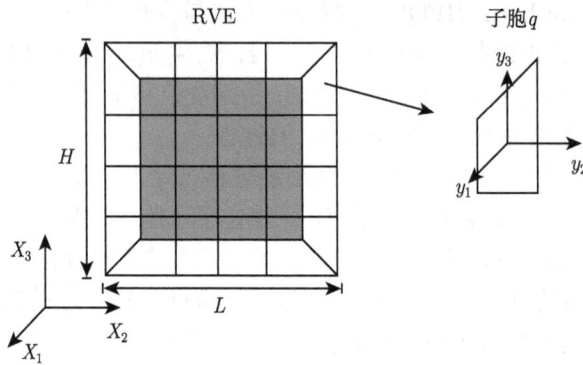

图 4.1　HFQCM 模型 RVE 和子胞

前文已经证明了在周期边界条件下 A_{ij} 就等于代表性体元的宏观应变 $\dot{\varepsilon}_{ij}$。${}^q W_{ij}$ 是细观位移模式的系数，只要确定了它就能知道子胞内的位移场。局部坐标与宏观坐标之间满足如下关系：

$$
{}^q y_i + {}^q X_i = X_i
\tag{4.2}
$$

其中，${}^q X_i$ 是第 q 个子胞的局部坐标原点的宏观坐标。

2. 边界平均应力

几何方程为

$$
\varepsilon_{ij} = \frac{1}{2}\left(\frac{\partial u_i}{\partial x_j} + \frac{\partial u_j}{\partial x_i}\right)
\tag{4.3}
$$

将式 (4.1) 代入式 (4.3) 得

$$
{}^q \varepsilon_{11} = A_{11} = \bar{\varepsilon}_{11}
\tag{4.4a}
$$

$$
{}^q \varepsilon_{22} = A_{22} + {}^q W_{22} + 2{}^q W_{24}{}^q y_2
\tag{4.4b}
$$

$$^q\varepsilon_{33} = A_{33} + {}^qW_{33} + 2{}^qW_{35}{}^qy_3 \tag{4.4c}$$

$$^q\varepsilon_{23} = A_{23} + \left({}^qW_{23} + {}^qW_{32}\right)/2 + {}^qW_{34}{}^qy_2 + {}^qW_{25}{}^qy_3 \tag{4.4d}$$

$$^q\varepsilon_{13} = A_{13} + {}^qW_{13}/2 + {}^qW_{15}{}^qy_3 \tag{4.4e}$$

$$^q\varepsilon_{12} = A_{12} + {}^qW_{12}/2 + {}^qW_{14}{}^qy_2 \tag{4.4f}$$

弹性状态下应力–应变关系为

$$
\begin{bmatrix}
{}^q\sigma_{11} \\
{}^q\sigma_{22} \\
{}^q\sigma_{33} \\
{}^q\sigma_{23} \\
{}^q\sigma_{13} \\
{}^q\sigma_{12}
\end{bmatrix}
=
\begin{bmatrix}
{}^qC_{11} & {}^qC_{12} & {}^qC_{13} & 0 & 0 & 0 \\
{}^qC_{21} & {}^qC_{22} & {}^qC_{23} & 0 & 0 & 0 \\
{}^qC_{31} & {}^qC_{32} & {}^qC_{33} & 0 & 0 & 0 \\
0 & 0 & 0 & 2{}^qC_{44} & 0 & 0 \\
0 & 0 & 0 & 0 & 2{}^qC_{55} & 0 \\
0 & 0 & 0 & 0 & 0 & 2{}^qC_{66}
\end{bmatrix}
\cdot
\begin{bmatrix}
{}^q\varepsilon_{11} \\
{}^q\varepsilon_{22} \\
{}^q\varepsilon_{33} \\
{}^q\varepsilon_{23} \\
{}^q\varepsilon_{13} \\
{}^q\varepsilon_{12}
\end{bmatrix}
\tag{4.5}
$$

将式 (4.4) 代入式 (4.5) 得

$$^q\sigma = {}^qN_{\rm s} \cdot {}^q\tilde{W} + {}^qC_{\rm s} \cdot A \tag{4.6}$$

其中，$^q\sigma = [{}^q\sigma_{11}, {}^q\sigma_{22}, {}^q\sigma_{33}, {}^q\sigma_{23}, {}^q\sigma_{13}, {}^q\sigma_{12}]^{\rm T}$；$^q\tilde{W} = \left[{}^q\tilde{W}_1, {}^q\tilde{W}_2, {}^q\tilde{W}_3\right]^{\rm T}$，$^q\tilde{W}_i = [{}^qW_{i2}, {}^qW_{i3}, {}^qW_{i4}, {}^qW_{i5}]$；$A = [A_{11}, A_{22}, A_{33}, A_{23}, A_{13}, A_{12}]^{\rm T}$；$^qN_{\rm s}$ 是 6×12 的矩阵；$^qC_{\rm s}$ 是 6×6 的矩阵。$^qN_{\rm s}$ 和 $^qC_{\rm s}$ 只与子胞形状和材料常数有关。

假设 RVE 子胞四边的标记分别为 L_1、L_2、L_3 和 L_4 (按逆时针排列)。定义子胞边界上任意一点的应力为

$$^qP_i^\eta = {}^q\sigma_{ij}n_j^\eta, \quad i,j = 1,2,3; \eta = 1,2,3,4 \tag{4.7}$$

则边界平均应力为

$$^q\bar{P}_i^\eta = \frac{1}{{}^q\mathfrak{L}_\eta} \int_{{}^qL_\eta} {}^qP_i^\eta {\rm d}l = \frac{1}{{}^q\mathfrak{L}_\eta} \int_{{}^qL_\eta} {}^q\sigma_{ij}n_j^\eta {\rm d}l, \quad \eta = 1,2,3,4 \tag{4.8}$$

其中，$^qL_\eta$ 是第 q 个子胞的第 η 条边界 (图 4.2)；$^q\mathfrak{L}_\eta$ 是 $^qL_\eta$ 的长度；n_j 是 $^qL_\eta$ 的法向量分量。

将式 (4.6) 和式 (4.7) 代入式 (4.8) 得

$$^q\bar{P} = {}^qN_{\rm p} \cdot {}^q\tilde{W} + {}^qC_{\rm p} \cdot A \tag{4.9}$$

其中，$^q\bar{P} = \left[{}^q\bar{P}_1, {}^q\bar{P}_2, {}^q\bar{P}_3\right]^{\mathrm{T}}$，$^q\bar{P}_i = \left[{}^q\bar{P}_i^1, {}^q\bar{P}_i^2, {}^q\bar{P}_i^3, {}^q\bar{P}_i^4\right]$；$^q N_{\mathrm{p}}$ 和 $^q C_{\mathrm{p}}$ 是 12×15 和 12×6 的矩阵。

因此边界平均应力是细观位移参数 $^q\tilde{W}$ 和宏观应变 A 的线性函数。

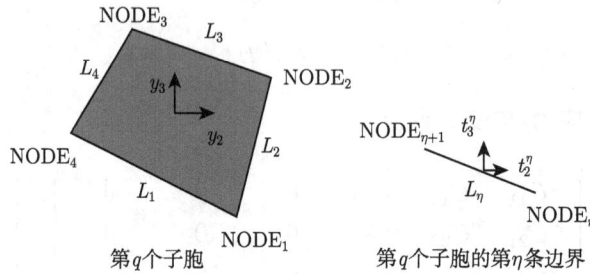

图 4.2　子胞局部坐标示意图

3. 边界平均位移

这里的平均位移指的是细观位移。由等式 (4.1)，细观位移可以表示为

$$^q\tilde{u}_i = {}^q W_{i1} + {}^q W_{i2}{}^q y_2 + {}^q W_{i3}{}^q y_3 + {}^q W_{i4}{}^q y_2^2 + {}^q W_{i5}{}^q y_3^2 \tag{4.10}$$

子胞边界的平均位移定义为

$$^q\bar{u}_i^\eta = \frac{1}{{}^q\mathfrak{L}_\eta} \int_{{}^q L_\eta} {}^q\tilde{u}_i \left({}^q y_2, {}^q y_3\right) \mathrm{d}l \tag{4.11}$$

其中，$^q\bar{u}_i^\eta$ 表示第 q 个子胞的第 η 条边界的平均位移；$^q L_\eta$ 则代表第 q 个子胞的第 η 条边界；$^q\mathfrak{L}_\eta$ 是 $^q L_\eta$ 的长度。例如，图 4.3 (c) 加粗边的边界为 $^{10}L_2$，其长度为 $^{10}\mathfrak{L}_2$。

沿边界 $^q L_\eta$，细观坐标 $^q y_2$、$^q y_3$ 与 l 之间满足如下关系：

$$^q y_i = {}^q y_i^\eta + l \cdot {}^q t_i^\eta, \quad i = 2, 3; \eta = 1, 2, 3, 4 \tag{4.12}$$

其中，$^q y_i^\eta$ 是第 q 个子胞的第 η 条边界的起始点坐标 (图 4.2)；l 是边界 L_η 上任意一点到边界起点 NODE$_\eta$ 的距离，$^q t_i^\eta$ 是第 q 个子胞的第 η 条边界方向向量的分量。

将式 (4.12) 代入式 (4.11) 得

$$^q\bar{u}_i^\eta = \int_{{}^q L_\eta} {}^q\tilde{u}_i \left({}^q y_2^\eta + l \cdot {}^q t_2^\eta, {}^q y_3^\eta + l \cdot {}^q t_3^\eta\right) \mathrm{d}l \tag{4.13}$$

由式 (4.13) 可得

$$^q\bar{u} = N_u \cdot {}^q W \tag{4.14}$$

其中, $^q\bar{u} = \begin{bmatrix} ^q\bar{u}_1 & ^q\bar{u}_2 & ^q\bar{u}_3 \end{bmatrix}^T$, $^q\bar{u}_i = \begin{bmatrix} ^q\bar{u}_i^1 & ^q\bar{u}_i^2 & ^q\bar{u}_i^3 & ^q\bar{u}_i^4 \end{bmatrix}$, $i = 1, 2, 3$; ^qN_u 是 12×15 的矩阵;

$$^qW = \begin{bmatrix} ^qW_1 & ^qW_2 & ^qW_3 \end{bmatrix}^T, ^qW_i = \begin{bmatrix} ^qW_{i1} & ^qW_{i2} & ^qW_{i3} & ^qW_{i4} & ^qW_{i5} \end{bmatrix}$$

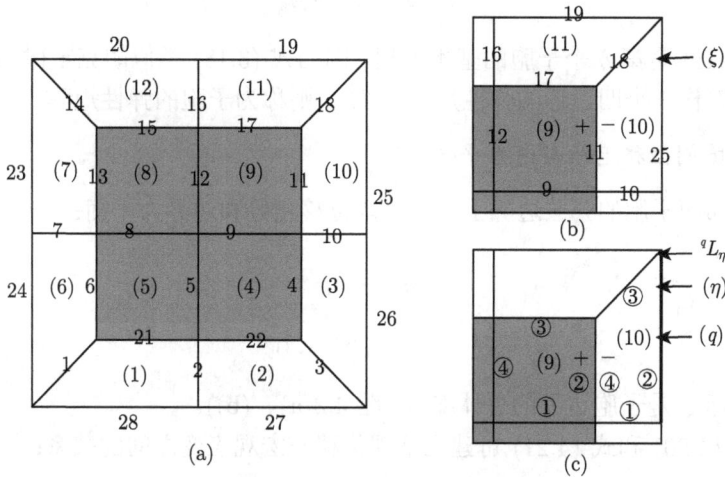

图 4.3　子胞的编号系统

4. 平衡方程

子胞内应力必须满足积分形式的平衡方程:

$$\frac{1}{^qS} \int_{^q\Omega} \sigma_{ij,j} \mathrm{d}s = 0 \tag{4.15}$$

其中, ^qS 是第 q 个子胞的面积; $^q\Omega$ 是第 q 个子胞所占据的区域。

将式 (4.6) 代入上式得

$$^qC_{66}{}^qW_{14} + {}^qC_{55}{}^qW_{15} = 0 \tag{4.16a}$$

$$^qC_{22}{}^qW_{24} + {}^qC_{44}{}^qW_{25} = 0 \tag{4.16b}$$

$$^qC_{44}{}^qW_{34} + {}^qC_{33}{}^qW_{35} = 0 \tag{4.16c}$$

5. 子胞弹性矩阵

将式 (4.16) 代入式 (4.14), 可以得到 $\tilde{W}$ 与 $\bar{u}$ 之间的线性关系:

$$^q\tilde{W} = {}^qN_{wu} \cdot {}^q\bar{u} \tag{4.17}$$

其中，$^qN_{\mathrm{wu}}$ 是一个 12×12 的矩阵。

将式 (4.17) 代入式 (4.9)，就能够获得子胞边界平均应力与子胞边界平均位移之间的线性关系：

$$^q\bar{P} = {}^qK_{\mathrm{p}} \cdot {}^q\bar{u} + {}^qC_{\mathrm{p}} \cdot A \tag{4.18}$$

其中

$$^qK_{\mathrm{p}} = {}^qN_{\mathrm{p}} \cdot {}^qN_{\mathrm{wu}} \tag{4.19}$$

式 (4.18) 是第 q 个子胞的基本方程。因为式 (3.18) 类似胡克定律，所以每个子胞可以看作一个四边形的弹性片，而 $^qK_{\mathrm{p}}$ 则称为子胞的弹性矩阵。

6. 子胞间位移连续与内力平衡

在相邻两子胞的公共边界上要求平均位移相等和边界力平衡：

$$\bar{u}_i^{\xi+} = \bar{u}_i^{\xi-} \tag{4.20}$$

$$\bar{P}_i^{\xi+} + \bar{P}_i^{\xi-} = 0 \tag{4.21}$$

其中，上标 ξ 是子胞边界的总体编号 (图 4.3(a)、(b))。

由式 (4.20) 和式 (4.21) 可建立细观位移与宏观应变之间的关系：

$$\tilde{u} = N_{\mathrm{ux}} \cdot A + \tilde{u}_{\mathrm{b}} \tag{4.22}$$

其中，$\tilde{u} = \begin{bmatrix} \bar{u}_1^1 & \cdots & \bar{u}_1^{N_\xi} & \bar{u}_2^1 & \cdots & \bar{u}_2^{N_\xi} & \bar{u}_3^1 & \cdots & \bar{u}_3^{N_\xi} \end{bmatrix}^{\mathrm{T}}$，$\bar{u}_i^\xi$ 是第 ξ 条公共边界 i 方向的位移；N_{ux} 是 $3N_\xi \times 6$ 的矩阵，N_ξ 是公共子胞边界的总数；$\tilde{u}_{\mathrm{b}} = \begin{bmatrix} \tilde{u}_{\mathrm{b1}}^1 & \cdots & \tilde{u}_{\mathrm{b1}}^{N_\xi} & \tilde{u}_{\mathrm{b2}}^1 & \cdots & \tilde{u}_{\mathrm{b2}}^{N_\xi} & \tilde{u}_{\mathrm{b3}}^1 & \cdots & \tilde{u}_{\mathrm{b3}}^{N_\xi} \end{bmatrix}^{\mathrm{T}}$ 是与边界条件有关的量。

式 (4.22) 可以写成分量形式：

$$\bar{u}_i^\xi = N_{\mathrm{ux}}^{i\xi k} A_k + \tilde{u}_{\mathrm{b}}^{i\xi}, \quad i = 1, 2, 3; \xi = 1 \sim N_\xi; k = 1, 2, \cdots, 6 \tag{4.23}$$

7. 宏观应力–应变关系

第 q 个子胞的平均应力可以表示为

$$^q\bar{\sigma} = \frac{1}{^qS} \int_{^q\Omega} {}^q\sigma \mathrm{d}s \tag{4.24}$$

将式 (4.6) 代入上式得

$$^q\bar{\sigma} = {}^q\bar{N}_{\mathrm{s}} \cdot {}^q\tilde{W} + {}^q\bar{C}_{\mathrm{s}} \cdot A \tag{4.25}$$

其中

$$^q\bar{N}_\mathrm{s} = \frac{1}{^qS} \int_{^qS} {}^qN_\mathrm{s}\mathrm{d}s \quad {}^q\bar{C}_\mathrm{s} = \frac{1}{^qS} \int_{^qS} {}^qC_\mathrm{s}\mathrm{d}s \tag{4.26}$$

将式 (4.17) 代入式 (4.25) 得

$$^q\bar{\sigma} = {}^q\bar{K}_\mathrm{s} \cdot {}^q\bar{u} + {}^q\bar{C}_\mathrm{s} \cdot A \tag{4.27}$$

其中，${}^q\bar{K}_\mathrm{s} = {}^q\bar{N}_\mathrm{s} \cdot {}^qN_\mathrm{wu}$。

将式 (4.27) 写为分量形式：

$$^q\bar{\sigma}_i = {}^q\bar{K}_\mathrm{s}^{i\eta k q}\bar{u}_k^\eta + {}^q\bar{C}_\mathrm{s}^{ij}A_j, \quad k = 1,2,3; i,j = 1,2,\cdots,6; \eta = 1,2,3,4 \tag{4.28}$$

将子胞边界整体编号，则第 q 个子胞的第 η 条局部边就是第 ξ 条整体边 (图 4.3)，因此有

$$^q\bar{u}_k^\eta = \bar{u}_k^{\xi(q,\eta)} \tag{4.29}$$

将式 (4.29) 代入式 (4.28) 后得

$$^q\bar{\sigma}_i = {}^q\bar{K}_\mathrm{s}^{i\eta k}\bar{u}_k^{\xi(q,\eta)} + {}^q\bar{C}_\mathrm{s}^{ij}A_j, \quad i,j = 1,2,\cdots,6; \eta = 1,2,3,4 \tag{4.30}$$

将式 (4.23) 代入式 (4.30) 后得

$$^q\bar{\sigma}_i = \left({}^q\bar{K}_\mathrm{s}^{i\eta k} N_\mathrm{ux}^{k\xi(q,\eta)j} + {}^q\bar{C}_\mathrm{s}^{ij} \right) A_j + {}^q\bar{K}_\mathrm{s}^{i\eta k}\tilde{u}_\mathrm{b}^{k\xi(q,\eta)} \tag{4.31}$$

RVE 宏观应力为子胞平均应力的平均和：

$$\bar{\sigma}_i = \frac{1}{S} \sum_{q=1}^{N_\xi} {}^qS {}^q\bar{\sigma}_i \tag{4.32}$$

将式 (4.31) 代入式 (4.32) 后得

$$\bar{\sigma}_i = \frac{A_j}{S} \sum_{q=1}^{N_\xi} {}^qS \left({}^q\bar{K}_\mathrm{s}^{i\eta k} N_\mathrm{ux}^{k\xi(q,\eta)j} + {}^q\bar{C}_\mathrm{s}^{ij} \right) + \frac{1}{S} \sum_{q=1}^{N_\xi} {}^qS {}^q\bar{K}_\mathrm{s}^{i\eta k}\tilde{u}_\mathrm{b}^{k\xi(q,\eta)} \tag{4.33}$$

式 (4.33) 中宏观应变的系数就是宏观弹性张量，其表达式为

$$\bar{E}_{ij} = \frac{1}{S} \sum_{q=1}^{N_\xi} {}^qS \left({}^q\bar{K}_\mathrm{s}^{i\eta k} N_\mathrm{ux}^{k\xi(q,\eta)j} + {}^q\bar{C}_\mathrm{s}^{ij} \right), \quad i,j = 1,2,\cdots,6 \tag{4.34}$$

等式 (4.34) 各量只与子胞的材料常数以及几何形状、大小有关，而与外载荷无关。只要知道 RVE 的结构，就能采用上式计算出材料的宏观弹性性能。

4.2　HFQCM 模型的计算精度与效率分析

4.2.1　连续性评价

HFQCM 模型属于位移法，其未知的场函数是位移。该模型利用子胞内平均意义上的平衡方程、子胞边界平均位移连续和子胞边界平均内力平衡建立系统方程进行求解。虽然在子胞边界上满足平均内力平衡，但是从系统方程解得的是各个子胞边界的平均位移，而实际工程问题所需要的往往是应力的分布，特别是最大应力的位置和数值，因此需要计算任意一点的应力值。将式 (4.17) 代入式 (4.6) 得

$$^q\sigma = {}^qN_s \cdot {}^qN_{wu} \cdot {}^q\bar{u} + {}^qC_s \cdot A \tag{4.35}$$

通过式 (4.35) 可以计算出子胞内任意一点的应力。

$^qN_{wu}$ 是一个常矩阵，而 ^qN_s 是位移模式对坐标进行求导后得到的矩阵。求导一次，插值多项式的次数就降低一次，因此通过求导运算得到的应力 $^q\sigma$ 的精度较位移降低了，即利用式 (4.35) 得到的应力可能有误差，导致：

(1) 子胞内部不满足平衡方程；

(2) 子胞与子胞的交界面上应力不连续；

(3) 在力的边界 S_σ 上也不精确满足力平衡边界条件。

这是因为 HFQCM 模型中平衡方程、位移连续和内力平衡都是在积分平均的意义上实现的，因此只有当子胞尺寸趋于零时，即自由度数趋于无穷时，才能精确地满足平衡方程、力的边界条件以及子胞间的位移连续条件。当子胞尺寸有限时，方程只能近似地被满足。除非实际应力变化的阶次等于或低于所采用的子胞的应力阶次，否则只能得到近似答案。因此，如何从 HFQCM 计算获得的位移中得到较好的应力解，就成为需要研究和解决的问题。下面先讨论 HFQCM 解的性质和特点，然后提出提高解精度的方法。

取一方形长纤维增强复合材料，代表性体元如图 4.4(a) 所示。纤维和基体均为各向同性弹性体。取纤维的弹性模量为 75GPa，泊松比为 0.25，基体的弹性模量为 30GPa，泊松比为 0.2。采用 45 个子胞离散 RVE，如图 4.4(b) 所示。子胞边界 A 和 B 的应力分布见图 4.5，横坐标 l 为边界上的自然坐标。

边界 A 和 B 上所有点的 σ_{21} 和 σ_{31} 都等于零，为了避免与其他曲线混淆，所以没有将其显示出来。计算结果表明子胞边界上应力一般是不连续的。只有在边界 A 的中点处，正应力 σ_{33} 和剪应力 σ_{23} 保持连续。这是因为 HFQCM 模型保持子胞边界的内力平衡，即

$$\bar{T}_1^+ + \bar{T}_1^- = 0 \tag{4.36a}$$

$$\bar{T}_2^+ + \bar{T}_2^- = 0 \tag{4.36b}$$

$$\bar{T}_3^+ + \bar{T}_3^- = 0 \tag{4.36c}$$

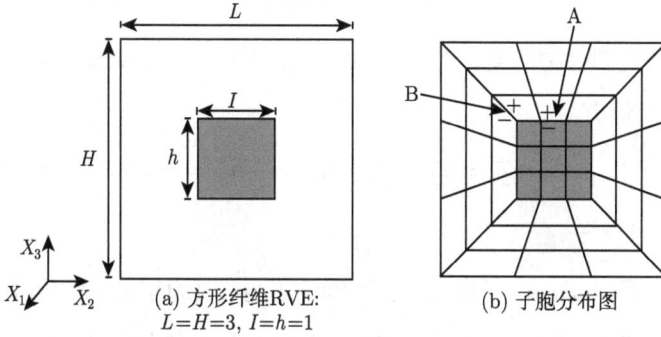

(a) 方形纤维RVE:
$L=H=3,\ I=h=1$

(b) 子胞分布图

图 4.4   方形纤维 RVE 及子胞分布

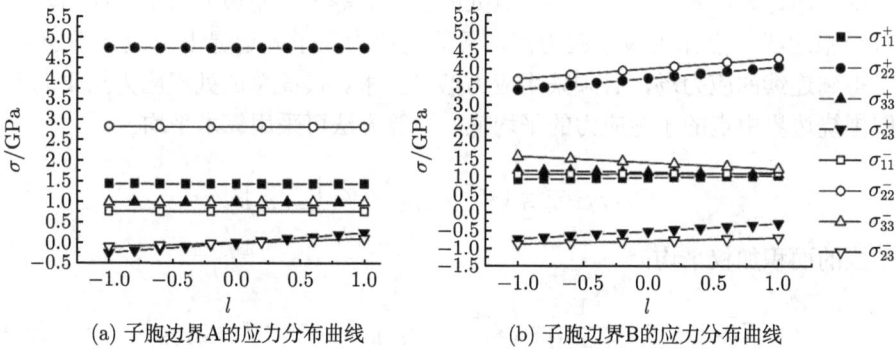

(a) 子胞边界A的应力分布曲线

(b) 子胞边界B的应力分布曲线

图 4.5   子胞边界的应力分布曲线

在 HFQCM 模型中，所有子胞边界法向量的 1 方向分量为零，因此式 (4.36) 可展开为如下形式：

$$\int_{L^+} (\sigma_{21}n_2 + \sigma_{31}n_3)\,\mathrm{d}l + \int_{L^-} (\sigma_{21}n_2 + \sigma_{31}n_3)\,\mathrm{d}l = 0 \tag{4.37a}$$

$$\int_{L^+} (\sigma_{22}n_2 + \sigma_{23}n_3)\,\mathrm{d}l + \int_{L^-} (\sigma_{22}n_2 + \sigma_{23}n_3)\,\mathrm{d}l = 0 \tag{4.37b}$$

$$\int_{L^+} (\sigma_{23}n_2 + \sigma_{33}n_3)\,\mathrm{d}l + \int_{L^-} (\sigma_{23}n_2 + \sigma_{33}n_3)\,\mathrm{d}l = 0 \tag{4.37c}$$

HFQCM 模型的应力阶次为一次，且所有的子胞边界均为直线，因此应力在子胞边界呈线性分布。所以式 (4.37) 中的线积分可以写为子胞边界中点应力值与边界长度的乘积：

$$\sigma_{21}^+\big|_{l=L/2} \cdot n_2^+ + \sigma_{31}^+\big|_{l=L/2} \cdot n_3^+ + \sigma_{21}^-\big|_{l=L/2} \cdot n_2^- + \sigma_{31}^-\big|_{l=L/2} \cdot n_3^- = 0 \quad (4.38a)$$

$$\sigma_{22}^+\big|_{l=L/2} \cdot n_2^+ + \sigma_{23}^+\big|_{l=L/2} \cdot n_3^+ + \sigma_{22}^-\big|_{l=L/2} \cdot n_2^- + \sigma_{23}^-\big|_{l=L/2} \cdot n_3^- = 0 \quad (4.38b)$$

$$\sigma_{23}^+\big|_{l=L/2} \cdot n_2^+ + \sigma_{33}^+\big|_{l=L/2} \cdot n_3^+ + \sigma_{23}^-\big|_{l=L/2} \cdot n_2^- + \sigma_{33}^-\big|_{l=L/2} \cdot n_3^- = 0 \quad (4.38c)$$

边界 A 上恒有

$$n_2^+ = n_2^- = 0, \quad n_3^+ = -n_3^- = -1 \quad (4.39)$$

因此：

$$\sigma_{23}^+\big|_{l=L/2} = \sigma_{23}^-\big|_{l=L/2}, \quad \sigma_{33}^+\big|_{l=L/2} = \sigma_{33}^-\big|_{l=L/2}, \quad \sigma_{31}^+\big|_{l=L/2} = \sigma_{31}^-\big|_{l=L/2} \quad (4.40)$$

而在一般的边界上 (如图 4.4 边界 B)，式 (4.36) 不能保证应力在中点连续，如图 4.5(b) 所示。

由上述讨论可知，子胞边界中点处的应力就等于子胞边界的平均应力。因此选取子胞边界中点作为最佳应力点。又因为应力在子胞边界上一般是不连续的，为了得到连续的应力场，必须采用应力磨平技术。最简单的处理应力结果的方法是取围绕边界中点的子胞应力的平均值。计算方法可采用算术平均：

$$\sigma\big|_{l=L/2} = \frac{1}{2}\left(\sigma^+\big|_{l=L/2} + \sigma^-\big|_{l=L/2}\right) \quad (4.41)$$

或子胞的面积加权平均：

$$\sigma\big|_{l=L/2} = \frac{1}{S^+ + S^-}\left(S^+ \cdot \sigma^+\big|_{l=L/2} + S^- \cdot \sigma^-\big|_{l=L/2}\right) \quad (4.42)$$

其中，S^+ 和 S^- 分别是与子胞边界相邻的两子胞的面积。当相邻子胞面积相差不大时，采用两种平均计算的结果相差不大。为了方便计算，本书采用算术平均法。

4.2.2　收敛性评价

在推导 HFQCM 模型中，式 (4.15) 对原始的平衡方程 $\frac{\partial \sigma_{ij}}{\partial x_j} = 0$ 在子胞域内进行了面平均积分，属于加权余量法，且该积分项出现的最高阶导数为二次，因此在求解域内需要位移函数满足一阶连续。HFQCM 模型没有对位移函数提出显式表示的一阶连续，因此模型是否能保证应力点收敛于真解需要用数值算例进行评价。另外，由 4.2.1 节讨论可知，应力在子胞边界处一般不连续，这种不连续性会不会随着子胞密度的增大而逐渐减小，也需要通过数值分析来评价。本节通过对比 HFQCM 和有限元法在不同子胞密度下的应力场和宏观弹性响应来说明 HFQCM 模型最佳应力点的收敛性，并通过对比同一位置的子胞边界在不同子胞密度下的应力分布，研究子胞尺寸对应力连续性的影响。

1. 最佳应力点收敛性研究

以长纤维增强复合材料为例。为了研究预测的应力场随子胞密度的变化情况，分别采用 81 个、144 个、441 个和 729 个子胞离散 RVE，如图 4.6 所示，图中深色部分为纤维，白色部分为基体，纤维轴向为 X_1 轴正方向。施加的宏观应变为

$$\bar{\varepsilon}_{22} = 0.1, \quad \bar{\varepsilon}_{11} = \bar{\varepsilon}_{33} = \bar{\varepsilon}_{13} = \bar{\varepsilon}_{23} = \bar{\varepsilon}_{12} = 0 \tag{4.43}$$

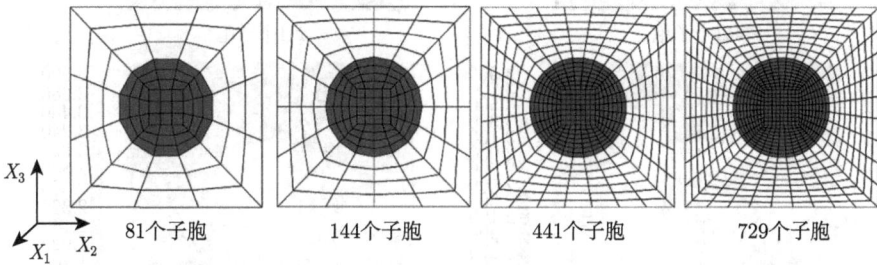

图 4.6 各种密度的子胞分布

细观力学有限元模型采用与 HFQCM 模型相同的网格剖分方式 (即采用 81 个、144 个、441 个和 729 个单元离散 RVE)，单元分布形式与图 4.6 相同。图 4.7

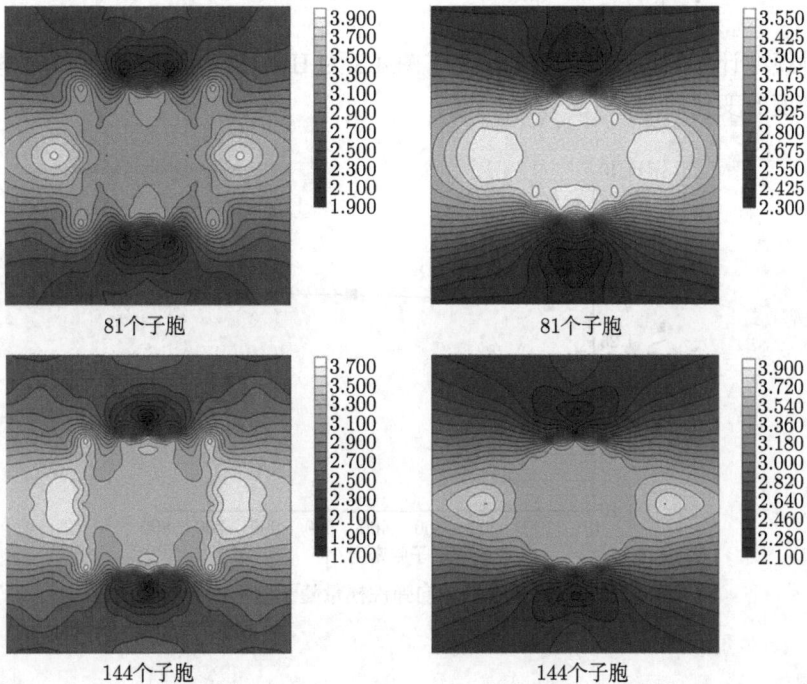

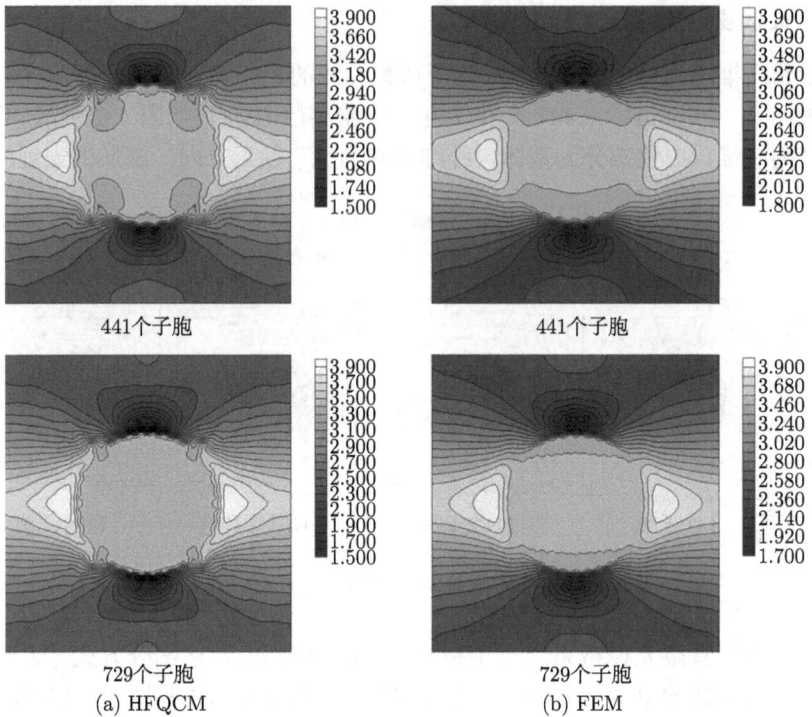

441个子胞

441个子胞

729个子胞
(a) HFQCM

729个子胞
(b) FEM

图 4.7   HFQCM 和 FEM 预测的不同子胞密度下的有效应力分布云图 (单位：GPa)

为两种模型计算的有效应力分布云图。图 4.8 为 HFQCM 预测的宏观弹性模量随子胞密度的变化曲线。

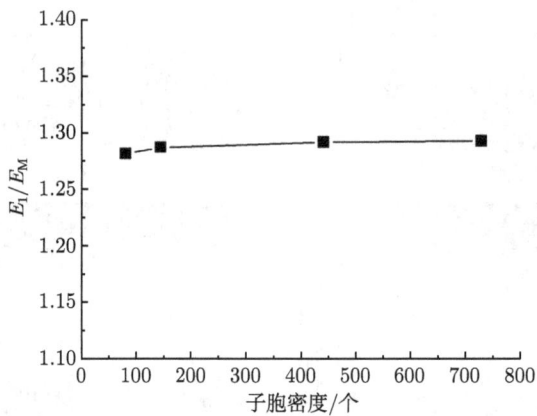

图 4.8   HFQCM 预测的轴向弹性模量随子胞密度的变化曲线

计算结果表明，子胞密度对应力场的分布有较大影响，随着子胞密度的不断增大，两种模型预测的有效应力分布的差异不断减小，最大应力和最小应力最终分别收敛于固定值。宏观弹性常数反映的是一种宏观的效应，细观应力场的分布形式对其影响不大，因此宏观弹性常数收敛较快，算例中 81 个子胞的模型就达到了足够的精度。HFQCM 模型的子胞边界为直线，对纤维形状的模拟是通过内接多边形来逼近的。采用这样的模拟方法会使离散模型与原始模型在区域面积上产生一定的差异。如果在划分子胞时，在细观几何结构相似的前提下，保证纤维体积分数不变，那么预测精度将更高。

2. 子胞尺寸对应力连续性的影响

采用图 4.4 的模型，分别采用 245 个、405 个、605 个和 1125 个子胞离散 RVE，如图 4.9。仍采用 4.2.1 节连续性评价用的纤维和基体材料属性，施加的载荷为：X_2 向的宏观应变为 0.1，其余为 0。

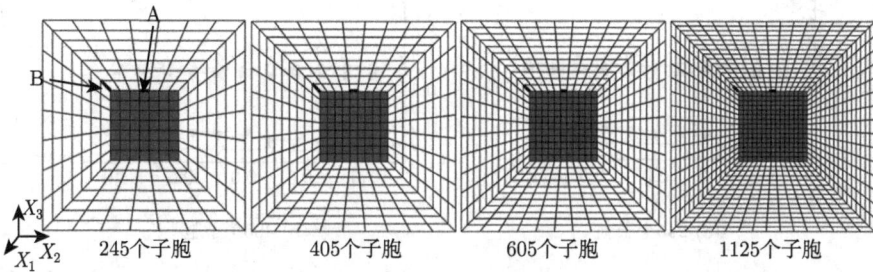

图 4.9　方形纤维不同密度下的子胞分布

边界 A 和边界 B 的应力分布曲线分别见图 4.10 和图 4.11。计算结果表明，子胞密度增大并不能改善应力的连续性。从图 4.10 和图 4.11 可以看出，随着子胞尺寸不断减小，相邻子胞之间的应力差几乎没有变化，这说明增加子胞密度并没有提高相邻子胞之间应力的连续性。这表明，除了子胞边界的中点，其他点的

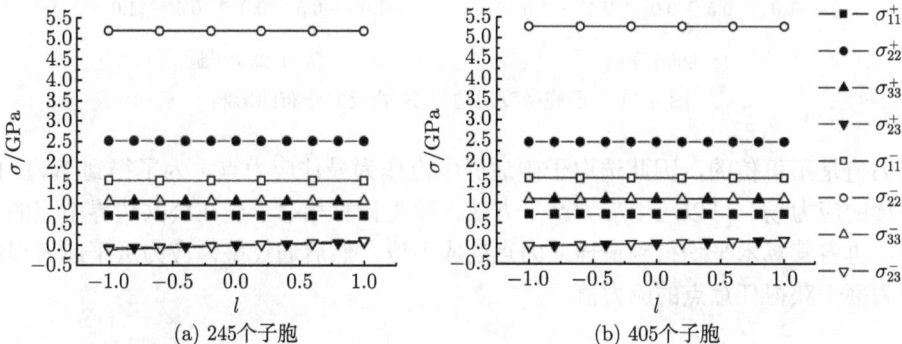

(a) 245个子胞
(b) 405个子胞

(c) 605个子胞　　　　　　　　　　　　　　　(d) 1125个子胞

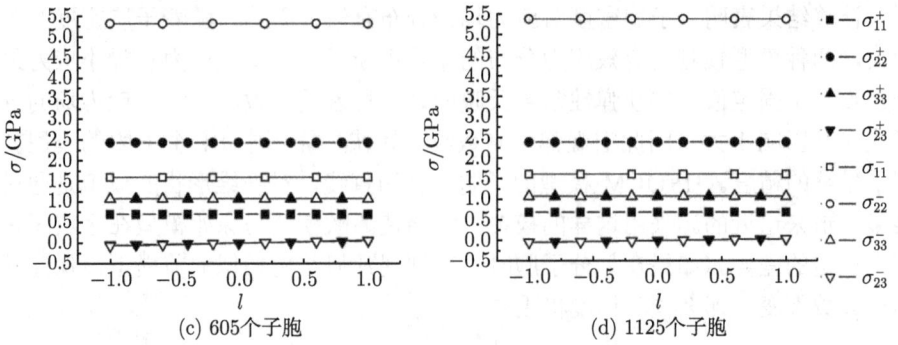

图 4.10　子胞密度对边界 A 处应力分布的影响

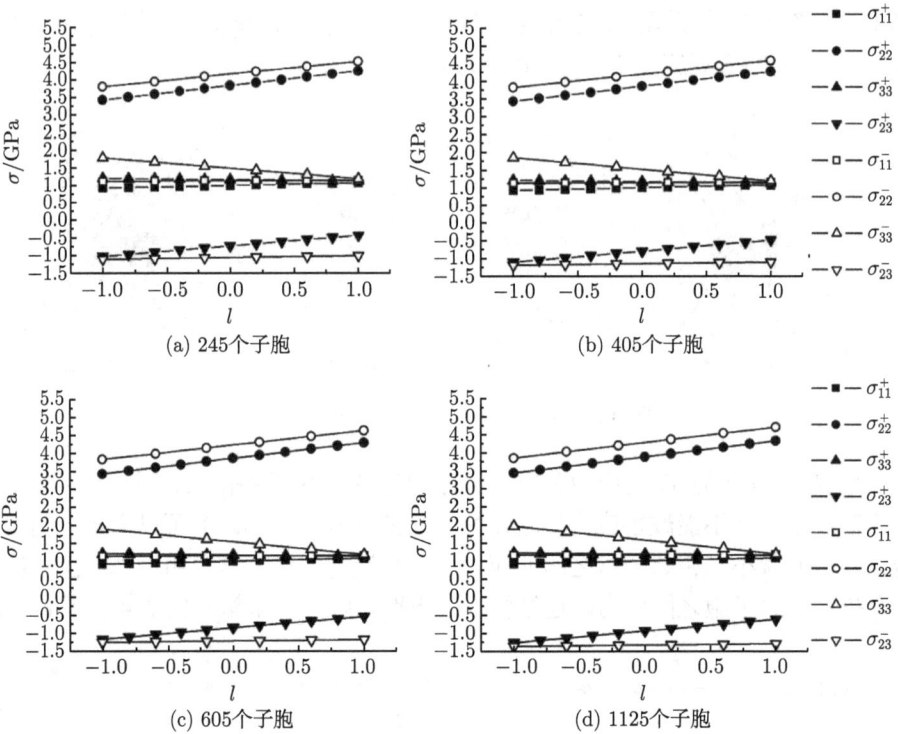

(a) 245个子胞　　　　　　　　　　　　　　　(b) 405个子胞

(c) 605个子胞　　　　　　　　　　　　　　　(d) 1125个子胞

图 4.11　子胞密度对边界 B 处应力分布的影响

应力值是不可信的，因此选取子胞边界中点作为最佳应力点。为了得到 RVE 内连续的应力场，可以应用应力磨平方法，即先计算相邻子胞在公共边界中点的应力，再将其算术平均得到最佳应力点的应力值，然后通过整体应力磨平或者局部应力磨平获得任意点的应力值。

4.2.3 效率评价

HFGMC 模型只能使用矩形子胞离散求解域，尽管降低了子胞剖分算法的要求，但当求解域复杂时，需要数量巨大的子胞，从而降低了计算效率。本书提出的 HFQCM 模型能使用任意凸四边形子胞来离散求解域，使计算效率提高。本节通过具有拉胀特性的 "拉胀基元" 的细观应力分析来说明其优点。

"拉胀基元" 的细观几何结构见图 4.12。其中深色部分为基体 (取弹性模量为 75GPa，泊松比为 0.25)，白色部分为空穴。模拟空穴的一般做法是赋予其比基体小得多的弹性模量 (取空穴的弹性模量为 1GPa，泊松比为 0.3)。

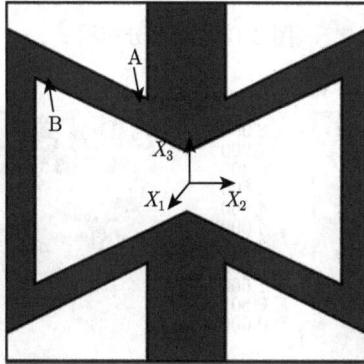

图 4.12 "拉胀基元" 的代表性体元

在 X_2 向载荷作用下 ($\bar{\varepsilon}_{22} = 0.1$，其余应变均为 0)，代表性体元的细观应力场将在 A 点和 B 点出现应力集中。为了说明 HFQCM 模型的有效性，分别将三种子胞密度下 HFGMC 模型的预测结果与 HFQCM 模型的预测结果进行比较。图 4.13 为两种模型的子胞分布图。图 4.14 为预测的等效应力场。

(a) HFGMC 20×20个子胞

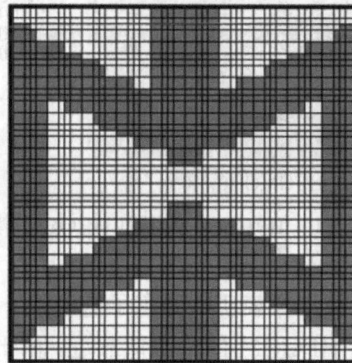

(b) HFGMC 30×30个子胞

(c) HFGMC 40×40个子胞

(d) HFQCM 800个子胞

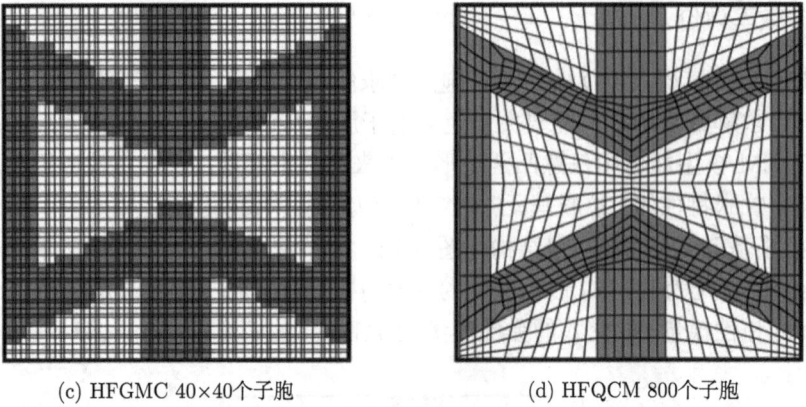

图 4.13　子胞分布图

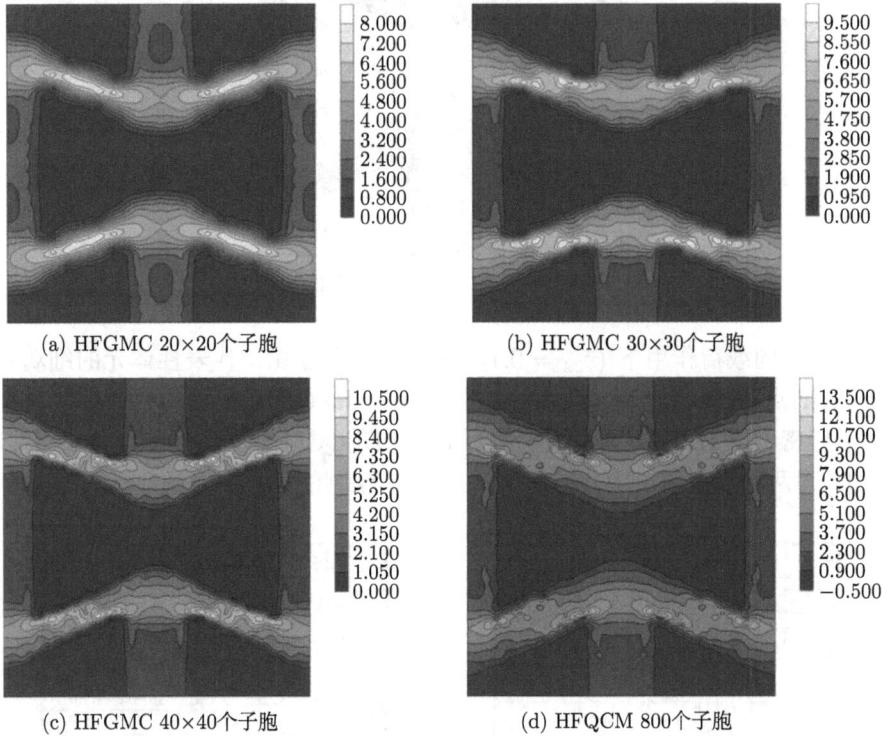

(a) HFGMC 20×20个子胞

(b) HFGMC 30×30个子胞

(c) HFGMC 40×40个子胞

(d) HFQCM 800个子胞

图 4.14　HFGMC 模型和 HFQCM 模型预测的局部等效应力分布云图 (单位：GPa)

　　计算结果表明，随着子胞密度不断增大，HFGMC 模型预测的最大有效应力逐渐向 HFQCM 的预测值靠近。由于采用了优化的子胞分布，HFQCM 模型只使用了 800 个子胞就达到了 HFGMC 模型的 1600 个子胞的精度。子胞数量与未知量个数有关, 未知量越多, 求解的时间越长。采用 HFQCM 计算时间为 2 分钟, 而采用 HFGMC 却使用了 20 分钟。

由此可得出结论, 当材料的细观结构比较复杂时, 采用四边形子胞的 HFQCM 模型比 HFGMC 模型在网格划分上具有更大的灵活性, 能够采用较少的子胞达到较好的模拟效果。因此对于具有复杂细观结构的复合材料, HFQCM 模型在效率上和精度上要高于 HFGMC 模型。

4.3 HFQCM 模型在复合材料力学分析中的应用

4.3.1 预测复合材料弹性常数

本节分别应用 HFQCM 模型和 HFGMC 模型预测了单向纤维增强复合材料的宏观弹性性能。纤维弹性模量 E_f 为 379.3GPa, 纤维泊松比 μ_f 为 0.1, 基体弹性模量 E_m 为 68.3GPa, 基体泊松比 μ_m 为 0.3, 纤维体积分数 V_f 为 0.47。HFQCM 模型和 HFGMC 模型计算 RVE 所采用的子胞分布见图 4.15, 预测的弹性常数随子胞密度的变化曲线见图 4.16。

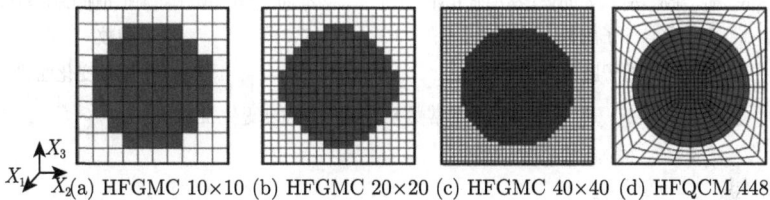

(a) HFGMC 10×10 (b) HFGMC 20×20 (c) HFGMC 40×40 (d) HFQCM 448

图 4.15 HFGMC 和 HFQCM 子胞分布

通过与细观力学有限元的计算结果和试验的对比表明, HFQCM 模型计算的弹性常数与上述结果吻合较好 (图 4.17), 而 HFGMC 模型要得到相同的结果需要划分更多子胞。另外, HFQCM 和 HFGMC 模型计算的 μ_{12} 与试验值偏差较大, 但它们二者的计算结果比较接近。

子胞数与计算时间有关, 图 4.17 是计算时间与子胞数之间的关系曲线, 可见 HFQCM 模型比 HFGMC 模型的计算效率要高得多。复合材料弹性常数受纤维体积分数影响较大, 当子胞数较低时, HFGMC 模型不能准确模拟材料的细观结构, 导致模型的纤维体积分数低于实际值, 因此采用 HFGMC 模型预测的弹性常数比试验值高, 而 HFQCM 模型采用四边形子胞, 在模拟细观结构上更加符合真实情况, 即使子胞数较低也能够较好地模拟材料的细观结构, 所以当材料细观结构比较复杂时, HFQCM 模型在预测精度上和效率上都要高于 HFGMC 模型。

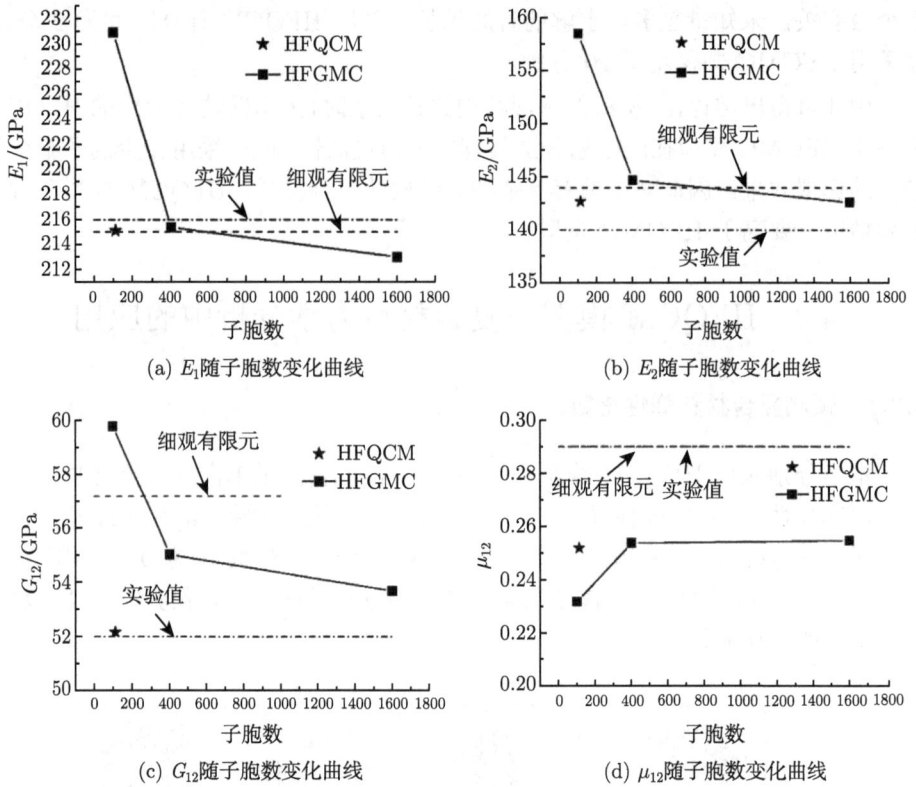

(a) E_1随子胞数变化曲线

(b) E_2随子胞数变化曲线

(c) G_{12}随子胞数变化曲线

(d) μ_{12}随子胞数变化曲线

图 4.16　弹性常数随子胞密度的变化曲线

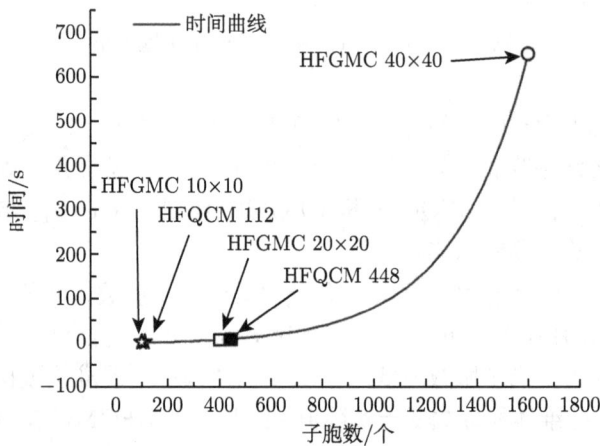

图 4.17　计算时间–子胞数曲线

4.3.2 复合材料细观应力场的计算

与宏观弹性常数相比，细观应力场受细观结构的影响更大。本节将 HFGMC 模型与 HFQCM 模型细观应力场的预测精度和计算效率进行对比。

仍以 4.3.1 节所述的复合材料为例，HFQCM 模型和 HFGMC 模型的子胞分布见图 4.15。图 4.18 是不同子胞数下 HFGMC 模型预测的细观等效应力场与 HFQCM 模型预测的细观等效应力场。由图可以看出，随着子胞数增大，HFGMC 模型预测的应力场逐渐接近于 HFQCM 模型的预测结果。当 HFGMC 模型的子胞数达到 1600 个时，其计算结果才与 448 个子胞的 HFQCM 模型接近。图 4.19 是采用细观力学有限元法预测的应力场，对比图 4.18 和图 4.19，可以看出 HFQCM 和细观力学有限元两种方法的应力场预测结果，不论其分布状况还是最大值都比较接近。由此可见，与 HFGMC 模型相比，HFQCM 模型在保证应力场预测精度的前提下提高了计算效率。

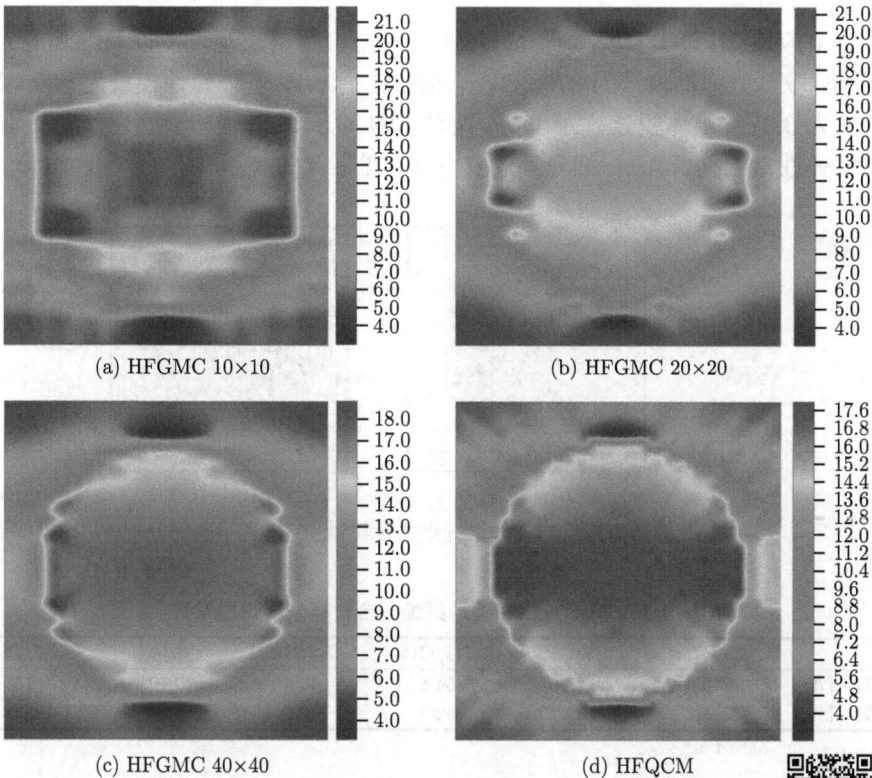

(a) HFGMC 10×10

(b) HFGMC 20×20

(c) HFGMC 40×40

(d) HFQCM

图 4.18 HFQCM 与 HFGMC 预测的复合材料细观应力场(单位：MPa)

（扫码获取彩图）

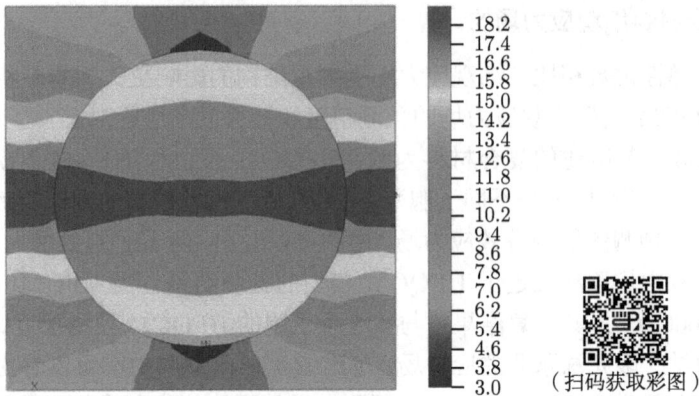

图 4.19   有限元预测的复合材料细观应力场 (单位：MPa)

4.3.3   纤维形状对宏观性能和细观应力场的影响

本节应用 HFQCM 模型研究纤维形状对复合材料宏观性能以及细观应力场的影响。取纤维弹性模量为 379.3GPa，泊松比为 0.1，基体弹性模量为 68.3GPa，泊松比为 0.3，纤维体积分数为 45%。两种 RVE 的纤维形状和子胞划分见图 4.20，预测的弹性常数见表 4.1，细观等效应力分布见图 4.21。

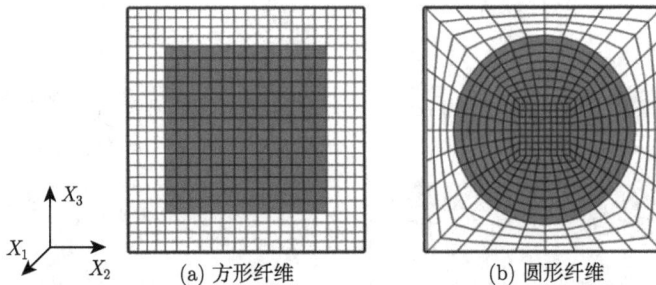

图 4.20   方形纤维与圆形纤维复合材料 RVE 和子胞划分

表 4.1   方形纤维和圆形纤维复合材料宏观弹性常数

	E_1/GPa	E_2/GPa	G_{12}/GPa	G_{23}/GPa	μ_{12}	μ_{23}
方形纤维	215.4	147.6	54.8	45.4	0.19	0.24
圆形纤维	215.1	142.7	52.2	45.6	0.20	0.25

计算结果表明，在纤维体积分数保持一定的前提下，纤维形状对复合材料的宏观弹性常数影响不大，而对细观应力场影响较大。从细观等效应力云图可看出，方形纤维的复合材料不仅应力分布形式和圆形纤维很不相同，而且在纤维边缘产

生的应力集中更为严重。方形纤维复合材料预测的最大应力为 22MPa，比圆形纤维复合材料的最大应力 (17MPa) 高出约 30％。

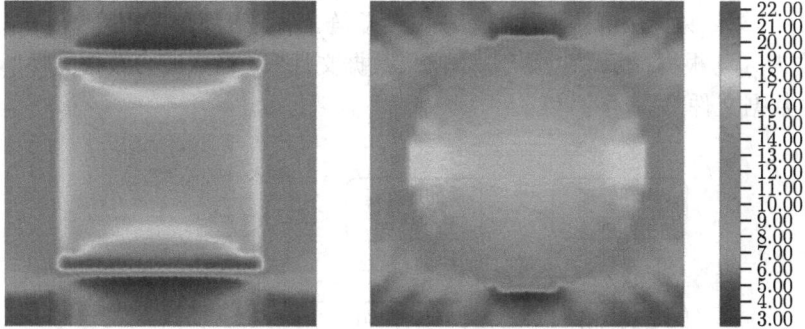

(a) 方形纤维等效应力云图   (b) 圆形纤维等效应力云图

图 4.21   方形纤维和圆形纤维复合材料等效应力分布 (单位：MPa)

（扫码获取彩图）

4.4 HFQCM 模型软件设计

4.4.1 HFQCM 模型软件概述

HFQCM 模型是一种数值模型。它通过将 RVE 离散成一系列四边形子胞来逼近原问题，因此能够适用于比较复杂的几何结构，也便于处理不同的边界条件。在满足收敛性的条件下，子胞越多，HFQCM 模型的计算精度就越高。但是随着子胞数增大，不论是计算前的数据准备还是计算过程中的矩阵运算，工作量非常庞大。为了使 HFQCM 模型实用化，必须编制相应的软件。本书采用 C 语言在 VC 6.0 环境下编制了 HFQCM 模型的计算软件 (QCM2D)。该软件能够计算小变形、弹性状态下二维复合材料结构在多轴载荷下的细观应力、应变场以及宏观弹性常数。该软件由 12000 多条 C 代码组成，包含前处理、内存管理、子胞刚度计算、合成总体刚度矩阵、求解器以及后处理六个模块。各模块的相互关系见图 4.22，功能见表 4.2。

QCM2D 软件实现了 HFQCM 模型从数据读取到计算结果处理等功能。以六个模块为基础，利用 C/C++ 语言编写图形化的用户界面，能够形成通用的商业软件。

4.4.2 计算流程

使用 QCM2D 软件进行计算分为三个步骤：准备数据文件、运行 QCM2D 程序以及输出计算结果。

(1) 调用 QCM2D，准备好计算前必需的输入数据文件 (其中包含各子胞的几何信息和物理信息)。它可由通用有限元软件 ANSYS 生成。

(2) 运行 QCM2D 程序，在控制窗口输入数据文件，程序开始计算。

(3) 计算结束，从屏幕上读取宏观刚度矩阵 C_{ij}、宏观柔度矩阵 S_{ij} 和宏观弹性常数 E_{ijkl}。根据提示，生成 "基本结果数据文件"、"格点应力数据文件" 和 "边界应力数据文件"。

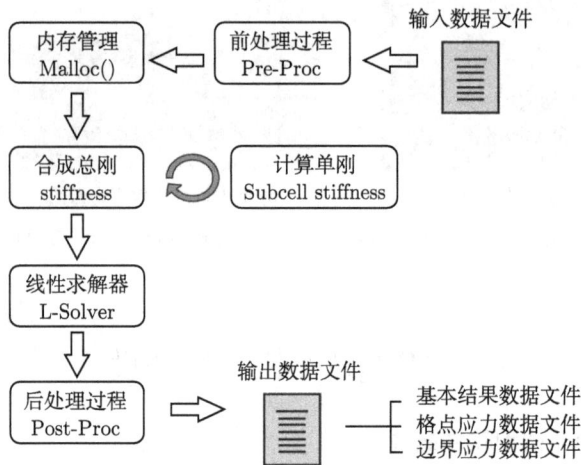

图 4.22　QCM2D 软件各模块之间的关系

表 4.2　QCM2D 各模块实现的功能

模块名称	功能
前处理	读取原始数据文件，校验数据，施加边界条件
内存管理	分配内存空间给各个变量，进行内存溢出的处理
子胞刚度计算	计算每个子胞的刚度矩阵
合成总体刚度矩阵	将子胞刚度矩阵合成为总体刚度矩阵
求解器	求解线性方程组，得到子胞边界平均位移
后处理	根据子胞边界平均位移计算应力，获得应力云图，计算子胞边界应力分布，计算宏观弹性常数

4.4.3　I/O 数据文件说明

1) 输入数据文件

输入数据文件的格式如表 4.3 所示。

2) 输出数据文件

结果文件包括："基本结果数据文件"、"格点应力数据文件" 和 "边界应力数据文件"，其具体形式见表 4.4。

表 4.3 输入数据文件的格式

语句编号	内容	备注
01	hfgmqc2d_bw.txt hfgmqc2d_bl.txt hfgmqc2d_oh.txt	文件头
02	$\bar{\varepsilon}_{11}$ $\bar{\varepsilon}_{12}$ $\bar{\varepsilon}_{13}$ $\bar{\varepsilon}_{22}$ $\bar{\varepsilon}_{23}$ $\bar{\varepsilon}_{33}$	宏观应变
03	Nele Nnode Nmat	单元总数、节点总数和材料类型数
04	E_1 μ_1 E_2 μ_2 $\vdots$ E_{nmat} μ_{nmat}	各类型材料的弹性模量和泊松比
05	Id1 iMat p1 p2 p3 p4 x1 x2 x3 x4 y1 y2 y3 y4 $\vdots$ Idn iMat p1 p2 p3 p4 x1 x2 x3 x4 y1 y2 y3 y4	Id：子胞编号； iMat：子胞材料编号； p1,p2,p3,p4：子胞角点的总体编号； x1,x2,x3,x4：子胞角点的 x 坐标； y1,y2,y3,y4：子胞角点的 y 坐标

表 4.4 输出数据文件的格式

文件名	文件格式
基本结果数据文件	包含 N_{b} 行 14 列数据。其中 N_{b} 代表子胞边界总数，第 i 行存储第 i 个子胞边界的计算结果。第 1~14 列数据的意义分别为：子胞边界编号、子胞边界中点 x 坐标、y 坐标、$\tilde{u}_x$、$\tilde{u}_y$、$\tilde{u}_z$、σ_{xx}、σ_{yy}、σ_{zz}、σ_{yz}、σ_{xz}、σ_{xy}、$\bar{\sigma}$ 和 σ_{eq}
格点应力数据文件	包含 N 行 11 列数据。其中 N 代表格点总数，第 i 行存储第 i 个格点的计算结果。第 1~11 列数据的意义分别为：格点编号、格点 x 坐标、y 坐标、σ_{xx}、σ_{yy}、σ_{zz}、σ_{yz}、σ_{xz}、σ_{xy}、$\bar{\sigma}$ 和 σ_{eq}
边界应力数据文件	包含 N 行 11 列数据。其中 N 代表子胞边界节点总数，第 i 行存储第 i 个边界节点的计算结果。第 1~11 列数据的意义分别为：子胞边界节点到起始点的距离、子胞边界节点 x 坐标、y 坐标、σ_{xx}、σ_{yy}、σ_{zz}、σ_{yz}、σ_{xz}、σ_{xy}、$\bar{\sigma}$ 和 σ_{eq}

4.4.4 使用 ANSYS 作为前处理

使用 QCM2D 前必须准备好输入数据文件。通过手工填写这个文件非常繁琐且容易出错。本书编写了 Makedata_Pre.txt 和 Makedata.txt。将其与 ANSYS 联合使用，能够较方便地获得输入数据文件。具体步骤为：①手工修改 Makedata_Pre.txt；②读取 Makedata_Pre.txt，使用 ANSYS 建模；③调用 Makedata.txt 输出数据。

1) Makedata2D_Pre.txt

Makedata2D_Pre.txt 的作用是设置 ANSYS 并且初始化前处理所需的变量，其详细内容见表 4.5，

表 4.5　Makedata2D_Pre.txt 的文件格式

语句编号	内容	备注
01	/COM, Structural /PREP7	设置 ANSYS 的命令，固定内容
02	*SET,Nmat, pNmat	设置材料类型数，pNmat 是一个正整数
03	*SET,ep11, $\bar\varepsilon_{11}$ *SET,ep12, $\bar\varepsilon_{12}$ *SET,ep13, $\bar\varepsilon_{13}$ *SET,ep22, $\bar\varepsilon_{22}$ *SET,ep23, $\bar\varepsilon_{23}$ *SET,ep33, $\bar\varepsilon_{33}$	设置宏观应变
04	*SET,FILE_bw,'hfgmqc2d_bw' *SET,FILE_bl,'hfgmqc2d_bl' *SET,FILE_oh,'hfgmqc2d_oh' *SET,FILE_node,'hfgmqc2d_node'	设置 ANSYS 的命令，固定内容
05	*SET,Xmin,pXmin *SET,Xmax,pXmax *SET,Ymin,pYmin *SET,Ymax,pYmax *SET,RC,pRC	pXmin, pXmax, pYmin 和 pYmax 分别是 RVE 所占区域 X 坐标的最小值和最大值，Y 坐标的最小值和最大值。pRC 是进行迭代计算所需的容差，一般设为 1×10^{-6}

2) 使用 ANSYS 建立几何模型

需要在 ANSYS 中完成的工作包括：读取 Makedata_Pre.txt；建立 RVE 几何模型；根据 Makedata_Pre.txt 设定的材料总数设置材料弹性常数；设置区域的材料属性；划分单元。

3) Makedata2D.txt

在 ANSYS 环境下打开 Makedata2D.txt，计算机在 ANSYS 工作目录下生成 QCM2D 的输入数据文件。Makedata2D.txt 的详细内容见表 4.6。

表 4.6　Makedata2D.txt 的文件格式

语句编号	内容	备注
01	*get,Nele,elem, ,NUM,MAXD	获取单元总数
02	*GET,NMa,NODE,0,NUM,MAXD *GET,NMi,NODE,0,NUM,MIND Nnode=NMa−NMi+1	获得节点总数
03	*CFopen,FILE_bw,txt *Cfclose *CFopen,FILE_bl,txt *Cfclose *CFopen,FILE_oh,txt *Cfclose	创建附件

续表

语句编号	内容	备注
04	*CFopen,FILE_name,txt	创建 QCM2D 输入数据文件
05	*Vwrite,FILE_bw %s.txt *Vwrite,FILE_bl %s.txt *Vwrite,FILE_oh %s.txt	创建相关文件
06	*Vwrite,ep11,ep22,ep33,ep23,ep12,ep13 %10f %10f %10f %10f %10f %10f	写宏观应变
07	*Vwrite,Nele,Nnode,Nmat %10i %10i %10i	写子胞数、节点数和材料类型数
08	*do,i,1,Nmat,1 *GET,Ex,EX,i,TEMP, , *GET,Po,PRXY,i,TEMP, , *Vwrite,Ex,Po %10F %10F *enddo	写材料常数
09	*do,i,1,Nele,1 *GET,p1,ELEM,i,NODE,1 *GET,p2,ELEM,i,NODE,2 *GET,p3,ELEM,i,NODE,3 *GET,p4,ELEM,i,NODE,4 *GET,mtyp,ELEM,i,ATTR,MAT *GET,x1,NODE,p1,LOC,X *GET,x2,NODE,p2,LOC,X *GET,x3,NODE,p3,LOC,X *GET,x4,NODE,p4,LOC,X *GET,y1,NODE,p1,LOC,Y *GET,y2,NODE,p2,LOC,Y *GET,y3,NODE,p3,LOC,Y *GET,y4,NODE,p4,LOC,Y *Vwrite,i-1 %10i *Vwrite,mtyp-1 %10i *Vwrite,p1-1,p2-1,p3-1,p4-1 %10i %10i %10i %10i *Vwrite,x1,x2,x3,x4 %10f %10f %10f %10f *Vwrite,y1,y2,y3,y4 %10f %10f %10f %10f *enddo	写单元数据
10	*Cfclose	关闭并保存 QCM2D 输入数据文件

第 5 章　节点插值子胞模型

5.1　节点插值子胞模型的建立

节点插值子胞 (node interpolation cell method，NICM) 模型导出过程如下：

(1) 假设 RVE 内的位移模式为式 $u_i = \bar{\varepsilon}_{ij} X_j + \tilde{u}_i, i,j = 1,2,3$；

(2) 以式 $u_i = \bar{\varepsilon}_{ij} X_j + \tilde{u}_i, i,j = 1,2,3$ 的细观位移 $\tilde{u}_i$ 作为未知量，建立模型的过程就是在周期边界条件下求解 $\tilde{u}_i$ 的过程；

(3) 在 RVE 内，采用节点插值函数 $\tilde{u}_i$，把求解 $\tilde{u}_i$ 转换为求解子胞节点上的细观位移 $^q\tilde{u}_i^p$ (左上标 q 代表子胞，右上标 p 代表子胞节点的局部编号，i 表示方向)；

(4) 将式 $u_i = \bar{\varepsilon}_{ij} X_j + \tilde{u}_i, i,j = 1,2,3$ 代入几何方程 $\varepsilon_{ij} = \bar{\varepsilon}_{ij} + \left(\dfrac{\partial \tilde{u}_i}{\partial x_j} + \dfrac{\partial \tilde{u}_j}{\partial x_i} \right) \Big/ 2$、弹性本构方程 $\sigma_{ij} = E_{ijkl}\varepsilon_{kl}$ 和平衡方程 $\sigma_{ij,j} = 0$ 中，采用虚位移原理建立 NICM 模型的基本方程；

(5) 应用 NICM 基本方程和周期边界条件求解 $^q\tilde{u}_i^p$，应用位移插值函数求出 RVE 内任意一点位移；

(6) 应用几何方程求出细观应变；

(7) 应用物理方程求出细观应力。

由式 $\bar{\sigma}_{ij} = \dfrac{1}{V} \displaystyle\int_V \sigma_{ij}\mathrm{d}v$ 计算宏观应力，则宏观应力与宏观应变之间的关系，即宏观本构关系。

5.1.1　宏细观统一的虚位移原理

由虚位移原理可知：

$$\int_\Omega \sigma_{ij}\delta\varepsilon_{ij}\mathrm{d}v = \int_{S_\sigma} T_i\delta u_i\mathrm{d}s \tag{5.1}$$

弹性状态下的本构方程为

$$\sigma_{ij} = E_{ijkl}\varepsilon_{kl} \tag{5.2}$$

将其代入式 (5.1) 得

$$\int_\Omega E_{ijkl}\varepsilon_{kl}\delta\varepsilon_{ij}\mathrm{d}v = \int_{S_\sigma} T_i\delta u_i\mathrm{d}s \tag{5.3}$$

小变形状态下的几何方程为

$$\varepsilon_{ij} = \frac{1}{2}\left(\frac{\partial u_i}{\partial x_j} + \frac{\partial u_j}{\partial x_i}\right) \tag{5.4}$$

将位移模式 $u_i = \bar{\varepsilon}_{ij}X_j + \tilde{u}_i, i,j = 1,2,3$ 代入几何方程 (5.4) 得

$$\varepsilon_{ij} = A_{ij} + \tilde{\varepsilon}_{ij} \tag{5.5}$$

其中

$$\tilde{\varepsilon}_{ij} = \frac{1}{2}\left(\frac{\partial \tilde{u}_i}{\partial x_j} + \frac{\partial \tilde{u}_j}{\partial x_i}\right) \tag{5.6}$$

将式 (5.5) 代入式 (5.3) 后得

$$\int_{\Omega} (E_{ijkl}A_{kl}\delta A_{ij} + E_{ijkl}A_{kl}\delta\tilde{\varepsilon}_{ij} + E_{ijkl}\tilde{\varepsilon}_{kl}\delta A_{ij} + E_{ijkl}\tilde{\varepsilon}_{kl}\delta\tilde{\varepsilon}_{ij})\,\mathrm{d}v$$
$$= \int_{S_\sigma} (T_i\delta A_{ij}X_j + T_i\delta\tilde{u}_i)\,\mathrm{d}s \tag{5.7}$$

假设 $\delta A_{ij} = 0$，并且由虚位移的任意性，方程 (5.7) 写为

$$\int_{\Omega} (E_{ijkl}A_{kl}\delta\tilde{\varepsilon}_{ij} + E_{ijkl}\tilde{\varepsilon}_{kl}\delta\tilde{\varepsilon}_{ij})\,\mathrm{d}v = \int_{S_\sigma} T_i\delta\tilde{u}_i\mathrm{d}s \tag{5.8}$$

式 (5.8) 就是宏细观统一的虚位移原理表达式，对它进行求解，就能获得宏观应变 A_{kl} 与细观位移 $\tilde{u}_i$ 之间的对应关系。

将式 (5.8) 写成离散化的形式：

$$\sum_e \int_{e\Omega} (E_{ijkl}A_{kl}\delta\tilde{\varepsilon}_{ij} + E_{ijkl}\tilde{\varepsilon}_{kl}\delta\tilde{\varepsilon}_{ij})\,\mathrm{d}v = \sum_e \int_{eS} T_i\delta\tilde{u}_i\mathrm{d}s \tag{5.9}$$

5.1.2 NICM 模型的基本方程

在子胞 e 内，位移 $\tilde{u}_i$ 和应变 $\tilde{\varepsilon}_{ij}$ 可以写为子胞节点位移 $^e\tilde{u}_i^p$ 的函数：

$$\tilde{u}_i = {}^eN^{pe}\tilde{u}_i^p \tag{5.10}$$

$$\tilde{\varepsilon}_{ij} = \frac{1}{2}{}^eN_{,j}^{pe}\tilde{u}_i^p + \frac{1}{2}{}^eN_{,i}^{pe}\tilde{u}_j^p \tag{5.11}$$

其中，左上标 e 表示子胞编号；$^e\tilde{u}_i^p$ 代表子胞 e 第 p 个节点的 i 方向的细观位移；$^eN^p$ 是子胞细观位移形函数；$^eN_{,j}^p = \dfrac{\partial {}^eN^p}{\partial x_j}$。

将式 (5.11) 代入式 (5.9) 后得

$$\sum_e \int_{e\Omega} \left(E_{ijkl}A_{kl}\frac{1}{2}{}^e N_{,j}^p \delta^e \tilde{u}_i^p + E_{ijkl}A_{kl}\frac{1}{2}{}^e N_{,i}^p \delta^e \tilde{u}_j^p \right) \mathrm{d}v$$

$$+ \sum_e \int_{e\Omega} E_{ijkl} \left(\frac{1}{2}{}^e N_{,l}^{qe}\tilde{u}_k^q + \frac{1}{2}{}^e N_{,k}^q {}^e \tilde{u}_l^q \right) \left(\frac{1}{2}{}^e N_{,j}^p \delta^e \tilde{u}_i^p + \frac{1}{2}{}^e N_{,i}^p \delta^e \tilde{u}_j^p \right) \mathrm{d}v$$

$$= \sum_e \int_{eS} T_i{}^e N^p \delta^e \tilde{u}_i^p \mathrm{d}s$$

$$(5.12)$$

将式 (5.12) 化简后得

$$\sum_e {}^e \tilde{u}_k^{qe} K_{kqip} \delta^e \tilde{u}_i^p + \sum_e A_{kl}{}^e C_{klip} \delta^e \tilde{u}_i^p = \sum_e {}^e T_{ip} \delta^e \tilde{u}_i^p \tag{5.13}$$

其中

$${}^e K_{kqip} = \int_{e\Omega} K_{kqip} \mathrm{d}v \tag{5.14a}$$

$${}^e C_{klip} = \frac{1}{2} \int_{e\Omega} \left(E_{ijkl}{}^e N_{,j}^p + E_{jikl}{}^e N_{,j}^p \right) \mathrm{d}v \tag{5.14b}$$

$${}^e T_{ip} = \int_{eS} T_i{}^e N^p \mathrm{d}s \tag{5.14c}$$

$$K_{kqip} = \frac{1}{4} E_{ijkl}{}^e N_{,l}^{qe} N_{,j}^p + \frac{1}{4} E_{ijlk}{}^e N_{,l}^{qe} N_{,j}^p + \frac{1}{4} E_{jikl}{}^e N_{,l}^{qe} N_{,j}^p + \frac{1}{4} E_{jilk}{}^e N_{,l}^{qe} N_{,j}^p$$

$$(5.14d)$$

由式 (5.13) 可建立节点细观位移 ${}^e \tilde{u}_i^p$ 和宏观应变 A_{kl} 之间的关系。

式 (5.13) 是宏细观统一模型的基本方程。施加边界条件后可以计算节点细观位移 ${}^e \tilde{u}_i^p$。${}^e \tilde{u}_i^p$ 可以表示为如下形式:

$${}^e \tilde{u}_i^p = {}^e KC_{ipmn} A_{mn} + {}^e U_i^p \tag{5.15}$$

其中,${}^e KC_{ipmn}$ 是一个四阶常张量。它只与子胞形状以及子胞材料弹性常数相关。${}^e U_i^p$ 是一个二阶常张量,与边界条件相关。${}^e KC_{ipmn}$ 与 ${}^e U_i^p$ 随子胞细观位移形函数变化。本章后续部分将介绍四边形子胞和六面体子胞的 ${}^e KC_{ipmn}$ 和 ${}^e U_i^p$。

5.1.3　复合材料宏观本构关系

宏观应力定义为

$$\bar{\sigma}_{ij} = \frac{1}{V} \int_{\Omega} \sigma_{ij} \mathrm{d}v \tag{5.16}$$

将式 (5.16) 离散化, 并且代入子胞本构关系得

$$\bar{\sigma}_{ij} = \frac{1}{V} \sum_e \frac{{}^eV {}^eE_{ijkl}}{{}^eV} \int_{{}^e\Omega} \varepsilon_{kl} \mathrm{d}v = \sum_e \frac{{}^eV {}^eE_{ijkl} \left(A_{kl} + {}^e\bar{\varepsilon}_{kl}\right)}{V} \tag{5.17}$$

其中, ${}^e\bar{\varepsilon}_{kl}$ 为子胞平均细观应变:

$$ {}^e\bar{\varepsilon}_{kl} = \frac{1}{{}^eV} \int_{{}^e\Omega} \tilde{\varepsilon}_{kl} \mathrm{d}v \tag{5.18}$$

$$ {}^e\bar{\varepsilon}_{kl} = \frac{1}{{}^eV} \int_{{}^e\Omega} \left(\frac{1}{2} {}^eN_{,l}^p \tilde{u}_k^p + \frac{1}{2} {}^eN_{,k}^p \tilde{u}_l^p \right) \mathrm{d}v = \frac{1}{2} {}^e\bar{N}_{,l}^p \tilde{u}_k^p + \frac{1}{2} {}^e\bar{N}_{,k}^p {}^e\tilde{u}_l^p \tag{5.19}$$

因此宏观应力可以表示为

$$\bar{\sigma}_{ij} = \sum_e \frac{{}^eV}{V} \left({}^eE_{ijkl} A_{kl} + {}^eE_{ijkl} {}^e\bar{N}_{,l}^p \tilde{u}_k^p \right) \tag{5.20}$$

将式 (5.15) 代入式 (5.20) 得

$$\bar{\sigma}_{ij} = \sum_e \frac{{}^eV}{V} \left({}^eE_{ijkl} A_{kl} + {}^eE_{ijmn} {}^e\bar{N}_{,n}^p {}^eKC_{mpkl} A_{kl} + {}^eE_{ijkl} {}^e\bar{N}_{,l}^p U_k^p \right) \tag{5.21}$$

化简后得

$$\bar{\sigma}_{ij} = \bar{E}_{ijkl} A_{kl} + \bar{T}_{ij} \tag{5.22}$$

其中

$$\bar{E}_{ijkl} = \sum_e \frac{{}^eV}{V} \left({}^eE_{ijkl} + {}^eE_{ijmn} {}^e\bar{N}_{,n}^p {}^eKC_{mpkl} \right) \tag{5.23}$$

$$\bar{T}_{ij} = \sum_e \frac{{}^eV}{V} \left({}^eE_{ijkl} {}^e\bar{N}_{,l}^p U_k^p \right) \tag{5.24}$$

式 (5.23) 即为宏观弹性张量表达式。

5.1.4 平面四节点子胞 NICM 模型计算格式

采用四边形等参元离散 RVE, 子胞节点按逆时针排列。细观位移形函数为

$$N^1 = (1 - \varsigma)(1 - \eta)/4 \tag{5.25a}$$

$$N^2 = (1 + \varsigma)(1 - \eta)/4 \tag{5.25b}$$

$$N^3 = (1 + \varsigma)(1 + \eta)/4 \tag{5.25c}$$

$$N^4 = (1 - \varsigma)(1 + \eta)/4 \tag{5.25d}$$

等参变换的形式为

$$X_i = N^p(\varsigma, \eta) X_i^p, \quad i = 1, 2; p = 1, 2, 3, 4 \tag{5.26}$$

其中，X_i 是子胞内宏观坐标；X_i^p 是子胞节点宏观坐标。

在 NICM 公式体系中，不仅需要细观位移形函数，还需要形函数对坐标的偏导数 $^e N_{,j}^p$。按照偏微分法则，函数 $^e N^p$ 对自然坐标 $y_l(y_1 = \varsigma, y_2 = \eta)$ 的偏导数可表示为

$$\frac{\partial^e N^p}{\partial y_l} = \frac{\partial^e N^p}{\partial X_j} \frac{\partial X_j}{\partial y_l} \tag{5.27}$$

将其展开为矩阵形式：

$$\begin{bmatrix} \dfrac{\partial^e N^p}{\partial \varsigma} \\[2mm] \dfrac{\partial^e N^p}{\partial \eta} \end{bmatrix} = \begin{bmatrix} \dfrac{\partial X_1}{\partial \varsigma} & \dfrac{\partial X_2}{\partial \varsigma} \\[2mm] \dfrac{\partial X_1}{\partial \eta} & \dfrac{\partial X_2}{\partial \eta} \end{bmatrix} \cdot \begin{bmatrix} \dfrac{\partial^e N^p}{\partial X_1} \\[2mm] \dfrac{\partial^e N^p}{\partial X_2} \end{bmatrix} = J \cdot \begin{bmatrix} \dfrac{\partial^e N^p}{\partial X_1} \\[2mm] \dfrac{\partial^e N^p}{\partial X_2} \end{bmatrix} \tag{5.28}$$

其中，J 为雅可比矩阵，记作 $\partial(X_1, X_2)/\partial(\varsigma, \eta)$。利用式 (5.28)，$J$ 可以表示为自然坐标的函数，即

$$
\begin{aligned}
J &\equiv \frac{\partial(X_1, X_2)}{\partial(\varsigma, \eta)} = \begin{bmatrix} \displaystyle\sum_{p=1}^4 \frac{\partial^e N^p}{\partial \varsigma} X_1^p & \displaystyle\sum_{p=1}^4 \frac{\partial^e N^p}{\partial \varsigma} X_2^p \\[3mm] \displaystyle\sum_{p=1}^4 \frac{\partial^e N^p}{\partial \eta} X_1^p & \displaystyle\sum_{p=1}^4 \frac{\partial^e N^p}{\partial \eta} X_2^p \end{bmatrix} \\[4mm]
&= \begin{bmatrix} \dfrac{\partial^e N^1}{\partial \varsigma} & \dfrac{\partial^e N^2}{\partial \varsigma} & \dfrac{\partial^e N^3}{\partial \varsigma} & \dfrac{\partial^e N^4}{\partial \varsigma} \\[2mm] \dfrac{\partial^e N^1}{\partial \eta} & \dfrac{\partial^e N^2}{\partial \eta} & \dfrac{\partial^e N^3}{\partial \eta} & \dfrac{\partial^e N^4}{\partial \eta} \end{bmatrix} \cdot \begin{bmatrix} X_1^1 & X_2^1 \\ X_1^2 & X_2^2 \\ X_1^3 & X_2^3 \\ X_1^4 & X_2^4 \end{bmatrix}
\end{aligned} \tag{5.29}
$$

则 $^e N_{,j}^p$ 可用自然坐标表示为

$$\begin{bmatrix} \dfrac{\partial^e N^p}{\partial X_1} & \dfrac{\partial^e N^p}{\partial X_2} \end{bmatrix}^{\mathrm{T}} = J^{-1} \begin{bmatrix} \dfrac{\partial^e N^p}{\partial \varsigma} & \dfrac{\partial^e N^p}{\partial \eta} \end{bmatrix}^{\mathrm{T}} \tag{5.30}$$

其中，J^{-1} 是 J 的逆矩阵。

将式 (5.25)、式 (5.30) 代入式 (5.14)，并进行积分变换得

$$
{}^eK_{kqip} = \int_{-1}^1 \int_{-1}^1 K_{kqip} \, |J| \, \mathrm{d}y_1 \mathrm{d}y_2 \tag{5.31a}
$$

$$
{}^eC_{klip} = \int_{-1}^1 \int_{-1}^1 \frac{1}{2} \left(E_{ijkl} {}^eN_{,j}^p + E_{jikl} {}^eN_{,j}^p \right) |J| \, \mathrm{d}y_1 \mathrm{d}y_2 \tag{5.31b}
$$

$$
\begin{aligned}
{}^eT_{ip} = &\int_{-1}^1 T_i {}^eN^p (y_1, -1) L_1 \mathrm{d}y_1 + \int_{-1}^1 T_i {}^eN^p (1, y_2) L_2 \mathrm{d}y_2 \\
&+ \int_{-1}^1 T_i {}^eN^p (y_1, 1) L_3 \mathrm{d}y_1 + \int_{-1}^1 T_i {}^eN^p (-1, y_2) L_4 \mathrm{d}y_2
\end{aligned} \tag{5.31c}
$$

其中，$|J|$ 为雅可比行列式；L_p 为子胞边界 p 的长度。将式 (5.31) 代入式 (5.13)，可计算出所有的细观位移，进而求得节点应力和材料的宏观弹性张量。

5.1.5 三维八节点子胞 NICM 模型计算格式

采用六面体等参元离散 RVE。子胞节点按图 5.1 的方式排列。细观位移形函数为

$$
N^1 = (1+\varsigma)(1-\eta)(1-\zeta)/8 \tag{5.32a}
$$

$$
N^2 = (1+\varsigma)(1+\eta)(1-\zeta)/8 \tag{5.32b}
$$

$$
N^3 = (1-\varsigma)(1+\eta)(1-\zeta)/8 \tag{5.32c}
$$

$$
N^4 = (1-\varsigma)(1-\eta)(1-\zeta)/8 \tag{5.32d}
$$

$$
N^5 = (1+\varsigma)(1-\eta)(1+\zeta)/8 \tag{5.32e}
$$

$$
N^6 = (1+\varsigma)(1+\eta)(1+\zeta)/8 \tag{5.32f}
$$

$$
N^7 = (1-\varsigma)(1+\eta)(1+\zeta)/8 \tag{5.32g}
$$

$$
N^8 = (1-\varsigma)(1-\eta)(1+\zeta)/8 \tag{5.32h}
$$

等参变换的形式为

$$
X_i = N^p(\varsigma, \eta, \zeta) X_i^p, \quad i=1,2,3; p=1,2,\cdots,8 \tag{5.33}
$$

其中，X_i 是子胞内宏观坐标；X_i^p 是子胞节点宏观坐标。

函数 ${}^eN^p$ 对自然坐标 $y_l(y_1=\varsigma, y_2=\eta, y_3=\zeta)$ 的偏导数可表示为

$$
\frac{\partial {}^eN^p}{\partial y_l} = \frac{\partial {}^eN^p}{\partial X_j} \frac{\partial X_j}{\partial y_l} \tag{5.34}
$$

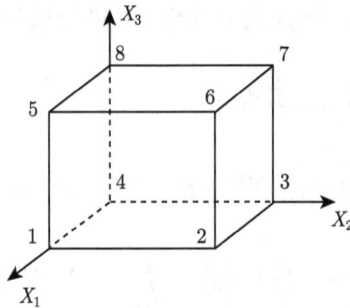

图 5.1　六面体等参元节点分布

将其展开为矩阵形式：

$$
\begin{bmatrix}
\dfrac{\partial^e N^p}{\partial \varsigma} \\[2mm]
\dfrac{\partial^e N^p}{\partial \eta} \\[2mm]
\dfrac{\partial^e N^p}{\partial \zeta}
\end{bmatrix}
=
\begin{bmatrix}
\dfrac{\partial X_1}{\partial \varsigma} & \dfrac{\partial X_2}{\partial \varsigma} & \dfrac{\partial X_3}{\partial \varsigma} \\[2mm]
\dfrac{\partial X_1}{\partial \eta} & \dfrac{\partial X_2}{\partial \eta} & \dfrac{\partial X_3}{\partial \eta} \\[2mm]
\dfrac{\partial X_1}{\partial \zeta} & \dfrac{\partial X_2}{\partial \zeta} & \dfrac{\partial X_3}{\partial \zeta}
\end{bmatrix}
\cdot
\begin{bmatrix}
\dfrac{\partial^e N^p}{\partial X_1} \\[2mm]
\dfrac{\partial^e N^p}{\partial X_2} \\[2mm]
\dfrac{\partial^e N^p}{\partial X_3}
\end{bmatrix}
= J \cdot
\begin{bmatrix}
\dfrac{\partial^e N^p}{\partial X_1} \\[2mm]
\dfrac{\partial^e N^p}{\partial X_2} \\[2mm]
\dfrac{\partial^e N^p}{\partial X_3}
\end{bmatrix}
\tag{5.35}
$$

其中，J 为雅可比矩阵，记作 $\partial(X_1, X_2, X_3)/\partial(\varsigma, \eta, \zeta)$。利用式 (5.35)，$J$ 可以表示为自然坐标的函数，即

$$
J \equiv \frac{\partial(X_1, X_2, X_3)}{\partial(\varsigma, \eta, \zeta)} =
\begin{bmatrix}
\displaystyle\sum_{p=1}^{8} \frac{\partial^e N^p}{\partial \varsigma} X_1^p & \displaystyle\sum_{p=1}^{8} \frac{\partial^e N^p}{\partial \varsigma} X_2^p & \displaystyle\sum_{p=1}^{8} \frac{\partial^e N^p}{\partial \varsigma} X_3^p \\[4mm]
\displaystyle\sum_{p=1}^{8} \frac{\partial^e N^p}{\partial \eta} X_1^p & \displaystyle\sum_{p=1}^{8} \frac{\partial^e N^p}{\partial \eta} X_2^p & \displaystyle\sum_{p=1}^{8} \frac{\partial^e N^p}{\partial \eta} X_3^p \\[4mm]
\displaystyle\sum_{p=1}^{8} \frac{\partial^e N^p}{\partial \zeta} X_1^p & \displaystyle\sum_{p=1}^{8} \frac{\partial^e N^p}{\partial \zeta} X_2^p & \displaystyle\sum_{p=1}^{8} \frac{\partial^e N^p}{\partial \zeta} X_3^p
\end{bmatrix}
= \left[{}^e N_j^{\prime p} \right] \cdot [X_i^p]
$$

$$\tag{5.36}$$

其中

$$
\left[{}^e N_j^{\prime p} \right] =
\begin{bmatrix}
\dfrac{\partial^e N^1}{\partial \varsigma} & \dfrac{\partial^e N^2}{\partial \varsigma} & \dfrac{\partial^e N^3}{\partial \varsigma} & \dfrac{\partial^e N^4}{\partial \varsigma} & \dfrac{\partial^e N^5}{\partial \varsigma} & \dfrac{\partial^e N^6}{\partial \varsigma} & \dfrac{\partial^e N^7}{\partial \varsigma} & \dfrac{\partial^e N^8}{\partial \varsigma} \\[3mm]
\dfrac{\partial^e N^1}{\partial \eta} & \dfrac{\partial^e N^2}{\partial \eta} & \dfrac{\partial^e N^3}{\partial \eta} & \dfrac{\partial^e N^4}{\partial \eta} & \dfrac{\partial^e N^5}{\partial \eta} & \dfrac{\partial^e N^6}{\partial \eta} & \dfrac{\partial^e N^7}{\partial \eta} & \dfrac{\partial^e N^8}{\partial \eta} \\[3mm]
\dfrac{\partial^e N^1}{\partial \zeta} & \dfrac{\partial^e N^2}{\partial \zeta} & \dfrac{\partial^e N^3}{\partial \zeta} & \dfrac{\partial^e N^4}{\partial \zeta} & \dfrac{\partial^e N^5}{\partial \zeta} & \dfrac{\partial^e N^6}{\partial \zeta} & \dfrac{\partial^e N^7}{\partial \zeta} & \dfrac{\partial^e N^8}{\partial \zeta}
\end{bmatrix}
$$

$$
[X_i^p] =
\begin{bmatrix}
X_1^1 & X_1^2 & X_1^3 & X_1^4 & X_1^5 & X_1^6 & X_1^7 & X_1^8 \\
X_2^1 & X_2^2 & X_2^3 & X_2^4 & X_2^5 & X_2^6 & X_2^7 & X_2^8 \\
X_3^1 & X_3^2 & X_3^3 & X_3^4 & X_3^5 & X_3^6 & X_3^7 & X_3^8
\end{bmatrix}^{\mathrm{T}}
$$

于是 $^eN_{,j}^p$ 可用自然坐标表示为

$$
\begin{bmatrix}
\dfrac{\partial^e N^p}{\partial X_1} \\[2mm]
\dfrac{\partial^e N^p}{\partial X_2} \\[2mm]
\dfrac{\partial^e N^p}{\partial X_3}
\end{bmatrix}
= J^{-1}
\begin{bmatrix}
\dfrac{\partial^e N^p}{\partial \varsigma} \\[2mm]
\dfrac{\partial^e N^p}{\partial \eta} \\[2mm]
\dfrac{\partial^e N^p}{\partial \zeta}
\end{bmatrix}
\tag{5.37}
$$

其中，J^{-1} 是 J 的逆矩阵。

将式 (5.32)、式 (5.37) 代入式 (5.14)，并进行积分变换得

$$
{}^eK_{kqip} = \int_{-1}^{1}\int_{-1}^{1}\int_{-1}^{1} K_{kqip}\,|J|\,\mathrm{d}y_1\mathrm{d}y_2\mathrm{d}y_3
\tag{5.38a}
$$

$$
{}^eC_{klip} = \int_{-1}^{1}\int_{-1}^{1}\int_{-1}^{1} \frac{1}{2}\left(E_{ijkl}\,{}^eN_{,j}^p + E_{jikl}\,{}^eN_{,j}^p\right)|J|\,\mathrm{d}y_1\mathrm{d}y_2\mathrm{d}y_3
\tag{5.38b}
$$

$$
{}^eT_{ip} = \int_{-1}^{1}\int_{-1}^{1} T_i\,{}^eN^p\left(-1,y_2,y_3\right)A_1\mathrm{d}y_2\mathrm{d}y_3 + \int_{-1}^{1}\int_{-1}^{1} T_i\,{}^eN^p\left(1,y_2,y_3\right)A_2\mathrm{d}y_2\mathrm{d}y_3
$$

$$
+ \int_{-1}^{1}\int_{-1}^{1} T_i\,{}^eN^p\left(y_1,-1,y_3\right)A_3\mathrm{d}y_1\mathrm{d}y_3 + \int_{-1}^{1}\int_{-1}^{1} T_i\,{}^eN^p\left(y_1,1,y_3\right)A_4\mathrm{d}y_1\mathrm{d}y_3
$$

$$
+ \int_{-1}^{1}\int_{-1}^{1} T_i\,{}^eN^p\left(y_1,y_2,-1\right)A_5\mathrm{d}y_1\mathrm{d}y_2 + \int_{-1}^{1}\int_{-1}^{1} T_i\,{}^eN^p\left(y_1,y_2,1\right)A_6\mathrm{d}y_1\mathrm{d}y_2
$$

$$
\tag{5.38c}
$$

其中，$|J|$ 为雅可比行列式，A_i 的表达式如下：

$$
A_1 = \left[\left(\frac{\partial X_2}{\partial \eta}\frac{\partial X_3}{\partial \zeta} - \frac{\partial X_2}{\partial \zeta}\frac{\partial X_3}{\partial \eta}\right)^2 + \left(\frac{\partial X_3}{\partial \eta}\frac{\partial X_1}{\partial \zeta} - \frac{\partial X_3}{\partial \zeta}\frac{\partial X_1}{\partial \eta}\right)^2\right.
$$

$$
\left.\left. + \left(\frac{\partial X_1}{\partial \eta}\frac{\partial X_2}{\partial \zeta} - \frac{\partial X_1}{\partial \zeta}\frac{\partial X_2}{\partial \eta}\right)^2\right]^{\frac{1}{2}}\right|_{\varsigma=-1}
\tag{5.39a}
$$

$$
A_2 = \left[\left(\frac{\partial X_2}{\partial \eta}\frac{\partial X_3}{\partial \zeta} - \frac{\partial X_2}{\partial \zeta}\frac{\partial X_3}{\partial \eta}\right)^2 + \left(\frac{\partial X_3}{\partial \eta}\frac{\partial X_1}{\partial \zeta} - \frac{\partial X_3}{\partial \zeta}\frac{\partial X_1}{\partial \eta}\right)^2\right.
$$

$$
\left.\left. + \left(\frac{\partial X_1}{\partial \eta}\frac{\partial X_2}{\partial \zeta} - \frac{\partial X_1}{\partial \zeta}\frac{\partial X_2}{\partial \eta}\right)^2\right]^{\frac{1}{2}}\right|_{\varsigma=1}
\tag{5.39b}
$$

$$A_3 = \left[\left(\frac{\partial X_2}{\partial \zeta}\frac{\partial X_3}{\partial \varsigma} - \frac{\partial X_2}{\partial \varsigma}\frac{\partial X_3}{\partial \zeta} \right)^2 + \left(\frac{\partial X_3}{\partial \zeta}\frac{\partial X_1}{\partial \varsigma} - \frac{\partial X_3}{\partial \varsigma}\frac{\partial X_1}{\partial \zeta} \right)^2 \right.$$
$$\left. + \left(\frac{\partial X_1}{\partial \zeta}\frac{\partial X_2}{\partial \varsigma} - \frac{\partial X_1}{\partial \varsigma}\frac{\partial X_2}{\partial \zeta} \right)^2 \right]^{\frac{1}{2}}\Bigg|_{\eta=-1} \tag{5.39c}$$

$$A_4 = \left[\left(\frac{\partial X_2}{\partial \zeta}\frac{\partial X_3}{\partial \varsigma} - \frac{\partial X_2}{\partial \varsigma}\frac{\partial X_3}{\partial \zeta} \right)^2 + \left(\frac{\partial X_3}{\partial \zeta}\frac{\partial X_1}{\partial \varsigma} - \frac{\partial X_3}{\partial \varsigma}\frac{\partial X_1}{\partial \zeta} \right)^2 \right.$$
$$\left. + \left(\frac{\partial X_1}{\partial \zeta}\frac{\partial X_2}{\partial \varsigma} - \frac{\partial X_1}{\partial \varsigma}\frac{\partial X_2}{\partial \zeta} \right)^2 \right]^{\frac{1}{2}}\Bigg|_{\eta=1} \tag{5.39d}$$

$$A_5 = \left[\left(\frac{\partial X_2}{\partial \varsigma}\frac{\partial X_3}{\partial \eta} - \frac{\partial X_2}{\partial \eta}\frac{\partial X_3}{\partial \varsigma} \right)^2 + \left(\frac{\partial X_3}{\partial \varsigma}\frac{\partial X_1}{\partial \eta} - \frac{\partial X_3}{\partial \eta}\frac{\partial X_1}{\partial \varsigma} \right)^2 \right.$$
$$\left. + \left(\frac{\partial X_1}{\partial \varsigma}\frac{\partial X_2}{\partial \eta} - \frac{\partial X_1}{\partial \eta}\frac{\partial X_2}{\partial \varsigma} \right)^2 \right]^{\frac{1}{2}}\Bigg|_{\zeta=-1} \tag{5.39e}$$

$$A_6 = \left[\left(\frac{\partial X_2}{\partial \varsigma}\frac{\partial X_3}{\partial \eta} - \frac{\partial X_2}{\partial \eta}\frac{\partial X_3}{\partial \varsigma} \right)^2 + \left(\frac{\partial X_3}{\partial \varsigma}\frac{\partial X_1}{\partial \eta} - \frac{\partial X_3}{\partial \eta}\frac{\partial X_1}{\partial \varsigma} \right)^2 \right.$$
$$\left. + \left(\frac{\partial X_1}{\partial \varsigma}\frac{\partial X_2}{\partial \eta} - \frac{\partial X_1}{\partial \eta}\frac{\partial X_2}{\partial \varsigma} \right)^2 \right]^{\frac{1}{2}}\Bigg|_{\zeta=1} \tag{5.39f}$$

将式 (5.38) 代入式 (5.13)，可计算出所有的细观位移，进而求得节点应力和材料的宏观弹性张量。

5.2 NICM 模型的计算精度分析

NICM 模型采用多项式插值的方法构造子胞内细观位移。多项式插值方法不仅在理论上比较成熟，而且在程序编制上也易于实现。但是这种插值方法也有缺点，比如其插值函数的导数比原插值函数的导数阶次要低，因此 NICM 模型的应力解精度往往比位移解的精度要低。而且在构造子胞细观位移函数的时候只保证了子胞间的位移连续，没有强制子胞间的应力连续，所以 NICM 模型预测的细观应力场并不是连续的。当进行材料细观破坏分析时，人们关心的是某点处的应力值 (特别是最大应力值)，因此在使用 NICM 模型对材料细观损伤进行预测前，必须先对其应力场的连续性以及精确性进行评价。

基于虚位移原理建立的 NICM 模型，采用了子胞节点位移的变分来近似任意点位移的变分,所以只有当自由度数趋于无穷的时候,才能精确地满足平衡方程和力的边界条件以及子胞之间的应力连续条件。本节通过数值算例分别对 NICM 模型的连续性、收敛性以及周期性进行评价。

5.2.1 连续性评价

连续纤维增强复合材料的代表性体元如图 5.2(a) 所示。纤维的半径为 $5.25\mu m$,体积分数为 45%,弹性模量为 230GPa,泊松比为 0.25。基体的弹性模量为 430GPa,泊松比为 0.2。为了研究子胞间应力连续状况,采用图 5.2(b) 的划分,图中 X_1 方向为纤维轴向。

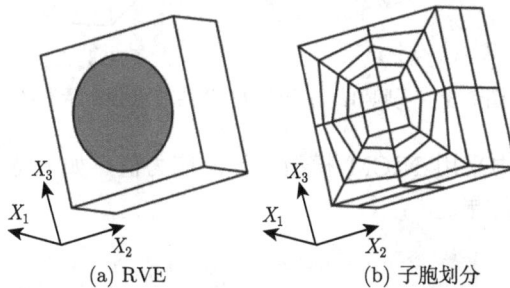

(a) RVE   (b) 子胞划分

图 5.2 长纤维增强复合材料 RVE 以及子胞分布

取子胞 32 和子胞 23 进行比较。当沿 X_1 方向的宏观正应变为 0.01 时,两子胞的节点应力值见表 5.1,各节点在子胞中的位置见图 5.3。子胞内应力分布如图 5.4。所有节点上的 σ_{21} 和 σ_{31} 都等于零,所以没有将其分布表示出来。计算结果表明子胞之间应力是不连续的,在进行复合材料细观应力分析时,特别当计算点处在子胞边界时,需要对应力结果进行"磨平"以获得连续的应力场。应力磨平的方法有节点平均法、总体应力磨平法、单元应力磨平法以及分片磨平法等。为简便起见,本书采用节点平均法。采用节点平均法计算节点应力时,先计算围绕节点 i 的相关子胞在该节点处的应力值 σ_{ij}^e,即

表 5.1 子胞 32 与子胞 23 公共节点的应力值 (单位:GPa)

节点编号	子胞编号	σ_{11}	σ_{22}	σ_{33}	σ_{23}
50	32	5.054	1.697	1.320	-0.312
	23	5.054	1.320	1.697	-0.312
58	32	5.054	1.700	1.320	-0.312
	23	5.054	1.320	1.700	-0.312
64	32	4.992	1.566	1.203	-0.250
	23	4.992	1.203	1.566	-0.250
70	32	4.992	1.566	1.203	-0.250
	23	4.992	1.203	1.566	-0.250

$$\sigma_{ij} = \frac{1}{m} \sum_{e=1}^{m} \sigma_{ij}^e \tag{5.40}$$

其中，m 为围绕 i 节点周围的全部子胞数，取平均值也可以进行面积加权。

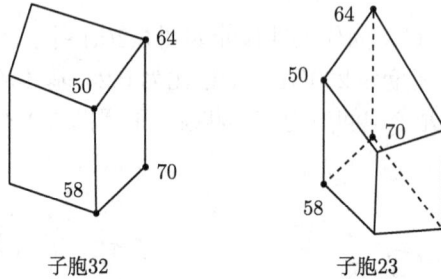

图 5.3　子胞 32 与子胞 23 公共节点分布示意图

本书后续章节中采用 NICM 模型计算的应力值，如无特别说明，都是采用式 (5.40) 处理后的结果。

5.2.2　收敛性评价

由 5.2.1 节讨论可知，应力在子胞之间是不连续的。本节通过节点应力平均获得节点上的应力值，消除应力在子胞连接面出现的跳跃。然后通过节点应力插值获得连续的应力场。为了说明 NICM 模型计算结果的正确性与收敛性，通过对比同一子胞密度下 NICM 模型预测的应力场与细观力学有限元模型的计算结果，以及比较不同子胞密度下子胞间连接面处的应力跳跃程度，来说明解的正确性和收敛性。

仍采用 5.2.1 节的算例。分别使用图 5.5 所示四种网格进行计算。当宏观应变为 $\bar{\varepsilon}_{11} = 0.01$ 时，应力分布如图 5.6 ~ 图 5.9 所示。图中依次采用 S_{xx}、S_{yy}、S_{zz} 和 S_{xy} 表示 σ_{22}、σ_{33}、σ_{11} 和 σ_{23}。

计算结果表明两种模型预测的应力场分布非常接近。并且随着子胞密度的增加，两种模型预测的应力最大值也逐渐接近。当子胞数达到 4608 个时，两种模型的计算结果几乎是相同的。这表明了 NICM 模型预测的应力场是正确的。

为了研究子胞密度对 NICM 模型预测应力场连续性的影响。仍取图 5.3 子胞 32 与子胞 23 之间的连接面进行研究。假设连接面上子胞 32 的节点应力为 $^{32}\sigma_{ij}^p$，子胞 23 的节点应力为 $^{23}\sigma_{ij}^p$，其中右上标 p 为节点编号。定义 δ_{ij} 为连接面上对应节点应力差值的平方和：

$$\delta_{ij} = \frac{1}{4} \sum_p \left| {}^{32}\sigma_{ij}^p - {}^{23}\sigma_{ij}^p \right| \tag{5.41}$$

δ_{ij} 反映了 σ_{ij} 在连接面上的跳跃程度。δ_{ij} 越小，表明 σ_{ij} 的连续性越好。

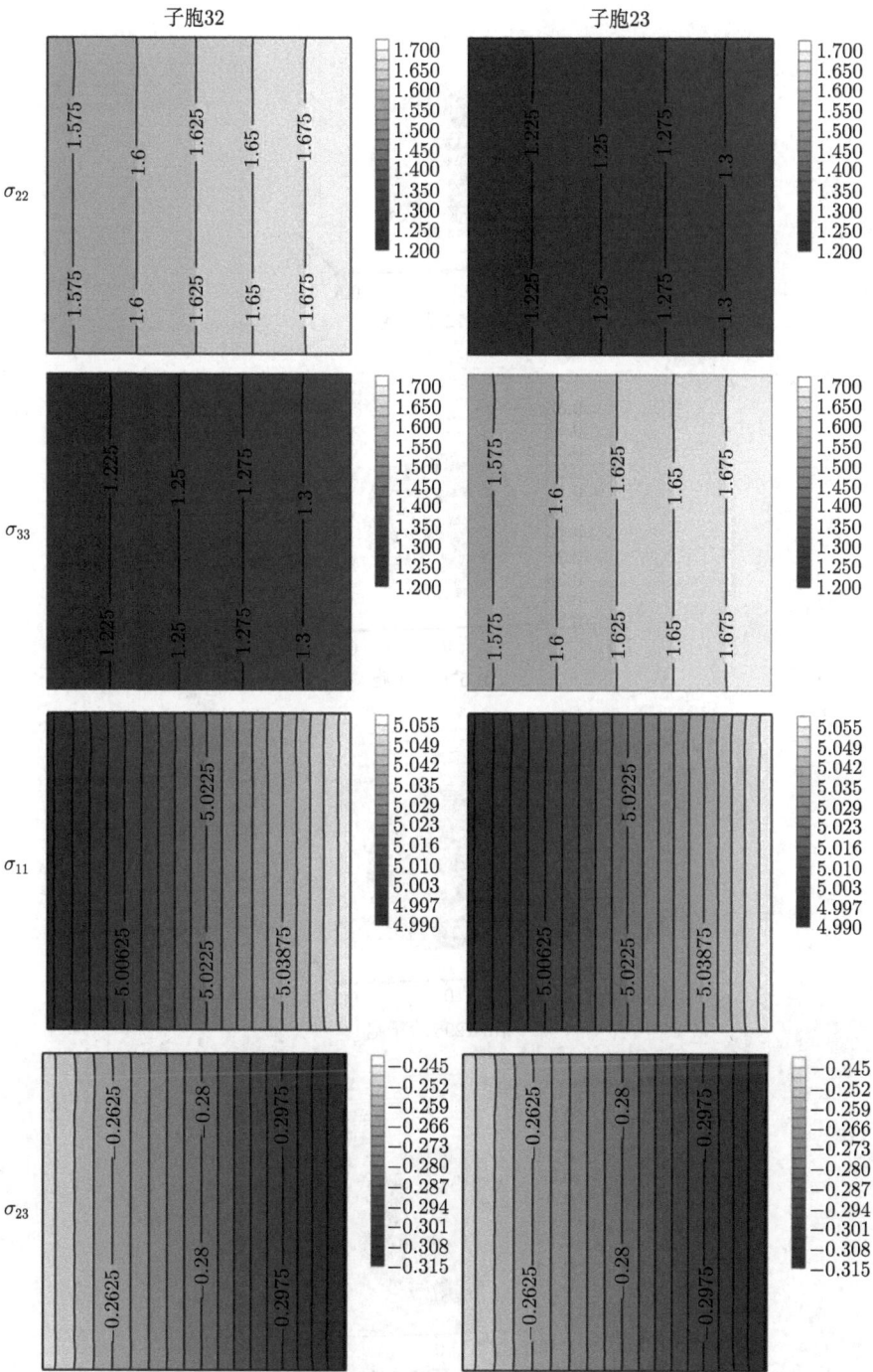

图 5.4 子胞 32 与子胞 23 之间平面的应力分布云图 (单位：GPa)

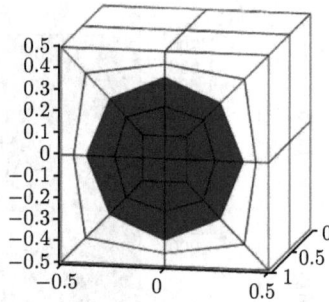

(a) 72 个子胞

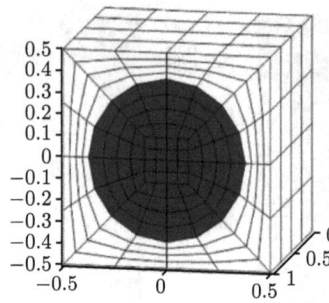

(b) 576 个子胞

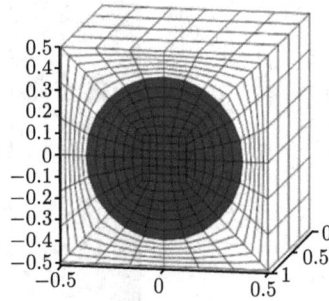

(c) 1296 个子胞

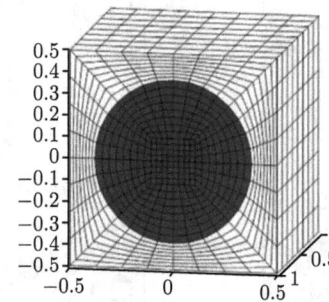

(d) 4608 个子胞

图 5.5   不同密度的子胞分布图

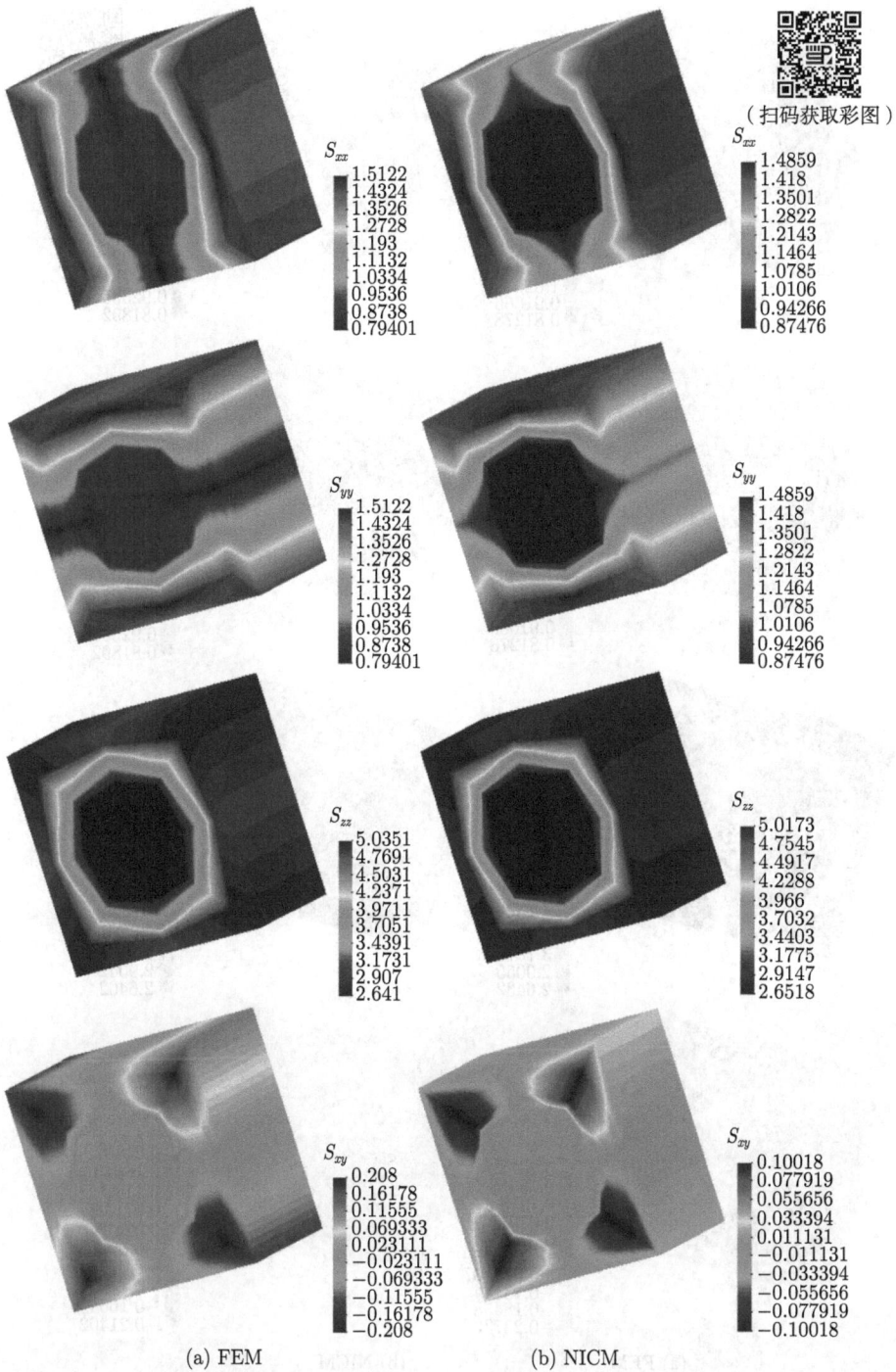

（扫码获取彩图）

(a) FEM   (b) NICM

图 5.6   FEM 模型和 NICM 模型预测的应力分布图 (72 个子胞) (单位：GPa)

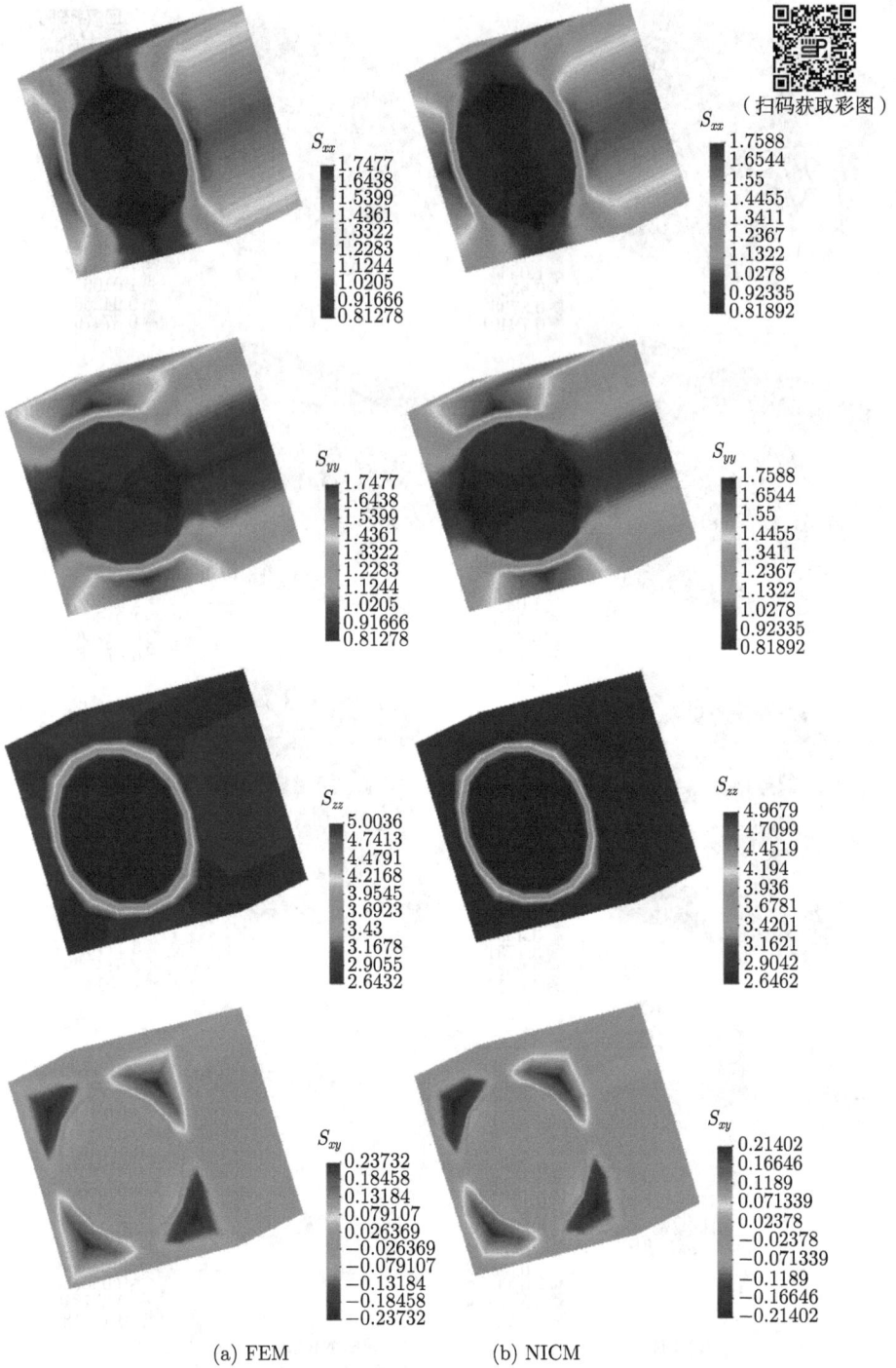

（扫码获取彩图）

(a) FEM　　　　　　　　　(b) NICM

图 5.7　FEM 模型和 NICM 模型预测的应力分布图 (576 个子胞) (单位：GPa)

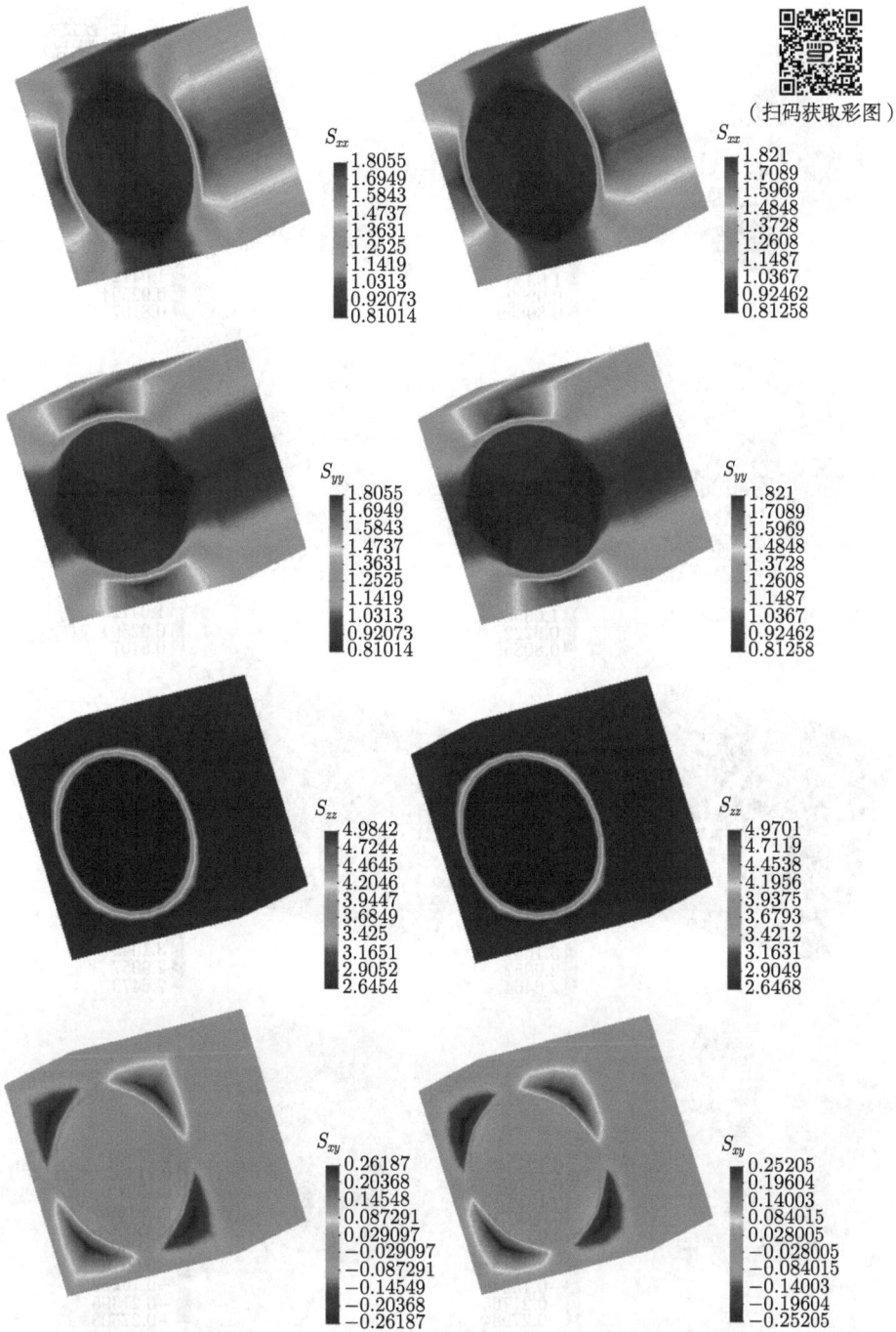

(a) FEM　　　　　　　　　(b) NICM

图 5.8　FEM 模型和 NICM 模型预测的应力分布图 (1296 个子胞) (单位: GPa)

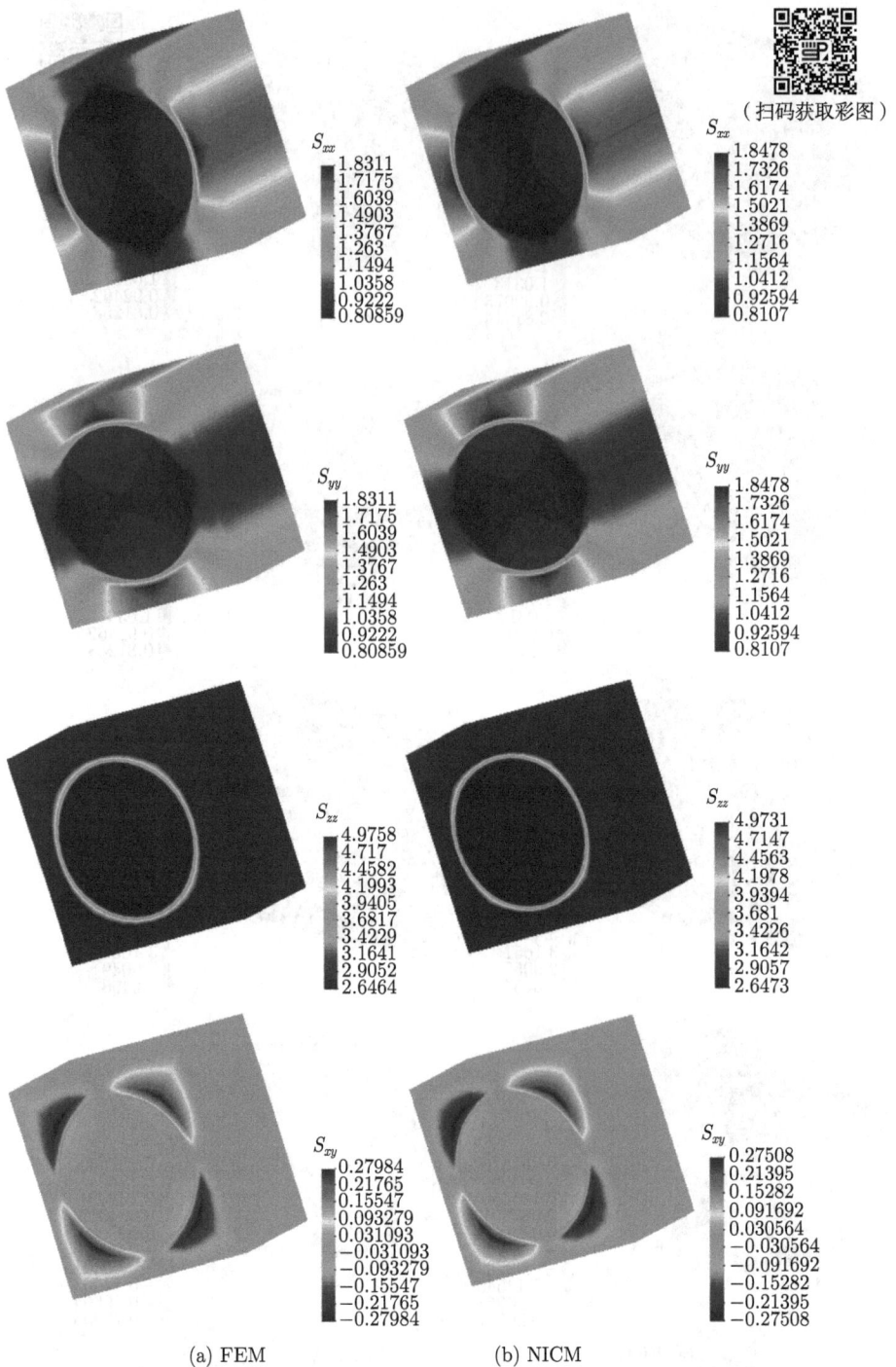

(扫码获取彩图)

(a) FEM　　　　　　　　(b) NICM

图 5.9　FEM 模型和 NICM 模型预测的应力分布图 (4608 个子胞) (单位：GPa)

当代表性体元不断细化时 (图 5.5)，各应力分量的 δ_{ij} 变化曲线见图 5.10。计算结果表明，随着子胞密度的增加，NICM 模型预测的应力场趋于连续，这表明了 NICM 模型应力场的收敛性。

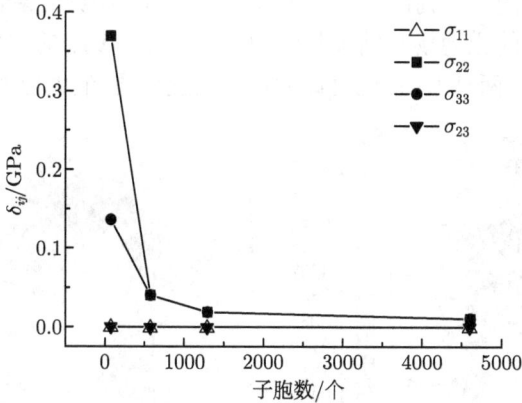

图 5.10　δ_{ij} 随子胞数的变化曲线

5.2.3　周期性评价

对于细观结构周期分布的材料而言，代表性体元是其结构的最小单位。同一材料的 RVE 并不是唯一的。以长纤维增强复合材料为例，假设纤维在基体内周期分布，图 5.11 表示了四种 RVE 的取法。复合材料细观结构的周期性导致其细观应力场的分布也具有周期性。RVE 可以看作在整个周期应力场中观察应力的一个窗口，不同的 RVE 取法，其区域可能不同，但是不能改变应力场的分布情况，将 RVE 周期排列后仍然能够组成整个区域的应力场。

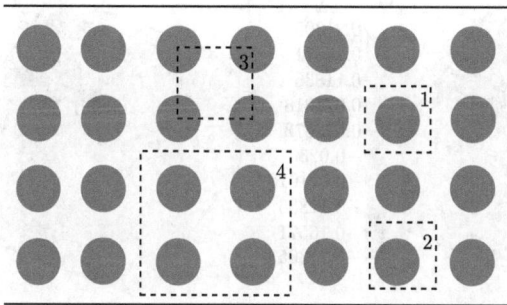

图 5.11　长纤维复合材料不同 RVE 的取法
(灰色部分为纤维，白色部分为基体，虚线内为 RVE)

为了验证 NICM 模型可表示复合材料细观结构的周期性，取一长纤维增强复合材料。其纤维弹性模量为 230GPa，泊松比为 0.2，基体弹性模量为 430，泊松比为 0.25。纤维半径为 30μm，纤维体积分数为 0.126。分别采用图 5.11 中 1 和 2 作为 RVE。当宏观应变 ε_{11} 为 0.01 时，各应力分量的分布见图 5.12。图中依次采用 S_{xx}、S_{zz} 和 S_{xy} 表示 σ_{22}、σ_{11} 和 σ_{23}。由于 σ_{33} 的分布形式与 σ_{22} 的分布形式相同，因此图中未列出 σ_{33} 的等效应力云图。计算结果表明，用 NICM 模型预测不同 RVE 的应力场其结果基本相同。偏心 RVE 的应力场也能反映关于纤维轴心的对称性。两种 RVE 应力最大点的位置相同，最大应力值也非常接近。可

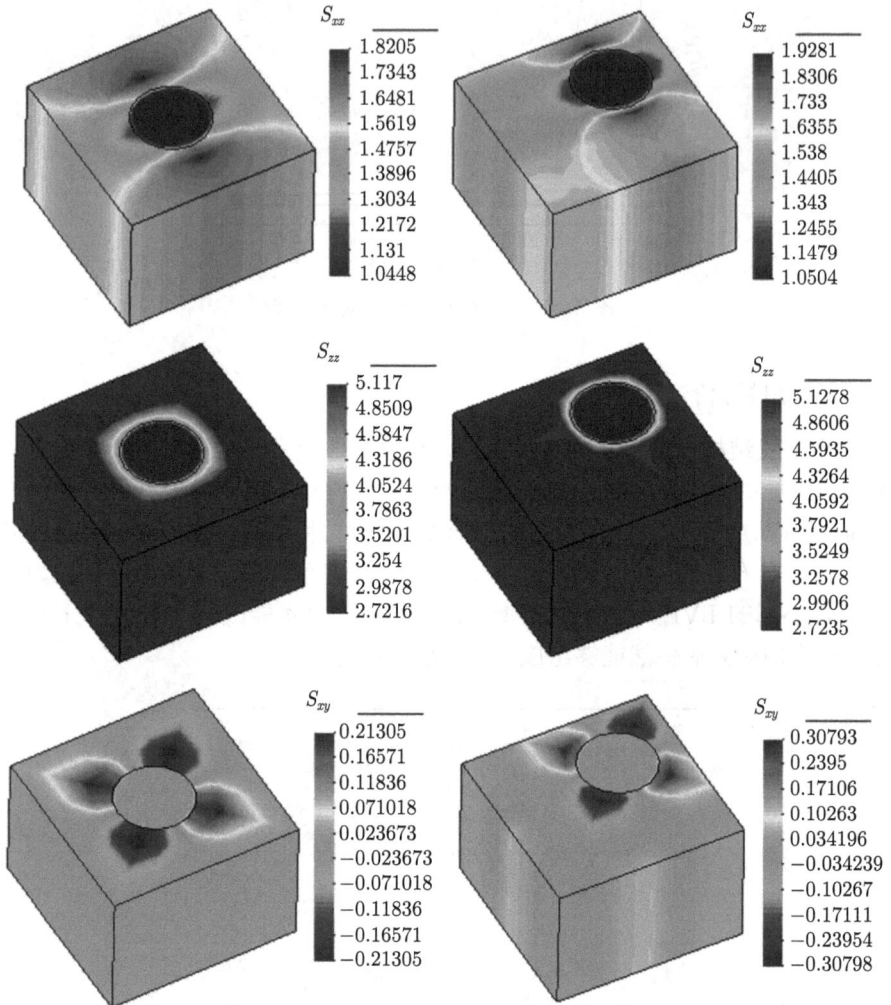

(a) 图 5.11 中第 1 种 RVE 下的应力分布图　　(b) 图 5.11 中第 2 种 RVE 下的应力分布图

图 5.12　同种材料不同 RVE 的应力分布图 (单位：GPa)

（扫码获取彩图）

以认为图 5.12 右侧云图是左侧云图随纤维轴心平移后的结果，说明 NICM 模型能够反映复合材料细观结构的周期性。

5.3 NICM 模型在复合材料力学分析中的应用

5.3.1 颗粒增强复合材料弹性性能的计算

应用 NICM 模型可以实现对颗粒增强复合材料宏观性能的计算，本节以球形颗粒增强复合材料为例，计算采用图 5.13 的模型和子胞划分。其中深色部分为颗粒增强相，白色部分为基体。组分材料的性能为：$E_m = 68.3\text{GPa}$，$\mu_m = 0.3$，$E_f = 379.3\text{GPa}$，$\mu_f = 0.1$，颗粒半径为 0.25mm，颗粒体积分数为 5.54%。分别采用 NICM 模型、GMC 模型、细观力学有限元法以及 HFGMC 模型进行了计算。计算结果见表 5.2。计算结果表明 NICM 模型是有效的。

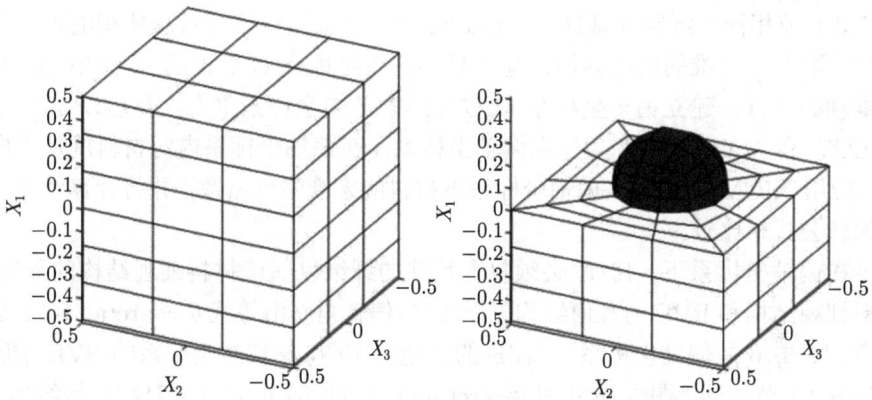

图 5.13 颗粒增强复合材料子胞划分

表 5.2 颗粒增强复合材料有效性能对比

有效性能预测结果	NICM 模型	细观力学有限元法
E/GPa	75.7	74.4
G/GPa	28.9	29.96
μ	0.29	0.29

5.3.2 颗粒增强复合材料细观应力场的计算

利用 NICM 模型可以计算颗粒增强复合材料的细观应力场。仍以上述球形颗粒增强复合材料为例，应用 NICM 模型计算了材料在 X_2 方向受均匀载荷条件下的细观应力，并将计算结果与细观力学有限元法计算结果进行了对比，见图 5.14。由图可见，NICM 模型计算结果与细观力学有限元法计算结果具有较好的一致性。

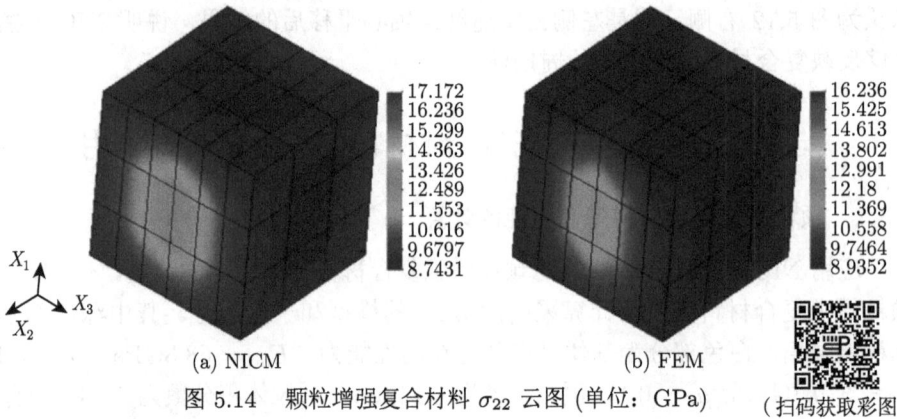

X_1

X_3

X_2

17.172
16.236
15.299
14.363
13.426
12.489
11.553
10.616
9.6797
8.7431

16.236
15.425
14.613
13.802
12.991
12.18
11.369
10.558
9.7464
8.9352

(a) NICM　　　　　　　　　　　(b) FEM

图 5.14　颗粒增强复合材料 σ_{22} 云图 (单位：GPa)　（扫码获取彩图）

5.3.3　偏轴弹性性能的计算

本节应用 NICM 模型预测复合材料的偏轴弹性性能。复合材料的基本参数与 5.3.1 节相同。纤维在基体中等间距分布，纤维体积占材料总体积的百分比为 35%。取某一纤维的圆心为原点建立材料的主坐标系 $OX_1X_2X_3$，其中 X_1 轴与纤维轴心重合。建立另一坐标系 $OX_1^*X_2^*X_3^*$ 与主坐标系重合，然后以 X_1^* 为轴，将 OX_2^* 和 OX_3^* 旋转 θ 角建立偏轴坐标系。在偏轴坐标系内对材料施加正向载荷，应用 NICM 模型计算偏轴坐标系下材料的宏观弹性常数，并将计算结果与坐标偏转公式相比较。

在偏轴坐标系下，RVE 必须包含足够的纤维以保证材料细观结构的周期性。材料细观结构和 RVE 的几何结构见图 5.15，偏转角 θ 由等式 $\theta = \arctan\{0, 1/2, 1\}$ 计算。图 5.16 是偏轴坐标系下 RVE 的子胞分布图，材料主坐标系的 RVE 子胞划分与 5.3.1 节相同。图 5.15 中 $\theta = \arctan(1/2)$ 的 RVE 具有非对称几何结构，这种结构导致材料表现出各向异性。为了验证 NICM 模型预测偏轴性能的正确性，本节将 NICM 模型的计算结果与坐标偏转公式的计算结果进行比较。

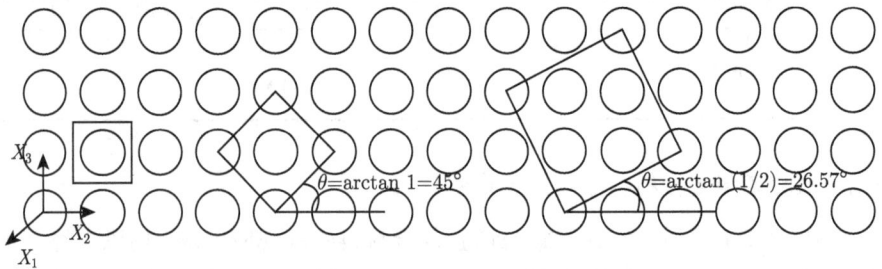

X_3

X_2

X_1

$\theta=\arctan 1=45°$　　　　　　$\theta=\arctan(1/2)=26.57°$

图 5.15　偏轴坐标系下的代表性体元

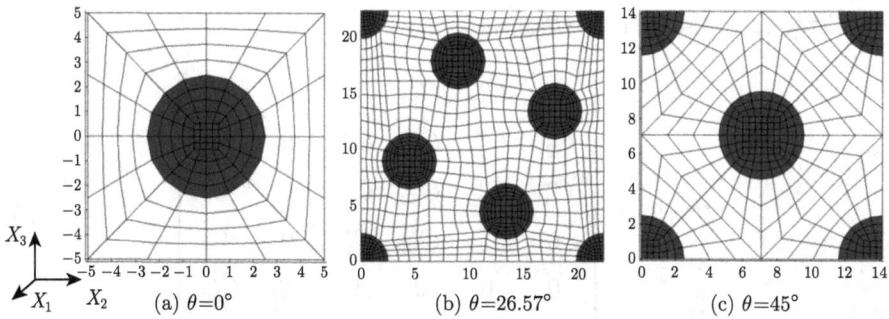

图 5.16 不同偏转角下 RVE 的子胞分布图

取材料主坐标系作为参考坐标系。该坐标系下材料的 RVE 为只包含一根纤维且纤维轴心在 RVE 中心的方形区域。其材料刚度矩阵为

$$C^* = \begin{bmatrix} C_{11}^* & C_{12}^* & C_{13}^* & 0 & 0 & 0 \\ C_{21}^* & C_{22}^* & C_{23}^* & 0 & 0 & 0 \\ C_{31}^* & C_{32}^* & C_{33}^* & 0 & 0 & 0 \\ 0 & 0 & 0 & C_{44}^* & 0 & 0 \\ 0 & 0 & 0 & 0 & C_{55}^* & 0 \\ 0 & 0 & 0 & 0 & 0 & C_{66}^* \end{bmatrix} \tag{5.42}$$

由于材料具有两个对称面但并非横向各向同性，因此 $C_{12}^* = C_{13}^*$，$C_{22}^* = C_{33}^*$，$C_{55}^* = C_{66}^*$，而 $C_{44}^* \neq 0.5 \times (C_{22}^* - C_{23}^*)$。

应用坐标转换公式

$$\bar{C}^*(\theta) = TC^*T^{-1} \tag{5.43}$$

计算偏轴坐标系下材料的宏观刚度矩阵。绕 X_1 轴旋转 θ 角的变换矩阵为

$$T = \begin{bmatrix} m^2 & n^2 & 0 & 0 & 0 & 2m \cdot n \\ n^2 & m^2 & 0 & 0 & 0 & -2m \cdot n \\ 0 & 0 & 1 & 0 & 0 & 0 \\ 0 & 0 & 0 & m & -n & 0 \\ 0 & 0 & 0 & n & m & 0 \\ -mn & mn & 0 & 0 & 0 & m^2 - n^2 \end{bmatrix} \tag{5.44}$$

其中，$m = \cos\theta$，$n = \sin\theta$。应用 T 矩阵将材料主坐标系下的应力 σ 和应变 ε 转换到偏轴坐标系下的应力 σ' 和应变 ε'，即 $\sigma' = T \cdot \sigma$ 和 $\varepsilon' = T\varepsilon$。则偏轴坐标

系下的宏观刚度矩阵具有如下形式:

$$\bar{C}^*(\theta) = \begin{bmatrix} \bar{C}_{11}^* & \bar{C}_{12}^* & \bar{C}_{13}^* & 0 & 0 & 0 \\ \bar{C}_{21}^* & \bar{C}_{22}^* & \bar{C}_{23}^* & \bar{C}_{24}^* & 0 & 0 \\ \bar{C}_{31}^* & \bar{C}_{32}^* & \bar{C}_{33}^* & \bar{C}_{34}^* & 0 & 0 \\ 0 & \bar{C}_{24}^* & \bar{C}_{34}^* & \bar{C}_{44}^* & 0 & 0 \\ 0 & 0 & 0 & 0 & \bar{C}_{55}^* & \bar{C}_{56}^* \\ 0 & 0 & 0 & 0 & \bar{C}_{56}^* & \bar{C}_{66}^* \end{bmatrix} \tag{5.45}$$

其中, $\bar{C}_{12}^* = \bar{C}_{13}^*$, $\bar{C}_{22}^* = \bar{C}_{33}^*$, $\bar{C}_{55}^* = \bar{C}_{66}^*$, $\bar{C}_{24}^* = -\bar{C}_{34}^*$。偏轴坐标下的材料柔度矩阵为刚度矩阵的逆矩阵

$$\bar{S}^*(\theta) = \left[\bar{C}^*(\theta) \right]^{-1} \tag{5.46}$$

偏轴材料常数由偏轴柔度矩阵导出,表达式如下:

$$\bar{E}_{11}^*(\theta) = \frac{1}{\bar{S}_{11}^*}, \bar{E}_{22}^*(\theta) = \frac{1}{\bar{S}_{22}^*}, \bar{E}_{33}^*(\theta) = \frac{1}{\bar{S}_{33}^*}$$

$$\bar{\mu}_{12}^*(\theta) = -\frac{\bar{S}_{12}^*}{\bar{S}_{11}^*}, \bar{\mu}_{13}^*(\theta) = -\frac{\bar{S}_{13}^*}{\bar{S}_{22}^*}, \bar{\mu}_{23}^*(\theta) = -\frac{\bar{S}_{23}^*}{\bar{S}_{33}^*} \tag{5.47}$$

$$\bar{G}_{23}^*(\theta) = \frac{1}{\bar{S}_{44}^*}, \bar{G}_{13}^*(\theta) = \frac{1}{\bar{S}_{55}^*}, \bar{G}_{12}^*(\theta) = \frac{1}{\bar{S}_{66}^*}$$

　　NICM 模型和坐标偏转公式计算的各弹性常数随 θ 的变化曲线如图 5.17。计算结果表明,NICM 模型预测的偏轴弹性常数与偏转公式的计算值吻合很好,表明该模型能较好地计算复合材料的偏轴弹性性能。

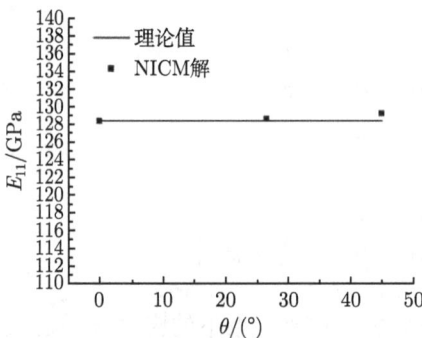

(a) E_{11} 随 θ 变化曲线　　　　　　　　(b) E_{22} 随 θ 变化曲线

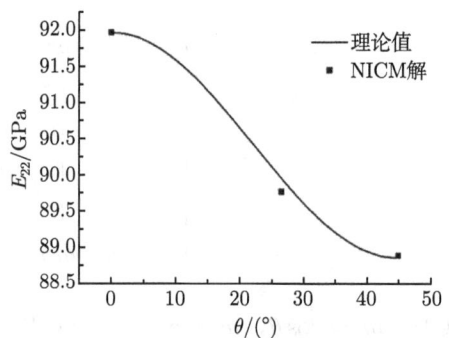

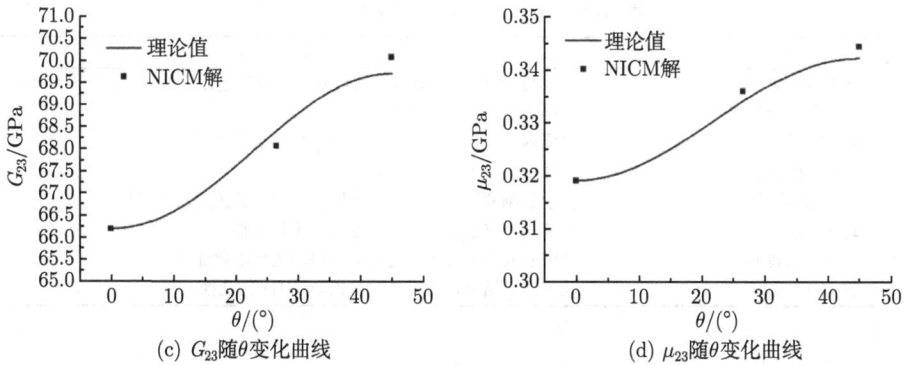

(c) G_{23}随θ变化曲线   (d) μ_{23}随θ变化曲线

图 5.17　弹性常数随 θ 的变化曲线

5.4　NICM 模型软件设计

5.4.1　NICM 模型软件概述

NICM 模型是一种数值模型。与 HFQCM 模型类似，NICM 模型也存在前期准备数据量庞大、求解计算工作量繁重的问题。本书采用 C 语言在 VC 5.0 环境下编写了 NICM 模型的计算软件 QCM3D。软件具有友好的图形界面，实现了与前后处理软件 GID 的无缝连接，能够方便地计算小变形、弹性状态下任意三维细观结构复合材料在多轴载荷下的细观应力、应变场以及宏观弹性常数。该软件由 11000 多条 C 代码组成，包含 GID 接口、边界条件处理器、内存管理、子胞刚度计算、合成总体刚度矩阵、线性求解器、非线性求解器和后处理八个模块。QCM3D 各模块的相互关系见图 5.18，功能见表 5.3。

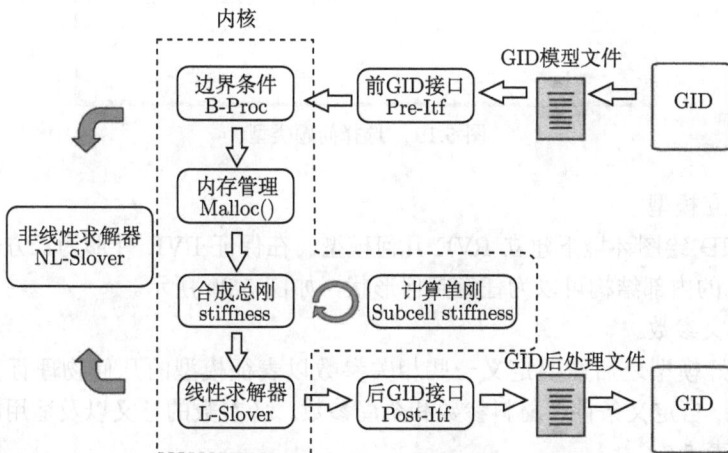

图 5.18　QCM3D 模块关系

表 5.3　QCM3D 各模块实现的功能

模块名称	功能
前 GID 接口	完成与 GID 模型数据的交换并且对数据进行校验
边界条件处理器	自动施加周期边界条件
内存管理	分配内存空间给各个变量, 进行内存溢出处理
子胞刚度计算	计算每个子胞的刚度矩阵
合成总体刚度矩阵	将子胞刚度矩阵合成为总体刚度矩阵, 并施加边界条件
线性求解器	求解线性方程组, 得到子胞边界平均位移
非线性求解器	求解非线性方程组, 进行复合材料损伤演化计算
后 GID 接口	处理计算结果, 完成结果数据与 GID 的交换

5.4.2　计算流程

使用 QCM3D 和 GID 软件包进行复合材料细观应力计算时, 其流程可分为六个步骤: 选择问题类型、建立模型、定义参数、划分网格、求解、后处理。

1) 选择问题类型

运行 GID 程序, 单击 GID 菜单中的 Data->Problem type。根据定义的用户接口, Problem type 子菜单下会出现几个可选的问题类型。本节要进行复合材料细观应力分析, 因此选择与 QCM3D 相关的问题类型, 如图 5.19 所示。

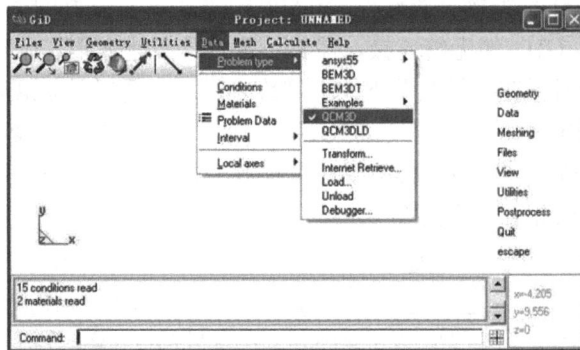

图 5.19　选择问题类型

2) 建立模型

在 GID 绘图环境下建立 RVE 几何模型。在保证 RVE 外形为长方体的前提下, RVE 的内部结构可以为任意几何形状, 如图 5.20 所示。

3) 定义参数

建立好模型之后需要定义一些相关参数以表征模型的几何物理行为。这些参数包括: 自定义条件、材料参数和全局参数。各参数的意义以及适用的场合见表 5.4 ~ 表 5.6。

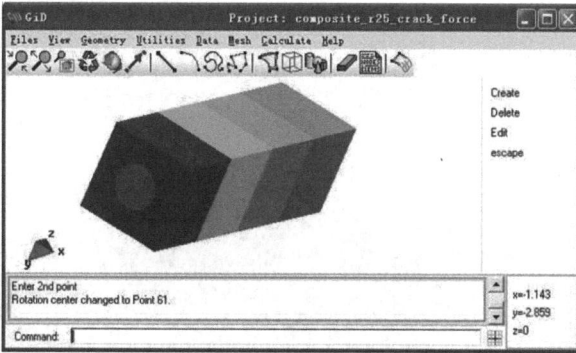

图 5.20 建立几何模型

表 5.4 自定义条件参数

参数名称	意义	适用场合
Boundary	定义模型中所有的线为区域边界	存在应力边界条件
Coupling Region	定义耦合区域	RVE 表面存在裂纹
Force	应力边界条件	存在应力边界条件
Interface A~D	指定纤维/基体界面	非线性分析
Region A~H	指定 RVE 区域	非线性分析

表 5.5 材料参数

参数名称	意义	适用场合
Fiber E	纤维弹性模量	所有分析类型
Fiber Po	纤维泊松比	所有分析类型
Matrix E	基体弹性模量	所有分析类型
Matrix Po	基体泊松比	所有分析类型

表 5.6 全局参数

参数名称	意义	适用场合
EP_{ij}	宏观应变	细观应力场分析
Stress Intensity	应力强度因子	非线性分析
CMSE	基体弹性模量	非线性分析
Shear Stress	剪应力强度	非线性分析

4) 划分网格

设定好参数后对几何模型进行网格划分, 如图 5.21 所示。

5) 求解

单击 GID 菜单上的 Calculate 激活 QCM3D, 显示屏弹出 QCM3D 窗口, 如图 5.22 所示。单击需要的计算类型, 程序开始计算。QCM3D 应用了多线程技术,计算过程中程序仍然能够响应外界的输入。在 QCM3D 的客户区会显示当前软件所处的状态。

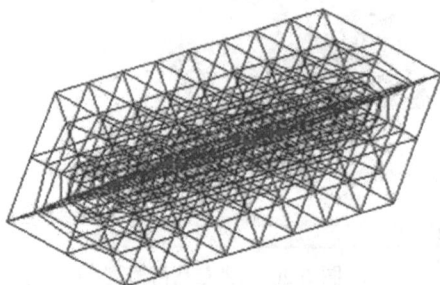

图 5.21　应用 GID 进行网格划分

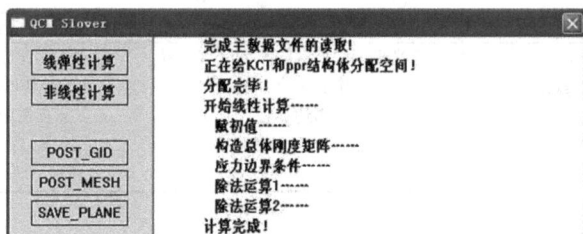

图 5.22　QCM3D 界面

6) 后处理

计算完成后，QCM3D 后处理按钮处于可用状态。单击 POST_GID 结束 QCM 3D 进入 GID 后处理器。在 GID 后处理器中可以进行应力云图绘制等操作，如图 5.23 所示，宏观刚度矩阵保存在工作目录的 C.txt 文件中。

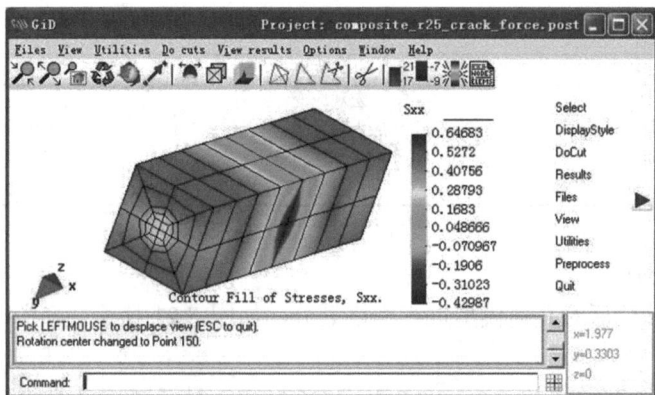

图 5.23　QCM3D 后处理器

第 6 章　基于宏细观统一本构模型的多尺度分析

6.1　宏细观统一本构模型的建立

6.1.1　细观力学基本方程

建立宏细观统一模型，需要有从宏观量得出细观量的局部化过程和从细观量得出宏观量的均匀化过程。

设宏观体上一点的宏观应力、应变为 σ^0、ε^0，该点对应的细观特征体 (或 RVE) 中细观应力、应变为 σ、ε。为了从宏观量得出细观量，需要在细观特征体 (或 RVE) 上建立如下的细观力学方程：

$$\text{细观本构方程}\qquad \sigma = C : \varepsilon \tag{6.1a}$$

$$\text{细观平衡方程}\qquad \text{div}\,\sigma = 0 \tag{6.1b}$$

$$\text{宏细观量的关系}\quad \sigma = \sigma^0 \text{ 或 } \varepsilon(u) = \varepsilon^0 \tag{6.1c}$$

6.1.2　RVE 的几何模型及边界条件

要求解方程 (6.1)，还需要确定边界条件。确定边界条件需要对复合材料细观特征体 (或 RVE) 的状态进行认真考察。边界条件应尽可能地反映 RVE 在复合材料细观结构中的原位状态。因此，边界条件强烈地依赖于 RVE 的选择。

对单向连续纤维增强复合材料，可以作出广义平面应变假设 [69]，即认为纤维方向正应变为常量，从而可以在二维问题上建立宏细观统一本构模型。假设宏观复合材料体中一点，具有图 6.1(a) 所示的细观结构特征，在细观结构中取一个 RVE 进行研究。

考虑远离细观特征体边界的一个 RVE，细观特征体可以看作是由 RVE 周期性扩展而成。而且，由 RVE 周期性扩展构成的细观特征体，当承受均匀边界载荷时，由于所有的 RVE 都是相似的，它们应该表现出相似的应力、应变场。因此，细观应力、应变场也会像几何周期性一样表现出周期性。

下面考虑图 6.1(a) 中 RVE 的边界条件。

对于应力，显然应力矢量 $\sigma \cdot n$ 在 RVE 的相对边界上是相反的。

对于应变，细观应变 $\varepsilon(u)$ 可以分解为平均量和一个波动量，即

$$\varepsilon(u) = \varepsilon^0 + \tilde{\varepsilon}(u^*),\ \frac{1}{V}\int_V \tilde{\varepsilon}(u^*)\,\mathrm{d}v = 0 \tag{6.2}$$

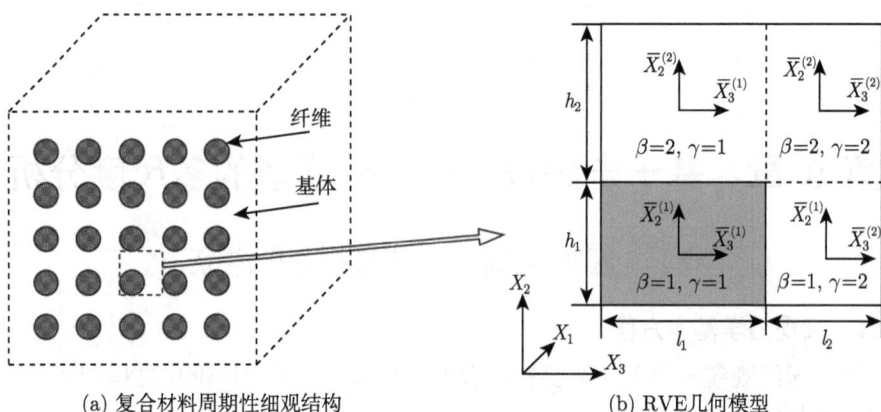

(a) 复合材料周期性细观结构　　　　　　　(b) RVE几何模型

图 6.1　复合材料周期性细观结构和 RVE 几何模型

其中，ε^0 是宏观应变；u^* 是基于刚体位移的一个周期性位移场。相应地，位移可表示为

$$u = \varepsilon^0 \cdot x + u^* \tag{6.3}$$

最终，RVE 的边界 ∂V 上的周期性条件可以表述为

$$\sigma \cdot n \text{ 在相对边上是相反的}$$

$$u = \varepsilon^0 \cdot x + u^* \quad (u^* \text{ 为周期性位移场}) \tag{6.4}$$

式 (6.4) 称为关于 (u,σ) 的一组边界条件。满足边界条件的位移场称为允许的位移场，满足边界条件的零散度应力场称为允许的应力场。

一旦边界条件被确定，那么细观力学方程 (6.1) 就可以求解了。

6.1.3　宏细观之间的能量等效

建立宏细观模型时，保证宏细观之间能量等效是十分重要的。能量等效可以按下述虚功相等的方式来表述。

设 $\bar\sigma$、$\bar u$ 是允许的细观应力场和位移场，那么 $\bar\sigma$ 在应变场 $\varepsilon(\bar u)$ 上的虚功平均值等于宏观虚功值 $\bar\sigma^0 : \bar\varepsilon^0$，即

$$\bar\sigma : \varepsilon(\bar u) = \bar\sigma^0 : \bar\varepsilon^0 \tag{6.5}$$

下面证明在边界条件式 (6.4) 下，式 (6.5) 成立。

引入 $\varepsilon(\bar u)$ 的波动量，

$$\varepsilon(\bar u) = \bar\varepsilon^0 + \tilde\varepsilon(\bar u^*),\ \frac{1}{V}\int_V \tilde\varepsilon(\bar u^*)\,\mathrm{d}v = 0 \tag{6.6}$$

将式 (6.6) 代入式 (6.5) 可得

$$\bar{\sigma} : \varepsilon(\bar{u}) = \bar{\sigma} : \left(\bar{\varepsilon}^0 + \tilde{\varepsilon}(\bar{u}^*)\right) = \bar{\sigma}^0 : \bar{\varepsilon}^0 + \bar{\sigma} : \tilde{\varepsilon}(\bar{u}^*) \tag{6.7}$$

对式 (6.7) 运用高斯定理及平衡方程可得

$$\bar{\sigma} : \varepsilon(\bar{u}) = \bar{\sigma}^0 : \bar{\varepsilon}^0 + \frac{1}{V} \int_{\partial V} \bar{\sigma} \cdot n \cdot \bar{u}^* \mathrm{d}s \tag{6.8}$$

如果 $\bar{\sigma}$、$\bar{u}$ 满足边界条件式 (6.4)，在式 (6.8) 的积分式中，$\bar{\sigma} \cdot n$ 在边界的相对边 ∂v 上取相反值，而 $\bar{u}^*$ 则取相同值，因此式 (6.8) 的积分式为零，这样式 (6.5) 得证。

称式 (6.5) 为细观尺度和宏观尺度的能量等效 (或虚功等效)。能量等效在从宏观到细观的局部化过程以及从细观到宏观的均匀化过程中，都起着十分重要的作用。在某种程度上，只要满足能量等效，边界条件可以放松。

6.1.4 细观位移模式

取图 6.1(a) 中的一个 RVE 来建立细观力学方程，如图 6.1(b) 所示。将 RVE 划分为 4 个子胞，记 $(\beta = 1, \gamma = 1)$、$(\beta = 1, \gamma = 2)$、$(\beta = 2, \gamma = 2)$、$(\beta = 2, \gamma = 1)$ 子胞，其中 $(\beta = 1, \gamma = 1)$ 子胞代表纤维，其余子胞代表基体。在各子胞内建立细观局部坐标系，为与整体坐标系 $OX_1X_2X_3$ 相区别，记细观局部坐标系为 $O\overline{x_2}^{(\beta)}\overline{x_3}^{(\gamma)}$ ($\beta, \gamma = 1, 2$，文中推导过程中在不引起混淆前提下简记为 $\bar{x}_2\bar{x}_3$)。

设 RVE 对应的宏观体上某点的宏观应变为 ε^0，在 RVE 及其子胞上按式 (6.8) 建立细观力学基本方程，并进行求解。

1. RVE 细观力学方程的建立与求解

在子胞中假设位移模式。根据式 (6.3)，RVE 中各子胞内位移场可表示为

$$u_i^{(\beta,\gamma)} = \varepsilon_{ij}^0 x_j + u^*, \quad i, j = 1, 2, 3; \beta, \gamma = 1, 2 \tag{6.9}$$

其中，u^* 具有周期性。

进一步对 u^* 作位移假设，假设各子胞的 u^* 是细观局部坐标 $\bar{x}_2^{(\beta)}$、$\bar{x}_2^{(\gamma)}$ 的线性函数，于是各子胞内位移场可表示为

$$u_1^{(\beta,\gamma)} = \varepsilon_{ij}^0 x_j + \eta_i^{(\beta,\gamma)} \bar{x}_2 + \varphi_i^{(\beta,\gamma)} \bar{x}_3, \quad i, j = 1, 2, 3; \beta, \gamma = 1, 2 \tag{6.10}$$

其中，$\eta_i^{(\beta,\gamma)}$、$\varphi^{(\beta,\gamma)}$ 称为子胞的细观位移系数。

如果位移假设式 (6.10) 不与细观力学基本方程以及宏细观能量等效方程相矛盾，那么该假设是可行的。从后面的方程推导可知，该位移假设能够满足细观力学基本方程以及能量等效方程的要求。

2. 细观应力、应变场

在小变形范围内，子胞内应变与位移有如下关系：

$$\varepsilon_{ij}^{(\beta,\gamma)} = \frac{1}{2}\left(\frac{\partial u_i^{(\beta,\gamma)}}{\partial \bar{x}_j} + \frac{\partial u_j^{(\beta,\gamma)}}{\partial \bar{x}_i}\right), \quad i,j = 1,2,3; \beta,\gamma = 1,2 \tag{6.11}$$

利用各子胞的材料本构方程，可得到子胞内应力为

$$\sigma_{ij}^{(\beta,\gamma)} = C_{ijkl}^{(\beta,\gamma)} \cdot \varepsilon_{kl}^{(\beta,\gamma)}, \quad i,j,k,l = 1,2,3; \beta,\gamma = 1,2 \tag{6.12}$$

3. 平衡方程

各子胞内的应力场应满足平衡方程：

$$\sigma_{ij,j}^{(\beta,\gamma)} = 0, \quad 不考虑体力; i,j = 1,2,3; \beta,\gamma = 1,2 \tag{6.13}$$

在式 (6.10) 表示的位移模式条件下，各子胞的应变是常应变，相应各子胞的应力也是常应力，因此各子胞的应力场都满足式 (6.13) 的平衡方程。

4. 位移边界条件

由于将 RVE 划分为 4 个子胞，因此需要考虑各子胞的位移边界条件以及 RVE 的位移边界条件。

对于各子胞的位移边界条件，只需要位移 $u^{(\beta,\gamma)}$ 在各子胞之间的交界面上满足连续性条件；对于 RVE 的位移边界条件，则需要位移波动量 u^* 满足式 (6.4) 中的周期性条件。但是，要使 $u^{(\beta,\gamma)}$ 在边界上逐点满足连续性和周期性是十分困难的，因此，在保证宏细观之间的能量等效前提下，对连续性和周期性条件进行弱化，只要求在边界上的位移均值满足连续性和周期性即可。

考虑到位移 $u^{(\beta,\gamma)}$ 中的第一项 $\varepsilon_{ij}^0 x_j$ 是连续函数，只需对位移波动量 u^* 的均值提出位移边界条件。因此，各子胞以及 RVE 的位移边界条件可表示如下：

$$\frac{1}{l_\gamma}\int_{-\frac{l_\gamma}{2}}^{\frac{l_\gamma}{2}} u_i^{*(\beta,\gamma)}\left(\frac{h_\beta}{2}, \bar{x}_3\right)\mathrm{d}\bar{x}_3 = \frac{1}{l_\gamma}\int_{-\frac{l_\gamma}{2}}^{\frac{l_\gamma}{2}} u_i^{*(\beta+1,\gamma)}\left(-\frac{h_{\beta+1}}{2}, \bar{x}_3\right)\mathrm{d}\bar{x}_3,$$

$$i = 1,2,3; \beta,\gamma = 1,2 \tag{6.14a}$$

$$\frac{1}{h_\beta}\int_{-\frac{h_\beta}{2}}^{\frac{h_\beta}{2}} u_i^{*(\beta,\gamma)}\left(\bar{x}_2, \frac{l_r}{2}\right)\mathrm{d}\bar{x}_2 = \frac{1}{h_\beta}\int_{-\frac{h_\beta}{2}}^{\frac{h_\beta}{2}} u_i^{*(\beta,\gamma+1)}\left(\bar{x}_2, -\frac{l_{\gamma+1}}{2}\right)\mathrm{d}\bar{x}_2,$$

$$i = 1,2,3; \beta,\gamma = 1,2 \tag{6.14b}$$

其中，由于复合材料细观结构周期性假设，当 $\beta = 2$ 时，$\beta+1$ 取为 1；当 $\gamma = 2$ 时，$\gamma+1$ 取为 1。

容易证明，在式 (6.14a) 和式 (6.14b) 边界条件下，能够保证 $\varepsilon(u) = \varepsilon^0$，即能够满足式 (6.1c) 和式 (6.2) 的要求。而且，由于在线性位移假设情况下，各子胞为常应力单元，再考虑到各子胞之间应力连续性，根据式 (6.8) 可以得知，该边界条件也能够保证满足能量等效方程。

与式 (6.4) 中位移边界条件相比，尽管式 (6.14a) 和式 (6.14b) 对 u^* 的周期性条件作了弱化，但是仍能够保证满足 $\varepsilon(u) = \varepsilon^0$ 和能量等效方程，因此它可以作为建立并求解细观力学方程的基础。

根据式 (6.14a) 和式 (6.14b) 可以推得

$$\varepsilon_{11}^{(\beta,\gamma)} = \varepsilon_{11}^0, \quad \beta, \gamma = 1, 2 \tag{6.15a}$$

$$h_1\varepsilon_{22}^{(1,\gamma)} + h_2\varepsilon_{22}^{(2,\gamma)} = h\varepsilon_{22}^0, \quad \gamma = 1, 2 \tag{6.15b}$$

$$h_1\varepsilon_{12}^{(1,\gamma)} + h_2\varepsilon_{12}^{(2,\gamma)} = h\varepsilon_{12}^0, \quad \gamma = 1, 2 \tag{6.15c}$$

$$l_1\varepsilon_{33}^{(\beta,1)} + l_2\varepsilon_{33}^{(\beta,2)} = l\varepsilon_{33}^0, \quad \beta = 1, 2 \tag{6.15d}$$

$$l_1\varepsilon_{13}^{(\beta,1)} + l_2\varepsilon_{13}^{(\beta,2)} = h\varepsilon_{13}^0, \quad \beta = 1, 2 \tag{6.15e}$$

$$h_1l_1\varepsilon_{23}^{(1,1)} + h_1l_2\varepsilon_{23}^{(1,2)} + h_2l_1\varepsilon_{23}^{(2,1)} + h_2l_2\varepsilon_{23}^{(2,2)} = hl\varepsilon_{23}^0 \tag{6.15f}$$

其中，$h = h_1 + h_2; l = l_1 + l_2$。

实际上，根据式 (6.2)，同时考虑到，$(\beta = 1, \gamma = 1)$ 与 $(\beta = 2, \gamma = 1)$ 组合体、$(\beta = 1, \gamma = 2)$ 与 $(\beta = 2, \gamma = 2)$ 组合体在 X_2 方向具有周期性，$(\beta = 1, \gamma = 1)$ 与 $(\beta = 1, \gamma = 2)$ 组合体、$(\beta = 2, \gamma = 1)$ 与 $(\beta = 2, \gamma = 2)$ 组合体在 X_3 方向具有周期性，以及式 (6.1c)，也能够容易地理解式 (6.15a)~ 式 (6.15f)。

将式 (6.15a)~ 式 (6.15f) 写成矩阵形式：

$$A_g\varepsilon_s = B_g\varepsilon^0 \tag{6.16}$$

其中，$\varepsilon_s = (\varepsilon^{(1,1)}, \varepsilon^{(1,2)}, \varepsilon^{(2,1)}, \varepsilon^{(2,2)})^{\mathrm{T}}; \varepsilon^0 = (\varepsilon_{11}^0, \varepsilon_{22}^0, \varepsilon_{33}^0, 2\varepsilon_{23}^0, 2\varepsilon_{13}^0, 2\varepsilon_{12}^0)^{\mathrm{T}}; \varepsilon_s$ 中的 $\varepsilon^{(\beta,\gamma)}$ 与 ε^0 类似；A_g 为 13×24 的矩阵；B_g 为 13×6 的矩阵，A_g 和 B_g 包含了 RVE 及其子胞的几何结构信息，可以称它们为几何矩阵。

5. 应力边界条件

对于各子胞的应力边界条件，需要应力在各子胞之间的交界面上满足连续性条件。对于 RVE 的应力边界条件，需要应力满足式 (6.4) 中的周期性条件。

考虑到各子胞是常应力单元，各子胞及 RVE 的应力边界条件可表示如下：

$$\sigma_{21}^{(\beta,\gamma)} = \sigma_{21}^{(\beta+1,\gamma)}, \quad \beta = 1; \gamma = 1, 2 \tag{6.17a}$$

$$\sigma_{22}^{(\beta,\gamma)} = \sigma_{22}^{(\beta+1,\gamma)}, \quad \beta = 1; \gamma = 1, 2 \tag{6.17b}$$

$$\sigma_{23}^{(\beta,\gamma)} = \sigma_{23}^{(\beta+1,\gamma)}, \quad \beta = 1; \gamma = 1, 2 \tag{6.17c}$$

$$\sigma_{31}^{(\beta,\gamma)} = \sigma_{31}^{(\beta,\gamma+1)}, \quad \beta = 1, 2; \gamma = 1 \tag{6.17d}$$

$$\sigma_{32}^{(\beta,\gamma)} = \sigma_{32}^{(\beta,\gamma+1)}, \quad \beta = 1, 2; \gamma = 1 \tag{6.17e}$$

$$\sigma_{33}^{(\beta,\gamma)} = \sigma_{33}^{(\beta,\gamma+1)}, \quad \beta = 1, 2; \gamma = 1 \tag{6.17f}$$

将式 (6.12) 的子胞本构方程代入式 (6.17a)~ 式 (6.17f)，可以得到关于子胞应变的方程组，并将其写成矩阵形式：

$$A_m \varepsilon_s = 0 \tag{6.18}$$

其中，A_m 为 11×24 的矩阵，它包含了各子胞的弹性刚度矩阵 $C_{ijkl}^{(\beta,\gamma)}$。

6. 细观力学方程的求解

通过对细观力学方程的求解，可以在已知宏观应变 ε^0 的情况下，获得 RVE 的细观应力、应变场，并且能够进一步得到宏观应力–应变关系。下面介绍两种求解细观力学方程的方法：一种是以细观位移系数为基本未知量的求解方法，另一种是以细观应变为基本未知量的求解方法。其中第二种方法由于采用矩阵形式的清晰表达式，更便于使用。

1) 以细观位移系数为基本未知量的求解方法

下面建立关于式 (6.17) 中细观位移系数 $\eta_i^{(\beta,\gamma)}$、$\varphi_i^{(\beta,\gamma)}$ 的方程组。

对于图 6.1 (b) 所示的 RVE 模型，共有 24 个细观位移系数。将式 (6.10)、式 (6.11) 代入式 (6.15a)~ 式 (6.15f)，将式 (6.10)~ 式 (6.12) 代入式 (6.17a)~ 式 (6.17f)，可以得到关于细观位移系数的 24 个线性无关的方程。在已知宏观应变 ε_{ij}^0 的情况下，可以通过求解线性方程组得出子胞的细观位移系数。进而可以利用式 (6.11)、式 (6.12) 得到 RVE 的细观应力、应变场。

在获得细观应力、应变场之后，可以通过均匀化方法，得到复合材料的宏观应力–应变关系。

根据宏细观量之间的关系式，可得宏观应力：

$$\sigma_{ij}^0 = \frac{1}{v} \sum_{(\beta,\gamma)} \int \sigma_{ij}^{(\beta,\gamma)} \mathrm{d}v \tag{6.19}$$

于是，可以建立复合材料的宏观应力–应变关系：

$$\sigma_{ij}^0 = C_{ijkl}^0 \varepsilon_{ij}^0 \tag{6.20}$$

2) 以细观应变为基本未知量的求解方法

根据式 (6.16)、式 (6.18) 可建立以细观应变 $\varepsilon_{ij}^{(\beta,\gamma)}$ 为基本未知量的方程。将式 (6.16) 和式 (6.18) 合并成一个方程：

$$A\varepsilon_s = B\varepsilon^0 \tag{6.21}$$

其中，$A = \begin{bmatrix} A_m \\ A_g \end{bmatrix}$，为 24×24 的方阵；$B = \begin{bmatrix} 0 \\ B_g \end{bmatrix}$，为 24×6 的矩阵。

由式 (6.21) 可得

$$\varepsilon_s = A^{-1}B\varepsilon^0 \tag{6.22}$$

若记 $A^{-1}B = A_s$，则有

$$\varepsilon_s = A_s\varepsilon^0 \tag{6.23}$$

其中，A_s 为 24×6 的矩阵，通过分块可以将其分为 4 个 6×6 的子矩阵，记为 $A_s^{(\beta,\gamma)}(\beta,\gamma = 1,2)$。每个子矩阵 $A_s^{(\beta,\gamma)}$ 对应着一个子胞的细观应变矩阵 $\varepsilon^{(\beta,\gamma)}$ 与宏观应变矩阵 ε^0 之间的系数关系，即

$$\varepsilon^{(\beta,\gamma)} = A_s^{(\beta,\gamma)}\varepsilon^0 \tag{6.24}$$

利用各子胞本构方程 (6.12) 的矩阵形式，可得

$$\sigma^{(\beta,\gamma)} = C^{(\beta,\gamma)}A_s^{(\beta,\gamma)}\varepsilon^0 \tag{6.25}$$

根据宏细观量之间的关系，可以得到宏观应力：

$$\sigma^0 = \frac{1}{hl}\sum_{(\beta,\gamma)} h_\beta l_\gamma C^{(\beta,\gamma)}A_s^{(\beta,\gamma)}\varepsilon^0 \tag{6.26}$$

于是，可以得到宏观应力–应变关系：

$$\sigma^0 = C^0\varepsilon^0 \tag{6.27}$$

其中，宏观刚度矩阵为

$$C^0 = \frac{1}{hl}\sum_{(\beta,\gamma)} h_\beta l_\gamma C^{(\beta,\gamma)}A_s^{(\beta,\gamma)} \tag{6.28}$$

6.2　基于四边形子胞模型的陶瓷基复合材料损伤 耦合宏细观统一本构模型

陶瓷基复合材料 (ceramic matrix composites，CMCs) 由纤维、基体与界面层组成，其在沿纤维方向拉伸过程中首先出现基体裂纹，然后裂纹附近界面发生脱黏，直至完全脱黏。材料在拉伸过程中各阶段的 RVE 见图 6.2。

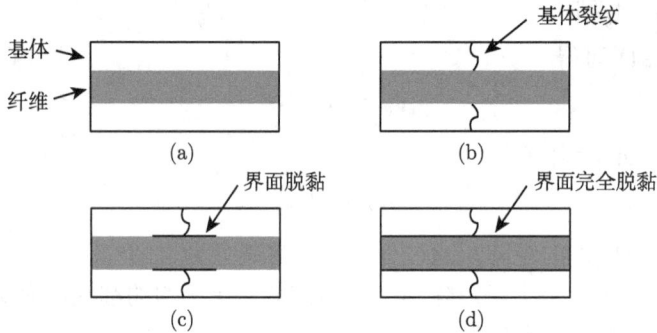

图 6.2　CMCs 在拉伸过程中各阶段的代表性体元示意图 (HFQCM)

图 6.2(a) 为弹性阶段的 RVE，这一阶段材料内部无损伤。这阶段计算的材料弹性常数与混合律 (rule of mixture) 的计算结果接近。图 6.2(b) 为基体开裂时的 RVE 示意图，模拟只有基体开裂而无界面脱黏 (或者界面脱黏非常微小) 的损伤状态。图 6.2(c) 是基体开裂且界面发生脱黏的 RVE 示意图，模拟 "基体开裂＋界面脱黏" 和 "基体不继续产生裂纹，而界面可继续脱黏" 的损伤状态。图 6.2(d)是界面完全脱黏的 RVE 示意图，模拟完全脱黏后纤维发生断裂的损伤状态。

HFQCM 采用的基本失效模式和失效准则如下：

(1) 当载荷小于复合材料临界应力 σ_{cr} 时，材料处于弹性阶段。该阶段的应力–应变曲线为直线，斜率满足混合律。

(2) 当载荷达到复合材料临界应力 σ_{cr} 时，基体发生开裂。根据临界基体应变能准则 [70]，基体此刻裂纹间距为初始裂纹间距 L_{init}，RVE 中基体的应变能为临界基体应变能 U_{cr}。初始裂纹间距 L_{init} 可按下式计算：

$$\frac{U_{\mathrm{m}}\left(L_{\mathrm{init}}, \sigma_{\mathrm{cr}}\right)}{U_{\mathrm{m0}}\left(L_{\mathrm{init}}, \sigma_{\mathrm{cr}}\right)} = R_{\mathrm{uu}} \tag{6.29}$$

其中，U_{m} 为基体应变能；U_{m0} 为无损状态下的基体应变能；R_{uu} 为设定的比率，一般取 0.95~0.99。

(3) 载荷超过 σ_{cr} 后，材料基体开裂与界面脱黏同时发生。基体裂纹间距满足临界基体应变能 (critical matrix strain energy，CMSE) 准则，界面脱黏满足最大剪应力准则。通过 HFQCM 可建立基体应变能 U_m、最大切应力 $\tau_{i,\max}$ 与 RVE 长度 L、脱黏长度 D 以及宏观应变 $\bar{\varepsilon}$ 的函数关系。L 和 D 是反映材料损伤程度的细观损伤变量。不同应变下的 L 和 D 可由方程组 (6.30) 确定:

$$\begin{cases} U_m\left(L, D, \bar{\varepsilon}\right) - U_{crm} \leqslant 0 \\ \tau_{i,\max}\left(L, D, \bar{\varepsilon}\right) - \tau_{ult} = 0 \end{cases} \tag{6.30}$$

其中,τ_{ult} 为界面剪切强度。

(4) 脱黏长度 D 随着载荷不断增大。当 D 接近 $L/2$ 时,载荷主要依靠纤维来传递。此刻复合材料的性能由纤维的性能决定。假设纤维强度满足 Weibull 准则 [70]。失效纤维数占总纤维数的百分比 D_f 与纤维应力 σ_f 之间存在如下关系:

$$D_f = 1 - \frac{1}{\exp\left[\left(\dfrac{\sigma_f}{\sigma_0}\right)^m\right]} \tag{6.31}$$

其中,m 和 σ_0 是纤维的性能参数。这一阶段材料的弹性模量由下式计算:

$$E_c = E_f v_f(1 - D_f) \tag{6.32}$$

其中,v_f 是纤维的体积分数。D_f 反映了材料损伤状态的细观损伤量。

6.3 基于节点插值子胞模型的陶瓷基复合材料损伤耦合宏细观统一本构模型

高精度四边形子胞模型是一种二维模型,只能应用二维的 RVE 来逼近材料的细观结构,这降低了模型的精确性。为了提高精确性,需采用三维本构模型。基于 NICM 建立的 CMCs 宏细观统一本构模型,是一种全三维的本构模型,能比较精确地模拟材料的细观结构。本节将 NICM 模型与 CMCs 细观破坏模型相结合,提出了基于 NICM 模型的陶瓷基复合材料损伤耦合宏细观统一本构模型。

采用图 6.3 的结构作为 CMCs 的代表性体元。为了表示 RVE 内部损伤状态,图 6.3(b)~(d) 采用了剖面图的形式。图 6.3(a) 为弹性阶段的 RVE,这一阶段材料内部无损伤,采用 NICM 模型计算的材料弹性常数与混合律的计算结果接近。图 6.3(b) 为基体开裂的 RVE 示意图,能模拟基体开裂而无界面脱黏 (或者界面脱黏非常微小) 的损伤状态。图 6.3(c) 是基体开裂且界面发生脱黏的 RVE 示意图,能模拟 "基体开裂+界面脱黏" 和 "基体不继续产生裂纹,而界面可继续脱黏" 的损伤状态。图 6.3(d) 是界面完全脱黏的 RVE 示意图,能模拟完全脱黏后纤维发生断裂的损伤状态。

NICM 模型采用的失效模式和失效准则如下：

(1) 当载荷小于复合材料临界应力 σ_{cr} 时，材料处于弹性阶段。该阶段的应力–应变曲线为直线。

(2) 当载荷达到复合材料临界应力 σ_{cr} 时，基体发生开裂。根据 CMSE 准则，此刻基体裂纹间距为初始裂纹间距 L_{init}，RVE 中基体的应变能为临界基体应变能 U_{cr}。初始裂纹间距 L_{init} 可用式 (6.29) 计算，式中 U_{m} 和 U_{m0} 的表达式如下：

$$U_{\mathrm{m}} = \int_{\Omega_{\mathrm{mc}}} 0.5\sigma_{ij}\varepsilon_{ij}\mathrm{d}v, \quad U_{\mathrm{m0}} = \int_{\Omega_{\mathrm{m0}}} 0.5\sigma_{ij}\varepsilon_{ij}\mathrm{d}v \tag{6.33}$$

其中，Ω_{m0} 和 Ω_{mc} 分别代表图 6.3(a) 和 (b) 中基体所占的区域，区域内的应力、应变场通过 NICM 计算获得。

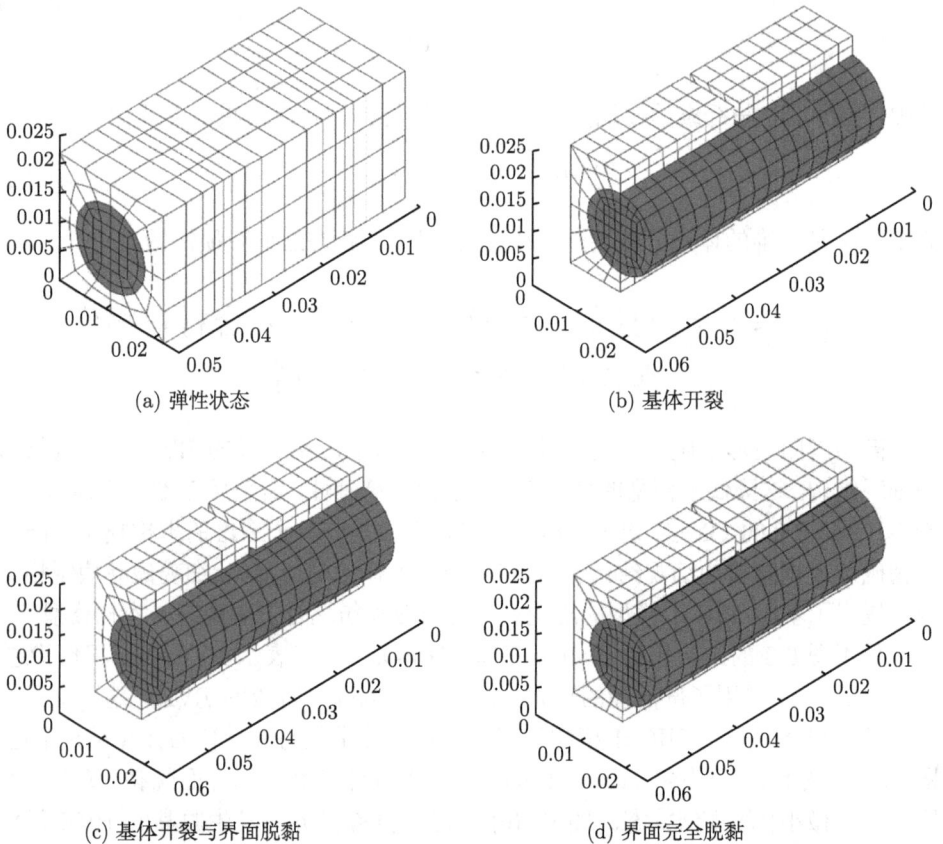

(a) 弹性状态　　　　　　　　　　　　(b) 基体开裂

(c) 基体开裂与界面脱黏　　　　　　　(d) 界面完全脱黏

图 6.3　CMCs 在拉伸过程中各阶段的代表性体元示意图 (NICM)

(3) 载荷超过 σ_{cr} 后，材料基体开裂与界面脱黏同时发生。基体裂纹间距满足

CMSE 准则，界面脱黏满足最大剪应力准则。NICM 模型界面尖端是一条空间曲线。该曲线上的剪应力大小不同，导致裂纹尖端各点的扩展速率不同。由于纤维直径较小，各点的差异可以忽略不计。本书假设当界面尖端的平均剪应力达到界面强度时，界面尖端各点以相同的速率向前扩展。这样，模型只需使用一个损伤变量就能表征界面的脱黏程度。本书定义该损伤变量为脱黏长度 D。通过 NICM 可建立基体应变能 U_m、界面最大切应力 $\tau_{i,\max}$ 与 RVE 长度 L、脱黏长度 D 以及宏观应变 ε 的函数关系。L 和 D 是反映材料损伤程度的细观损伤变量。不同应变下的 L 和 D 可由方程组 (6.30) 确定。

(4) 脱黏长度 D 随着载荷不断增大。当 D 接近 $L/2$ 时，载荷主要依靠纤维来传递。此刻复合材料的性能由纤维的性能决定。假设纤维强度满足 Weibull 准则。纤维失效百分比 D_f 由式 (6.31) 计算。

采用迭代法求解式 (6.31)。假设 D_f^0 为 0，通过 NICM 计算出当前的 σ_f^0，再将 σ_f^0 代入式 (6.31) 计算出 D_f^1，再由 D_f^1 通过 NICM 计算出 σ_f^1，$\cdots$ 如此循环直到满足收敛条件为止。即

$$D_f^{n+1} = 1 - 1/\exp\left[\left(\frac{\sigma_f^n}{\sigma_0}\right)^m\right] \tag{6.34}$$

收敛条件为

$$\left|D_f^{n+1} - D_f^n\right| < R_c \tag{6.35}$$

其中，R_c 是容差，一般为 1×10^{-6}。

6.4 模型的计算结果与试验验证

6.4.1 SiC/CAS 陶瓷基复合材料

SiC/CAS 材料的基本参数见表 6.1[72]。

表 6.1 SiC/CAS 的材料参数

参数	数值	参数	数值
E_f/GPa	127	E_m/GPa	109.5
μ_f	0.2	μ_m	0.25
v_f	0.35	R_f/μm	6.3
τ_{ult}/MPa	220	σ_{cr}/MPa	210
m	6.5		

HFQCM 模型和 NICM 模型计算的材料应力–应变曲线如图 6.4。图中 HFQCM 模拟曲线与试验结果吻合较好，而 NICM 模型的计算值偏大。因为 NICM 模型采

用节点位移连续, 与 HFQCM 模型的平均位移连续方式相比, 其子胞间的连接刚度较高, 因此计算的应力值也偏高。

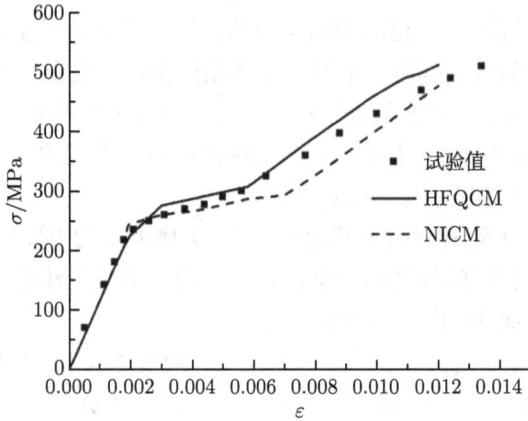

图 6.4　SiC/CAS-Ⅱ 应力–应变曲线

将 SiC/CAS-Ⅱ 应力–应变曲线分为五个区, 每个区的应变范围见表 6.2。相应的细观参数见表 6.3。由于两种模型的几何形状不同, 预测的临界基体应变能 U_{crm} 差别很大, 达到两个数量级。为了消除由几何形状产生的差异, 定义临界基体应变能密度为

$$U_{crmd} = U_{crm}/V_m$$

从表 6.3 可以看出两种模型预测的临界基体应变能密度比较接近。

表 6.2　SiC/CAS-Ⅱ 不同失效区域的应变范围

Ⅰ 弹性	Ⅱ 基体开裂	Ⅲ 界面脱黏	Ⅳ 界面脱黏+纤维断裂	Ⅴ 纤维断裂
0~0.182%	0.182%~0.2%	0.2%~0.3%	0.58%~0.98%	0.98%~1.2%

表 6.3　HFQCM 模型和 NICM 模型预测的细观参数

模型	L_{init}/mm	U_{crm}/J	$U_{crmd}/(J/mm^3)$	D/mm
HFQCM	0.252	1.038×10^{-6}	3.830×10^{-5}	0.1125
NICM	0.222	1.351×10^{-8}	4.119×10^{-5}	0.1102

弹性段复合材料弹性模量 E_c 为 115.63GPa。当载荷达到 σ_{cr} 时, 材料的应变为 0.182%。采用式 (6.29) 计算初始裂纹间距。当应变大于 0.182% 时, 基体发生开裂, 裂纹间距随着应变增大而不断减小, 应力–应变曲线发生偏转, 材料表现出非线性特性。这一阶段裂纹间距随应变的变化曲线见图 6.5(a)。当应变达到 0.2%, 界面发生脱黏。纤维主要依靠界面向基体传递能量, 因此界面脱黏后基体

不能再获得更多的能量，基体裂纹达到饱和。当应变达到 0.58%，界面脱黏与纤维断裂同时发生。纤维强度满足 Weibull 分布。当应变达到 0.98%，脱黏长度接近裂纹间距的一半，纤维和基体完全脱黏。脱黏长度的变化曲线如图 6.5(b)。随着载荷的增大，纤维发生断裂，并使应力–应变曲线产生波动。

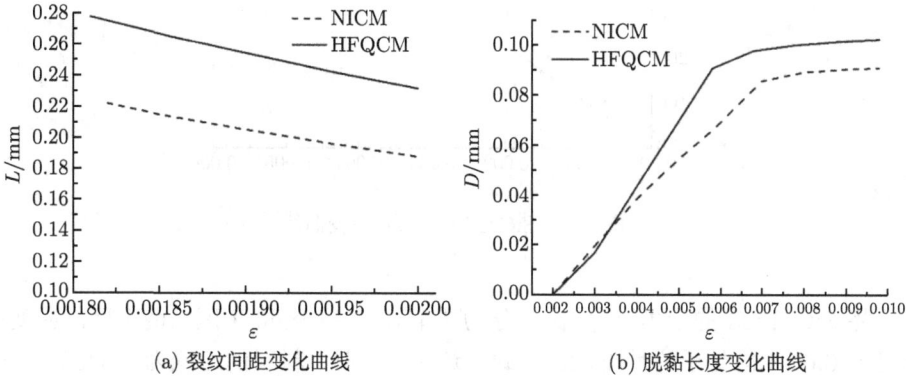

(a) 裂纹间距变化曲线 (b) 脱黏长度变化曲线

图 6.5 SiC/CAS-Ⅱ 细观参数变化曲线图

6.4.2 SiC/1723 陶瓷基复合材料

本节应用 HFQCM 模型和 NICM 模型预测 SiC/1723 的宏观应力–应变曲线，并与试验数据进行比较。材料的基本参数见表 6.4[72]。

HFQCM 模型和 NICM 模型预测的细观参数如表 6.5 所示。采用混合律、HFQCM 模型和 NICM 模型预测的弹性模量以及试验值分别为 114.75GPa、118.69GPa、128.1GPa 和 147.06GPa，可知三种方法预测值比较接近，而 NICM 的预测结果与试验值最为接近。图 6.6 为计算的应力–应变曲线与试验曲线的对比图，从图中可看出预测曲线和试验曲线基本吻合。

表 6.4 SiC/1723 的材料参数

参数	数值	参数	数值
E_f/GPa	145	E_m/GPa	90
μ_f	0.22	μ_m	0.23
v_f	0.45	R_f/μm	7.25
τ_{ult}/MPa	220	σ_{cr}/MPa	400
m	4.0		

表 6.5 HFQCM 模型和 NICM 模型预测的细观参数

模型	L_{init}/mm	U_{crm}/J	U_{crmd}/(J/mm³)	脱黏长度 D/mm
HFQCM	0.213	1.751×10^{-6}	5.3808×10^{-4}	0.01965
NICM	0.215	2.057×10^{-8}	6.3788×10^{-4}	0.01981

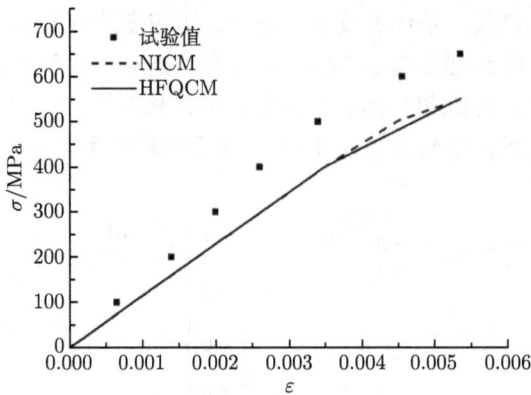

图 6.6　SiC/1723 应力–应变曲线

　　将 SiC/1723 的应力–应变曲线分为两个区——I 区和 II 区。两个区的应变范围见表 6.6。I 区处于弹性阶段。当载荷达到 σ_{cr} 时，材料的应变为 0.3486%。采用式 (6.29) 计算初始裂纹间距，当应变大于 0.3486% 时，界面发生脱黏，应力–应变曲线进入 II 区。这一区域基体开裂和界面脱黏同时发生，采用式 (6.30) 计算裂纹间距和脱黏长度。由于两种失效机制同时发生作用，材料的应力–应变曲线发生较大偏转。裂纹间距和脱黏长度随应变的变化曲线见图 6.7。

表 6.6　SiC/1723 不同失效区域的应变范围

I 弹性	II 界面脱黏＋基体开裂
0~0.3486%	0.3486%~0.535%

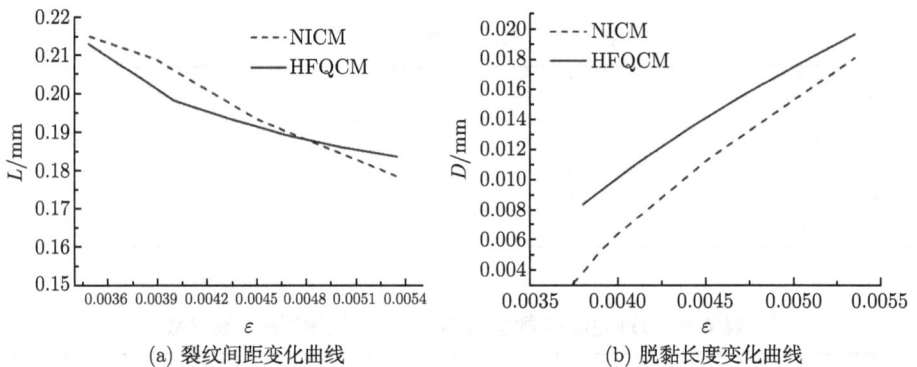

(a) 裂纹间距变化曲线　　　　　　　(b) 脱黏长度变化曲线

图 6.7　SiC/1723 细观参数变化曲线

6.4.3 C/SiC 陶瓷基复合材料

1. 纤维体积分数 25.4%

本节应用 HFQCM 模型和 NICM 模型预测纤维体积分数为 25.4%的 C/SiC 宏观应力–应变曲线，并与试验结果进行比较。材料由上海硅酸盐研究所制备，试验在 MTS 809 试验机上进行，材料的基本参数见表 6.7，计算的应力–应变曲线如图 6.8 所示，可将其分为两个区——I 区和 II 区。两个区的应变范围见表 6.8，相关的细观参数见表 6.9。

表 6.7　纤维体积分数为 25.4%的 C/SiC 材料参数

参数	数值	参数	数值
E_f/GPa	230	E_m/GPa	116.2
μ_f	0.21	μ_m	0.24
v_f	0.254	R_f/μm	7.5
τ_{ult}/MPa	20	σ_{cr}/MPa	127.6
m	4.0		

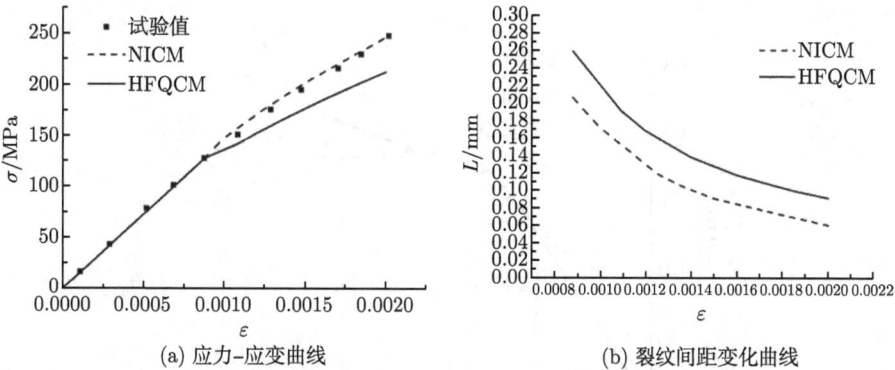

(a) 应力–应变曲线　　　　　　(b) 裂纹间距变化曲线

图 6.8　纤维体积分数为 25.4%的 C/SiC 应力–应变曲线和 L 曲线

表 6.8　C/SiC 不同失效区域的应变范围

I 弹性	II 基体开裂
0~0.08794%	0.08794%~0.2%

表 6.9　HFQCM 模型和 NICM 模型预测的细观参数

模型	L_{init}/mm	U_{crm}/J	U_{crmd}/(J/mm^3)
HFQCM	0.259	3.932×10^{-7}	3.4506×10^{-5}
NICM	0.206	4.970×10^{-9}	4.6547×10^{-5}

当载荷达到 σ_{cr} 时，材料的应变为 0.08794%。采用式 (6.29) 计算初始裂纹间距，当应变大于 0.08794% 时，基体发生开裂，且裂纹密度逐渐增大，裂纹间距逐渐减小。裂纹间距随着应变的变化曲线见图 6.8 (b)。从图中可以看出，基体开裂使得应力–应变曲线发生偏转，材料表现出非线性行为。

2. 纤维体积分数 40%

材料的基本参数见表 6.10。预测曲线和试验曲线见图 6.9，裂纹间距和脱黏长度变化曲线见图 6.10。曲线分为四个区：弹性、基体开裂+界面脱黏、界面脱黏、纤维断裂，每个区的应变范围见表 6.11。

表 6.10　纤维体积分数为 40% 的 C/SiC 材料参数

参数	数值	参数	数值
E_f/GPa	230	E_m/GPa	116.2
μ_f	0.21	μ_m	0.24
v_f	0.40	R_f/μm	7.5
τ_{ult}/MPa	50	σ_{cr}/MPa	126.44
m	4.0		

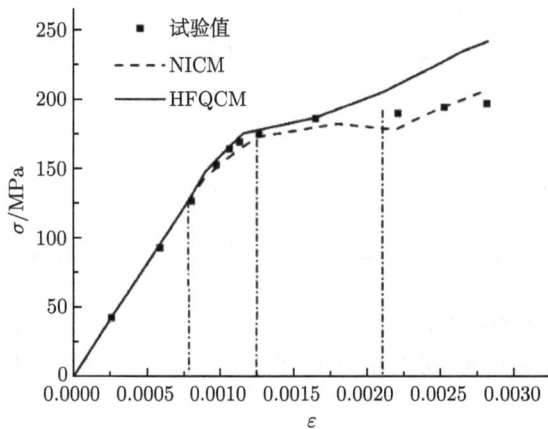

图 6.9　纤维体积分数为 40% 的 C/SiC 应力–应变曲线

表 6.11　不同失效区域的应变范围

Ⅰ 弹性	Ⅱ 基体开裂 + 界面脱黏	Ⅲ 界面脱黏	Ⅳ 纤维断裂
0~0.0782%	0.0782%~0.1245%	0.1245%~0.2106%	0.2106%~0.282%

弹性阶段，复合材料弹性模量 E_c 为 155.9GPa。当载荷达到 σ_{cr} 时，材料的应变为 0.0782%。采用式 (6.29) 计算初始裂纹间距，初始裂纹间距和临界基体应变

能见表 6.12。当应变大于 0.0782% 时，基体开裂和界面脱黏同时发生。应力–应变曲线发生较大偏转。裂纹间距和界面脱黏长度随应变的变化曲线如图 6.10 所示。当应变达到 0.2106% 时，纤维完全脱黏，纤维无法继续将能量传递到基体。随着载荷增大，纤维开始发生断裂。

表 6.12　HFQCM 模型和 NICM 模型预测的细观参数

模型	L_{init}/mm	U_{crm}/J	U_{crmd}/(J/mm^3)
HFQCM	0.318	2.545×10^{-7}	1.1311×10^{-5}
NICM	0.305	3.394×10^{-9}	1.2804×10^{-5}

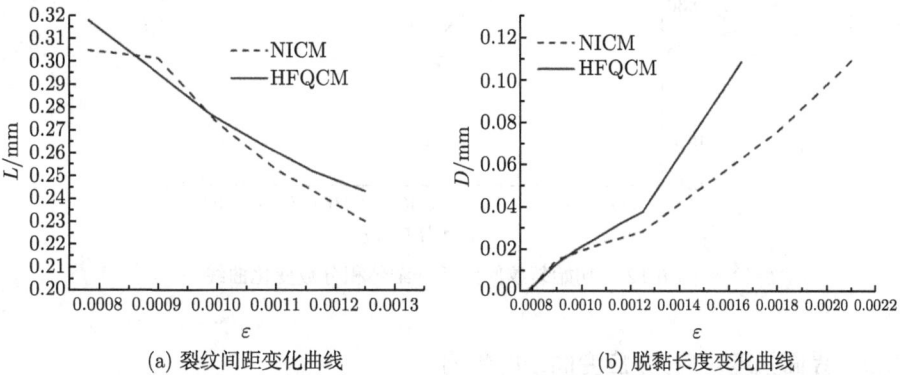

(a) 裂纹间距变化曲线　　　　　　(b) 脱黏长度变化曲线

图 6.10　纤维体积分数为 40% 的 C/SiC L 曲线和 D 曲线

6.5　细观参数对材料性能的影响

6.5.1　纤维体积比对初始裂纹间距的影响

开裂后的基体主要依靠界面剪切应力传递载荷。离界面越远的基体承受的载荷越小 (图 6.11)，其应变能也越低。随着纤维体积比的减小，基体中承载部分所

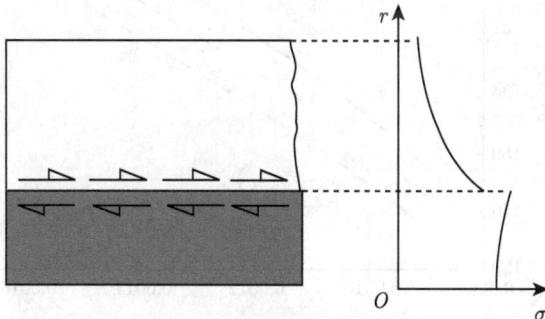

图 6.11　拉应力分布示意图

占的比重必然也随之降低。材料不得不依靠增加裂纹间距 L 来保证应变能平衡。因此可以预测初始裂纹间距将随着纤维体积分数的减少而增大。采用 NICM 模型计算的 L_{init} 变化曲线如图 6.12 所示。

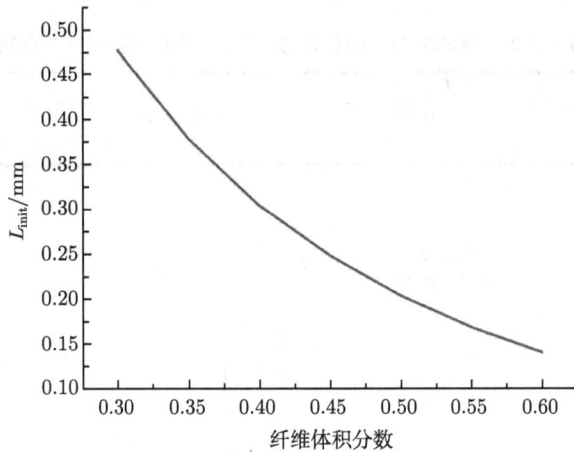

图 6.12　初始裂纹间距随纤维体积分数变化曲线

6.5.2　界面强度对应力–应变曲线的影响

界面强度是陶瓷基复合材料的重要参数。它对应力–应变曲线的形状和走势等影响较大。图 6.13 和图 6.14 是不同界面强度下的 C/SiC 复合材料应力–应变曲线、L 曲线和 D 曲线。图 6.13 表明随着界面剪切强度 τ_{ult} 增大，应力–应变曲线向着高应力方向平移。这是由于界面强度越大，纤维和基体间传递应力的能力

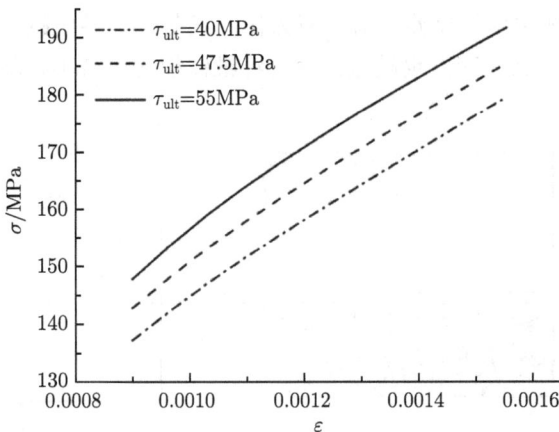

图 6.13　界面强度对应力–应变曲线的影响

越强，材料的脆性特性也越明显。可以预计，当界面强度趋于无穷大时，纤维和基体将连接成一个密不可分的整体，材料将呈现纯脆性。图 6.14(a) 表明，随着 τ_{ult} 增大，纤维向基体传递能量的能力越强，材料越容易发生基体开裂。这导致基体裂纹间距变小，裂纹密度增大。因此 L 曲线上相同的应变下，界面强度高的材料 L 也较小。图 6.14(a) L 曲线出现拐点，当曲线通过拐点后 L 开始增大，说明界面脱黏已经达到一定的长度，基体无法从纤维中获取足够的能量来保持应变能恒定。计算过程中，当曲线达到拐点，材料的失效模式从 "基体开裂＋界面脱黏" 转变为 "界面脱黏"。图 6.14(b) 说明随着界面强度增加，界面脱黏的程度也在不断增大。

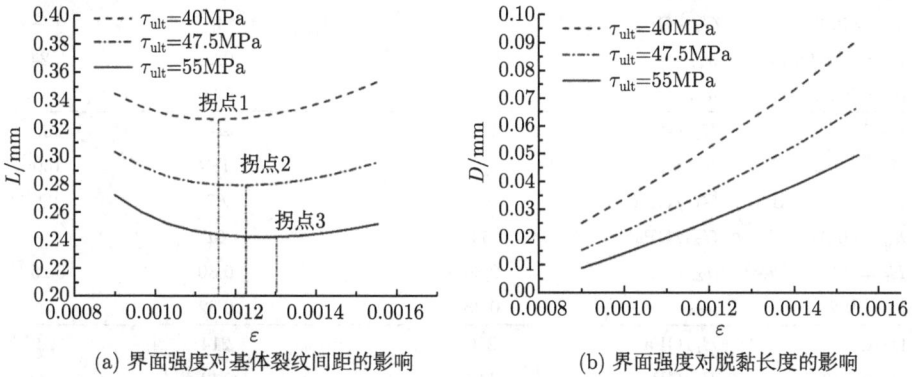

(a) 界面强度对基体裂纹间距的影响　　　　(b) 界面强度对脱黏长度的影响

图 6.14　界面强度对细观参数的影响

6.6　宏细观统一本构模型的算例分析

6.6.1　复合材料宏观弹性模量的计算

利用上面所建立的宏细观统一本构模型，可以实现对复合材料宏观弹性模量的计算。对单向纤维增强金属基复合材料，假设纤维在基体中呈图 6.1(a) 中所示的四边形排列。在进行宏观弹性性能的预测时，利用式 (6.28) 可以得到复合材料的宏观刚度系数，然后通过工程弹性常数与刚度系数的关系，得到复合材料的宏观弹性常数，如 E_1、E_2、G_{12}、G_{23}、μ_{21}、μ_{23} 等。

对几种单向纤维增强金属基复合材料，利用宏细观统一本构模型计算了宏观弹性模量。为了验证该模型的有效性，进行了 B/Al 复合材料的性能试验，还利用细观力学有限元法进行了计算，并引用了其他文献上的试验结果，详见表 6.13。从表中可以看出，宏细观统一本构模型计算结果与试验结果以及细观力学有限元法计算结果具有较好的一致性。

表 6.13　纤维增强 MMC 宏观弹性性能的计算值与试验值对比

材料	弹性势能	宏细观统一本构模型计算值	细观力学有限元法计算值 *	试验值
B/Al	E_1/GPa	228	228	228[73]
($V_f = 46\%$	E_2/GPa	147	148	138[73]
$E_m = 69$GPa	G_{12}/GPa	50	57	57[73]
$\mu_m = 0.33$	G_{23}/GPa	43	52	—
$E_f = 414$GPa	μ_{21}	0.26	0.25	—
$\mu_f = 0.2$)	μ_{23}	0.30	0.26	0.24[73]
B/Al	E_1/GPa	223	221	227
($V_f = 46\%$	E_2/GPa	150	147	139[74]
$E_m = 72.5$GPa	G_{12}/GPa	52	53	58[74]
$\mu_m = 0.33$	G_{23}/GPa	44	45	—
$E_f = 400.0$GPa	μ_{21}	0.26	0.26	0.24[74]
$\mu_f = 0.2$)	μ_{23}	0.30	0.30	—
Si/Ti	E_1/GPa	237	235	230[75]
($V_f = 40\%$	E_2/GPa	185	183	150[75]
$E_m = 109.0$GPa	G_{12}/GPa	65	67	62[75]
$\mu_m = 0.34$	G_{23}/GPa	59	61	—
$E_f = 427.6$GPa	μ_{21}	0.30	0.30	0.25[75]
$\mu_f = 0.25$)	μ_{23}	0.33	0.32	—
B/Al	E_1/GPa	216	214	2.9**
($V_f = 47\%$	E_2/GPa	145	142	133**
$E_m = 70$GPa	G_{12}/GPa	52	56	57**
$\mu_m = 0.31$	G_{23}/GPa	44	46	—[73]
$E_f = 380$GPa	μ_{21}	0.23	0.23	0.29**
$\mu_f = 0.15$)	μ_{23}	0.27	0.29	—

* 按四方形 RVE 进行计算的结果；

** 本书试验值。

6.6.2　复合材料宏观弹塑性应力–应变响应计算

　　利用本书所建立的宏细观统一本构模型，能够容易地计算复合材料宏观弹塑性应力–应变响应。当材料进入塑性范围时，材料的本构关系可以用增量形式表示。在前面建立模型时应力、应变采用增量形式表示，就能够得到以增量形式表示的宏细观统一本构模型，从而能够研究复合材料的弹塑性行为。

　　下面通过两个算例展示宏细观统一本构模型的应力–应变响应有效性。第一个算例是对某 B/Al 复合材料预测横向拉伸弹塑性应力–应变响应，其中纤维体积分数为 47%，纤维弹性模量 380GPa，泊松比 0.15；基体弹性模量 70GPa，泊松比 0.31，采用图 6.1(b) 所示单胞。采用宏细观统一本构模型预测了该材料的横向拉伸应力–应变响应，并与试验结果及细观力学有限元法计算结果进行了对照，见图 6.15。

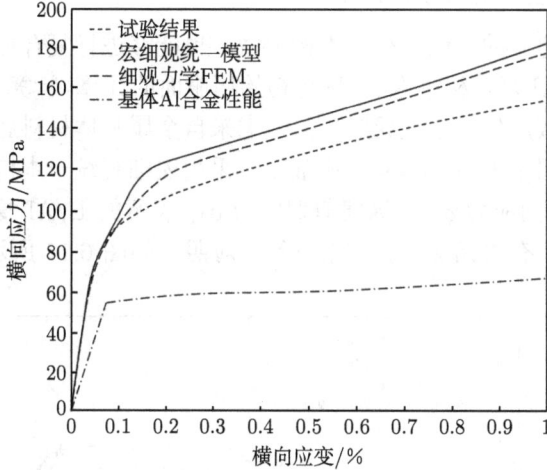

图 6.15 B/Al 复合材料横向拉伸应力–应变响应

第二个算例是对某 B/Al 复合材料预测纵横剪切弹塑性应力–应变响应，其中纤维体积分数为 46%，纤维弹性模量 400GPa，泊松比 0.2；基体弹性模量 72.5GPa，泊松比 0.33，采用图 6.1(b) 所示单胞。采用宏细观统一本构模型预测了该材料的纵横剪切应力–应变响应，并与文献 [74] 的试验结果及细观力学有限元法计算结果进行了对照，见图 6.16。

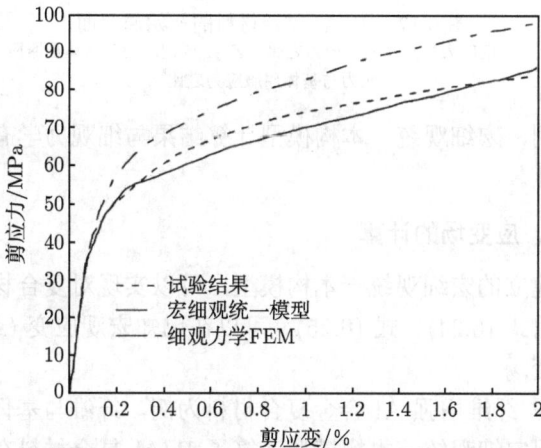

图 6.16 B/Al 复合材料纵横剪切应力–应变响应

从图 6.15 和图 6.16 可以看出，宏细观统一本构模型计算结果与试验结果及细观力学有限元法计算结果均具有较好的一致性。

6.6.3　复合材料宏观初始屈服面计算

利用本书所建立的宏细观统一本构模型，也能够进行复合材料宏观初始屈服面的计算。以 B/Al 复合材料为例，进行初始屈服面的计算。计算中不考虑纤维/基体脱黏或界面失效产生的宏观屈服，只考虑来自金属基体材料屈服而产生的宏观屈服，金属基体屈服采用 Mises 屈服准则。采用宏细观统一本构模型，计算了以纵向应力 σ_{11}、横向应力 σ_{22}、纵横剪切应力 σ_{12} 表示的 B/Al 复合材料初始屈服面，并与细观力学有限元法计算结果进行了对照，如图 6.17 所示。

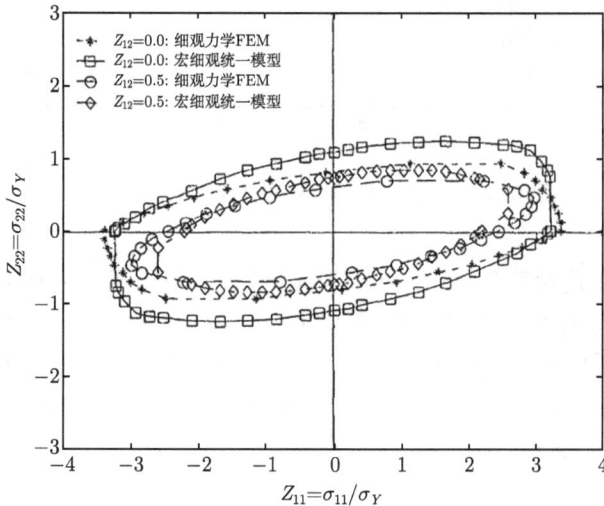

图 6.17　B/Al 复合材料的初始屈服面

σ_Y. 基体屈服应力；Z_{11}. 纵向应力与基体屈服应力之比；Z_{22}. 横向应力与基体屈服应力之比；Z_{12}. 纵横剪切应力与基体屈服应力之比

计算结果表明，宏细观统一本构模型计算结果与细观力学有限元法计算结果具有较好的一致性。

6.6.4　细观应力、应变场的计算

利用前面所建立的宏细观统一本构模型，可以实现对复合材料细观应力、应变场的计算。利用式 (6.24)、式 (6.25)，可以在已知宏观应变 (或应力) 情况下得到细观应力、应变场。

以某种单向 B 纤维增强 Al 合金复合材料为例，纤维与基体材料性能常数参见文献 [13]。利用宏细观统一本构模型计算了 B/Al 复合材料在各种载荷作用下的细观应力，并将计算结果与 Hansen[13] 的多相连续理论计算结果进行了对比，

对比情况详见表 6.14 ~ 表 6.17。从表中可以看出，在各种载荷作用下，对于细观应力的主要分量，宏细观统一本构模型计算结果与 Hansen 的多相连续理论计算结果具有较好的一致性。

由表 6.14 ~ 表 6.17 中可知，在各种载荷情况下，复合材料、纤维、基体之间应力满足 $V_{\mathrm{f}}\sigma_{ij,\mathrm{f}} + V_{\mathrm{m}}\sigma_{ij,\mathrm{m}} = \sigma_{ij,\mathrm{c}}$ 的混合律关系，这与通常的细观力学分析结论是一致的。

此外，从表 6.15 中看，在横向载荷作用下，细观应力场数据表明，计算复合材料细观应力场是具有重要意义的。在横向载荷作用下，复合材料轴向应力为零，

表 6.14 轴向拉伸载荷作用下细观平均应力计算结果的对照表

		应力/kPa						有效应力 /kPa
		σ_{11}	σ_{22}	σ_{33}	σ_{23}	σ_{13}	σ_{12}	
复合材料 σ_{c}		1000	0	0	0	0	0	1000
宏细观 统一模型	纤维 σ_{f}	1813	−11.5	−11.5	0	0	0	1824
	基体 σ_{m}	335	9.42	9.42	0	0	0	326
	$V_{\mathrm{f}}\sigma_{\mathrm{f}} + V_{\mathrm{m}}\sigma_{\mathrm{m}}$	1000	0.006	0.006	0	0	0	1000
多相连 续理论	纤维 σ_{f}	1811	−14.7	−14.7	0	0	0	1826
	基体 σ_{m}	336	12.0	12.0	0	0	0	324
	$V_{\mathrm{f}}\sigma_{\mathrm{f}} + V_{\mathrm{m}}\sigma_{\mathrm{m}}$	999.8	−0.015	−0.015	0	0	0	999.9

表 6.15 横向拉伸载荷作用下细观平均应力计算结果的对照表

		应力/kPa						有效应力 /kPa
		σ_{11}	σ_{22}	σ_{33}	σ_{23}	σ_{13}	σ_{12}	
复合材料 σ_{c}		0	1000	0	0	0	0	1000
宏细观 统一模型	纤维 σ_{f}	−266	1237	−144	0	0	0	1445
	基体 σ_{m}	217	806	118	0	0	0	645
	$V_{\mathrm{f}}\sigma_{\mathrm{f}} + V_{\mathrm{m}}\sigma_{\mathrm{m}}$	−0.35	1000	0.1	0	0	0	1000
多相连 续理论	纤维 σ_{f}	−258	1173	−55.8	0	0	0	1303
	基体 σ_{m}	211	858	45.6	0	0	0	744
	$V_{\mathrm{f}}\sigma_{\mathrm{f}} + V_{\mathrm{m}}\sigma_{\mathrm{m}}$	−0.05	999.8	−0.03	0	0	0	995.5

表 6.16 偏轴拉伸载荷作用下细观平均应力计算结果的对照表

		应力/kPa						有效应力 /kPa
		σ_{11}	σ_{22}	σ_{33}	σ_{23}	σ_{13}	σ_{12}	
复合材料 σ_{c}		2000	1000	0	0	0	0	1732
宏细观 统一模型	纤维 σ_{f}	3360	1214	−167	0	0	0	3078
	基体 σ_{m}	888	825	137	0	0	0	722
	$V_{\mathrm{f}}\sigma_{\mathrm{f}} + V_{\mathrm{m}}\sigma_{\mathrm{m}}$	2000	1000	0.2	0	0	0	1782
多相连 续理论	纤维 σ_{f}	3362	1144	−85.1	0	0	0	2896
	基体 σ_{m}	885	882	69.6	0	0	0	814
	$V_{\mathrm{f}}\sigma_{\mathrm{f}} + V_{\mathrm{m}}\sigma_{\mathrm{m}}$	2000	999.9	−0.015	0	0	0	1751

表 6.17　横向拉伸和轴向剪切载荷作用下细观平均应力计算结果的对照表

| | | 应力/kPa | | | | | | 有效应力 |
		σ_{11}	σ_{22}	σ_{33}	σ_{23}	σ_{13}	σ_{12}	/kPa
复合材料 σ_c		0	1000	0	0	0	1000	2000
宏细观统一模型	纤维 σ_f	−266	1237	−144	0	0	1227	2570
	基体 σ_m	217	806	118	0	0	815	1551
	$V_f\sigma_f + V_m\sigma_m$	−0.35	1000	0.1	0	0	1000	2010
多相连续理论	纤维 σ_f	−258	1173	−55.8	0	0	1300	2601
	基体 σ_m	211	858	45.6	0	0	755	1504
	$V_f\sigma_f + V_m\sigma_m$	−0.05	999.8	−0.03	0	0	1000	1998

但是纤维和基体的轴向应力并不等于零, 基体中轴向应力大约是载荷方向 (横向) 应力的 25% 左右。细观应力场信息在常规的宏观结构分析中是无法得到的, 而正是这种细观应力场可能导致复合材料基体开裂、纤维脱黏等损伤与破坏。

6.7　宏细观统一本构模型的推广

前面针对单向纤维增强金属基复合材料, 假设具有图 6.1(a) 所示的周期性细观结构, 简化为图 6.1(b) 所示的 RVE 几何模型, 建立了纤维增强复合材料宏观细观统一本构模型, 这里暂且称其为基本型的统一本构模型。但是, 鉴于模型的一些基本假设, 其在某些方面还存在一定的不足。

首先, 由于图 6.1(a) 所示的细观结构周期性假设以及图 6.1(b) 所示的 RVE 几何模型, 基本型模型难以考虑复杂细观几何结构的情况。模型没有考虑纤维在基体中不同分布形式以及不同纤维形状的情形, 也没有考虑纤维与基体之间存在界面层的情形。而研究不同纤维形状及纤维在基体中的分布形式, 对优化复合材料性能往往是必需的。

其次, 在基本型模型 RVE 的各子胞中, 假设细观位移是线性函数 (见式 (6.10)), RVE 的 4 个子胞都是常应变单元。当 RVE 出现非弹性变形时, 不利于较精确地模拟非弹性细观力学行为。

基于上述两方面的不足, 借鉴有限元法提高计算精度的基本思路与方法, 对基本型模型进行推广。主要从两方面着手: 一方面, 将单个 RVE 划分为更多数目的子胞, 形成多子胞的宏细观统一本构模型, 这种模型可以考虑复杂细观几何结构的情形; 另一方面, 提高 RVE 中位移模式的阶次, 形成高阶位移模式的宏细观统一本构模型, 这种模型可以更精确地模拟细观非弹性行为。

6.7.1　多子胞的宏细观统一本构模型

借鉴有限单元法中的基本思想, 划分更多数目的单元能够模拟较复杂的几何形状。将基本型宏细观统一本构模型中的单个 RVE, 划分为更多数目的子胞, 而不仅仅是 4 个子胞。在这种几何模型基础上建立起的多子胞宏细观统一本构模型,能够考虑复合材料较复杂细观几何结构的情形。

1. 几何模型

仍假设纤维增强复合材料的细观结构具有周期性。在细观结构特征体中取一个 RVE 进行研究,将 RVE 划分为若干个子胞,如图 6.18 所示,将一个 RVE 划分为 $N_\beta \times N_\gamma$ 个子胞,根据纤维形状及在基体中的分布情况,其中某些子胞可以代表纤维、基体或界面相。在各子胞内建立细观局部坐标系 $\bar{x}_2^{(\beta)}, \bar{x}_3^{(\gamma)}$。

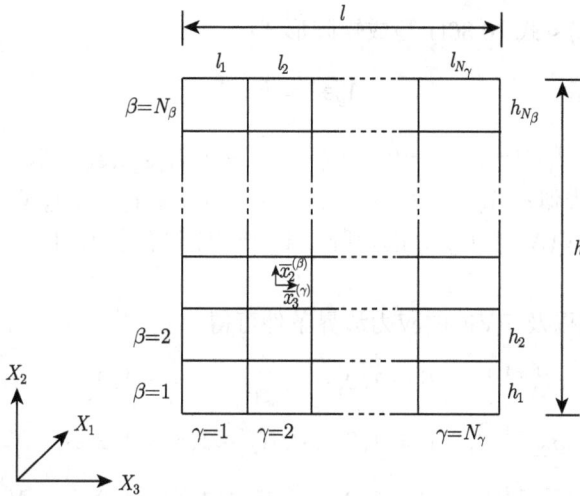

图 6.18 RVE 几何模型

2. 细观力学方程的建立与求解

在图 6.1 所示的 RVE 及其子胞上,建立细观力学方程并求解,从而建立多子胞的宏细观统一模型。

子胞中位移模式仍假设为线性位移模式,在线性位移模式下,各子胞是常应变单元,各子胞内应力平衡方程是能够满足的。在保证宏细观能量等效的前提下,采用弱化的位移边界条件 (位移均值满足连续性和周期性),可得

$$\varepsilon_{11}^{(\beta,\gamma)} = \varepsilon_{11}^0, \quad \beta = 1, 2, \cdots, N_\beta; \gamma = 1, 2, \cdots, N_\gamma \tag{6.36a}$$

$$\sum_{\beta=1}^{N_\beta} h_\beta \varepsilon_{22}^{(\beta,\gamma)} = h\varepsilon_{22}^0, \quad \gamma = 1, 2, \cdots, N_\gamma \tag{6.36b}$$

$$\sum_{\beta=1}^{N_\beta} h_\beta \varepsilon_{12}^{(\beta,\gamma)} = h\varepsilon_{12}^0, \quad \gamma = 1, 2, \cdots, N_\gamma \tag{6.36c}$$

$$\sum_{\gamma=1}^{N_\gamma} l_\gamma \varepsilon_{33}^{(\beta,\gamma)} = l\varepsilon_{33}^0, \quad \beta = 1, 2, \cdots, N_\beta \tag{6.36d}$$

$$\sum_{\gamma=1}^{N_\gamma} l_\gamma \varepsilon_{13}^{(\beta,\gamma)} = l\varepsilon_{13}^0, \quad \beta = 1, 2, \cdots, N_\beta \tag{6.36e}$$

$$\sum_{\beta=1}^{N_\beta}\sum_{\gamma=1}^{N_\gamma} h_\beta l_\gamma \varepsilon_{23}^{(\beta,\gamma)} = hl\varepsilon_{23}^0 \tag{6.36f}$$

将式 (6.36a)~式 (6.36f) 写成矩阵形式:

$$A_g \varepsilon_s = B_g \varepsilon^0 \tag{6.37}$$

其中, $\varepsilon_s = \left(\varepsilon^{(1,1)}, \varepsilon^{(1,2)}, \cdots, \varepsilon^{(N_\beta, N_\gamma)}\right)^{\mathrm{T}}$; $\varepsilon^0 = \left(\varepsilon_{11}^0, \varepsilon_{22}^0, \varepsilon_{33}^0, \varepsilon_{23}^0, \varepsilon_{13}^0, \varepsilon_{12}^0\right)^{\mathrm{T}}$; ε_s 中的 $\varepsilon^{(\beta,\gamma)}$ 与 ε^0 类似; A_g 为 $[2(N_\beta + N_\gamma) + N_\beta N_\gamma + 1] \times 6N_\beta N_\gamma$ 的矩阵; B_g 为 $[2(N_\beta + N_\gamma) + N_\beta N_\gamma + 1] \times 6$ 的矩阵; A_g 和 B_g 包含了 RVE 及其子胞的几何结构信息。

根据各子胞以及 RVE 的应力边界条件可得

$$\sigma_{21}^{(\beta,\gamma)} = \sigma_{21}^{(\beta+1,\gamma)}, \quad \beta = 1, 2, \cdots, N_\beta - 1; \gamma = 1, 2, \cdots, N_\gamma \tag{6.38a}$$

$$\sigma_{22}^{(\beta,\gamma)} = \sigma_{22}^{(\beta+1,\gamma)}, \quad \beta = 1, 2, \cdots, N_\beta - 1; \gamma = 1, 2, \cdots, N_\gamma \tag{6.38b}$$

$$\sigma_{23}^{(\beta,\gamma)} = \sigma_{23}^{(\beta+1,\gamma)}, \quad \beta = 1, 2, \cdots, N_\beta - 1; \gamma = 1, 2, \cdots, N_\gamma \tag{6.38c}$$

$$\sigma_{31}^{(\beta,\gamma)} = \sigma_{31}^{(\beta,\gamma+1)}, \quad \beta = 1, 2, \cdots, N_\beta; \gamma = 1, 2, \cdots, N_\gamma - 1 \tag{6.38d}$$

$$\sigma_{32}^{(\beta,\gamma)} = \sigma_{32}^{(\beta,\gamma+1)}, \quad \beta = 1, 2, \cdots, N_\beta; \gamma = 1, 2, \cdots, N_\gamma - 1 \tag{6.38e}$$

$$\sigma_{33}^{(\beta,\gamma)} = \sigma_{33}^{(\beta,\gamma+1)}, \quad \beta = 1, 2, \cdots, N_\beta; \gamma = 1, 2, \cdots, N_\gamma - 1 \tag{6.38f}$$

将子胞本构方程代入式 (6.38a) ~ 式 (6.38f), 可以得到关于子胞应变的方程组, 并将其写成矩阵形式:

$$A_m \varepsilon_s = 0 \tag{6.39}$$

其中, A_m 为 $[5N_\beta N_\gamma - 2(N_\beta + N_\gamma) - 1] \times 6N_\beta N_\gamma$ 的矩阵, 它包含了各子胞的弹性刚度矩阵 $C_{ijkl}^{(\beta,\gamma)}$。

通过对细观力学方程的求解, 可以在已知宏观应变 ε^0 的情况下, 获得 RVE 的细观应力、应变场, 并且能够进一步得到宏观应力-应变关系。

由式 (6.37)、式 (6.39) 可得

$$\varepsilon_s = A_s \varepsilon^0 \tag{6.40}$$

其中, $A_s = A^{-1}B$, $A = \begin{bmatrix} A_m \\ A_g \end{bmatrix}$, $B = \begin{bmatrix} 0 \\ B_g \end{bmatrix}$, A_s 为 $6N_\beta N_\gamma \times 6$ 的矩阵, 通过

分块可以将其分为 $N_\beta N_\gamma$ 个 6×6 的子矩阵, 记为 $A_s^{(\beta,\gamma)}(\beta = 1, 2, \cdots, N_\beta; \gamma = 1, 2, \cdots, N_\gamma)$, 每个矩阵 $A_s^{(\beta,\gamma)}$ 对应着一个子胞的细观应变矩阵 $\varepsilon^{(\beta,\gamma)}$ 与宏观应变矩阵 ε^0 之间的系数关系, 即有

$$\varepsilon^{(\beta,\gamma)} = A_s^{(\beta,\gamma)} \varepsilon^0 \tag{6.41}$$

进一步可以得到宏观应力–应变关系:

$$\sigma^0 = C^0 \varepsilon^0 \tag{6.42}$$

其中, 宏观刚度矩阵:

$$C^0 = \frac{1}{hl} \sum_{(\beta,\gamma)} h_\beta l_\gamma C^{(\beta,\gamma)} A_s^{(\beta,\gamma)} \tag{6.43}$$

3. 算例

通过将一个 RVE 划分为更多数目子胞, 建立了多子胞的宏细观统一本构模型。与基本型模型相比, 多子胞模型能够考虑更复杂的细观结构特征。例如可以用图 6.19(a)、(b) 所示的几何模型模拟圆截面或八边形截面纤维情况, 用图 6.19(c) 所示的几何模型模拟纤维与基体之间存在界面层的情形。

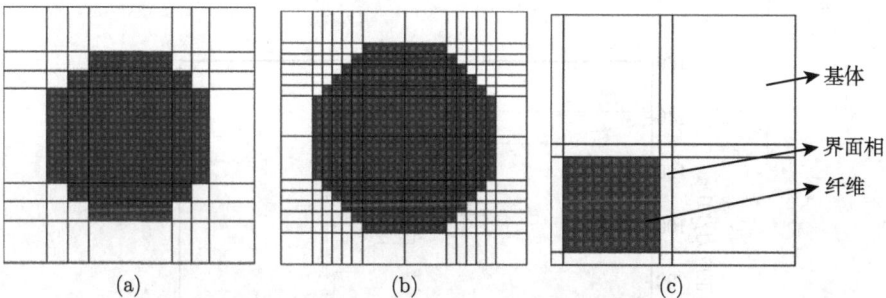

图 6.19 不同计算方法的 RVE 几何模型示意

另外, 由于将一个 RVE 划分为更多数目子胞, 使得多子胞模型在求解细观场量的精度上, 与基本型模型相比有所提高。这里以某 B/Al 复合材料为例, 分别用基本型宏细观统一本构模型、多子胞宏细观统一本构模型以及细观力学有限元法, 进行细观应力场计算对比分析。该复合材料的纤维体积分数为 46%, 纤维与基体性能为: B 纤维弹性模量 410GPa, 泊松比 0.2; 基体 Al 合金弹性模量 69GPa,

泊松比 0.33。用基本型模型 (2×2 子胞)、多子胞模型 (14×14 子胞)、细观力学有限元法，分别采用图 6.20(a)、(b)、(c) 所示的单位尺寸的 RVE 几何模型，计算 RVE 在横向均匀载荷 ($\sigma_{22}^0 = 100$MPa) 作用下 x_2 对称面上纤维与基体的细观应力 (σ_{22}^0) 沿 x_3 方向的分布情况，详见图 6.21。

从图 6.21 中看出，多子胞宏细观统一本构模型计算结果，与细观力学有限元法计算结果具有较好的相符性，而且在计算精度上，多子胞模型比基本型模型要高。基本型模型的计算结果，纤维与基体之间的应力是突然变化的，存在较大的应力梯度。多子胞模型的计算结果，纤维与基体之间的应力变化较平缓，应力梯度较小。另外，计算结果还表明，多子胞模型计算的纤维平均应力略低于基本型模型计算的纤维平均应力，这是由于基本型模型模拟的是方形截面纤维情况，多子胞模型近似模拟了圆形截面纤维情况。

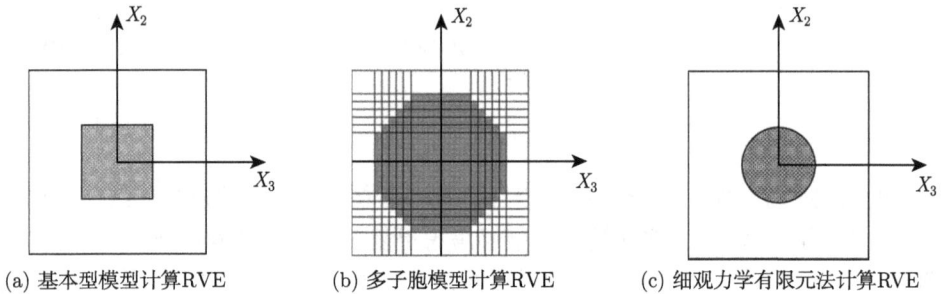

(a) 基本型模型计算RVE　　　(b) 多子胞模型计算RVE　　　(c) 细观力学有限元法计算RVE

图 6.20　不同计算方法的 RVE 几何模型

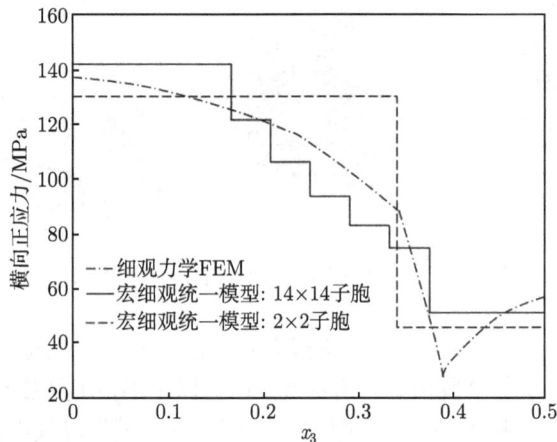

图 6.21　不同计算方法的 RVE 细观应力

6.7.2 高阶位移模式的宏细观统一本构模型

1. 模型与平衡方程

仍采用图 6.1(b) 所示的 RVE 几何模型，RVE 上的细观力学基本方程仍是方程 (6.1a)~方程 (6.1c)。RVE 中各子胞内位移场可表示为

$$u_i^{(\beta,\gamma)} = \varepsilon_{ij}^0 x_j + \delta_i^{(\beta,\gamma)}, \quad i,j = 1,2,3; \beta,\gamma = 1,2 \tag{6.44}$$

进一步对位移增量 $\delta_i^{(\beta,\gamma)}$ 作位移假设，假设各子胞的位移 $\delta_i^{(\beta,\gamma)}$ 是细观局部坐标 $\bar{x}_2^{(\beta)}$、$\bar{x}_3^{(\gamma)}$ 的高阶多项式函数。各子胞的几何方程与本构方程仍由式 (6.11)、式 (6.12) 表示。各子胞内的应力场应满足平衡方程 $\delta_{ij,j}^{(\beta,\gamma)} = 0$。这里对平衡条件进行弱化，只要求在子胞内的体积平均意义上满足平衡条件即可，即有

$$\frac{1}{v^{(\beta,\gamma)}} \iint_{v(\beta,\gamma)} \sigma_{ij,j}^{(\beta,\gamma)} \bar{x}_2^p \bar{x}_3^q \mathrm{d}\bar{x}_2 \mathrm{d}\bar{x}_3 = 0, \quad i,j = 1,2,3; \beta,\gamma = 1,2 \tag{6.45}$$

对方程 (6.45) 进一步细化有

$$\int_{-\frac{l_\gamma}{2}}^{+\frac{l_\gamma}{2}} \left[\left(\frac{h_\beta}{2}\right)^p \sigma_{i2}^{(\beta,\gamma)}\left(\frac{h_\beta}{2}, \bar{x}_3\right) - \left(\frac{h_\beta}{2}\right)^p \sigma_{i2}^{(\beta,\gamma)}\left(-\frac{h_\beta}{2}, \bar{x}_3\right) \right] \bar{x}_3^q \mathrm{d}\bar{x}_3$$

$$- p \int_{-\frac{h_\beta}{2}}^{+\frac{h_\beta}{2}} \int_{-\frac{l_\gamma}{2}}^{+\frac{l_\gamma}{2}} \bar{x}_2^{p-1} \bar{x}_3^q \sigma_{i2}^{(\beta,\gamma)} \mathrm{d}\bar{x}_2 \mathrm{d}\bar{x}_3$$

$$+ \int_{-\frac{h_\beta}{2}}^{+\frac{h_\beta}{2}} \left[\left(\frac{l_\gamma}{2}\right)^q \sigma_{i3}^{(\beta,\gamma)}\left(\bar{x}_2, \frac{l_\gamma}{2}\right) - \left(\frac{l_\gamma}{2}\right)^q \sigma_{i3}^{(\beta,\gamma)}\left(\bar{x}_2, -\frac{l_\gamma}{2}\right) \right] \bar{x}_2^p \mathrm{d}\bar{x}_2$$

$$- q \int_{-\frac{h_\beta}{2}}^{+\frac{h_\beta}{2}} \int_{-\frac{l_\gamma}{2}}^{+\frac{l_\gamma}{2}} \bar{x}_2^p \bar{x}_3^{q-1} \sigma_{i3}^{(\beta,\gamma)} \mathrm{d}\bar{x}_2 \mathrm{d}\bar{x}_3 = 0 \tag{6.46}$$

由式 (6.44)、式 (6.11)、式 (6.12) 可知，子胞应力 $\sigma_{ij}^{(\beta,\gamma)}$ 是 $\bar{x}_2$、$\bar{x}_3$ 的多项式函数。可以将该应力函数进一步分解，即有应力偶次项和应力奇次项，应力偶次项包括"$\bar{x}_2$ 偶次项与 $\bar{x}_3$ 偶次项"、"$\bar{x}_2$ 奇次项与 $\bar{x}_3$ 奇次项"，分别记为 $\sigma_{ij}^{A(\beta,\gamma)}$、$\sigma_{ij}^{B(\beta,\gamma)}$，应力奇次项包括"$\bar{x}_2$ 偶次项与 $\bar{x}_3$ 奇次项"、"$\bar{x}_2$ 奇次项与 $\bar{x}_3$ 偶次项"，分别记为 $\sigma_{ij}^{C(\beta,\gamma)}$、$\sigma_{ij}^{D(\beta,\gamma)}$，于是有

$$\sigma_{ij}^{(\beta,\gamma)} = \sigma_{ij}^{A(\beta,\gamma)} + \sigma_{ij}^{B(\beta,\gamma)} + \sigma_{ij}^{C(\beta,\gamma)} + \sigma_{ij}^{D(\beta,\gamma)} \tag{6.47}$$

将式 (6.47) 代入式 (6.46) 可以得到如下四个等式：

当 p 为奇数、q 为奇数时，

$$2\left(\frac{h_\beta}{2}\right)^p \int_{-\frac{l_\gamma}{2}}^{+\frac{l_\gamma}{2}} \sigma_{i2}^{C(\beta,\gamma)}\left(\frac{h_\beta}{2},\bar{x}_3\right)\bar{x}_3^q \mathrm{d}\bar{x}_3 - p\int_{-\frac{h_\beta}{2}}^{+\frac{h_\beta}{2}}\int_{-\frac{l_\gamma}{2}}^{+\frac{l_\gamma}{2}}\bar{x}_2^{p-1}\bar{x}_3^q \sigma_{i2}^{C(\beta,\gamma)}\mathrm{d}\bar{x}_2\mathrm{d}\bar{x}_3$$

$$+ 2\left(\frac{l_\gamma}{2}\right)^q \int_{-\frac{h_\beta}{2}}^{+\frac{h_\beta}{2}} \sigma_{i3}^{D(\beta,\gamma)}\left(\bar{x}_2,\frac{l_\gamma}{2}\right)\bar{x}_2^p \mathrm{d}\bar{x}_2 - q\int_{-\frac{h_\beta}{2}}^{+\frac{h_\beta}{2}}\int_{-\frac{l_\gamma}{2}}^{+\frac{l_\gamma}{2}}\bar{x}_2^p\bar{x}_3^{q-1} \sigma_{i3}^{D(\beta,\gamma)}\mathrm{d}\bar{x}_2\mathrm{d}\bar{x}_3 = 0$$

$$\text{(6.48a)}$$

当 p 为奇数、q 为偶数时，

$$2\left(\frac{h_\beta}{2}\right)^p \int_{-\frac{l_\gamma}{2}}^{+\frac{l_\gamma}{2}} \sigma_{i2}^{A(\beta,\gamma)}\left(\frac{h_\beta}{2},\bar{x}_3\right)\bar{x}_3^q \mathrm{d}\bar{x}_3 - p\int_{-\frac{h_\beta}{2}}^{+\frac{h_\beta}{2}}\int_{-\frac{l_\gamma}{2}}^{+\frac{l_\gamma}{2}}\bar{x}_2^{p-1}\bar{x}_3^q \sigma_{i2}^{A(\beta,\gamma)}\mathrm{d}\bar{x}_2\mathrm{d}\bar{x}_3$$

$$+ 2\left(\frac{l_\gamma}{2}\right)^q \int_{-\frac{h_\beta}{2}}^{+\frac{h_\beta}{2}} \sigma_{i3}^{B(\beta,\gamma)}\left(\bar{x}_2,\frac{l_\gamma}{2}\right)\bar{x}_2^p \mathrm{d}\bar{x}_2 - q\int_{-\frac{h_\beta}{2}}^{+\frac{h_\beta}{2}}\int_{-\frac{l_\gamma}{2}}^{+\frac{l_\gamma}{2}}\bar{x}_2^p\bar{x}_3^{q-1} \sigma_{i3}^{B(\beta,\gamma)}\mathrm{d}\bar{x}_2\mathrm{d}\bar{x}_3 = 0$$

$$\text{(6.48b)}$$

当 p 为偶数、q 为奇数时，

$$2\left(\frac{h_\beta}{2}\right)^p \int_{-\frac{l_\gamma}{2}}^{+\frac{l_\gamma}{2}} \sigma_{i2}^{B(\beta,\gamma)}\left(\frac{h_\beta}{2},\bar{x}_3\right)\bar{x}_3^q \mathrm{d}\bar{x}_3 - p\int_{-\frac{h_\beta}{2}}^{+\frac{h_\beta}{2}}\int_{-\frac{l_\gamma}{2}}^{+\frac{l_\gamma}{2}}\bar{x}_2^{p-1}\bar{x}_3^q \sigma_{i2}^{B(\beta,\gamma)}\mathrm{d}\bar{x}_2\mathrm{d}\bar{x}_3$$

$$+ 2\left(\frac{l_\gamma}{2}\right)^q \int_{-\frac{h_\beta}{2}}^{+\frac{h_\beta}{2}} \sigma_{i3}^{A(\beta,\gamma)}\left(\bar{x}_2,\frac{l_\gamma}{2}\right)\bar{x}_2^p \mathrm{d}\bar{x}_2 - q\int_{-\frac{h_\beta}{2}}^{+\frac{h_\beta}{2}}\int_{-\frac{l_\gamma}{2}}^{+\frac{l_\gamma}{2}}\bar{x}^p\bar{x}_3^{q-1} \sigma_{i3}^{A(\beta,\gamma)}\mathrm{d}\bar{x}_2\mathrm{d}\bar{x}_3 = 0$$

$$\text{(6.48c)}$$

当 p 为偶数、q 为偶数时，

$$2\left(\frac{h_\beta}{2}\right)^p \int_{-\frac{l_\gamma}{2}}^{+\frac{l_\gamma}{2}} \sigma_{i2}^{D(\beta,\gamma)}\left(\frac{h_\beta}{2},\bar{x}_3\right)\bar{x}_3^q \mathrm{d}\bar{x}_3 - p\int_{-\frac{h_\beta}{2}}^{+\frac{h_\beta}{2}}\int_{-\frac{l_\gamma}{2}}^{+\frac{l_\gamma}{2}}\bar{x}_2^{p-1}\bar{x}_3^q \sigma_{i2}^{D(\beta,\gamma)}\mathrm{d}\bar{x}_2\mathrm{d}\bar{x}_3$$

$$+ 2\left(\frac{l_\gamma}{2}\right)^q \int_{-\frac{h_\beta}{2}}^{+\frac{h_\beta}{2}} \sigma_{i3}^{C(\beta,\gamma)}\left(\bar{x}_2,\frac{l_\gamma}{2}\right)\bar{x}_2^p \mathrm{d}\bar{x}_2 - q\int_{-\frac{h_\beta}{2}}^{+\frac{h_\beta}{2}}\int_{-\frac{l_\gamma}{2}}^{+\frac{l_\gamma}{2}}\bar{x}^p\bar{x}_3^{q-1} \sigma_{i3}^{C(\beta,\gamma)}\mathrm{d}\bar{x}_2\mathrm{d}\bar{x}_3 = 0$$

$$\text{(6.48d)}$$

由式 (6.48a)～ 式 (6.48d) 可见，子胞内的平衡方程可以分解为应力奇次项方程和应力偶次项方程，且二者是相互不耦合的。

2. 边界条件

这里考虑各子胞之间连续性条件以及各 RVE 之间周期性条件。

在各子胞之间以及各 RVE 之间的交界面上，位移应满足连续性条件。这里对位移连续性条件进行弱化，只要求各子胞之间以及各 RVE 之间位移在边界上的平均值连续。

$$
\frac{1}{l_\gamma} \int_{-\frac{l_\gamma}{2}}^{\frac{l_\gamma}{2}} u_i^{(\beta,\gamma)} \left(\frac{h_\beta}{2}, \bar{x}_3 \right) \bar{x}_3^q \mathrm{d}\bar{x}_3
$$

$$
= \frac{1}{l_\gamma} \int_{-\frac{l_\gamma}{2}}^{\frac{l_\gamma}{2}} u_i^{(\beta+1,\gamma)} \left(-\frac{h_{\beta+1}}{2}, \bar{x}_3 \right) \bar{x}_3^q \mathrm{d}\bar{x}_3, \quad i,j = 1,2,3; \beta,\gamma = 1,2 \tag{6.49a}
$$

$$
\frac{1}{h_\beta} \int_{-\frac{h_\beta}{2}}^{\frac{h_\beta}{2}} u_i^{(\beta,\gamma)} \left(\bar{x}_2, \frac{l_\gamma}{2} \right) \bar{x}_2^p \mathrm{d}\bar{x}_2
$$

$$
= \frac{1}{h_\beta} \int_{-\frac{h_\beta}{2}}^{\frac{h_\beta}{2}} u_i^{(\beta+1,\gamma)} \left(\bar{x}_2, -\frac{l_{\gamma+1}}{2} \right) \bar{x}_2^p \mathrm{d}\bar{x}_2, \quad i,j = 1,2,3; \beta,\gamma = 1,2 \tag{6.49b}
$$

其中，由于复合材料细观结构周期性假设，当 $\beta = 2$ 时，$\beta + 1$ 取为 1；当 $\gamma = 2$ 时，$\gamma + 1$ 取为 1。

同样，在各子胞之间的交界面上，只要求各子胞之间应力在边界上的平均值连续。

$$
\frac{1}{l_\gamma} \int_{-\frac{l_\gamma}{2}}^{\frac{l_\gamma}{2}} \sigma_{i2}^{(\beta,\gamma)} \left(\frac{h_\beta}{2}, \bar{x}_3 \right) \bar{x}_3^q \mathrm{d}\bar{x}_3 = \frac{1}{l_\gamma} \int_{-\frac{l_\gamma}{2}}^{\frac{l_\gamma}{2}} \sigma_{i2}^{(\beta+1,\gamma)} \left(-\frac{h_{\beta+1}}{2}, \bar{x}_3 \right) \bar{x}_3^q \mathrm{d}\bar{x}_3, \quad i = 1,2,3
$$

$$
\tag{6.50a}
$$

$$
\frac{1}{h_\beta} \int_{-\frac{h_\beta}{2}}^{\frac{h_\beta}{2}} \sigma_{i3}^{(\beta,\gamma)} \left(\bar{x}_2, \frac{l_\gamma}{2} \right) \bar{x}_2^p \mathrm{d}\bar{x}_2 = \frac{1}{h_\beta} \int_{-\frac{h_\beta}{2}}^{\frac{h_\beta}{2}} \sigma_{i3}^{(\beta,\gamma+1)} \left(\bar{x}_2, -\frac{l_{\gamma+1}}{2} \right) \bar{x}_2^p \mathrm{d}\bar{x}_2, \quad i = 1,2,3
$$

$$
\tag{6.50b}
$$

式 (6.50a) 中，$(\beta,\gamma) = (1,1)$、$(1,2)$；式 (6.50b) 中，$(\beta,\gamma) = (1,1)$、$(2,1)$。将式 (6.47) 代入式 (6.50a)、式 (6.50b) 中，可以得到如下四组等式：

当 p 为奇数、q 为奇数时，

$$
\int_{-\frac{l_\gamma}{2}}^{\frac{l_\gamma}{2}} \left[\sigma_{i2}^{B(\beta,\gamma)}\left(\frac{h_\beta}{2},\bar{x}_3\right) + \sigma_{i2}^{C(\beta,\gamma)}\left(\frac{h_\beta}{2},\bar{x}_3\right) \right] \bar{x}_3^q \mathrm{d}\bar{x}_3
$$

$$
= \int_{-\frac{l_\gamma}{2}}^{\frac{l_\gamma}{2}} \left[\sigma_{i2}^{B(\beta+1,\gamma)}\left(-\frac{h_{\beta+1}}{2},\bar{x}_3\right) + \sigma_{i2}^{C(\beta+1,\gamma)}(-\frac{h_{\beta+1}}{2},\bar{x}_3) \right] \bar{x}_3^q \mathrm{d}\bar{x}_3 \tag{6.51a}
$$

$$
\int_{-\frac{h_\beta}{2}}^{\frac{h_\beta}{2}} \left[\sigma_{i3}^{B(\beta,\gamma)}\left(\bar{x}_2,\frac{l_\gamma}{2}\right) + \sigma_{i3}^{D(\beta,\gamma)}\left(\bar{x}_2,\frac{l_\gamma}{2}\right) \right] \bar{x}_2^p \mathrm{d}\bar{x}_2
$$

$$
= \int_{-\frac{h_\beta}{2}}^{\frac{h_\beta}{2}} \left[\sigma_{i3}^{B(\beta+1,\gamma)}\left(\bar{x}_2,-\frac{l_{\gamma+1}}{2}\right) + \sigma_{i3}^{D(\beta,\gamma+1)}\left(\bar{x}_2,-\frac{l_{\gamma+1}}{2}\right) \right] \bar{x}_2^p \mathrm{d}\bar{x}_2
$$

当 p 为奇数、q 为偶数时，

$$
\int_{-\frac{l_\gamma}{2}}^{\frac{l_\gamma}{2}} \left[\sigma_{i2}^{A(\beta,\gamma)}\left(\frac{h_\beta}{2},\bar{x}_3\right) + \sigma_{i2}^{D(\beta,\gamma)}\left(\frac{h_\beta}{2},\bar{x}_3\right) \right] \bar{x}_3^q \mathrm{d}\bar{x}_3
$$

$$
= \int_{-\frac{l_\gamma}{2}}^{\frac{l_\gamma}{2}} \left[\sigma_{i2}^{A(\beta+1,\gamma)}\left(-\frac{h_{\beta+1}}{2},\bar{x}_3\right) + \sigma_{i2}^{D(\beta+1,\gamma)}\left(-\frac{h_{\beta+1}}{2},\bar{x}_3\right) \right] \bar{x}_3^q \mathrm{d}\bar{x}_3 \tag{6.51b}
$$

$$
\int_{-\frac{h_\beta}{2}}^{\frac{h_\beta}{2}} \left[\sigma_{i3}^{B(\beta,\gamma)}\left(\bar{x}_2,\frac{l_\gamma}{2}\right) + \sigma_{i3}^{D(\beta,\gamma)}\left(\bar{x}_2,\frac{l_\gamma}{2}\right) \right] \bar{x}_2^q \mathrm{d}\bar{x}_2
$$

$$
= \int_{-\frac{h_\beta}{2}}^{\frac{h_\beta}{2}} \left[\sigma_{i3}^{B(\beta+1,\gamma)}\left(\bar{x}_2,-\frac{l_{\gamma+1}}{2}\right) + \sigma_{i3}^{D(\beta,\gamma+1)}\left(\bar{x}_2,-\frac{l_{\gamma+1}}{2}\right) \right] \bar{x}_2^p \mathrm{d}\bar{x}_2
$$

当 p 为偶数，q 为奇数时，

$$
\int_{-\frac{l_\gamma}{2}}^{\frac{l_\gamma}{2}} \left[\sigma_{i2}^{B(\beta,\gamma)}\left(\frac{h_\beta}{2},\ \bar{x}_3\right) + \sigma_{i2}^{C(\beta,\gamma)}\left(\frac{h_\beta}{2},\bar{x}_3\right) \right] \bar{x}_3^q \mathrm{d}\bar{x}_3
$$

$$
= \int_{-\frac{l_\gamma}{2}}^{\frac{l_\gamma}{2}} \left[\sigma_{i2}^{B(\beta+1,\gamma)}\left(-\frac{h_{\beta+1}}{2},\bar{x}_3\right) + \sigma_{i2}^{C(\beta+1,\gamma)}\left(-\frac{h_{\beta+1}}{2},\bar{x}_3\right) \right] \bar{x}_3^q \mathrm{d}\bar{x}_3 \tag{6.51c}
$$

$$
\int_{-\frac{h_\beta}{2}}^{\frac{h_\beta}{2}} \left[\sigma_{i3}^{A(\beta,\gamma)}\left(\bar{x}_2,\frac{l_\gamma}{2}\right) + \sigma_{i3}^{C(\beta,\gamma)}\left(\bar{x}_2,\frac{l_\gamma}{2}\right) \right] \bar{x}_2^p \mathrm{d}\bar{x}_2
$$

$$
= \int_{-\frac{h_\beta}{2}}^{\frac{h_\beta}{2}} \left[\sigma_{i3}^{A(\beta,\gamma+1)}\left(\bar{x}_2,-\frac{l_{\gamma+1}}{2}\right) + \sigma_{i3}^{C(\beta,\gamma+1)}\left(\bar{x}_2,-\frac{l_{\gamma+1}}{2}\right) \right] \bar{x}_2^p \mathrm{d}\bar{x}_2
$$

当 p 为偶数、q 为偶数时,

$$\int_{-\frac{l_\gamma}{2}}^{\frac{l_\gamma}{2}} \left[\sigma_{i2}^{A(\beta,\gamma)} \left(\frac{h_\beta}{2}, \bar{x}_3 \right) + \sigma_{i2}^{D(\beta,\gamma)} \left(\frac{h_\beta}{2}, \bar{x}_3 \right) \right] \bar{x}_3^q \mathrm{d}\bar{x}_3$$

$$= \int_{-\frac{l_\gamma}{2}}^{\frac{l_\gamma}{2}} \left[\sigma_{i2}^{A(\beta+1,\gamma)} \left(-\frac{h_{\beta+1}}{2}, \bar{x}_3 \right) + \sigma_{i2}^{D(\beta+1,\gamma)} \left(-\frac{h_{\beta+1}}{2}, \bar{x}_3 \right) \right] \bar{x}_3^q \mathrm{d}\bar{x}_3$$

$$\int_{-\frac{h_\beta}{2}}^{\frac{h_\beta}{2}} \left[\sigma_{i3}^{A(\beta,\gamma)} \left(\bar{x}_2, \frac{l_\gamma}{2} \right) + \sigma_{i3}^{C(\beta,\gamma)} \left(\bar{x}_2, \frac{l_\gamma}{2} \right) \right] \bar{x}_2^p \mathrm{d}\bar{x}_2 \qquad (6.51\mathrm{d})$$

$$= \int_{-\frac{h_\beta}{2}}^{\frac{h_\beta}{2}} \left[\sigma_{i3}^{A(\beta,\gamma+1)} \left(\bar{x}_2, -\frac{l_{\gamma+1}}{2} \right) + \sigma_{i3}^{C(\beta,\gamma+1)} \left(\bar{x}_2, -\frac{l_{\gamma+1}}{2} \right) \right] \bar{x}_2^p \mathrm{d}\bar{x}_2$$

在式 (6.51a) 中,等式左边第一项、等式右边第一项均是应力场中偶次项积分,等式左边第二项、等式右边第二项均是应力场中奇次项积分,考虑各子胞的连续性以及各 RVE 间的周期性,应该有奇次项与奇次项相等,偶次项与偶次项相等,于是有

$$\int_{-\frac{l_\gamma}{2}}^{\frac{l_\gamma}{2}} \sigma_{i2}^{B(\beta,\gamma)} \left(\frac{h_\beta}{2}, \bar{x}_3 \right) \bar{x}_3^q \mathrm{d}\bar{x}_3 = \int_{-\frac{l_\gamma}{2}}^{\frac{l_\gamma}{2}} \sigma_{i2}^{B(\beta+1,\gamma)} \left(-\frac{h_{\beta+1}}{2}, \bar{x}_3 \right) \bar{x}_3^q \mathrm{d}\bar{x}_3 \qquad (6.52\mathrm{a})$$

$$\int_{-\frac{l_\gamma}{2}}^{\frac{l_\gamma}{2}} \sigma_{i2}^{C(\beta,\gamma)} \left(\frac{h_\beta}{2}, \bar{x}_3 \right) \bar{x}_3^q \mathrm{d}\bar{x}_3 = \int_{-\frac{l_\gamma}{2}}^{\frac{l_\gamma}{2}} \sigma_{i2}^{C(\beta+1,\gamma)} \left(-\frac{h_{\beta+1}}{2}, \bar{x}_3 \right) \bar{x}_3^q \mathrm{d}\bar{x}_3 \qquad (6.52\mathrm{b})$$

$$\int_{-\frac{h_\beta}{2}}^{\frac{h_\beta}{2}} \sigma_{i3}^{B(\beta,\gamma)} \left(\bar{x}_2, \frac{l_\gamma}{2} \right) \bar{x}_2^p \mathrm{d}\bar{x}_2 = \int_{-\frac{h_\beta}{2}}^{\frac{h_\beta}{2}} \sigma_{i3}^{B(\beta+1,\gamma)} \left(\bar{x}_2, -\frac{l_{\gamma+1}}{2} \right) \bar{x}_2^p \mathrm{d}\bar{x}_2 \qquad (6.52\mathrm{c})$$

$$\int_{-\frac{h_\beta}{2}}^{\frac{h_\beta}{2}} \sigma_{i3}^{D(\beta,\gamma)} \left(\bar{x}_2, \frac{l_\gamma}{2} \right) \bar{x}_2^p \mathrm{d}\bar{x}_2 = \int_{-\frac{h_\beta}{2}}^{\frac{h_\beta}{2}} \sigma_{i3}^{D(\beta+1,\gamma)} \left(\bar{x}_2, -\frac{l_{\gamma+1}}{2} \right) \bar{x}_2^p \mathrm{d}\bar{x}_2 \qquad (6.52\mathrm{d})$$

对于式 (6.51b)~ 式 (6.51d),同样可以得出类似式 (6.52a)~ 式 (6.52d) 的等式。

从式 (6.52a) ~ 式 (6.52d) 可以看出,应力连续条件方程同样可以分解为应力奇次项方程和应力偶次项方程,且二者也是相互不耦合的。

3. 细观位移系数方程组

由于平衡方程和应力边界条件方程都可以分解为奇次项方程和偶次项方程,且二者相互不耦合。同时位移场、应变场、应力场是多项式函数,也都可以分解为

奇次项和偶次项。对于一个 RVE 而言，唯一的外部作用只有一个常应变 ε_{ij}^0 构成的均匀位移边界载荷，ε_{ij}^0 在式 (6.11) 所示的子胞应变场以及式 (6.12) 的子胞应力场中属于偶次项部分。于是可以认为，平衡方程和应力边界条件方程中涉及应力偶次项的方程是与外部作用有关的，涉及应力奇次项的方程是与外部作用无关的。因此，在假设的各子胞位移模式 $u_i^{(\beta,\gamma)} = \varepsilon_{ij}^0 x_j + \delta_i^{(\beta,\gamma)}$ 中，多项式函数 $\delta_i^{(\beta,\gamma)}$ 只需用奇次项分量 (产生应变场、应力场中的偶次项) 即可模拟细观单元在外部作用下的应力、应变行为。

于是可以对多项式函数 $\delta_i^{(\beta,\gamma)}$ 作如下表述：

$$\delta_i^{(\beta,\gamma)} = \xi_1^{(\beta,\gamma)}\bar{x}_2 + \xi_2^{(\beta,\gamma)}\bar{x}_3 + \xi_3^{(\beta,\gamma)}\bar{x}_2\bar{x}_3^2 + \xi_4^{(\beta,\gamma)}\bar{x}_2^2\bar{x}_3 + \xi_5^{(\beta,\gamma)}\bar{x}_2^3 + \cdots \quad (6.53)$$

文献 [76] 在评价多种细观力学模型时指出，对连续纤维复合材料的形函数假设，其纤维方向的纵向位移取为一阶多项式即可，而横向位移通常取为三阶多项式是足够的。因此，本书对 $u_1^{(\beta,\gamma)}$ 取如下的多项式函数：

$$u_1^{(\beta,\gamma)} = \varepsilon_{1j}^0 x_j + \varphi_1^{(\beta,\gamma)}\bar{x}_2 + \varphi_2^{(\beta,\gamma)}\bar{x}_3 \quad (6.54a)$$

$$u_2^{(\beta,\gamma)} = \varepsilon_{2j}^0 x_j + \eta_1^{(\beta,\gamma)}\bar{x}_2 + \eta_2^{(\beta,\gamma)}\bar{x}_3 + \eta_3^{(\beta,\gamma)}\bar{x}_2\bar{x}_3^2 + \eta_4^{(\beta,\gamma)}\bar{x}_2^2\bar{x}_3 + \eta_5^{(\beta,\gamma)}\bar{x}_2^3 + \eta_6^{(\beta,\gamma)}\bar{x}_3^3 \quad (6.54b)$$

$$u_3^{(\beta,\gamma)} = \varepsilon_{3j}^0 x_j + \psi_1^{(\beta,\gamma)}\bar{x}_2 + \psi_2^{(\beta,\gamma)}\bar{x}_3 + \psi_3^{(\beta,\gamma)}\bar{x}_2\bar{x}_3^2 + \psi_4^{(\beta,\gamma)}\bar{x}_2^2\bar{x}_3 + \psi_5^{(\beta,\gamma)}\bar{x}_2^3 + \psi_6^{(\beta,\gamma)}\bar{x}_3^3 \quad (6.54c)$$

其中，$j = 1,2,3; \beta = 1,2; \gamma = 1,2$。$\varphi_i^{(\beta,\gamma)} (i=1,2)$、$\eta_i^{(\beta,\gamma)} (i=1,2,\cdots,6)$、$\psi_i^{(\beta,\gamma)}$ $(i=1,2,\cdots,6)$ 称为细观位移系数。

下面建立子胞细观位移系数 $\varphi_i^{(\beta,\gamma)}$、$\eta_i^{(\beta,\gamma)}$、$\psi_i^{(\beta,\gamma)}$ 的方程组。对于图 6.1 (b) 所示的 RVE 模型，共有 56 个细观位移系数。

将式 (6.54a)~式 (6.54c) 代入式 (6.11)、式 (6.12)，然后代入平衡方程 (6.48b)~式 (6.48c)，并令 $(p=1、q=0)$ 和 $(p=0、q=1)$，可以得到 16 个线性无关的方程。将式 (6.54a) ~ 式 (6.54c) 代入位移连续条件方程 (6.49a) ~ 式 (6.49b)，并令 $q=0$、$q=1$、$p=0$、$p=1$，可以得到 20 个线性无关的方程。将式 (6.54a)~式 (6.54c) 代入式 (6.11)、式 (6.12)，然后代入应力连续条件方程 (6.51a)~ 式 (6.51d)，并令 $(q=0、q=2)$ 和 $(p=0、p=2)$，可以得到 20 个线性无关的方程。至此，总共得到了关于 56 个细观位移系数的 56 个线性无关的方程组。在给定初始常应变 ε_{ij}^0 之后，可以通过求解线性方程组得出子胞的细观位移系数。进而可以利用式 (6.11)、式 (6.12) 得到 RVE 的细观应变场和应力场。

在获得 RVE 应力、应变场后，可以通过平均化方法，得到复合材料体中一点的宏观应力、应变，从而建立式 (6.20) 所示的复合材料的宏观应力–应变关系。

4. 算例分析

高阶位移模式的宏细观统一本构模型,主要优点在于采用了高阶位移模式,能够获得更高精度的细观应力、应变场量。

以 B/Al 复合材料及 RVE 为例进行计算。分别用高阶位移模式的宏细观统一模型、基本型宏细观统一本构模型以及细观力学有限元法,计算 RVE 在横向均匀载荷 $(\sigma_{22}^0 = 100\text{MPa})$ 作用下 x_2 对称面上纤维与基体的细观应力 (σ_{22}^0) 沿 x_3 方向的分布情况,计算结果见图 6.22。从图中可以看出,与基本型的线性位移模式相比,高阶位移模式的宏细观统一模型在计算细观力学参量场方面具有更高的计算精度。

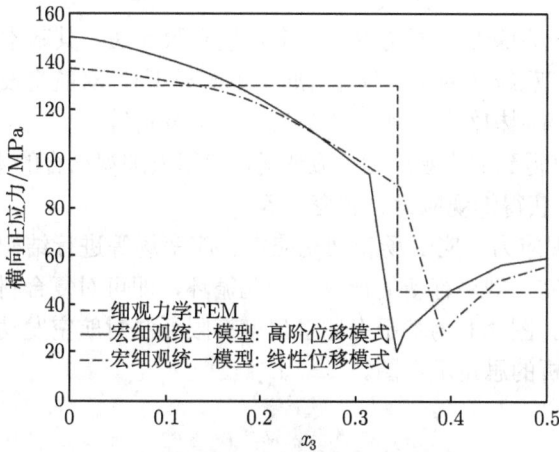

图 6.22 不同模型方法计算的 RVE 细观应力

另外,运用高阶位移模式的宏细观统一本构模型,对纤维复合材料宏观弹性性能的计算结果,是与基本型模型计算结果相同的,这里不再例证。

第 7 章　含周期细观结构复合材料的航空发动机构件多尺度分析

7.1　多尺度有限元分析技术基本思路与方法

7.1.1　基本思路

本章发展了一种新的分析方法——多尺度有限元法。其基本思路如下：

(1) 基于宏细观统一的本构模型 (通用单胞模型)，对航空发动机构件进行有限元结构分析，得到构件的宏观行为如应力、应变场等。

(2) 根据计算得到的宏观应力、应变场，应用宏细观结合的本构模型 (高精度通用单胞模型)，获得细观应力、应变场等。

(3) 根据宏观应力、应变场和细观应力、应变场等进行结构的强度、寿命分析。若没有加载完，则进行新的计算，如此循环，即可对复合材料结构进行多尺度有限元的分析。图 7.1 为基于上述多尺度有限元法对航空发动机复合材料构件进行结构强度分析的思路示意图。

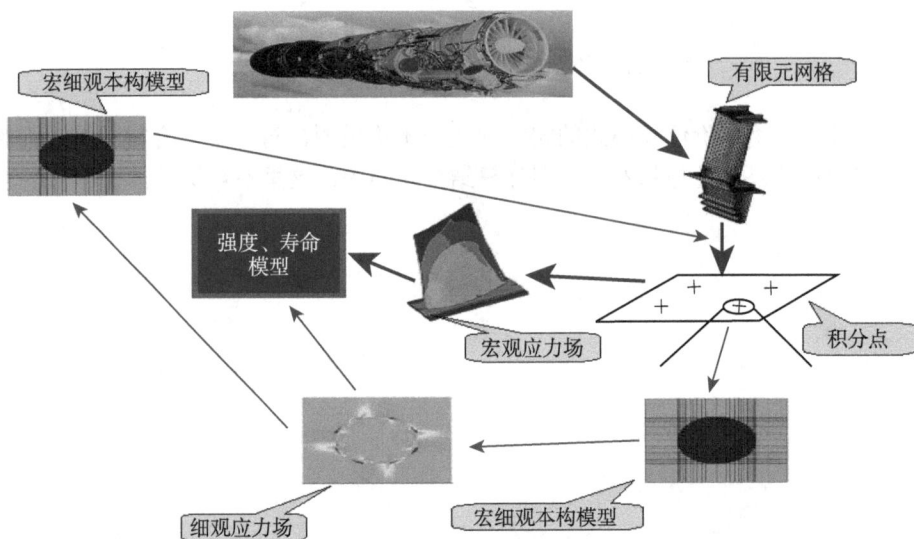

图 7.1　基于多尺度有限元法的航空发动机复合材料构件强度分析思路示意图

7.1.2 子增量求解法

位移型有限元法采用增量法进行应力分析时，一般要进行两种迭代计算——平衡迭代和本构迭代，并且往往将平衡迭代和本构迭代分开。载荷 (时间) 增量主步进行平衡迭代，求解主步位移增量。由主步位移增量根据几何方程求得主步应变增量。再将主增量步细分成若干个子步进行本构迭代，即将主增量步的时间增量和应变增量细分成若干个时间子增量和应变子增量，根据非线性本构模型，求解应力子增量。然后将该主载荷步的所有应力子增量叠加，得到主载荷步的应力增量，最终得到当前时刻的应力值。该方法称为子增量法[77]。基于 GMC 模型的子增量法，其应力更新过程如下所述。

用 $\{^t P\}$、$\{^t u\}$、$\{^t \varepsilon^{\mathrm{to}}\}$、$\{^t \sigma\}$ 分别表示 t 时刻的载荷、位移、总应变和应力值，时间步长为 Δt，用 $\{^{t+\Delta t} P\}$、$\{^{t+\Delta t} u\}$、$\{^{t+\Delta t} \varepsilon^{\mathrm{to}}\}$ 和 $\{^{t+\Delta t} \sigma\}$ 分别表示 $t + \Delta t$ 时刻的载荷、位移、总应变和应力值，$\{\Delta^{t+\Delta t} P\}$、$\{\Delta^{t+\Delta t} u\}$、$\{\Delta^{t+\Delta t} \varepsilon^{\mathrm{to}}\}$ 和 $\{\Delta^{t+\Delta t} \sigma\}$ 表示该时间步的载荷、位移、总应变和应力增量，则该时间步 Δt 内的非线性有限元计算过程如下所述。

(1) 由结构总体平衡方程迭代求解节点位移增量——平衡迭代:

$$\{\Delta^{t+\Delta t} u\} = \left[K\left(^t u\right) \right]_{\mathrm{T}}^{-1} \left(\{\Delta^{t+\Delta t} P\} + \{^t P\} - \{R\left(^t u\right)\} \right) \tag{7.1}$$

$$\left[K\left(^t u\right) \right]_T = \sum \left[K\left(^t \sigma\right) \right]_{\mathrm{T}}^e \tag{7.2}$$

$$\{R\left(^t u\right)\} = \sum \int_e [B]^{\mathrm{T}} \{^t \sigma\} \, \mathrm{d}V \tag{7.3}$$

$$\{^{t+\Delta t} u\} = \{^t u\} + \{\Delta^{t+\Delta t} u\} \tag{7.4}$$

式 (7.1) 为结构总体平衡方程，其中，$\left[K\left(^t u\right) \right]_{\mathrm{T}}$ 为 t 时刻的总体切线刚度矩阵；$\left[K\left(^t \sigma\right) \right]_{\mathrm{T}}^e$ 为 t 时刻的单元切线刚度矩阵；$\{R\left(^t u\right)\}$ 为 t 时刻的结构抗力列阵；$\{^t P - R\left(^t u\right)\}$ 为 t 时刻的总体节点不平衡力列阵。

(2) 由几何方程计算主增量步单元总应变增量:

$$\{\Delta^{t+\Delta t} \varepsilon^{\mathrm{to}}\} = [B] \{\Delta^{t+\Delta t} u\} \tag{7.5}$$

$$\{^{t+\Delta t} \varepsilon^{\mathrm{to}}\} = \{^t \varepsilon^{\mathrm{to}}\} + \{\Delta^{t+\Delta t} \varepsilon^{\mathrm{to}}\} \tag{7.6}$$

(3) 采用子增量法，由通用单胞模型计算单元应力子增量——本构迭代，迭代结束后，采用高精度通用单胞模型输出细观应力、应变场。

　　将主载荷步的时间增量和总应变增量细分时，可采用线性差分方法或非线性差分方法[77]。为简单起见，这里以线性差分方法和三维应力状态为例，说明 GMC 模型子增量迭代的过程。

　　假设将主载荷步细分为 n 个子步，则时间子增量 $\Delta\Delta t$ 和总应变子增量 $\{\Delta\Delta\varepsilon^{\text{to}}\}$ 分别为

$$\Delta\Delta t = \frac{\Delta t}{n} \tag{7.7}$$

$$\{\Delta\Delta\varepsilon^{\text{to}}\} = \frac{1}{n}\left\{\Delta^{t+\Delta t}\varepsilon^{\text{to}}\right\} \tag{7.8}$$

　　用 $\{\Delta\Delta\sigma_i\}$、$\{\Delta\Delta\varepsilon_i^{\text{to}}\}$ $(i = 1, 2, \cdots, 6)$ 分别表示某节点 (或高斯点) 在第 j 子增量步的应力子增量和总应变子增量，根据当前的应力、应变状态以及应变增量，调用通用单胞模型获得下一步的应力以及应变后，返回有限元主程序。

　　根据上述步骤，在每一个子增量步应力不断更新，直至完成主载荷步所有子步的应力计算。如果还有新的主载荷步，则再进行新的平衡迭代，求解位移增量和应变增量，再细分载荷步，进行本构迭代，完成应力更新。增量求解示意图如图 7.2 和图 7.3 所示。

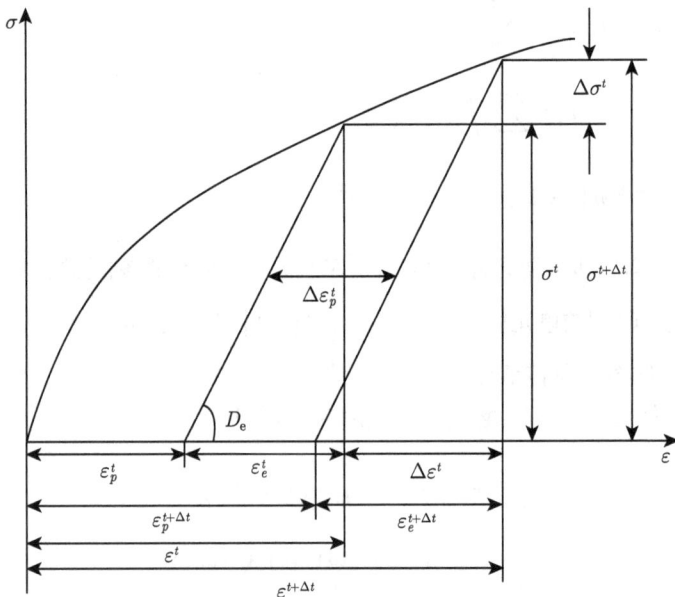

图 7.2　增量求解示意图

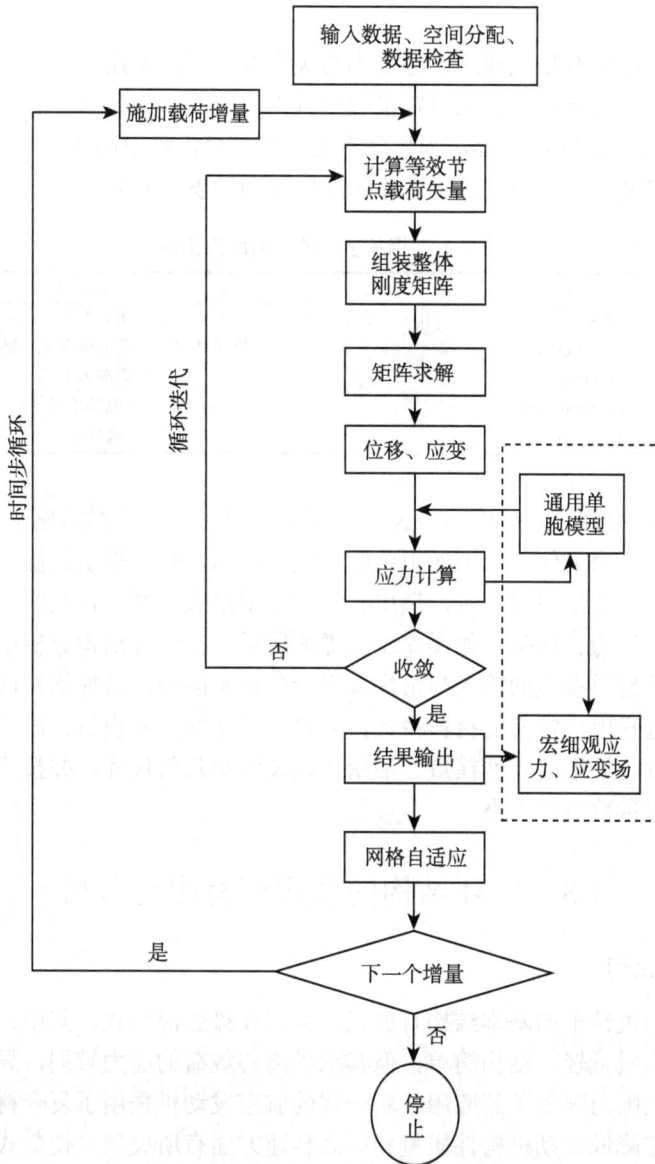

图 7.3 多尺度有限元程序的流程图

7.2 通用单胞模型与有限元结构分析软件 ANSYS 的连接

一般的大型通用有限元结构分析程序能够求解各种复杂的结构问题，并且通常都预留了子程序接口，使用户能够增加有特殊需要的新的本构关系、单元或功能。

由于 ANSYS 有限元程序已经成为相关研究单位的常用分析工具，因此下面以在 ANSYS 有限元程序加入自定义程序为例。在安装 ANSYS 程序时，必须选择安装 Customization Tools，则程序系统提供了可供修改的 FORTRAN 接口子程序。用于定义各种本构关系子程序的适用范围如表 7.1 所示。

表 7.1　相关子程序的适用范围表

子程序名称	适用范围
Usermat.f	所有单元
Usermat3d.f	三维实体单元平面应变单元、轴对称单元
Usermatps.f	平面应力单元
Usermatbm.f	三维梁单元
Usermat1d.f	一维杆单元

所有子程序都是用 FORTRAN 语言编写，每个子程序都给出了变量说明。

在本书的研究工作中，把通用单胞模型通过 ANSYS 提供的接口程序融入有限元程序中，并在结果输出时，调用高精度通用单胞模型，在获得应力、应变的同时获得细观应力、应变。如图 7.3 的虚框所示。在进行结构分析中，除在选择材料模式以及材料参数的输入与常规有限元分析不同外，其他均相同。在选择材料模式时，选择用户定义的材料模式，并输入基体的弹性模量、泊松比、屈服强度、切线模量，纤维的弹性模量、泊松比以及细观几何尺寸，并按照细观结构给定中间状态变量数组的大小。

7.3　叶环结构的多尺度有限元分析

7.3.1　叶环结构

航空发动机转子的基本结构有鼓式、盘式和盘鼓混合式。其中，鼓式转子的抗弯刚性好、质量轻、结构简单，但其承受离心载荷的能力较弱，导致允许的圆周速度较低，因而限制了其应用。新一代的航空发动机采用了复合材料的整体叶环结构，其在降低发动机构件质量和提高转速方面有所突破，使鼓式转子获得了新生。该叶环结构由镍基或钛基复合材料制成。复合材料叶环的工艺过程是把预先加工好的螺旋形纤维放入薄盘槽中，采用数控冲压机对基体材料进行冲压后，均匀加热使叶环固定。成形加工至规定的尺寸后，进行 CT 扫描，检查其内部是否有损伤。加工后的复合材料叶环结构还需要进行热处理，以使复合材料的微观结构不发生改变和消除加工过程中产生的残余热应力。叶环工艺过程示意图参见图 7.4，整体叶环结构图见图 7.5[78]。

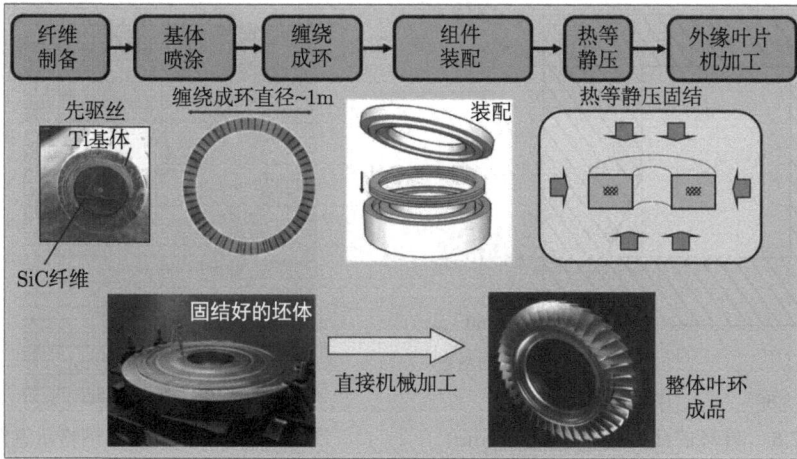

图 7.4 叶环工艺过程示意图

图 7.5 整体叶环结构图

7.3.2 仅考虑弹性状态时复合材料叶环的应力场分析

以普·惠 (P&W) 公司设计的航空发动机叶环结构为例，其外围为双线性材料，密度为 $\rho = 4.42 \times 10^3 \mathrm{kg/m^3}$，弹性模量 $E_{\mathrm{m}} = 120\mathrm{GPa}$，泊松比 $\mu_{\mathrm{m}} = 0.3$，屈服极限为 $\sigma_{0.2} = 850\mathrm{MPa}$，切线模量为 $E_{\mathrm{t}} = 5\mathrm{GPa}$；中心复合材料基体弹性模量、泊松比与外围材料相同，纤维为弹性材料，弹性模量为 $E_{\mathrm{f}} = 428\mathrm{GPa}$，泊松比 $\mu_{\mathrm{f}} = 0.19$，纤维的体积分数 $V_{\mathrm{f}} = 47\%$，复合材料的密度为 $\rho_{\mathrm{c}} = 4.42 \times 10^3 \mathrm{kg/m^3}$。叶环的截面尺寸如图 7.6 所示。有限元网格如图 7.7 所示。施加的拉力为 300MPa，转速为 50000r/min。各载荷步的应力云图如图 7.8 所示。计算结果表明，最大载荷点在图 7.6 所示的角点处，即节点 777，最大应力为 4.31GPa。

在获得叶环结构宏观应力的同时，采用多尺度有限元分析方法同时获得复合材料的细观应力、应变场。图 7.9 为采用高精度通用单胞模型获得的节点 777 各载荷步细观等效应力，图 7.10 为采用高精度通用单胞模型获得的最大应力点 (777 节点) 细观应力场的分布图。

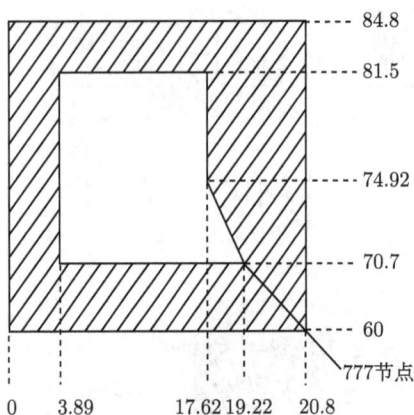

图 7.6   叶环的截面尺寸 (单位：mm)

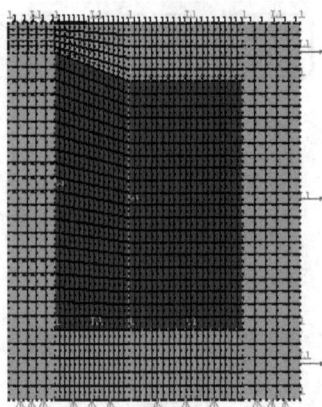

图 7.7   叶环的有限元网格示意图

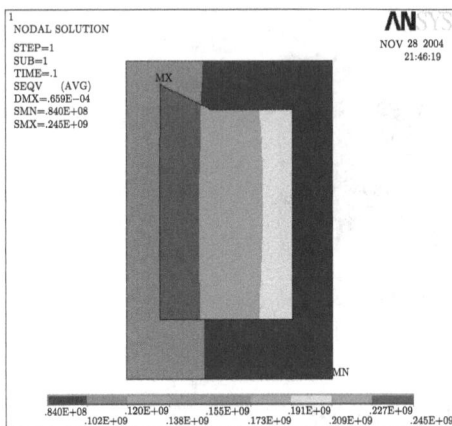

(a) 第一载荷步

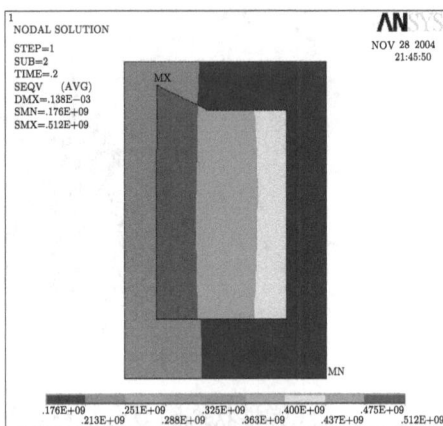

(b) 第二载荷步

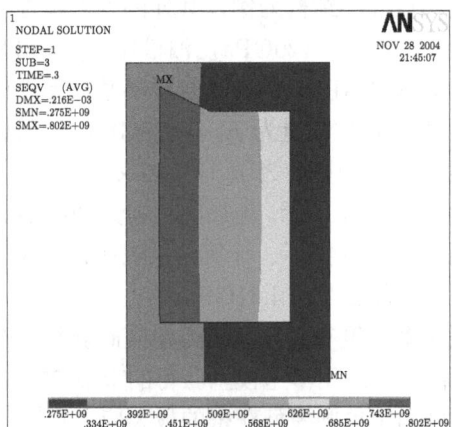

(c) 第三载荷步

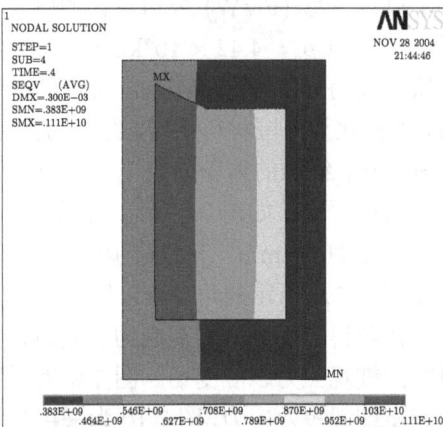

(d) 第四载荷步

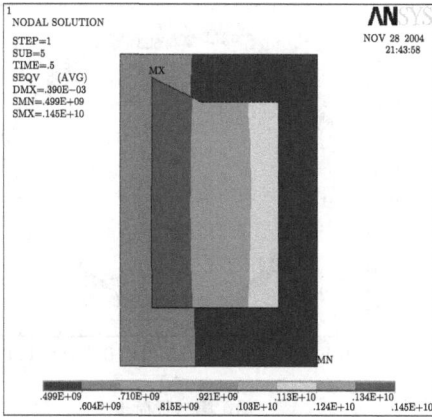
(e) 第五载荷步

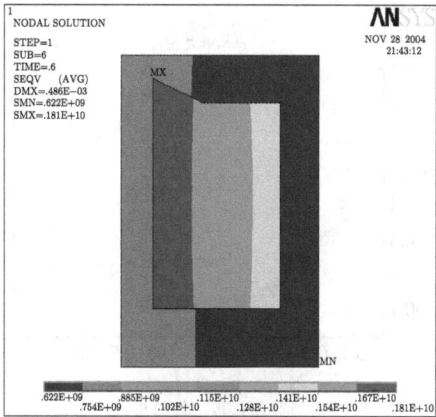
(f) 第六载荷步

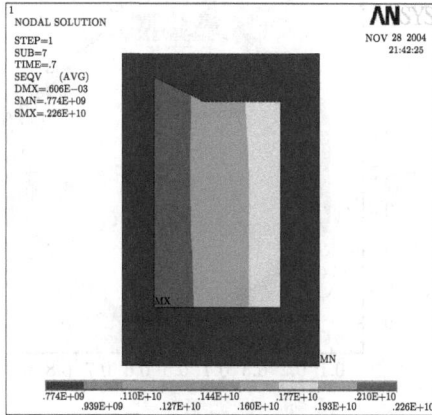
(g) 第七载荷步

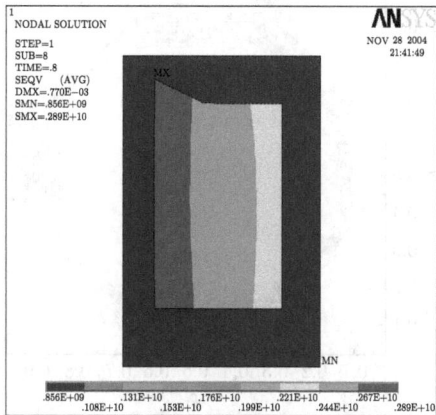
(h) 第八载荷步

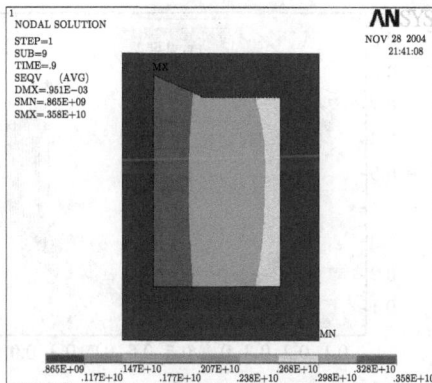
(i) 第九载荷步

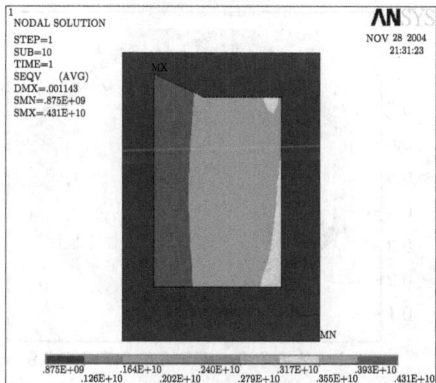
(j) 第十载荷步

图 7.8　叶环各载荷步的应力云图

（扫码获取彩图）

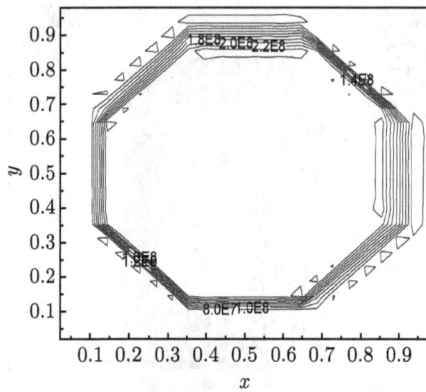

(a) 第一载荷步

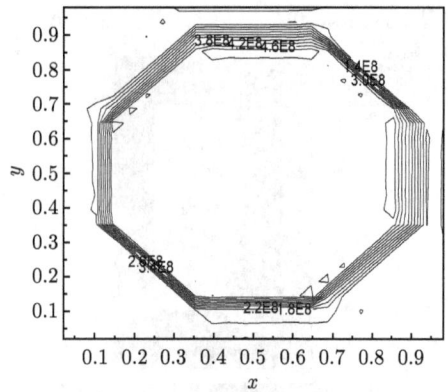

(b) 第二载荷步

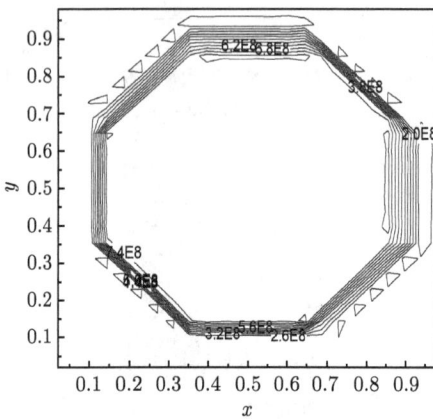

(c) 第三载荷步

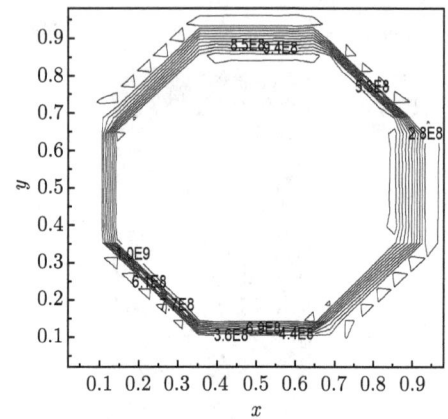

(d) 第四载荷步

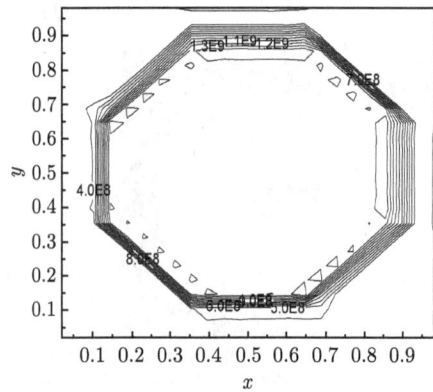

(e) 第五载荷步

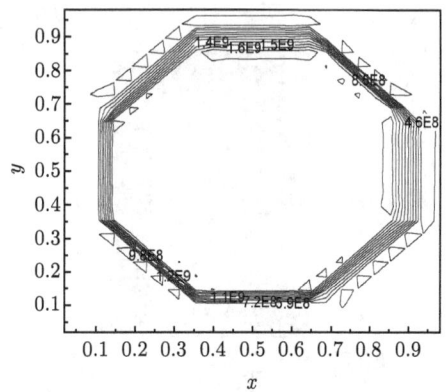

(f) 第六载荷步

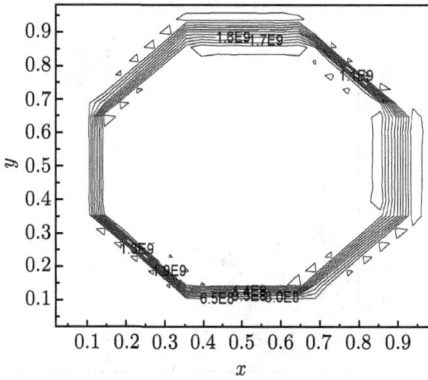

(g) 第七载荷步

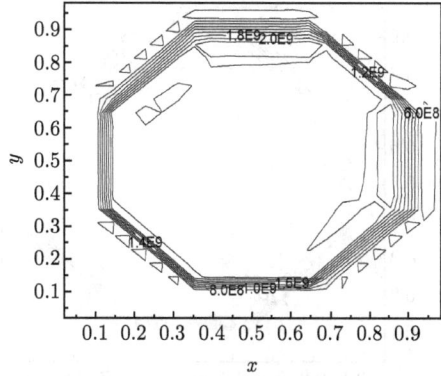

(h) 第八载荷步

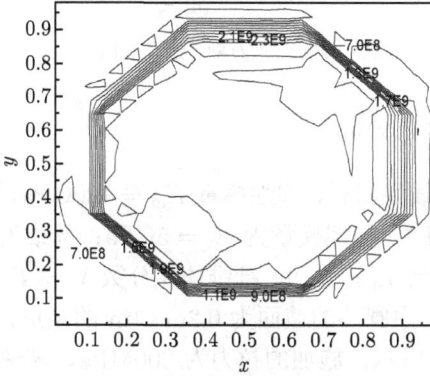

(i) 第九载荷步

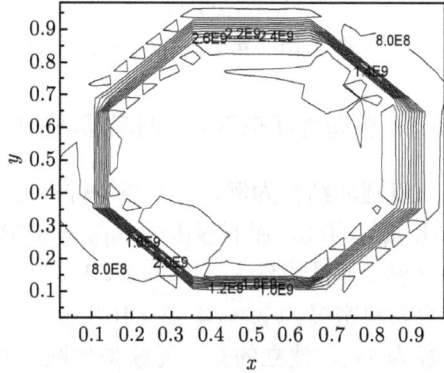

(j) 第十载荷步

图 7.9 各载荷步的 777 节点细观等效应力 (单位：Pa)

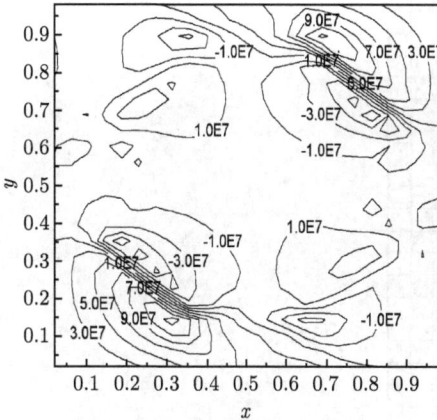

(a) σ_{xx}

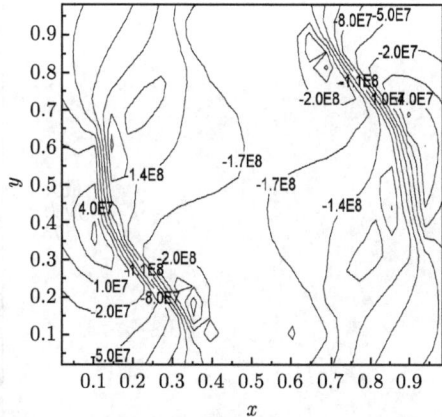

(b) σ_{yy}

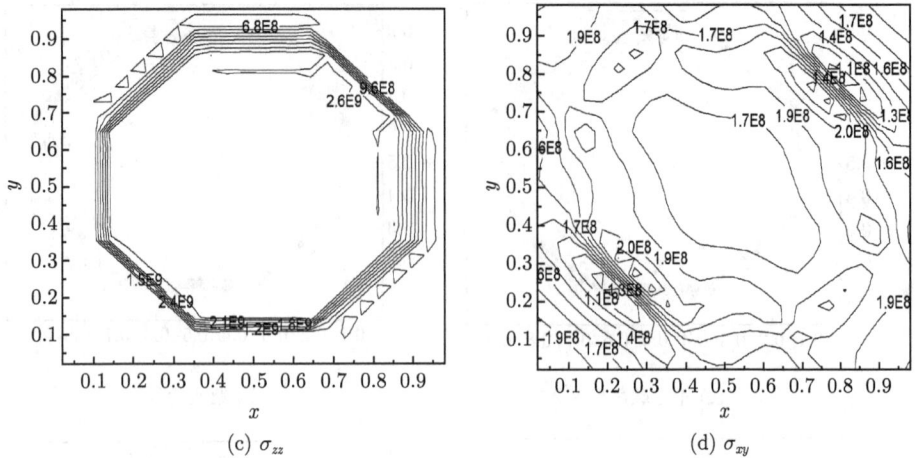

(c) σ_{zz} (d) σ_{xy}

图 7.10   第十载荷步最大应力点 (777 节点) 的细观应力场 (单位：Pa)

7.3.3   弹塑性状态下复合材料圆环的应力场分析

以圆环结构为例，其中基体材料为双线性材料，弹性模量 $E_m = 120\text{GPa}$，泊松比 $\mu_m = 0.3$，屈服极限为 $\sigma_{0.2} = 850\text{MPa}$，切线模量为 $E_t = 5\text{GPa}$；纤维为弹性材料，弹性模量为 $E_f = 428\text{GPa}$，泊松比 $\mu_f = 0.19$，纤维体积分数 $V_f = 47\%$，复合材料密度为 $\rho_c = 4.42 \times 10^3 \text{kg/m}^3$。其中圆环的截面为 0.2m×1m 的矩形，内半径为 1m。建立的有限元模型如图 7.11 所示。施加的拉力为 300MPa，转速为 10000r/min。各载荷步的应力云图如图 7.12 所示。其最大载荷点的应力–应变曲线关系如图 7.13 所示。

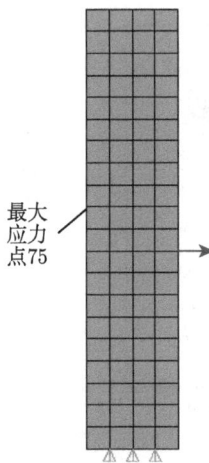

最大
应力
点75

图 7.11   有限元网格图

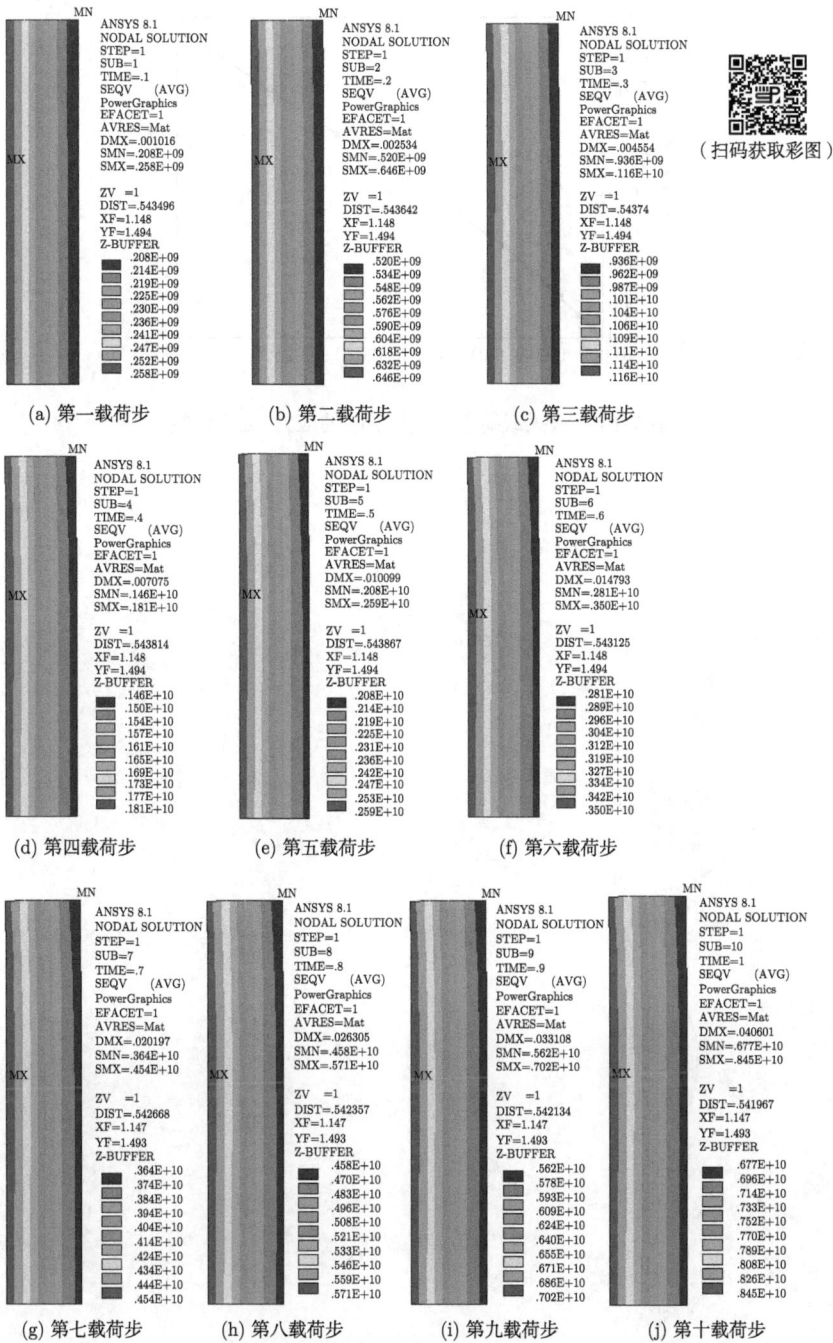

(a) 第一载荷步　　　　(b) 第二载荷步　　　　(c) 第三载荷步

(d) 第四载荷步　　　　(e) 第五载荷步　　　　(f) 第六载荷步

(g) 第七载荷步　　(h) 第八载荷步　　(i) 第九载荷步　　(j) 第十载荷步

图 7.12　圆环各载荷步的应力云图

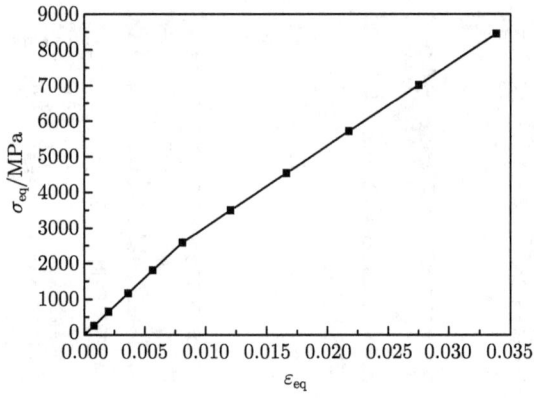

图 7.13   最大载荷点 (节点 75) 的应力–应变曲线

参 考 文 献

[1] 范赋群, 王震鸣, 稽醒, 等. 关于复合材料力学几个基本问题的研究 [J]. 力学与实践, 1995, 17(1): 4-9.

[2] Zhi J, Yang B, Li Y, et al. Multiscale thermo-mechanical analysis of cure-induced deformation in composite laminates using Direct FE2[J]. Composites Part A: Applied Science and Manufacturing, 2023, 173: 107704.

[3] 杜善义, 王彪. 复合材料细观力学 [M]. 北京: 科学出版社, 1998.

[4] Li D S, Wisnom M R. Finite element micromechanical modelling of unidirectional fibre-reinforced metal-matrix composites[J]. Composites Science and Technology, 1994, 51(4): 545-563.

[5] Dvorak G J, Bahei-El-Din Y A. Plasticity analysis of fibrous composites[J]. Journal of Applied Mechanics, 1982, 49(2): 327-335.

[6] Dvorak G J, Teply J L. Periodic hexagonal array models for plasticity analysis of composite materials[M]//Sawczuk A, Bianchi G. Plasticity Today: Modeling, Methods and Application. London: Elsevier Applied Science Publishers,1985: 623-642.

[7] Teply J L, Dvorak G J. Bounds on overall instantaneous properties of elastic-plastic composites[J]. Journal of the Mechanics and Physics of Solids, 1988, 36(1): 29-58.

[8] Wu J F, Shephard M S, Dvorak G J, et al. A material model for the finite element analysis of metal matrix composites[J]. Composites Science and Technology, 1989, 35(4): 347-366.

[9] Aboudi J. Mechanics of Composite Materials—A Unified Micromechanical Approach[M]. Amsterdam: Elsevier, 1991.

[10] Aboudi J. Closed form constitutive equations for metal matrix composites[J]. International Journal of Engineering Science, 1987, 25(9): 1229-1240.

[11] Kwon Y W. Calculation of effective moduli of fibrous composites with micromechanical damage[J]. Composite Structures, 1993, 25(1/2/3/4): 187-192.

[12] Kwon Y W, Berner J M. Micromechanics model for damage and failure analyses of laminated fibrous composites[J]. Engineering Fracture Mechanics, 1995, 52(2): 231-242.

[13] Hansen A C, Garnich M R. A multicontinuum theory for structural analysis of composite material systems[J]. Composites Engineering, 1995, 5(9): 1091-1103.

[14] Garnich M R, Hansen A C. A multicontinuum theory for thermal-elastic finite element analysis of composite materials[J]. Journal of Composite Materials, 1997, 31(1): 71-86.

[15] Kim S J, Shin E S. A thermoviscoplastic theory for composite materials by using a matrix: Partitioned unmixing-mixing scheme[J]. Journal of Composite Materials, 1996, 30(15): 1647-1669.

[16] Lackney J J, Murthy P L N, Gotsis P K. High temperature composite analyzer (HITCAN) theoretical manual, Version 1.0[R]. National Aeronautics and Space Administration Technical Reports Server, 1993.

[17] Hopkins D A, Chamis C C. A unique set of micromechanics equations for high temperature metal matrix composites[R]. National Aeronautics and Space Administration Technical Reports Server,1985.

[18] Murthy P, Chamis C C. METal matrix composite ANalyzer (METCAN): Theoretical manual[R]. National Aeronautics and Space Administration Technical Reports Server, 1993.

[19] 傅志平, 曹志远. 复合材料构件性能的细观元分析 [J]. 复合材料学报, 1998, 15(1): 108-111.

[20] Ghosh S, Mukhopadhyay S N. A material based finite element analysis of heterogeneous media involving Dirichlet tessellations[J]. Computer Methods in Applied Mechanics and Engineering, 1993, 104(2): 211-247.

[21] Ghosh S, Nowak Z, Lee K. Quantitative characterization and modeling of composite micromechanics by Voronoi cells[J]. Acta Materialia, 1997, 45(6): 2215-2234.

[22] Lee K, Moorthy S, Ghosh S. Multiple scale computational model for damage in composite materials[J]. Computer Methods in Applied Mechanics and Engineering, 1999, 172(1/2/3/4): 175-201.

[23] Beaudoin A J. Finite element modeling at different length scales and interconnection of scales[C]//Proceedings of the 19th Risø International Symposium on Materials Science: Modeling of Structure and Mechanics of Materials from Microscale to Product. Riso National Laboratory, Roskilde, Demark, 1998.

[24] 雷友锋. 纤维增强金属基复合材料宏-细观统一本构模型及应用研究 [D]. 南京: 南京航空航天大学, 2002.

[25] Levy A, Papazian J M. Tensile properties of short fiber-reinforced SiC/Al composites: Part II. Finite-element analysis[J]. Metallurgical Transactions A, 1990, 21(2): 411-420.

[26] Aboudi J. Micromechanical analysis of composites by the method of cells[J]. Applied Mechanics Reviews, 1989, 42(7): 193-221.

[27] Aboudi J. A continuum theory for fiber-reinforced elastic-viscoplastic composites[J]. International Journal of Engineering Science, 1982, 20(5): 605-621.

[28] Paley M, Aboudi J. Micromechanical analysis of composites by the generalized cells model[J]. Mechanics of Materials, 1992, 14(2): 127-139.

[29] Pindera M J, Bednarcyk B A. An efficient implementation of the GMC micromechanics model for multi-phased materials with complex microstructures[R]. National Aeronautics and Space Administration Technical Reports Server, 1997.

[30] Pindera M J, Bednarcyk B A. An efficient implementation of the generalized method of cells for unidirectional, multi-phased composites with complex microstructures[J]. Composites Part B: Engineering, 1999, 30(1): 87-105.

[31] Aboudi J, Pindera M J, Arnold S M. Linear thermoelastic higher-order theory for periodic multiphase materials[J]. Journal of Applied Mechanics, 2001, 68(5): 697-707.

[32] Bansal Y, Pindera M J. A second look at the higher-order theory for periodic multiphase materials[J]. Journal of Applied Mechanics, 2005, 72(2): 177-195.

[33] Bednarcyk B A, Arnold S M, Aboudi J, et al. Local field effects in titanium matrix composites subject to fiber-matrix debonding[J]. International Journal of Plasticity, 2004, 20(8/9): 1707-1737.

[34] Gao X G, Song Y D, Sun Z G. Quadrilateral subcell based finite volume micromechanics theory for multiscale analysis of elastic periodic materials[J]. Journal of Applied Mechanics, 2009, 76(1): 011013.

[35] Cavalcante M A A, Marques S P C, Pindera M J. Parametric formulation of the finite-volume theory for functionally graded materials: Part I: Analysis[J]. Journal of Applied Mechanics, 2007, 74(5): 935-945.

[36] Chen Q, Wang G N, Chen X F. Three-dimensional parametric finite-volume homogenization of periodic materials with multi-scale structural applications[J]. International Journal of Applied Mechanics, 2018, 10(4): 1850045.

[37] Cavalcante M A A, Pindera M J. Generalized finite-volume theory for elastic stress analysis in solid mechanics: Part I: Framework[J]. Journal of Applied Mechanics, 2012, 79(5): 051006.

[38] Cavalcante M A A, Pindera M J. Generalized finite-volume theory for elastic stress analysis in solid mechanics: Part II: Results[J]. Journal of Applied Mechanics, 2012, 79(5): 051007.

[39] Cavalcante M A A, Pindera M J. Generalized FVDAM theory for periodic materials undergoing finite deformations: Part II: Results[J]. Journal of Applied Mechanics, 2014, 81(2): 021006.

[40] Yin S Z, He Z L, Pindera M J. A new hybrid homogenization theory for periodic composites with random fiber distributions[J]. Composite Structures, 2021, 269: 113997.

[41] Aboudi J. Closed form constitutive equations for metal matrix composites[J]. International Journal of Engineering Science, 1987, 25(9): 1229-1240.

[42] Aboudi J. Constitutive equations for elastoplastic composites with imperfect bonding[J]. International Journal of Plasticity, 1988, 4(2): 103-125.

[43] Pindera M J, Aboudi J. Micromechanical analysis of yielding of metal matrix composites[J]. International Journal of Plasticity, 1988, 4(3): 195-214.

[44] Bednarcyk B A, Arnold S M. Fully coupled micro/macro deformation, damage, and failure prediction for SiC/Ti-15-3 laminates[J]. Journal of Aerospace Engineering, 2002, 15(3): 74-83.

[45] Ye J J, Chen X F, Zhai Z, et al. Effects of thermal stress and imperfect interfacial bonding on the mechanical behavior of composites subjected to off-axis loading[J]. Materials Science and Engineering: A, 2010, 527(29/30): 7530-7537.

[46] Chen X F, Ye J J, Zhai Z, et al. Micromechanical analysis of off-axis loading of fiber reinforced composites with imperfect interface bonding[J]. International Journal of Mechanical Sciences, 2012, 54(1): 113-120.

[47] Zhang L, Qiu R K, Cheng J, et al. Experimental investigation and multiscale simulation on the bending fatigue of 2D SiCf/SiC composites[J]. International Journal of Fatigue, 2021, 144: 106051.

[48] Han J B, Wang R Q, Hu D Y, et al. Multi-scale analysis and experimental research for turbine guide vanes made of 2D braided SiCf/SiC composites in high-cycle fatigue regime[J]. International Journal of Fatigue, 2022, 156: 106697.

[49] Tu W Q, Pindera M J. Cohesive zone-based damage evolution in periodic materials via finite-volume homogenization[J]. Journal of Applied Mechanics, 2014, 81(10): 101005.

[50] Yang D H, Sun Y, Yang Z B, et al. Multiscale modeling of unidirectional composites with interfacial debonding using molecular dynamics and micromechanics[J]. Composites Part B: Engineering, 2021, 219: 108893.

[51] Sun Z, Niu X, Huang S, et al. A unified macro- and micromechanics constitutive model of fully coupled fields[J]. Mechanics of Composite Materials, 2014, 50(2): 233-244.

[52] Li Z W, Ye J J, Liu L, et al. Evaluation of piezoelectric and mechanical properties of the piezoelectric composites with local damages[J]. Mechanics of Advanced Materials and Structures, 2022, 29(23): 3429-3446.

[53] Massarwa E, Aboudi J, Haj-Ali R. A multiscale progressive damage analysis for laminated composite structures using the parametric HFGMC micromechanics[J]. Composite Structures, 2018, 188: 159-172.

[54] 孙志刚. 复合材料高精度宏-细观统一本构模型及其应用研究 [D]. 南京: 南京航空航天大学, 2005.

[55] Ye J J, Chu C C, Cai H, et al. A multi-scale model for studying failure mechanisms of composite wind turbine blades[J]. Composite Structures, 2019, 212: 220-229.

[56] Yang D H, Wei V, Jin Z R, et al. A UMAP-based clustering method for multi-scale damage analysis of laminates[J]. Applied Mathematical Modelling, 2022, 111: 78-93.

[57] Baxter S C, Pindera M J. Stress and plastic strain fields during unconstrained and constrained fabrication cool down of fiber-reinforced IMCs[J]. Journal of Composite Materials, 1999, 33(4): 351-376.

[58] Wilt T E, Arnold S M. Micromechanics analysis code (MAC) user guide: Version 1.0[R]. National Aeronautics and Space Administration Technical Reports Server, 1994.

[59] Wilt T E, Arnold S M. Micromechanics analysis code (MAC) user guide: Version 2.0[R]. National Aeronautics and Space Administration Technical Reports Server, 1996.

[60] Arnold S M, Bednarcyk B A, Wilt T E, et al. Micromechanics analysis code with generalized method of cells (MAC/GMC): User guide. version 3[R]. National Aeronautics and Space Administration Technical Reports Server, 1999.

[61] Goldberg R K, Comiskey M D, Bednarcyk B A. Micromechanics analysis code postprocessing (MACPOST) user guide. 1.0[R]. National Aeronautics and Space Administration Technical Reports Server, 1999.

[62] Bednarcyk B A, Arnold S M. MAC/GMC 4.0 user's manual: Keywords manual[R]. National Aeronautics and Space Administration Technical Reports Server, 2002.

[63] Bednarcyk B A, Arnold S M. MAC/GMC 4.0 user's manual: Example problem manual[R]. National Aeronautics and Space Administration Technical Reports Server, 2002.

[64] Wilt T E. On the finite element implementation of the generalized method of cells micromechanics constitutive model[R]. National Aeronautics and Space Administration Technical Reports Server, 1995.

[65] Arnold S M, Bednarcyk B A, Hussain A, et al. Micromechanics-based structural analysis (FEAMAC) and multiscale visualization within Abaqus/CAE environment[R]. National Aeronautics and Space Administration Technical Reports Server, 2010.

[66] 石建. 基于胞元解析模型的复合材料结构多尺度分析技术研究 [D]. 南京: 南京航空航天大学, 2022.

[67] 高希光, 宋迎东, 孙志刚. 随机细观几何结构对复合材料性能的影响 [C]//中国航空学会动力分会发动机结构强度与振动专业委员会学术年会, 四川青城山, 2004.

[68] 区焕文, 冼定国. 等效介质理论数值法计算复合材料的热膨胀系数 [J]. 复合材料学报, 1995, 12(2): 52-58.

[69] Standard test method for tensile properties of fiber reinforced metal matrix composites: ASTM D3552-96[S]. ASTM International, 2007.

[70] 中国航空材料手册编辑委员会. 中国航空材料手册 3: 铝合金 镁合金 钛合金 [M]. 北京: 中国标准出版社, 1989.

[71] Wisnom M R. Factors affecting the transverse tensile strength of unidirectional continuous SiC fiber reinforced 6061 aluminum[J]. Journal of Composite Materials, 1990, 24: 707-726.

[72] Solti J P. Modeling of progressive damage in fiber-reinforced ceramic matrix composites[D]. Wright Patterson: Air Force Institute of Technology, 1996.

[73] Nakamura T, Suresh S. Effects of thermal residual stresses and fiber packing on deformation of metal-matrix composites[J]. Acta Metallurgica et Materialia, 1993, 41(6): 1665-1681.

[74] Pindera M J, Herakovich C T, Becker W, et al. Nonlinear response of unidirectional boron/aluminum[J]. Journal of Composite Materials, 1990, 24(1): 2-21.

[75] Sun C T, Chen J L, Sha G T, et al. Mechanical characterization of SCS-6/Ti-6-4 metal matrix composite[J]. Journal of Composite Materials, 1990, 24(10): 1029-1059.

[76] Sridharan S, Jadhav V R. A comparative study of square cell and circular cell micro-models[J]. Journal of Composite Materials, 1997, 31(15): 1507-1533.

[77] 何君毅, 林祥都. 工程结构非线性问题的数值解法 [M]. 北京: 国防工业出版社, 1994.

[78] Zaretsky E V. MMC life system development (Phase I)-A NASA/Pratt & Whitney Life Prediction Cooperative Program[R]. National Aeronautics and Space Administration Technical Reports Server, 1996.